中国气象学会百年史
（1924—2024）

中国气象学会 编著

图书在版编目（CIP）数据

中国气象学会百年史：1924—2024 / 中国气象学会编著. -- 北京：气象出版社，2024.10. -- ISBN 978-7-5029-8318-5

Ⅰ．P4-262

中国国家版本馆CIP数据核字第2024KZ7020号

中国气象学会百年史（1924—2024）
Zhongguo Qixiang Xuehui Bainian Shi(1924—2024)

中国气象学会　编著

出版发行：	气象出版社			
地　　址：	北京市海淀区中关村南大街46号		邮政编码：100081	
电　　话：	010-68407112（总编室）　010-68408042（发行部）			
网　　址：	http://www.qxcbs.com		E - m a i l：qxcbs@cma.gov.cn	
责任编辑：	宿晓凤　邵　华		终　审：张　斌	
责任校对：	张硕杰		责任技编：赵相宁	
封面设计：	艺点设计			
印　　刷：	北京地大彩印有限公司			
开　　本：	889mm×1194mm　1/16		印　张：27	
字　　数：	550千字			
版　　次：	2024年10月第1版		印　次：2024年10月第1次印刷	
定　　价：	268.00元			

本书如存在文字不清、漏印以及缺页、倒页、脱页等，请与本社发行部联系调换

《中国气象学会百年史（1924—2024）》编委会

主　编： 谈哲敏　　陈振林

副主编： 熊绍员　　矫梅燕　　陈海山　　姜大膀　　李　建
　　　　　孟智勇　　张　柱

编委会委员（按姓氏笔画排序）：

丁爱军　　马耀明　　王　举　　王文义　　王志华
王劲松　　王金星　　王春乙　　王桂华　　田文寿
冯兆忠　　石雪峰　　朱小谦　　李　丹　　李　锐
李元龙　　肖文名　　何建新　　张　杰　　张　鹏
张中锋　　罗　勇　　季崇萍　　周波涛　　郑　飞
郑永光　　郑江平　　赵传峰　　胡泽勇　　胡爱军
姚志国　　郭志武　　郭彩丽　　陶健红　　曹　龙
龚建东　　崔彩霞　　梁旭东　　巢清尘　　蒋大凯
曾　沁　　雷小途　　臧海佳　　谭浩波　　翟盘茂
潘志华　　戴永久

编写组（按姓氏笔画排序）：

王　妍　　王　艳　　王　媛　　王金凤　　白静玉
伊　兰　　刘　俊　　刘文泉　　孙　楠　　李　晔
杨　蕾　　吴　宇　　张　德　　张伟民　　张继文
陈正洪　　赵　芃　　钟　鑫　　贾朋群　　郭建福
蒋　星　　程艳丽　　赖冰冰

序 一

大幕徐徐，时代乐章。

中国气象学会走过整整100年。百年时光，学会为团结广大气象工作者、推动和助力气象科学和事业发展做出卓越贡献，值得细细记述，可供我们在重要节点勾起回忆和反思，传递精神和力量。

中国气象学会建立就是中国现代气象科学的起步史。百年前西方船坚炮利，气象设施由外国人控制，此时学会建立，吹来万里东风。风从青岛测候所吹来，1924年学会以"谋气象学术之进步与测候事业之发展"为宗旨在此筹建，发行了中国人自行编印的第一本气象学术期刊，联络气象同仁，传递民族气象声音，提案成立全国气象行政机关。风很快吹遍全国，开展气象教育培训、制定气象规范、统一气象学名词、倡导国际气象科技交流合作。风也吹向国际，竺可桢、赵九章、涂长望等气象先驱在会刊上发表的文章，引起国际瞩目，20世纪70年代初，美国气象学会根据会刊论文的分析结果，高度评价了中国气象所取得的成就。

中国气象学会成长就是中国气象事业的改革开放史。洪流在时序更替中奔腾，学会在新中国怀抱中一路成长，经历迁移、停顿、恢复和发展，由弱变强、由小变大，与气象事业的发展，相辅相成、相得益彰。学会汇聚智慧资源，积极做好科技咨询和人才举荐，提出大量前瞻性、战略性对策建议。聚焦学术进步，打造一流期刊和学术交流活动品牌。推进合作交流，率先开启海峡两岸科技交流大门，在很长一段时间里肩负了打通和融合两岸气象的使命，同时有力发挥民间气象科技交流平台作用，促进国际气象科技合作。完善科普供给，创新科普活动品牌，担负起科技社团的科普责任，成为气象防灾减灾链条上的重要一环。

中国气象学会发展就是中国气象事业的奋斗史。进入新时代，在以习近平同志为核心的党中央坚强领导下，学会迎来新的发展机遇。学会选举产生第二十九届理事会，首次成立学会理事会党委，把广大气象科技工作者紧密团结凝聚到党旗下。坚持走中国特色气象科技社团发展道路，继承发扬老一辈气象学家优良传统，聚焦学术、科普、智库三大任务，积极发挥群团组织作用，助力气象高质量发展。学会是气象科技工作者之家，是党和政府联系气象科技工作者的桥梁和纽带，是推动气象科技事业发展的重要力量，团结和带动每一位气象科技工作者，在科技强国和气象强国建设中找准契合点和发力点，为中国式气象现代化提供动力保障和体系支撑，在促进气象科技能力现代化和社会服务现代化质量提升中发挥倍增效应。

山高路远，但见风光无限；万里东风，还需乘势而上。我们要持续做大做强中国气象学会这个"百年老字号"，不断擦新擦亮中国气象学会这个"金字招牌"，在推进气象服务经济社会高质量发展上起到更大支撑，在推进海峡两岸融合发展新路上发挥更大作用，守正创新，凝心聚力，为谱写好中国式现代化的气象篇章而努力奋斗，为强国建设、民族复兴伟业做出新的更大贡献。值此《中国气象学会百年史（1924—2024）》出版之际，祝学会赓续传承，再创辉煌。

中国气象局党组书记、局长

2024 年 10 月

序 二

百年一段历程。中国气象学会走过的历程，是一部团结广大气象同仁风雨同舟、执着追求的奋斗史。学会规模不断壮大，从1924年的成立大会上仅有16人出席，发展到2024年第二十九次会员代表大会上，200余名会员代表参会，拥有4万余名会员的规模。学会牢记竺可桢在1951年第一届代表大会上"全国气象工作者，无论是在业务、研究、或教育哪一部门工作，必须紧紧地团结起来，为人民气象事业的发展而努力"的铮铮誓言，秉持"谋气象学术之进步与测候事业之发展"的宗旨，努力团结凝聚全国气象工作者之力，一步一个脚印，以"学术、科普、智库"三轮驱动，弘扬气象报国精神，践行使命担当，迈入创新发展阶段。

百年一部史书。学会百年，拥有灿烂的文化遗产和无数的动人故事，做好记录和传承，才能让我们坚定信心，以更加昂扬的斗志投身强国建设和民族复兴伟业。在国家危亡之际，气象先驱怀着科学救国的雄心和挺身而出的勇气，发出"既已越俎代谋，一误岂可再误"的呐喊，使得气象这门科学、这个行业巍然矗立；在加快推进科技自立自强的今天，我们也理应不忘初心、牢记使命，从学会百年发展的历史篇章中汲取力量，以气象先驱为榜样，用实际行动书写好新时代的万千气象。

百年一个刻度。在辉煌篇章中接过接力棒，肩负新时代中国气象人投身强国建设、民族复兴伟业的使命担当，使命光荣、责任重大。学会将继承发扬老一辈中国气象人的光荣传统，以一百年这个历史节点为刻度，紧紧依靠广大气象工作者，充分发挥集体智慧，守正创新、奋楫笃行，深入落实习近平总书记关于气象工作重要指示精神，坚定不移推动气象事业高质量发展，锚定下一个百年的更大辉煌。

最后，感谢本书出版团队所付出的努力。他们以翔实的史料和平实的语言，展现了广大气象同仁为气象事业奋斗的丰富历程。希望更多同仁和学会一起，携手共进，讲好下一个百年故事。

中国气象学会第二十九届理事会理事长

2024 年 10 月

学会简介

中国气象学会由高鲁、蒋丙然、竺可桢等人共同发起，以"谋气象学术之进步与测候事业之发展"为宗旨，于1924年10月10日在山东青岛成立，是我国最早成立的全国性自然科学学会之一。

学会自成立以来，在推动气象学术交流、普及气象科学知识、创办气象核心期刊、培养气象行业人才、开展气象科技奖励、推进气象科技咨询评估等方面做了大量工作，对中国现代气象科学的建立和气象事业的发展起到了重要的推动作用。

新中国成立后的中国气象学会第一次代表大会于1951年4月15日在北京召开。重建后的中国气象学会成为中国共产党领导下的气象学术团体。自1958年9月起，中国气象学会成为中国科协的组成部分。1966年因受"文化大革命"的影响，中国气象学会暂停活动。

1978年，中国气象学会重新恢复活动。学会在中国科协和中国气象局的领导下，全方位地开展活动，充分发挥在促进气象科技进步、推动气象现代化建设和气象事业发展中的不可替代的特殊作用，成为在国内外均具有重要影响的气象科技社团。这一时期，学会充分发挥国际民间学术交流优势，深化了与美国、欧洲、日本、韩国等国家和地区的气象学会间的交流与合作，并率先开启了海峡两岸气象科技交流的大门。学会接连创立了众多学术交流和气象科普品牌活动，重建学会年会制度，整合学术资源，发挥平台效应，推动了气象科技创新与行业交流。此外，学会还设立涂长望青年气象科技奖、邹竞蒙气象科技人才奖等科学技术奖项，表彰在气象领域做出突出贡献的科技工作者，助力气象行业人才成长。

党的十八大以来，中国气象学会深入学习贯彻习近平新时代中国特色社会主义思想，在中国科协、中国气象局的领导和支持下，全面加强党建，积极推进学术、科普、智库创新发展，提升会员管理服务水平，学会工作迈入创新发展新阶段。面向气象事业发展需要，搭建高水平学术交流平台，逐步形成分层分类学术交流服务体系；面向全民科学素质提高需求,创新推动气象科普,做强气象科普系列品牌活动,连续多年获得中国科协全国学会科普工作优秀单位表彰;面向气象科技自立自强创新发展需求,增设大气科学基础研究成果奖、气象科学技术进步成果奖等科学技术奖项,承担中国科协多项人才发展计划项目;独立出版学术期刊《气象学报》、Journal of Meteorological Research,共同主办学术期刊 Advances in Atmospheric Sciences、Atmospheric and Oceanic Science Letters、《大气科学》《气候与环境研究》《气象科技进展》《干旱气象》及科普期刊《气象知识》,积极推动气象期刊联盟建设,气象科技期刊影响力不断提高;面向政府和社会需求,发挥第三方智库优势,气象科技咨询评估工作不断取得新突破。

百年来,学会始终坚持科学救国、科技强国理念,始终遵循学会建立时"谋气象学术之进步与测候事业之发展"的初衷,坚持中国特色气象科技社团发展道路,倡导爱国、敬业、求实、协作优良传统。著名气象学家蒋丙然、竺可桢、赵九章、叶笃正、陶诗言、章基嘉、邹竞蒙、曾庆存、伍荣生、秦大河、王会军、谈哲敏等先后担任学会理事长。

目前,中国气象学会是中国科协直属全国一级学会、中国科协中国公众科学素质促进联合体常务理事单位、中国科协生态环境产学联合体成员单位,拥有近150家单位会员、43000余名会员。中国气象学会正按照习近平总书记"为科技工作者服务、为创新驱动发展服务、为提高全民科学素质服务、为党和政府科学决策服务"职责定位,深化改革,锐意进取,加强开放型、枢纽型、平台型组织建设,强化学术、科普、智库重点任务,在推动学术交流、促进科学普及、提升期刊质量、加强人才举荐、积极开展奖励评审、科技咨询评估以及推动国际交流等方面加大工作力度,持续推动学会治理体系和治理能力现代化,团结动员广大气象科技工作者深入参与,开拓创新,为实现气象高质量发展战略目标贡献学会力量。

目　录

序　一
序　二
学会简介

绪　论　从古到今气象学的发展概述 —— 1
　　第一节　中国传统气象学的发展　　2
　　第二节　近代气象科学技术的传播　　4

第一章　谋气象进步，建立新学会 —— 7
　　第一节　中国气象学会成立前的准备　　8
　　第二节　中国气象学会的创立　　13
　　第三节　早期学会的主要情况　　15
　　第四节　学会刊物的编辑　　22
　　第五节　史镜清奖金征文　　25
　　第六节　学会活动　　26

第二章　重建与恢复，开启新发展 —— 29
　　第一节　重建中国气象学会的准备工作　　30
　　第二节　中国气象学会的重建　　31
　　第三节　重建后学会的主要活动　　34

| 第四节 | 停滞十年后的恢复背景 | 45 |
| 第五节 | 学会恢复活动的过程 | 46 |

第三章　改革促创新，实现新跨越 —— 49

第一节	顺利完成恢复活动初期的各项工作	51
第二节	会员代表大会及理事会	59
第三节	完善组织建设，深化改革促发展	94
第四节	学术交流活动	104
第五节	气象科普活动	135
第六节	气象科技期刊	162
第七节	科技奖励和人才举荐	177
第八节	国际民间气象科技交流	182
第九节	海峡两岸气象交流	201
第十节	气象科技咨询与评估	217
第十一节	纪念活动	232

第四章　扬帆新时代，奋进新征程 —— 247

第一节	链接各界学术资源，搭建高水平学术交流平台	248
第二节	打开气象科学大门，铸强新时代气象科普之翼	257
第三节	唱响气象科技声音，多维度探索一流期刊建设	262

第四节	聚势赋能气象资源，开拓气象科技咨询评估	267
第五节	党建引领开创新局，围绕大局助力事业发展	272

大事记 —— 277

名人与学会 —— 329

主要参考文献 —— 349

附录 —— 351

附录一	中国气象学会历届理事会成员名单	352
附录二	中国气象学会历届理事会专门机构沿革	369
附录三	中国气象学会秘书处机构沿革	382
附录四	历届涂长望青年气象科技奖获奖名单	383
附录五	历届邹竞蒙气象科技人才奖获奖名单	392
附录六	历届大气科学基础研究成果奖获奖名单	394
附录七	历届气象科学技术进步成果奖获奖名单	395
附录八	各省（自治区、直辖市）、计划单列市气象学会简介	399

编后记 —— 415

绪论 从古到今气象学的发展概述

人类活动与包围着地球的大气密不可分，气象时时刻刻影响着人类的生产和生活。天有不测风云，月有阴晴圆缺，一日之中晴雨冷暖可并现，一年之中更有四季变换，气象因素和气候变迁影响和改变了人类文明的发展进程。气象和气候变化促使古猿向人类进化。史前人类在经历了冰期巨大的气候异常后生存和发展起来。30万年前氏族社会形成，人类在对气候环境的适应中分化出各种主要人种。原始时期的人类强烈地依赖自然条件生存，对自然抱着十分敬畏的心态去认识天气现象。逐渐地，他们积累了很多有关天气现象辨别预测的经验，这些经验被一代一代传了下来，人们对气象的认识随之加深，出现了早期的气象学萌芽。

第一节 中国传统气象学的发展

人类文明的第一个时代——农业时代——开启了华夏万年的文明史。一般认为，在晚清西方气象学传入之前的历史阶段（一般指1840年以前），中国的气象知识体系独立自主产生、发展，具有中国传统的气象学日益丰富。从晚清开始，西方近代气象学体系传入中国，中国的气象学吸收消化并带有西学东渐的特征。1949年新中国成立以来，中国气象学在与西方大气科学接轨和并行发展的同时，中国特色的气象学不断得到发展。

一、中国古代气象科学悠久的发展历史

中国古代气象学取得了辉煌的发展成就，并建立了一整套较为完整的富有中国特色的气象科技体系，在政治、军事、农业等领域都有广泛的应用。

早在远古时期就有许多关于观天测候的传说。近年来，许多考古发现中国天文气象学能前推到8000年以前。河南濮阳古墓中发现的蚌壳拼北斗龙虎天象图，就反映出当时的人们已认识到众星拱极的天体周日视运动，并用龙与虎分别表示春夏与秋冬的季节变化。人类凭借季节观念的形成和对气候规律的初步认识，逐渐适应自然气候环境，从而产生了合理的农业布局，并创造了太极、阴阳、四象、六合、八方、八风、八卦，开始运用太阳、月亮和少数星星来给季节和节气的起始点作天文定位。至尧舜时代，人类对温、光、水、风的认识已相当准确。随着夏商、西周时代生产力的发展，人类对气象、天文知识的需求更为迫切，在与洪水和干旱的抗争中学会了应用气象知识，积累了很多测天经验，并通过甲骨文字来记载这些经验。而《周易》的出现，反映出人类早期气象思想体系的形成。

春秋战国时代农业的空前发展，使得先人们更关注对气象规律的探索，进而推动了气象知识的发展和普及，气象知识成为阐述天道观的基本依据。秦汉时代的古代气象体系日臻完善，涉及天文气象的典籍浩如烟海，大量天文志、律历志、灾异志、五行志等都有关于气象现象的记载，观象机构留下了丰富的气象记录，测风仪器更是传播到西方。气象知识被广泛运用到农业、航海、水利、医疗、军事、贸易等各个方面。宋代开始的海上航行的大发展，明代的郑和七下西洋，说明古人对气象的运用已经达到很高的水平。明代在南京建立的钦天山观象台已拥有当时世界上最先进的观测设备。

二、明末清初气象科学技术的发展

明末至清初，中国气象科技以西学东渐为主要特征。明清之际，西方一些先进的气象科学

理念以及仪器设备传入中国，在很大程度上促进了气象科技水平的提高，中国传统的气象学体系受到一定程度的冲击。外国客卿和传教士纷纷来华，更是逐渐主导了中国气象事业。至清代末期，法、英、德、日、俄相继在中国建立气象机构或进行气象观测，为其侵略目的服务。

中国气象科技的近代化是通过引介与嫁接西方近代气象科技，来对中国传统气象科技体系进行适度改造、重构与提升的过程。西方学者很注重使用仪器观测气象现象，文艺复兴又促进了思想文化的解放，很多科学家不仅对物理学等科学发展做出了极大贡献，而且对近代气象学的发展有突出贡献，特别是发明了一些重要的气象观测仪器。1593年，伽利略利用气体的热胀冷缩原理发明了最早的温度计，这支温度计结构简单，无示数刻度，只能相对粗略地估计和定性温度的高低。之后，温度计又被多位发明家改进，酒精温度计、水银温度计相继问世，并沿用至今。雨量计、气压计、湿度计、风速仪等一些近代气象仪器也被发明出来，它们在观测、记录气象要素，以及研究气象运行规律的过程中发挥了重要作用。英国气象学家纳皮尔就认为，温度计和气压计的发明，标志着大气物理学的开端。

明末清初，一批西方传教士来到中国，西方气象学研究成果以及近代气象仪器也随之传入中国，这一时期被称为第一次"西学东渐"。17世纪前半叶，意大利人高一志与韩云合作译著《空际格致》，这是最早把西方气象学知识介绍到中国的书籍，书中阐述道："当时西人利用光象、水象、动物行为等来预测天气变化，亦与中国先民相似。"1670年，比利时人南怀仁在北京制造出了温度计和湿度计。《新制灵台仪象志》中的《验气说》较为详细地介绍了温度计和湿度计知识，并绘制了两件仪器的图形。南怀仁之后，法国人白晋将更为先进的液体温度计带到中国，并撰写《寒暑表说》，该书较为系统地介绍了到17世纪60年代为止欧洲科学家在气体静力学和热本质方面的一些革命性观点。一些知识分子因为受到这些西方比较先进的天文和气象知识的影响，结合中国自己的传统科技知识，出版了诸如《天经或问》《广阳杂记》《奇器图略》等书籍，也开始制造初具雏形的温度计和湿度计。清初制器工艺家黄履庄曾尝试制造验冷热器，"此器能诊试虚实，分别气候，证诸药之性情，其用甚广，另有专书①"。1683年，黄履庄利用弦线吸湿伸缩原理成功制作了第一架"验燥湿器"："内有一针，能左右旋，燥则左旋，湿则右旋，毫发不爽，并可预证阴晴。"这两件仪器就类似于今天的温度计和湿度计，相比古代前期的发明，显然有所进步，但与同期国外学者的发明相比，显得比较粗糙，尚处于应用国外的气象原理进行发明，或者在传教士带入仪器基础上进行改进的阶段。

---

① 指另有专书讲述这件仪器，可惜专书和仪器都已失传。

西方气象科技知识的传入对这一时期的中国知识分子阶层产生了一定影响，但对中国社会的影响并不明显。一方面，由于西方气象学自身发展时间也不长，早期依附于天文学、地学，在近代科学中成熟和独立较晚，直到19世纪中叶，近代气象学才成为一门独立的学科；另一方面，明清时期由于中国封建社会自身的局限性，很难充分吸收一整套的气象学科技理论体系。因此，这一时期中国的近代气象活动更多具有文献学和历史学的意义，与民众实际生活几乎没有联系。

第二节　近代气象科学技术的传播

中国的晚清时期，西方近代科学取得了长足的进步，东西方科学技术的差距不断拉大。西方气象科学技术传入中国的方式也发生了变化，表现出多元化、多渠道的特点。

一、气象科技相关书籍大量出版

气象科技相关书籍主要包括综合性书籍和专业化书籍。晚清时期出版的物理、化学、天文等科学著作中就包含了很多关于气象科技的内容，如《航海金针》（1853年）、《博物新编》（1855年）、《格物入门》（1868年）、《汽机发轫》（1871年）、《格致启蒙》（1880年）、《格致质学启蒙》（1886年）、《热学图说》（1890年）、《热学须知》（1894年）、《格物质学》（1894年）、《热学揭要》（1894年）、《天文揭要》（1898年）、《物理学》（1900年）等。其中美国传教士玛高温编著的《航海金针》，解释了风的成因，介绍了中国东南沿海的飓风运动规律，提出了躲避海上飓风的方法，书中还比较系统地介绍了当时西方最新的气象学知识，给中国传统气象学带来了冲击。

1848年前后，英国人合信把近代先进的气压计、温度计传入中国，之后还编辑出版了《博物新编》，依据托里拆利实验原理详细叙述了气压计的制作和应用原理，并指出"若在中国制造风雨针（气压计），必须测较中国之气候，因西国分寸度数与中国不无少异也"；讲到温度计时，指出"近赤度各国风气为最热，盛暑有行至百分者，南极北极风气为最冷，严寒有行至无分者"。另外，还讲述了空气、风的形成等气象科学知识和相关观测技术。

一批西方气象学专著如《测候丛谈》《御风要术》《测候器图说》《气学须知》和《气学丛谈》等相继被翻译成中文，其中以《测候丛谈》最为全面系统，除叙述了气象学的一些基本概念与理论，还介绍了世界各地气象观测实验及数据等内容。

这些西方气象书籍的传入促进了气象学在中国的传播，推动了气象观测在中国的开展，对气象学科在近代中国的发展起到了一定的作用。

二、近代气象台站的建立

在一些沿海经济开放地区，近代气象台站开始出现，并对当时的社会和经济提供了一些服务。

1841年，俄国人开始在北京做系统的气象观测，并于1849年在"奉献节教堂"附近建立了"地磁气象台"（即北京观象台），出版有《北京气候》《东亚气候》等书籍。1865年，法国人携带一些气象仪器来到上海，建立了徐家汇观象台，同年12月即开始在董家渡进行气压、气温、湿度、降水等相关天气现象的气象观测。

1879年7月31日，徐家汇观象台发布了中国第一个台风警报。后来，经过几十年的发展，徐家汇观象台融合国内其他台站的观测数据，成为中国气象信息网络的中心节点和远东气象情报活动与科学交流的中心。徐家汇观象台历任台长中尤以劳积勋和龙相齐对气象学贡献最大。劳积勋对台风预报深有研究，著有《远东天气》，龙相齐著有《中国气象》两册。1918年，竺可桢在哈佛大学撰写的博士论文《远东台风分类新说》，很多基础数据就是来自徐家汇观象台。

这一时期其他由外国人在中国建立的观象台还有香港天文台（1853年）、海关气象观测站（1869年）、青岛观象台（1898年）等。这些观象台主要收集国内外天文、气象等资料，并注重为社会生活和工农业生产服务，客观上成为连接气象科技与社会服务的重要桥梁和纽带。

三、近代学校成为普及气象科技知识的重要场所

晚清时期，一些外国传教士基于传播其宗教思想的目的，建立了一批教会学校。这些学校在早期的开埠城市相继出现，课程设置与传统学校不同，成为普及近代气象科技知识和培养气象人才的重要场所。教会学校普遍重视科学实验，大多建有较好的实验室，教材讲解与实验操作相结合是其教学特点，气象学器材作为科学实验器材，被广泛应用于教学之中。

狄考文在山东创办的登州文会馆就是这样一所学校。该校于1884年被美国北长老会确立为大学，成为中国最早的近代大学之一。登州文会馆很早就建起了自己的科学实验室，拥有水学器、气学器、蒸气器、声学器、力学器、热学器、磁学器、光学器、电学器三类（干电器、湿电器、副电器）和天文器十大类300多种实验仪器，其中与气象学相关的实验器材就有47种之多。

学校专用教科书《热学揭要》不仅探讨了温度计的误差、测量范围和灵敏度等，还介绍了如何使用冰水混合物作为零度分析调准温度计，与《测候丛谈》相比，内容更为详细实用。

这一时期，西方气象学知识是在西学东渐的过程中与其他科学技术知识一起传入中国的。西方科学技术的涌入，对20世纪初的中国特别是中国知识分子阶层产生了长远影响。

第一章
谋气象进步，建立新学会

我国古代的气象观测起步较早，清代钦天监就设有观察天气的官职。但我国古代气象学发展却较为缓慢，很大一部分原因是缺乏国家政治制度的引导与保障，以至于近代以来，虽然引进了很多气象科技知识，但尚未形成气象科技体系。因此，迫切需要国家在战略层面建立专业机构，整合国家气象资源，统一气象观测技术标准，将各种要素融合为一个整体。

第一节　中国气象学会成立前的准备

一、成立气象专业机构和制定气象观测规则

1912年11月29日，南京临时政府参议院决定在北京设立中央观象台，高鲁任台长，设立天文、历数、气象与磁力四科，但因既无人才、经费，又无技术设备，气象科并未于当年成立。同年12月，蒋丙然自比利时留学归国，高鲁知其是人才，几次邀请他筹建气象科。蒋丙然则认为自己学的是农业气象，对气象仅是一知半解，不肯接受此项艰巨任务，高鲁以肺腑之言相劝说："吾国气象事业，向无顾问者，逊清海禁初开，委托徐家汇天文台负其责，当时我国既乏专家，又无常识，以至外人越俎代庖。"蒋丙然受他的诚挚之言所激励，毅然辞去了苏州的执教工作，于1913年7月接受高鲁之邀筹建气象科，并担任首任气象科科长，从此走上了创办中国近代气象事业的道路。

由于战乱等诸多社会问题，气象科设立后并没有得到很好的发展。最初科里只有两个人，且经费紧张，各项工作都很困难。当时中国的气象台站类型众多，使用的仪器规格庞杂，且观测时制不同，规章制度各异，机构体制混乱，这使得观测所得气候资料缺乏比较性，难以综合利用。于是，蒋丙然开始着手购买国际上通用标准的观测仪器，如陶迪乐水银气压表、迪克地式最高最低温度表、利沙式气压温湿度自记表等。在高鲁、蒋丙然等人的共同努力下，经过两三年的筹备，人才、仪器设备得以充实，各项气象业务工作逐步走上正规。1915年，气象科正式成立，蒋丙然亲自撰写制定了中央观象台气象科10条《气象观测规程》，标志着中国气象事业正式迈入近代化阶段，中国气象科技体系开始形成。

中央观象台气象科《气象观测规程》

（1）观测时间用东经120°标准时，日照数用太阳时。
（2）气压以公厘计。
（3）温度用摄氏度，其在零下者，以负号（-）志之。
（4）每日定时观测最高气温、最低气温。
（5）雨计以公厘计，雨雪雹霰之水均谓之雨计，不及十分之一公厘，作0为计。
（6）湿度自0至100计，最干为0，最湿为100。
（7）风向以16为计，风力以0至6之比例计。
（8）云量以0至10之比例计。
（9）各种观象用万国公用符号记载。
（10）自本年始改用24小时观测制，以观测员六人轮值观测，每小时一次。

《气象观测规程》是中国最早的自编气象观测规程，其中明确规定了气象观测的时间标准、时次、各气象要素的单位及精度，且均以万国公用标准为准则，并改为24小时6人轮流观测。虽然气象科只是当时中华民国教育部下属中央观象台的一个科室，不能在中央政府层面制定和协调气象政策，但《气象观测规程》的制定，为全国的气象科学技术做了统一规范。

中央观象台气象科还为全国的气象台站建设提供信息、技术支持，为气象事业吸引民间资本投资提供便利。北洋政府深陷于军阀混战政治腐败的泥淖，拿不出更多的资金来支持气象事业，气象科自初建之时就一直受到经费短缺的困扰。为了节约经费，很多气象观测仪器如雨量计和百叶窗甚至需要自制，影响了仪器的观测精密度；一些气象科普刊物如《气象丛报》也曾因经费短缺而停刊。因此，民间资本投入到气象事业中来就显得尤为重要。1917年，张謇就自费兴建了南通军山气象台，除了经纬仪、温度表、气压表、风速仪、雨量计等常用气象仪器之外，还配备了当时先进的收报机、发报机。南通军山气象台不但进行日常观测业务，还积极开展服务农业的气象观测和研究工作，研究气候变化与当地棉花产量的问题，并发表了论文《气象与棉作之关系》（作者刘渭清）。

二、创办《观象丛报》等气象刊物

1914年，高鲁、蒋丙然发行了由中国人自己创办的最早的气象刊物《气象月刊》，直接面向社会科普气象知识，希望消除长期存在于民众中的关于天气现象的迷信思想。1915年，《气象月刊》全新改版为《观象丛报》，主要刊登天文、气象等方面的科普文章，成为一份综合性科技期刊。高鲁高度评价气象学："近百年内，始分门立户，类别而考究之，其发达之速，殊出意料之外，盖斯学关系至巨，近之如水旱之预防，卫生之设施，远之如航海航空之筹备，其关乎社会生命财产者，其重要为何如乎。"他认为气象学原本是物理学的一部分，自从成为一门独立学科之后，发展迅速，并对人类生活产生了巨大影响。

蒋丙然对气象知识的科普非常严谨，如他在《说晕》中指出："考今之科学界所记载之晕不仅种类未详，即其性质亦未备。"事实上，他对于晕的每种已知形态都搜集了历史上的观察记录，指出观察的方法要点，包括测晕须知、弧度之计算以及六分仪使用法等，然后进行分类和科学的分析，详解成因，这给后人指出了科学研究的方向和方法。

《观象丛报》还开创了一个灵活多样、生动有趣的科普栏目——《晓窗随笔》。《晓窗随笔》栏目的写作范围广泛，并没有固定的主题，甚至主题之间跳跃性较大；主要内容或介绍与天文相关的机械，或介绍中西历法及沿革，或普及气象学知识、破除大众对天象的迷信等。

继《观象丛报》之后，《气象杂志》《气象月刊》[①]《气象年报》《气象简报》《天气》《气象通讯》等刊物也陆续出版发行。这些刊物曾与国内外学术机关及欧美300余处观象（气象）台进行资料交换，获得了可观的科学资料。蒋丙然还出版了《大气运行》《实用气象学》《通俗气象学》《航空应用气象学》等专著。这些定期出版的专业期刊、全面系统的专著、面向公众的气象科普知识，使得气象学这门在古代一直高深莫测甚至带有神秘色彩的学问，逐步融入到普通人的社会活动中，吸引了更多人的关心关注，对与近代气象科技发展相适宜的社会土壤的形成，起到了积极作用。

三、促进气象科技人才与气象教育发展

气象科技发展最重要的因素还是人才，吸引更多更专业的技术人才参与其中是关键所在。气象科技人才的来源一是本土培养；二是赴欧美求学的留学生回国效力。本土培养主要是培养基层的气象观测工作人员，包括仪器的使用方法，观测、记录、处理气象数据等内容，主要是短训班的形式。也有不少高校开展了气象学课程教学，蒋丙然是我国讲授气象学的第一位教师，曾担任数所高校的气象学教学工作，为培养中国的气象人才做了大量工作。1917年，蒋丙然在兼任北京南苑航空学校教官期间，增设气象学讲座，并以"气象大家杭戈氏所著气象学为蓝本，参以各名家学说，编为理论气象学一书"，其中提到"气象学为大地物理学之一部，近百余年始分立门户，专事研究地面与空中所发生之现象也"。这也是中国第一本气象学教科书。

为满足气象科测候站的需要，蒋丙然于1921年和1923年主持了两期气象人员培训班。培训班每期3个月，以气象学为主要课程，兼学天文、地震等内容，注重理论与实用结合，两期共毕业40余人，这是我国开办最早的气象人员培训班。蒋丙然还曾多次去上海徐家汇观象台参观学习、收集资料，并选派杨寿龄、夏震龙二人学习绘制天气图。气象科依据绘制的天气图向社会提供天气预报，也是使用天气图方法进行天气预报的开始。

气象人员培训班的目的是解决基层工作人员欠缺的问题，而召唤留学生回国效力是引进高端气象科技人才的重要方法。在这些人中，蒋丙然、竺可桢是杰出的代表。

1912年12月，蒋丙然学成回国，任苏州垦殖学校教务长。1913年夏，蒋丙然应中央观象台台长高鲁之邀，到北京中央观象台筹建气象科，并任气象科科长。气象科成立之初，每日3次的温度、气压和湿度气象观测工作都由他一人担任。在1915年1月中央观象台气象观测正式

[①] 1922年，由于《观象丛报》改为专刊，蒋丙然又重新编印出版了《气象月刊》杂志。

开始以后,他积极着手策划天气预报工作,同年,他亲自绘制了第一张由中国人发布的天气图。1916年起,他领导的中央观象台气象科公开对社会发布天气预报,每日两次,在中国领土上开创了由中国人发布天气预报的新纪元。1924年2月,蒋丙然代表中央观象台接收日本管理的青岛测候所,并将该所改名为青岛观象台,他出任台长,直至抗日战争期间青岛沦陷止。在他任青岛观象台台长期间,积极发展中国的气象事业,完善气象观测,做航运预报,开展天气预报研究工作,并以"谋中国气象学术之进步与测候事业之发展"为宗旨,发起成立了中国气象学会。

1928年,竺可桢先生在南京筹建中央研究院下属的气象研究所,并担任所长,所址在南京北极阁。经过几年的努力,他在国内建立了由40多个气象站和100多个雨量测量站组成的中国气象观测网。中央研究院气象研究所在竺可桢先生的领导下,在仪器设备、图书刊物、人员素质、业务范围、科技水平和国际影响等方面都取得了很大成就,成为我国气象研究的中心和实际上的业务指导中心,同时也是气象人才培养的重要基地,为我国现代气象事业奠定了基础。之后,赵九章、涂长望等人陆续回国,在我国本土接受气象教育培养的陶诗言等人也成长为当代气象事业的中坚力量,我国近现代高端气象人才成长保持了连续性。

蒋丙然、竺可桢等人作为中国近现代气象事业的领军者,还很注重参与国际气象科学活动,使得我国早期的气象活动就具有了国际视野,成为世界气象科技体系的一部分。1926年,竺可桢等12位中国代表参加了在东京召开的第三届泛太平洋学术会议,并发表了多篇论文。1929年,

蒋丙然

竺可桢

蒋丙然和竺可桢参加了在万隆召开的第四届泛太平洋学术会议，蒋丙然会上提交了《青岛温度之研究》的论文。1930年，蒋丙然参加在香港天文台召开的远东气象台台长会议。1933年，蒋丙然受中央研究院派遣，准备出席在加拿大召开的第五届泛太平洋学术会议，后因路费问题未能成行，但向会议提交了《东亚低气压与台风之研究》的论文。这一系列的学术活动提升了中国气象在国际上的话语权，也为中国气象融入世界气象科技体系做了有益的尝试。1928年中央研究院气象研究所的成立在当时有着国家层面促进气象研究和业务发展的背景意义，这标志着中国近代气象科技体系进一步形成。气象研究所分为气象观测和气象研究两组，气象观测组又分为测候值班、仪器管理与记录整理。除地面气象观测外，还先后开拓了高空气象观测、天气预报和气象广播、物候、日射、空中电气、微尘以及地震等多项观测业务和研究工作。

四、国际气象组织发展与青岛观象台建立

1873年，国际气象组织（International Meteorological Organization，IMO）正式成立，此即联合国专门机构——世界气象组织（World Meteorological Organization，WMO）的前身。IMO从创立到第二次世界大战结束，一直致力于促进国际气象合作，开展协调观测并推动实现仪器标准化，是世界各国政府间开展气象业务和气象科学合作活动的国际机构。国际气象组织除了在观测标准化方面发挥了关键作用外，还在1882—1883年和1932—1933年组织了两次"国际极地年"活动，为科学研究做出了突出贡献，其规模超出任何一个国家的能力。此外，各个国家也相继建立起本国的气象学会，国际气象组织和各国气象学会的蓬勃发展为中国气象学会的成立起到了积极的推动作用。

1898年，德国人强占胶澳（今青岛）。德国海军港务测量部打着发展港务和航运事业的旗号，于1898年3月在青岛后海沿附近设立简易气象观测机构，同年4月定名为"青岛气象天测所"（即青岛观象台），开始进行气象观测，每日观测3次，包括气温、湿度、雨量及风力等，青岛也成为中国最早开展气象、天文、海洋、地震等多学科研究的城市之一。到1911年，青岛观象台的主要业务包括气象、天文、地震、地磁、潮汐观测，以及港务测量、船舶仪器试验检定和供给等工作。此外，还负责管辖济南、张店、青州、胶州等10余处测候所。在20世纪初，青岛观象台与香港天文台、上海徐家汇观象台就被誉为亚洲的三大观象台。

1914年日军占领青岛，青岛观象台落入日本人手中，改称"青岛测候所"。1915年日德战争结束，中国政府要求日军撤离青岛。1922年，高鲁派蒋丙然为接收青岛测候所组长，东南大学地学部主任竺可桢、佘山天文台高均为组员，曾在中央观象台工作的宋国模为工作人员，前

往青岛与日本所长入间田毅洽商接收事宜。几经斗争，1924年2月，蒋丙然率领陈展云等人正式接收青岛测候所，并改称"胶澳商埠观象台"，后又更名为"青岛市观象台"，蒋丙然任观象台首任台长，开展了卓有成效的观测工作。青岛观象台的收回，为中国气象学会的成立打下了坚实的物质基础。

第二节　中国气象学会的创立

我国历史悠久，文化源远流长。但就自然科学来说，只是自19世纪末志士仁人提倡自然科学技术，成立"中国科学社"后，才陆续成立了各门类的自然科学学会，借以团结同仁，建立、促进和发展我国的自然科学和技术。

1892年，法国天主教会主办的上海徐家汇观象台台长蔡尚质曾在上海组织过一个气象学会，每年召集一次会议，宣读论文，并出过若干气象学术报告。但该学会仅维持了几年，便于1898年停止活动。

民国初期，蒋丙然等气象人士就从建立民族气象事业的意愿出发，积极酝酿组建气象学会，但考虑到时机还不成熟，决定先从介绍近代气象知识和培养人才着手。当时的北京中央观象台出版了一些气象书籍，并于1915年7月创办了《观象丛报》（气象、天文、地震、地磁等综合性月刊），共出版75期；又开办了多期气象观测人员训练班，培养出一批气象人员，设立了几处测候所。至此国人自办的气象事业端倪渐显。

1924年2月，蒋丙然、竺可桢和高均受命接管由日本人强占的青岛测候所。其时，分别在北京、青岛、南京等地的高鲁、蒋丙然、竺可桢、彭济群、常福元等人经过通信联络商讨，一致认为创建中国气象学会的时机业已成熟，气象界应以"谋气象学术之进步与测候事业之发展"为宗旨，共同发起组织中国气象学会。此议得到国内气象界人士的积极响应，申请加入学会的团体会员有6个，个人会员有31名。

经过紧张筹备，1924年10月10日下午，在青岛胶澳商埠观象台办公处召开了中国气象学会成立大会。

青岛昔称胶澳，其地理位置的重要性使之成为我国开展气象工作最早的城市之一。胶澳商埠观象台前身为德国于1898年所建的青岛气象天测所。1905年气象天测所迁至水道山，并进行气象观测，水道山也因此被人们称为观象山。1911年，德国政府将青岛气象天测所定名为皇家青岛观象台。1914年日本侵占青岛，又将青岛观象台改称青岛测候所。1922年12月，北洋政府收回胶州湾租界的管辖权，划为胶澳商埠，测候所改称直隶胶澳商埠督办公署青岛测候局，1923 年改名青岛测候所。1924 年，青岛测候所又改称胶澳商埠观象台，并成为中国气象学会的诞生地。

中国气象学会诞生地——青岛胶澳商埠观象台

参加学会成立大会的到会会员公推蒋丙然为临时主席，并由他报告学会的筹备经过。当时在北京的高鲁因事未能与会，特写了一篇题为《中国气象学会成立以前感想》的演讲词，由那树藩在会上代为宣读。大会讨论通过了学会章程，推选蒋丙然为首任会长，彭济群为副会长，竺可桢等 6 人任理事，陈开源任总干事。大会公推高恩洪（字定庵，胶澳商埠督办）、张謇（字季直，南通军山气象台创办人）和高鲁（字曙青，北京中央观象台台长）3 人为名誉会长。大会还讨论了几个议案，举行了茶话会并摄影留念。中国气象学会的成立，揭开了中国气象事业发展史上具有重要意义的一页，对中国气象科学体系的形成与发展产生了深远的影响。

成立大会召开后，理事会立即着手开展相关工作。1924 年 10 月 18 日，在青岛胶澳商埠观象台办公处召开中国气象学会成立后的第一次理事会。会议推举学会职员，由傅继苏、吕蓬仙为书记干事，李春蕙为会计干事，吴鹰为庶务干事；向内务、教育两部呈报成立学会案；拟订了理事会及干事部规则及理事会开会日期暨法定人数的规定；要求各地会员不定期进行学术演讲；推举会长、副会长为学会代表，加入教育团体联席会议；起草请求庚款之意见暨计划书；组成编辑委员会，推举高均为编辑委员及总编辑，熊昆山、宋国模为编辑委员兼编辑干事。另外还就发展会员、制备会证及会章等通过决议。11 月 8 日，在青岛胶澳商埠观象台办公处召开第二次理事会，讨论干事部工作细则，再议拟划庚款兴办中国各地气象测候所意见书案。同时，就编辑委员会规划、投稿规则、会刊格式等通过决议。在讨论徽章式样案时，决定采用高均提出的篆文中气及云龙风虎二式。12 月 6 日，在青岛胶澳商埠观象台办公处召开第三次理事会。研究理事会规则及拟划庚款兴办中国各地气象测候所意见书案。由此可以看出，在当时全国尚无统一的气象机构的情况下，中国气象学会已开始关注和力推在全国各地建立测候所的工作。1925 年 3 月 5 日，在青岛胶澳商埠观象台办公处召开第四次理事会，共通过五个议案：①新加入会员案；②学会对于拟划庚款兴办气象事业，应从实际着手，拟在京召集学术团体开会进行案；③讨论组织演讲会案；④讨论经费案；⑤讨论增设测候所案，请总干事陈开源拟出详细计划。

同年5月1日、6月4日、7月2日及8月6日，分别召开了第五次、第六次、第七次、第八次理事会。至此，中国气象学会的创建工作基本完成，它在推动和发展民族气象事业方面的重要作用亦开始显现。

第三节　早期学会的主要情况

新中国成立前的25年是中国气象学会的初创和奠基阶段。学会活动主要围绕召开年会、举办学术报告会、编辑学术刊物等进行，借以推动学会和国内气象事业的发展。这一时期的学会活动，在团结我国气象工作者、促进民族气象事业的发展、提高气象科学研究的水平、介绍近代气象知识等方面发挥了重要作用。

一、年会

当时的中国气象学会每年集会一次，称为年会。年会相当于现在的会员代表大会，是学会的最高权力机构，全体会员均应参加，其重要性不言而喻。除了年会之外，学会章程还规定，遇有重要事务时，可由会员5人（第十三届年会后，改为会员10人）以上提议，经理事会决定，由会长（理事长）召集会议，但此种情况实际上未曾发生过。自成立后，除1934年外，学会每年都举行了年会。1935年举行的第十届年会是学会成立10周年纪念会。中国气象学会成立大会和第一届至第四届年会是在青岛召开的，第五届至第十二届年会则是在南京召开的。1937年抗日战争全面爆发后，会员星散，交通不便，加上物价飞涨、经费短绌等原因，中国气象学会

1931年12月参加中国气象学会第七届年会的人员合影

1932年10月参加中国气象学会第八届年会的人员合影

1935年4月参加中国气象学会成立10周年纪念大会的人员合影

1937年4月参加中国气象学会第十二届年会的人员合影

只在重庆北碚联合其他 5 个自然科学的学会和团体开了一次年会（1943 年第十三届年会），其时会长竺可桢在遵义浙江大学无法抽身，副会长蒋丙然远在沦陷区的北平，皆未能出席，改由学会总干事吕炯主持。各届年会无论是单独举行还是联合其他学会举行，其主要议程均包括：学术演讲、报告会务、讨论提案、修改会章、选举（直接选举和通信选举）学会领导人、宣读论文、介绍并通过新会员、决定理事会干事部所在地等内容。

自成立起至 1948 年，中国气象学会共举办了 15 届年会，因连年战争和时局动荡等多种原因，1934 年、1938—1942 年、1944—1946 年未能举办年会。在举办的年会中，1943 年与中

新中国成立前的中国气象学会历届年会简表

	举行日期	举办地	主持人	出席人数	宣读论文
成立大会	1924 年 10 月 10 日	青岛胶澳商埠观象台	蒋丙然	16 人	
第一届年会	1925 年 9 月 1—4 日			20 余人	3 篇
第二届年会	1926 年 8 月 7—8 日			10 余人	2 篇
第三届年会	1927 年 10 月 11—12 日			不详	1 篇
第四届年会	1928 年 12 月 8—9 日			不详	2 篇
第五届年会	1929 年 12 月 22 日	南京中央大学	竺可桢	20 人	2 篇
第六届年会	1930 年 12 月 21 日	南京中国科学社		20 余人	4 篇
第七届年会	1931 年 12 月 20 日			30 余人	5 篇
第八届年会	1932 年 10 月 30 日			30 余人	6 篇
第九届年会	1933 年 11 月 26 日			20 余人	5 篇
第十届年会	1935 年 4 月 7 日	上午南京气象研究所；下午南京中央大学科学馆		50 余人	10 篇
第十一届年会	1936 年 4 月 26 日	南京气象研究所		40 余人	14 篇
第十二届年会	1937 年 4 月 1 日			56 人	20 篇
第十三届年会	1943 年 7 月 18—19 日	重庆北碚	吕炯	20 人	33 篇
第十四届年会	1947 年 8 月 30 日—9 月 1 日	上海国立中央研究院	竺可桢	不详	16 篇
第十五届年会	1948 年 10 月 10—12 日	南京中央大学		不详	不详

国科学社、动物学会、植物学会、地理学会、数学学会等团体联合举办，1947年与中国科学社、自然科学社、天文学会、地理学会、动物学会、解剖学会等团体联合举办，1948年与中国科学社等团体联合举办。

二、组织机构演变

新中国成立前的中国气象学会设有理事会、会长、副会长、董事会（监事会）、总干事、干事等职。

（一）理事会

全体会员大会闭会期间的权力机构是学会的理事会，理事会受大会委托议决各项重要会务，由会长、副会长、理事和总干事组成。会长总理会务，为学会对外代表，全体会员大会、理事会开会时为会议当然主席。副会长协助会长总理会务，会长因故不能视事时，由副会长代理。理事和总干事均在年会上由全体会员选出。学会成立时，理事为6人，从第一届年会（1925年）起增为8人。在第十三届年会上，改为理事会由理事9～11人、候补理事3～5人组成。由理事互推5人为常务理事，其中1人兼任理事长，执行原先会长的职务。理事在全体会员中选出，其中半数以上应在理事会所在地的会员中选出。这样的选举办法看似很复杂，但在当时会员人数不多的情况下，为了避免出现召开理事会时因不足法定人数而导致学会会务不能顺利进行，则不失为一个行之有效的办法。按学会章程规定，理事会每两个月召开一次，但实际状况是不定期召开的，特别是抗日战争期间，更是如此。在第四届年会上，以通信方式选出南京为理事会干事部所在地，以后直到抗日战争全面爆发，在各届年会上，南京皆以多数票当选为理事会干事部所在地，因此，第二十一次（1929年7月31日）到第三十九次（1937年4月9日）的各次理事会皆是在南京召开。会长一职也是从1929年起由在南京气象研究所任所长的竺可桢连任。第五届（1929年12月22日）到第十二届（1937年4月1日）年会也都在南京召开。所以，可以说中国气象学会的会务中心（即理事会、干事部所在地）从1929年开始已由青岛转到南京了。从1924年11月8日召开第一次理事会起到1949年，理事会共召开约50次会议。

（二）董事会（监事会）

学会成立之初，设名誉会长职务。名誉会长无需选举，而是由参加年会的全体人员公推。先后担任名誉会长的有张謇（第一、第二届理事会）、高恩洪（第一、第二、第三、第四、第五届理事会）、高鲁（第一、第二、第三、第四、第五届理事会）、许继祥（第四、第五届理事会）。在第六届年会上，有会员提请修改章程，取消名誉会长，改设董事会。经讨论，决议将章程第九条内的"名誉会长"改为"董事（至多7人）"，成立董事会，决定董事由大会公举，任期3年，连选得连任。在这届年会上，蔡元培、李石曾、任鸿隽、高鲁出任第七届理事会董事。董事与名誉会长一样皆为名誉职务。直到1937年第十三届年会，董事人选基本没有变动。在1943年7月举行的第十四届年会上，取消了董事会，另组成监事会以监察会务。监事会设监事3～5人（含候补监事），其中1人为常务监事。监事会每半年开会一次。翁文灏、高鲁、张其昀、胡焕庸、陆鸿图先后担任过监事一职。监事会这一组织形式一直延续至新中国成立前。

（三）总干事和干事

干事部受理事会的监督，执行会员大会、理事会的决议，处理日常会务。从第十五届理事会起，学会设总务部，由总务主任1人、干事若干人组成，执行原干事部的职责。理事会和干事部应设在同一地点，且该地点会员人数应在10人以上。理事会和干事部所在地以及学会会长、副会长，在第二届年会以前是在年会上直接选出的，从第三届年会起改为以通信方式选出。干事部应在年会召开前3个月将选票寄给全体会员，各会员则应于年会召开前将选票寄到大会筹备处，于大会召开期间开票。总干事也是在年会上从干事部所在地的会员中选出。干事部另设干事若干人，由总干事商同理事会从干事部所在地的会员中选出，分掌文书、会计、庶务等事务工作。

（四）学会会址

至于中国气象学会会址，中国气象学会最早的章程上即载明："本会会所设于青岛"，直到第六届年会修订的章程上仍为"本会会所设于青岛"。在第四届年会上，团体会员青岛观象台曾提议将学会会所迁移到当时的首都南京，但大会认为"兹事体大，保留未决"。第五届年会上有

抗日战争期间，中国气象学会会所曾迁往重庆曾家岩

人认为迁移会所并非必要，"盖本会会址不过为会中之永久通讯机关，并非发布最高命令之机关也"。第六届年会以后，一直到第十二届年会，学会会章再未作过任何修正，因此会址仍为青岛应无疑义。日寇入侵中国后，南京、青岛相继沦陷，虽然学会章程仍未作修正，但学会已无法在沦陷区开展正常活动，因此不得不采取临时措施，先将会所迁到汉口特三区扬子街广东银行四楼气象研究所，再迁到重庆曾家岩气象研究所，后又迁至北碚象庄气象研究所。直到1947年3月5日召开的第四十六次理事会修改学会章程时，才明确将章程的第三条改为"本会会所设于南京气象研究所"。

三、会员

中国气象学会会员最初分为团体会员和个人会员两种。除了发起学会的团体和个人都是学会会员以外，凡有下列情况之一，经年会或理事会审查允许的都可成为学会会员：

（1）凡赞成学会宗旨的测候机关由会员介绍或自行请求加入者；

（2）凡研究气象学或与气象有关的学术问题，由学会会员两人以上介绍者；

（3）凡服务于测候机关由学会会员两人以上介绍者。

在第五届年会上，又新增一条：凡国内外著名气象学者由学会会员两人以上介绍，经学会全体大会通过得聘为学会名誉会员。

团体会员有两票选举权，但没有被选举权；个人会员有一票选举权和被选举权。

抗日战争结束后，学会章程规定会员分为团体会员、普通会员、仲会员（准会员）和名誉会员。规定凡具有下列资格之一，由学会会员两人以上介绍，经年会或理事会通过者得为学会会员：

团体会员：

（1）气象测候机关；

（2）与气象有关之学术团体或机关。

普通会员：

（1）凡研究气象学或与气象有关之学术而且有大学毕业之资格者；

（2）凡服务于测候机关，具有技士或课员以上资格者。

仲会员：

凡对于气象学有兴趣者。

名誉会员：

凡国内外著名气象学者由理事会提出，经全体大会通过者。

学会成立以后，会员人数逐年增加。1933年起，因会务发展迅速，会员人数也增加较快。1937年抗日战争全面爆发，学会颠沛流离，会务陷入瘫痪状态，新入会会员显著减少。从1924年学会成立之时起到1937年的第十二届年会，个人会员增加了近200人，而在1937—1948年的12年中，包括仲会员在内，只增加了45人，另有名誉会员5人。

新中国成立前的中国气象学会历届年会会员人数统计表

	年 份	团体会员	个人会员	普通会员	仲会员	名誉会员
成立大会	1924	6	31			
第一届	1925	6	61			
第二届	1926	8	75			
第三届	1927	8	78			
第四届	1928	6	91			
第五届	1929	7	103			
第六届	1930	8	109			
第七届	1931	9	130			
第八届	1932	10	139			
第九届	1933	11	160			
第十届	1935	17	194			
第十一届	1936	20	194			
第十二届	1937	20	228			
第十三届	1943		252			
第十四届	1947			263	10	5
第十五届	1948			263	10	5

注：
1. 成立大会时的会员数字未见记载，是根据第一届年会的会员录和第一届年会之前各次理事会陆续批准入会的新会员推算得出。
2. 各届年会时的会员数字均根据历届年会及历次理事会陆续批准入会的新会员等资料重新统计。第十二届年会到第十五届年会，由于部分会员资料不全，未统计在内。
3. 1937年抗日战争全面爆发以后，有些团体会员的所在地沦陷于日寇之手。该团体是内迁还是已不复存在，情况不详，有待查考，所以第十三届年会以后的团体会员数字暂缺。
4. 在第十三届年会后，"个人会员"转为"普通会员"。
5. 学会会员根据缴纳会费情况分为永久会员和非永久会员两种。凡是个人会员一次缴纳会费50元，团体会员一次缴纳200元，得为永久会员。永久会员不再缴纳年费。非永久会员的个人年缴纳会费2元；团体会员根据团体大小一年缴纳会费20元、10元或5元不等。以上会费标准到抗日战争后期，随着通货膨胀的加剧，不得不作相应的调整。学会会员所缴纳的会费很有限，而且还有拖欠的，实不敷学会应用，因而学会的经费来源主要是有关单位如青岛观象台、南京气象研究所等的定期和不定期资助，偶有官方补助和特别捐款。

第四节　学会刊物的编辑

在学会成立大会上，即确定要编辑出版学会会刊，并设总编辑1人，编辑干事、编辑委员若干人，负责编纂每年一期的《中国气象学会会刊》。1924年10月18日召开的第一次理事会决议组织编辑委员会，推举高均为总编辑，熊昆山、宋国模为编辑委员。1925年7月，《中国气象学会会刊》创刊号正式出刊。该刊由学会编辑、发行，北京同文印书局印刷，在北京中央观象台、上海蚕桑改良会、胶澳商埠观象台及中华书局设有代售处。创刊号刊有《发刊缘起》《拟划庚款兴办中国各地气象测候所意见书》及《中国气象学会成立以前感想》（高鲁）、《气象学与天文学》（高均）、《山东半岛飓风记》（蒋丙然）、《天气预报之统计的研究法》（陈展云）、《森林与旱灾之关系》（凌道扬）、《地震概说》（熊昆山）、《古代气候之考证》（L.W.Gregory著，熊昆山译）、《仁川土地之倾冲于潮汐之影响》（关口鲤吉著，宋公楷译）等论著和特载。《中国气象学会会刊》开设《论著》《特载》《著述》《杂俎》《调查报告》《附录》《会务报告》《消息》等栏目，其中《会务报告》栏目刊载的是会员录、职员录、学会章程、理事会记录、提案和议案、财务报告等，《消息》栏目刊载的是国外气象人物传记、国际气象法典、国内外气象会议情况、国外气象机构和气象学会、各国气候介绍等。1935年4月11日召开的第三十二次理事会决议《中国气象学会会刊》改出月刊，推涂长望为总编辑。《中国气象学会会刊》最后一期为《中国气象学会十周年纪念刊》。同年6月20日召开的第三十三次理事会决议将《中

1925年7月《中国气象学会会刊》创刊号

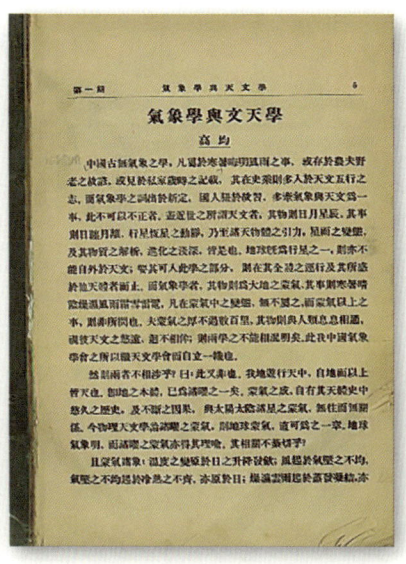

《中国气象学会会刊》创刊号上的第一篇学术论文

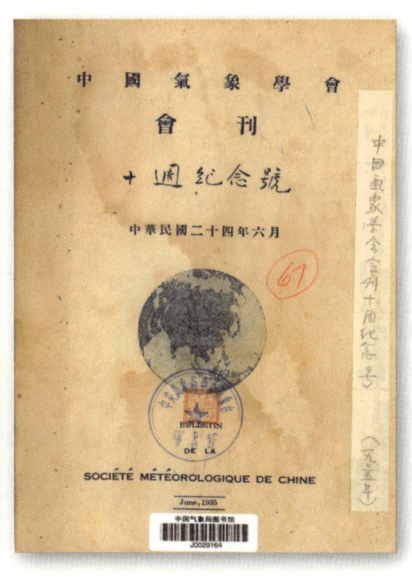

《中国气象学会十周年纪念刊》

国气象学会会刊》改名为《气象杂志》。

改名后的《气象杂志》仍由涂长望任总编辑,由他聘请4位编辑组成编辑部。后编辑部陆续增至9人,另聘请了一批气象专家、学者为特约编辑。为能及时了解全国各地当月天气和气象灾害发生情况,还在各地聘请了特约通讯员数十人。1935年7月25日,《气象杂志》第一期出刊,卷号则接续《中国气象学会会刊》的卷号序列,为第11卷。该期《气象杂志》刊发了发刊词及竺可桢撰写的《十年来气象学之进步》等文章。与《中国气象学会会刊》不同的是,《气象杂志》开始刊载全国天气情况,如各地逐月雨量、气压、温度记录、水位报告、气象要素平均等实用数据。《气象杂志》出版后,发行量激增,大大促进了国内气象科技知识的传播与交流。1936年9月,涂长望在《气象杂志》发表了《中国气候区域》等论文,首次引入年降水量分布形式,提出了气候分区的新方案。

1935年《中国气象学会会刊》更名为《气象杂志》

至1940年12月,《气象杂志》共出刊4卷38期。从第11卷第3期开始,《气象杂志》目录部分以中、英两种文字刊出;1936年5月出版的第12卷第5期为南京月令号、第6期为太湖流域雨量号。从1937年8月到1940年底约3年半的时间,《气象杂志》不能正常出版,只出刊12期,其中第14卷补编仅刊载了各地气象消息通讯和气象记录摘要表。

1941年4月2日,中国气象学会在重庆曾家岩举行第四次编辑委员会会议。会议决定《气象杂志》自第15卷起改名为《气象学报》,英文名照旧,卷数与前顺序相接并附英文摘要,暂定每年出4期,照旧分寄各会员。改名后,《气象学报》仍延续《气象杂志》的风格,只是由于经费窘迫,常有合期出版的情况。至新中国成立前,《气象学报》出刊6卷共9本。其中,仅第15卷第1、2期单独出版,第16卷后均为合期出版。1944年出版的第18卷第1~4期合刊为《中国气象学会二十周年纪念刊》,刊发了涂长望、黄士松合著的《中国

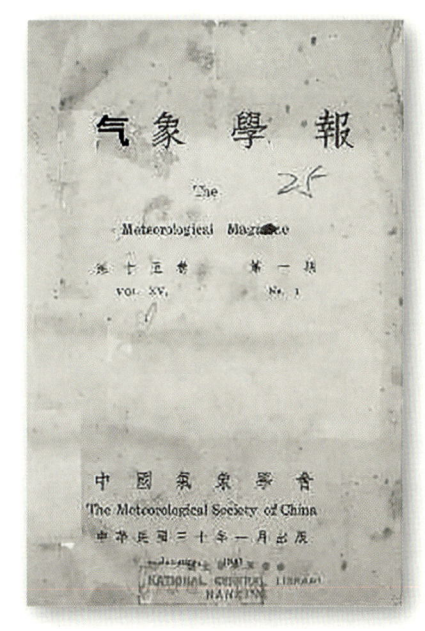

1941年《气象杂志》更名为《气象学报》

保存在中国气象学会诞生地——青岛观象山的《气象杂志》

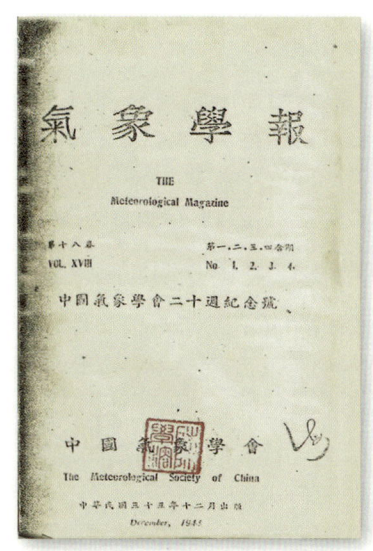

1944年《中国气象学会二十周年纪念刊》

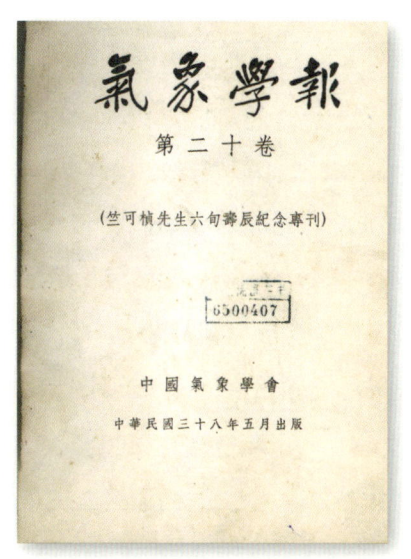

1949年《竺可桢先生六旬寿辰纪念》专刊

夏季风之进退》,文章率先提出东亚夏季风的进退有明显的跳跃特征,表明了东亚季风环流的非线性特点,这对我国季风与旱涝关系研究有重要意义。1949年5月《气象学报》第20卷第1~4期合刊,并作为《竺可桢先生六旬寿辰纪念》专刊问世。赵九章、陶诗言、高由禧、张丙辰、朱炳海、程纯枢、顾震潮、杨鉴初、卢鋈等著名气象学家亲自撰稿,系统检视了当时国内气象科技所取得的进展,体现了当时国内气象研究的整体水平。

第五节　史镜清奖金征文

史镜清奖金是为了纪念我国第一位因公殉职的气象人员而设立的。许多文献都曾误认为该奖由中国气象学会设置，但中国气象学会经费短绌，不可能拨出巨款，襄此义举。实际上，史镜清奖金是气象研究所所长竺可桢向当时的中央研究院申请设置的，中国气象学会则受史镜清纪念委员会的委托，办理征文及评奖事宜。

1931—1932年，由中国、瑞典（德国）共同组成的中国西北科学考察团在我国内蒙古等地开展气象风筝探空业务，气象研究所派徐近之（中央大学地理系应届毕业生）和胡振铎（气象研究所职员）两人随同德国气象专家赫德博士前往参与总计123次的探测工作，进而熟悉操作气象风筝进行探空业务的全过程。1932年4月，该项任务结束。在赫德返回德国前，气象研究所与他商妥，以1600元（当时约合500美金）的低廉价格转让全套探测设备（原价为5000马克），6月20日成交，全套仪器遂归气象研究所所有。此后，气象研究所又向德国购置施放风筝的钢丝两万米备用。因当时南京上空飞机过往频繁，施放这种钢丝坚韧的风筝易发生危险，被当局明令禁止。气象研究所拟改在位于泡子河的原北平气象台施放，由胡振铎等负责，但该地狭小，诸多不便，最后商请清华大学气象台主任黄厦千（并聘请他为气象研究所特约研究员）和他的助理刘粹中、史镜清两人，利用清华大学的旷地实施作业。他们3人原先皆为气象研究所职员，不久前才经该气象研究所介绍到清华大学气象台任职。1932年9月27日，在清华大学得到第一次风筝探空记录，获得风向、风速、气温、高度记录。此项测候工作除在1933年5月下旬到8月上旬因冀东地区形势紧张将仪器设备运往南京储存而暂停外，都在清华大学实施，直到1934年8月黄厦千离开清华大学时才告结束。

1933年9月8日，在施放气象风筝时，因风筝的钢丝落在清华大学1800伏的高压裸线上，史镜清伸手一触，随即触电倒地，不久殒命。清华大学为史镜清料理了后事。为怀念我国"气象学界因技术而牺牲的第一人"，气象研究所所长竺可桢呈请国立中央研究院拨款1000元成立了史镜清纪念基金委员会。史镜清纪念基金委员会聘请竺可桢、蒋丙然、高均为该委员会委员，后议定办法两条：一、史镜清纪念基金1000元交由国立中央研究院会计处指定稳妥银行存储，存折交高均保管；二、基金利息作为气象学论文奖金，每两年征文一次，预拟应征问题，由本委员会公布，征文事宜交中国气象学会办理。1935年4月11日，中国气象学会第三十二次理事会讨论并通过了该委员会拟定的《中国气象学会史镜清纪念基金征文办法》。办法共11条，首次刊登在1935年出版的《中国气象学会十周年纪念刊》上，以后多次在《气象杂志》刊出。

史镜清纪念基金每两年征文一次，奖金为180元。1935年的史镜清纪念基金年度征文范围为高空气象，限定1936年6月底征文截止。由于所收征文较少，延期到9月底截止。这次征文共收到4篇论文，由征文委员会的竺可桢、蒋丙然和涂长望3人评阅。征文委员会认为应征论文所得结果与结论虽有相当价值，但尚未有突出贡献。因此将180元奖金分给应征者的第一、第二、第三名。第一名卢鋈，论文题目为《南京之高空》；第二名程纯枢，论文题目为《北平南京自由大气气流之比较研究》；第三名魏元恒，论文题目为《中国中部高空气流之研究》。他们的论文陆续刊登在《气象杂志》第13卷第1～3期上。

第二次史镜清纪念基金征文范围定为气候学，最大区域限为一省。原定1937年6月底截止，后因战乱，经1938年4月17日召开的第四十次理事会议决定延期到1939年6月底截止，但仍无应征者。1941年3月召开的第四十一次理事会又讨论了史镜清纪念基金征文应否恢复案，决议照常征文，范围仍限于气候学，限本年底汇齐，请竺可桢、张宝堃、朱炳海3人评阅。预定录取两名，第一名奖金150元，第二名奖金50元。然而，因种种原因，本次征文活动终无结果。1941年以后，国统区通货膨胀日益加剧，法币急剧贬值，史镜清纪念基金1000元的市值已变得微不足道，这项颇有纪念意义的奖金征文活动随之停办。

第六节　学会活动

在中国气象学会创建后的25年中，学会积极拓展活动领域，如：创办学术期刊；推进气象学术研究，开拓气象研究和业务领域；倡导建立全国气象台站网，推动国内气象台站建设；广泛开展气象知识普及，收集气象（农）谚语；推荐气象人员出国进修提高；推动气象教育的开展，培养和造就了一大批后来在新中国气象事业中起到业务、科研、教育和军事气象工作领军作用的人才；开展气象学名词的整理和审定工作，统一气象规范；积极发展会员及地方学会组织；通过联谊活动等方式，加强各气象单位间的联系以及与相关学术团体的联络；倡导国际气象合作，积极参与国际气象科技交流，并聘请罗斯贝等国际著名气象学家为中国气象学会名誉会员。即使在抗日战争期间，学会仍在重庆、北平、上海、南京等地坚持开展活动，出版《气象杂志》。

需要特别指出的是，为改变中国气象事业的落后状况，中国气象学会联合青岛观象台、航空委员会第二测候所、浙江省政府、江西水利局，在1937年4月召开的第三届全国气象会议上提出成立全国气象行政机关，得到全体代表的赞同，并形成了专门决议，为推动掌管全国气象事业的行政机关——军委气象局的建立做出了重要贡献。

1937年第三届全国气象会议全体代表合影

上海解放前夕，聚居在上海的学会会员召开了竺可桢会长60寿辰纪念会，宣读气象论文，以表达气象科技工作者期待解放、迎接光明的欣喜之情。

新中国成立前的中国气象学会，在中国半殖民地半封建的社会条件下，克服艰难困苦，坚持开展活动。中国气象学会的不懈努力，对于彻底摆脱外国势力对中国气象工作的控制、维护国家主权的完整、气象台站网的草创、先进气象科技和学术思想的传播、气象工作者"爱国、敬业、求实、协作"优良传统的形成等方面起到了积极的开创性作用，做出了可贵的贡献。

第二章
重建与恢复,开启新发展

新中国成立后,中国气象学会响应中华全国自然科学专门学会联合会(简称"全国科联")、中华全国科学技术普及协会(简称"全国科普")关于40个全国学会召开代表大会的号召,积极筹备,重建学会组织。

第一节　重建中国气象学会的准备工作

1949年11月9日，在北京召开第四十八次理事会，竺可桢、涂长望、朱炳海等出席。会议通过了整订会员资格案、敦促各地尽快建立分会案（拟在南京、北京、青岛、上海、东北、武汉设立分会）、《气象学报》内容宜如何改善以适应目前需要案、修改会章案。

1949年12月10日，中国气象学会南京分会率先成立并开展活动。

1950年6月25日，中国气象学会在中央人民政府人民革命军事委员会气象局（简称"军委气象局"）召开第四十九次理事会，出席人员有卢鋈、黄厦千（李宪之代）、赵九章、竺可桢、朱炳海（朱岗昆代）、张宝堃、吕炯（陶诗言代）、胡焕庸，列席人员有顾震潮、张乃召、蒋金涛。赵九章为会议主席。会议作出了如下决议：①建议各分会考虑推荐修改会章人员；②北京、沈阳、兰州、汉口、重庆、上海、昆明、广州成立分会，登记吸收新会员；③张宝堃任临时总务主任；④《气象学报》每年出4期（季刊）；⑤总会和分会及与"科代"关系以后再谈；⑥推涂长望、朱炳海、李宪之、卢鋈、胡焕庸为中国气象学会章程修改人；⑦确定在各地建立分会的推动人；⑧收缴会员会费。

1950年7月4日，在军委气象局讨论修改会章，涂长望、朱炳海、李宪之、卢鋈出席。

1950年10月29日，中国气象学会重庆分会成立。

1951年2月中旬，中国气象学会北京分会召开会员大会。会议认为，基于在全国已建立7个地方分会和两个分会筹备会，召开中国气象学会会员代表大会已有可能。会议向总会原理事会建议在北京成立会员代表大会筹备委员会。经全国科联批准，会员代表大会筹备委员会由总会在北京的理事4人、北京分会选举4人及各地分会负责人组成。涂长望担任主任委员，张宝堃为秘书，顾震潮为组织委员，谢义炳为宣传委员。代表大会代表按15名会员产生一位的比例推定。总会原理事会推荐竺可桢、涂长望、张宝堃、卢鋈为代表；北京分会选举李宪之、谢义炳、顾震潮、张乃召、冯秀藻、刘好治为代表；上海分会选举潘寰、姚云祥、严振飞、金泳深为代表；南京分会选举徐尔灏、叶笃正、朱岗昆、易仕明为代表；山东分会选举孙如馥、张金声、刘益经为代表；成都分会选举彭平、张丽为代表；重庆、云南分会分别电请卢鋈、李宪之代表参加。经全国科联同意，特邀叶桂馨、洪世年、王宪钊、赵九章、吕炯、朱炳海、黄士松、么枕生、石延汉、吴伯雄、杨昌业、邹竞蒙、陶诗言、蒋金涛、曹恩爵为特邀代表。全体代表共39人。上述人员代表了除西北之外的全国各地区。

第二节　中国气象学会的重建

一、新中国成立后的中国气象学会第一届全国代表大会

1951年4月15—19日，中国气象学会在军委气象局召开新中国成立后的第一届全国代表大会。到会的有中央人民政府内务部民政司司长马志远、全国科联秘书长严济慈、全国科普副主任陈凤桐、中国物理学会代表钱三强和军委气象局的有关领导。代表大会主席团由竺可桢、涂长望、李宪之、赵九章、张乃召5人组成。除洪世年、吕炯、朱炳海、黄士松请假外，实到代表35人。其中，上海分会代表因事改由吕东明、黄衍、孙西岩出席，南京代表改由程纯枢出席，张宝堃改由秦善元出席。4月15日，大会开幕，竺可桢致开幕词，涂长望报告大会筹备经过，卢鋈代表总会原理事会报告过去两年的工作，各地分会也报告了各自的工作情况。4月16日上午，大会审议了26件提案，就会务工作中的一系列问题作出决议，重新修订了学会章程。大会选举产生了新中国成立后的中国气象学会新一届理事会。新一届理事会由18人组成，竺可桢任理事长，涂长望任副理事长，李宪之、张乃召、张宝堃（兼秘书处主任）、赵九章（兼编译委员会主任）、顾震潮任常务理事。4月16日下午至17日举行大会学术报告，涂长望、赵九章及李宪之报告了现阶段中国气象的业务工作、科学研究与教育情况，以及对这些方面的未来展望。18日召开了座谈会。19日上午，大会举行闭幕式，由张乃召代表主席团作总结报告。本次代表大会全面回顾总结了过去几十年来天气动力学、大气环流、海洋气象、大气物理和气象教育等方面的成就，并提出了对发展前景的展望。竺可桢的《中国过去在气象学上的成就》这篇重要论著就是在这次会上发表的。

重建后的中国气象学会成为中国共产党领导下的我国气象科学技术工作者的学术性群众团体，团结和联系气象科学技术工作者的纽带，发展气象科学技术事业的参谋与助手。新修订的章程把学会的宗旨确定为：团结气象工作者从事气象学术研究，交流学术经验，谋气象知识之普及与提高，为新民主主义文化经济建设而努力。本次代表大会的召开，揭开了中国气象学会发展史上新的一页。

1951年6月，中国气象学会通过全国科联向中央人民政府内务部提出社团登记申请。内务部在批复中写道："1951年6月27日中华全国自然科学专门学会联合会字第722号函悉，中国气象学会准予登记，兹随文附发社学字第00322号社会团体登记证一件，希转交该会收执。"该批复由当时的内务部部长谢觉哉签发。

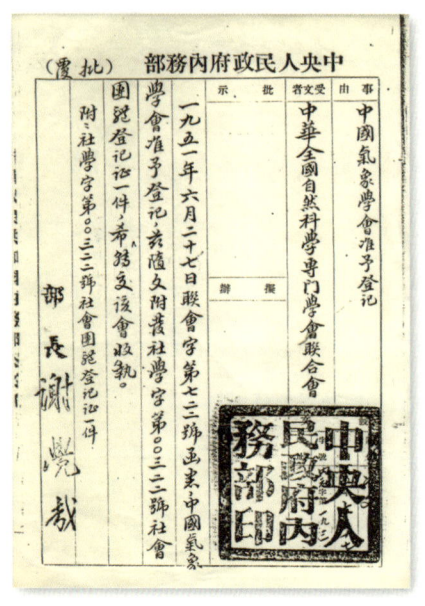

1951年中央人民政府内务部批复
中国气象学会的文件

二、新中国成立后的第一届理事会工作

新中国成立后的第一届理事会多次召集会议，研究学会在新的历史时期如何开展工作。1951年4月27日，在军委气象局局长办公室召开第一次常务理事会，出席会议的有李宪之、涂长望、赵九章、张乃召（卢鋈代）、张宝堃、冯秀藻。冯秀藻代表大会秘书处报告大会事务。决议年内《气象学报》出版办法等案；决议由张宝堃、顾均禧负责编订《气象学名词》工作，并由王鹏飞、田明远提供高空气象学及气象仪器方面的名词。

1951年6月16日和8月8日分别在军委气象局局长办公室召开第二、第三次常务理事会，研究确定学会亟待开展的工作事项，气象科普工作再次提上学会工作议程。当时，学会在全国性科普刊物《科学大众》上开辟了《大众气象》专栏，决定由王鹏飞、江爱良、章淹等共同负责组稿。

1952年5月11日，在军委气象局召开第四次常务理事会。李宪之、涂长望、赵九章、张乃召、竺可桢、张宝堃、顾震潮出席。会议在竺可桢主持下讨论如下事宜：①关于美帝细菌战罪行，应如何发动科学家向全世界人民说明美帝细菌战罪行的真相案，决议通过在国际上有代表性的科学家12人转送全国科联；②对外写信是否应改用集体方式案，决议对外写信，个人和集体方式并用；③《气象学报》和《地球物理学报》是否一样编印案，决议《气象学报》仍旧继续编印，半公开发卖，与国外交换应通过政府。

1952年6月，《气象学报》第23卷第1、2期合刊出版。当时的编辑部设在北京北魏胡同17号。同年11月，为切实办好《气象学报》，及时调整编辑委员会组成人员，成员为赵九章、朱和周、朱岗昆、吕炯、徐尔灏、叶笃正、卢鋈、谢义炳、顾震潮。

1952年9月6日，在北京召开第五次常务理事会与北京分会联席会议。陶诗言、李宪之、卢鋈、涂长望、张乃召、竺可桢、张宝堃、顾震潮、冯秀藻、田明远出席，竺可桢主持。会议讨论了近3年来气象工作的成就及学会经费预算等问题。

1953年3月15日，在北京召开第六次常务理事会议。竺可桢、李宪之、涂长望、张乃召、顾震潮、张宝堃出席。会议由竺可桢主持。

同年5月，《气象学报》第24卷第1期正式出刊，由上海艺文书局铸字印刷厂印刷，邮电部北京邮局发行。

为抓紧做好《气象学名词》一书的编订工作，特别组成了气象学名词审查小组，聘请朱和周、朱炳海、朱岗昆、吕炯、李宪之、涂长望、张宝堃、陶诗言、冯秀藻、刘好治、谢光道、谢义炳、顾钧禧、顾震潮为成员。南京分会也组织了审查工作，聘请么枕生、石延汉、吴伯雄、易仕明、徐尔灏、黄士松、程纯枢为成员。

1953年10月16日，在北京召开第七次常务理事会议。顾震潮、赵九章、竺可桢、李宪之、涂长望、张乃召、张宝堃出席，高由禧、冯秀藻、田明远列席。会议由竺可桢主持。

同年12月18日，在北京召开第八次常务理事会议。李宪之、竺可桢、涂长望、顾震潮、赵九章、张乃召（涂长望代）、张宝堃出席，冯秀藻、田明远列席。会议由竺可桢主持。决议继续编辑《气象学报》，确定1954年6月初召开理事会扩大会议，可邀请外宾参加。

1954年4月8日，在北京召开第九次常务理事会议。顾震潮、张宝堃、张乃召、涂长望、竺可桢、李宪之出席，冯秀藻、田明远、朱炳海列席。会议由竺可桢主持。涂长望报告全国科联1954年的工作计划；朱炳海报告南京分会情况；将原定召开扩大理事会改为会员代表大会并确定大会内容及开会日期；通过了学会1954年工作计划。

经过两年的紧张工作，《气象学名词》于1954年6月由中国科学院出版社正式出版。该书的出版，不仅是当时国内气象工作和气象科学进展的具体体现，也反映了学会对国际气象科技发展现状和趋势的把握。

1954年7月22日和8月10日，在北京召开第十、第十一次常务理事会议。确定了筹备召开会员代表大会的各重要事项并予以落实。

第三节 重建后学会的主要活动

一、代表大会

1954年8月17—25日，在北京召开新中国成立后的第二届全国会员代表大会。竺可桢为大会主席团主席，成员为涂长望、张乃召、赵九章、李宪之、朱炳海、陈一得。张宝堃报告了1951年以来中国气象学会的会务工作；竺可桢作大会总结报告。大会修改了会章，选举产生了由23人组成的理事会，竺可桢任理事长，涂长望任副理事长，赵九章、朱炳海、张乃召、顾震潮、李宪之任常务理事。大会还总结了自1951年以来气象科研、业务方面的成绩。

1954年中国气象学会第二届全国会员代表大会代表合影

1958年8月5—12日，新中国成立后的中国气象学会第二、三届理事会扩大会议在山东青岛召开。竺可桢致开幕词，赵九章传达中国科学技术访苏代表团气象部分工作报告；涂长望传达桂林气象会议精神。会议修改了中国气象学会会章，并以无记名方式选举产生了新中国成立后的中国气象学会第三届理事会，赵九章任理事长，张乃召任副理事长，徐尔灏、顾震潮、吕东明、谢义炳、卢鋈任常务理事。会议交流49篇学术论文。会议提出，学会除开展学术活动外，还要改造思想，使学术活动面向生产、面向实践、面向群众。

同年9月23日，中华全国自然科学专门学会联合会与中华全国科学技术普及协会在北京联合召开全国性代表大会，合并成立统一的全国性科学技术团体——中国科学技术协会（简称"中国科协"）。自此，中国气象学会转受中国科协领导，挂靠在中央气象局。

1959年6月12—13日，在中国科协和中央气象局的领导下，中国气象学会在北京召开工作座谈会，出席会议的各省（自治区、直辖市）气象学会及有关部门的代表63人，会议在传达第一次中国科协工作会议精神的基础上，进一步明确了中国气象学会的性质、任务和作用，讨论了今后的学会工作，要求迅速广泛地开展群众性的气象科学技术工作。中国科协和中央气象局的领导在会上作了重要指示。

同年12月下旬，中国气象学会在上海召开全国工作会议，出席会议的有学会理事等300余人。中国科协副主席竺可桢和中央气象局副局长、党组书记饶兴在会上作重要讲话。会议作了1959年学会工作基本情况和1960年工作初步安排意见的报告，交流了各地气象学会工作的经验。除组织学术报告外，会议还举办了分区、分县、分片预报方法的小型展览会。

1962年8月2—8日，中国气象学会在北京召开1962年年会暨代表大会，27个省（自治区、直辖市）气象学会的代表共300多人出席了会议。学会名誉理事长竺可桢致开幕词，理事长赵九章致闭幕词。会议选举产生中国气象学会第十八届理事会，竺可桢任名誉理事长，赵九章任理事长，张乃召任副理事长，卢鋈、顾震潮、叶笃正、蒋金涛、谢义炳、吕东明、徐尔灏、程纯枢、贺格非、束家鑫、冯秀藻任常务理事。本次年会收到论文超过350篇，内容包括天气学、中长期天气预报、数值预报、大气环流、气候学、农业气象、大气物理及气象仪器等。第十八届理事会设立了天气与动力气象、大气物理与气象仪器、气候、农业气象4个专业委员会。这是中国气象学会理事会设置专业委员会之始，这也使得中国气象学会的活动更好地与气象学科建设结合了起来。

中国气象学会1962年年会暨代表大会现场

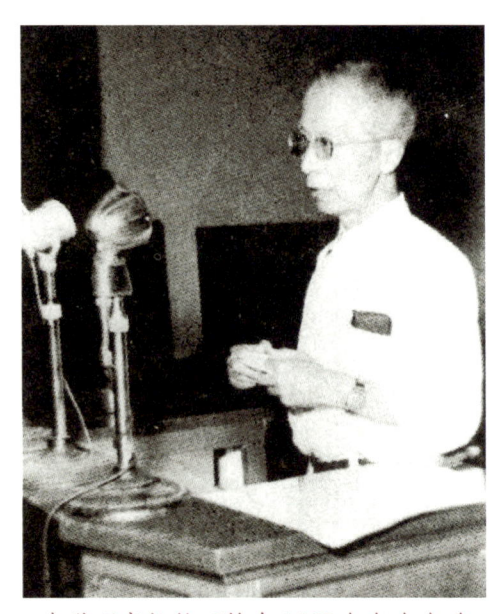

名誉理事长竺可桢在1962年年会上致开幕辞　　理事长赵九章在1962年年会上致闭幕辞

二、学术交流

新中国成立后，学会工作出现了良好的发展态势，学术思想空前活跃。这一时期学术交流活动的特点是：学术交流的内容从新中国成立前以气候学与天气学为主，发展到包括气象科学各分支学科，进入了学科建设的重要阶段，从而推动了国内气象科学领域各分支学科的发展。受中国科学院编译局的委托，自1951年4月起编订《气象学名词》，1952年11月即将此书书稿初步完成并提交。经编辑审订后，分为正、副两编，正编为中英文对照，副编为英中文对照。正副两编条数相同，均为5600条。

1955年，赵九章在北京大学"五·四"科学讨论会气象分会上针对当时国内气象科学发展的现状指出，中国物理气象工作亟待开展。此后，物理气象作为气象科学的重要分支学科，在国内比较快地发展起来。1958年10月，在甘肃兰州召开全国中长期天气预报及高原分析方法讨论会，研究如何开展中长期预报和高原分析方法问题，会议交流56篇总结研究报告。卢鋈作会议总结。同年11月，在江苏南京召开全国农业气象会议。

1959年12月8—12日，中国气象学会和中国科学院地球物理研究所联合召开大气环流学术会议，着重讨论开展长期天气预报的途径和方法。会议收到学术论文89篇，并特别邀请苏联专家参加会议。在中国气象学会1962年年会暨代表大会期间，经常务理事会和部分参加年会的同志讨论，决定成立俄英中气象学名词修订委员会，修订出版《俄汉气象学词汇》《英汉气象学词汇》。拟定俄汉部分收入10000个词条，英汉部分收入7000个词条。1963年4月22—26日，中国气象学会、中国科学院土壤研究所及辽宁省气象学会联合在沈阳市召开林业气象学术讨论会，来自林业、气象、地球物理、电工和数学等领域的30家单位的代表参加，交流论文32篇。这次会议的召开对我国林业气象学的建立和发展产生了积极作用。同年12月21—27日，在北京召开中小尺度天气系统学术会议，会议由赵九章理事长主持，陶诗言作会议总结，参加人员有100多人，交流论文55篇。这次会议的召开对提高天气预报水平和准确率产生了重要影响。

1964年5月10—17日，在江苏无锡召开全国气候学术会议，这是国内首次召开的气候学专业会议。会议的主要任务是交流经验，检阅成果，确定中国气候学研究的方向，更好地为农业服务。会议提出，要发扬气候理论研究密切结合实际需要的好传统，加强协作，大力开展物理气候的实验和理论研究工作，加强气候区划和区域气候、高空气候及长期天气过程的研究。这次会议对于推动我国气候学科的发展起到了指导性作用。

1964年5月15—21日，在江苏苏州召开农业气象专业学术会议。会议期间代表们参观了全国劳模陈永康的样板田。

1964年7月7—14日，在甘肃兰州召开天气与动力气象专业第一次会议。会议交流的200多篇论文涉及天气分析、天气预报、大气环流、数值天气预报中的计算方法等问题。会议对天气预报改革问题进行了有益的探讨。天气与动力气象专业委员会主任委员叶笃正作会议总结。

1964年参加在无锡召开的中国气象学会气候学术会议的代表合影

1964年参加在苏州召开的全国农业气象学术会议的代表合影

1964年参加在兰州召开的全国天气与动力气象学术会议的代表合影

1965年11月，中央气象局和中国气象学会在广西桂林召开了全国补充订正天气预报学术会议。

这一系列学术会议的召开，对我国现代气象科学的发展起到了积极的推动作用。但在国民经济出现严重困难（1959—1961年）前后，学会的工作方向也受到"极左"思想和"形而上学"思维方式的干扰，这在一定程度上影响了学会优势和作用的发挥。

1965年3月和11月，学会编订的《俄汉气象学词汇》《英汉气象学词汇》经中国科学院自然科学名词编订室审定，由科学出版社出版，成为当时最具权威性的气象科技工具书。

根据事业发展的客观要求，至1962年，中国气象学会在27个省（自治区、直辖市）建立了气象学会组织，相当数量的地、市、州、盟也先后成立了学会组织，尤其是1962年第十八届理事会决定设立相关专业委员会后，更形成了以全国学会及各专业委员会为业务指导的学会组织系统。这期间，中国气象学会活动较好地发挥了学会的功能，并逐步成为国内气象学术交流和科普活动的中心，有力地促进了现代气象科学的发展。

1966年，学会在甘肃张掖召开河西干热风座谈会。此后，学会的学术活动暂停。

三、气象科普

新中国成立后，随着工农业生产的发展和国防建设的需要，中国气象学会的气象科普工作也相应地得到了发展。广大气象学会会员和气象科技工作者一方面努力做好气象服务工作，另一方面积极开展气象科普宣传活动，大力推动气象科技进入人民群众的生产生活。新中国成立初期，为了破除迷信，宣传辩证唯物主义，除在《大众科学》杂志上开辟《气象知识》专栏、组织会员撰写气象科普文章、宣传气象科学知识外，学会还在20世纪50年代末创办了内容比较通俗易懂的《农业气象》半月刊。一批气象科普活动积极分子利用业余时间积极创作，先后出版了《风》《雨》《雷》《气象漫谈》《灾害性天气》《看天小组手册》和《民间测天法》等科普书籍。在有关电影厂的密切配合下，《风》《雨》《台风》《天有可测风云》等还被搬上银幕，收到了很好的效果。在气象专家、教授和科技工作者的共同努力下，1962年，由气象专家、教授和科技工作者的共同编写出版了《十万个为什么》第7册（气象分册），内容生动活泼，深入浅出，不仅使广大读者增长了气象科学知识，而且对专业工作者也有一定的参考价值。该书曾两次修订再版，得到了国内外广大读者的好评。1963年科学普及出版社出版的由竺可桢和宛敏渭合著的《物候学》，也是一本颇受读者欢迎的气象科普佳作。各地气象学会通过电台、报刊，以及参观气象台站、举办科普讲座等方式，开展面向社会的气象科普工作，都收到了很好的效果。

"文化大革命"期间，学会的气象科普工作虽然遭受严重影响，但仍有不少气象科普工作者克服困难，利用各种园地坚持开展气象科普活动。除撰写短篇科普稿件外，气象科普工作者们还编写出版了《气象知识》《物候学》《田家五行选释》《云的科学》和《观云识物测天气》等科普书籍，拍摄了《观云测天》《气象站天气预报》《改造田间小气候》《防御寒露风》和《军事气象》等气象科教片。这些工作的完成是十分难能可贵的。

四、国际交流

新中国成立后，为贯彻中央关于外事工作"两条腿走路"的方针，我国气象界开展的国际交往一般以政府间形式和民间形式交替或相辅进行。在当时国际环境的影响下，我国气象部门与西方国家气象部门的交往活动往往以民间形式，即以气象学会的名义开展，并且气象方面的国际交往相对较少，范围也较窄，仅与日本、缅甸、柬埔寨、巴基斯坦和法国等国家有过交往。

1954年10月9日，日本学术文化访华团团员和达清夫（当时的日本气象厅长官）趁来中国访问之便，参观了我国的中央气象台，并介绍了日本气象工作的一般情况，涂长望副理事长向其赠送了部分中国气温和降水资料，这是新中国成立后中日两国气象界的第一次交流活动。1957年7—8月，日本气象学会和气象协会分别派遣岸保勘三郎、佐贯亦男、毛利茂南来中国考察。岸保勘三郎作了数值天气预报方面的短期讲学。佐贯亦男和毛利茂南着重考察了中国气象部门使用的常规仪器，并参观了长春、上海的气象仪器厂。1960年10月18日，日本气象学会理事长正野重方致函中国气象学会，希望加强日中气象界的人员交往和学术交流。对此，中国气象学会于1961年1月18日复函日本气象学会，赞同中日气象界的人员交往和学术交流应予加强。1963年11月下旬至12月下旬，应日本学术界和中日友好协会的邀请，中国学术代表团访问日本。气象方面的代表应日本气象学会和全日本气象劳动组合的邀请，作了我国气象工作情况和若干气象研究成果的报告，并考察了日本东北大学、东京大学、京都大学的地球物理系、名古屋大学、九州大学的气象工作，参观了日本气象厅本部、气象研究所等气象业务单位。1964年8月19—31日，在北京举行了中日科学讨论会，参加会议的日本科学代表有日本气象学家增田善信、小平信彦和久保田靖之，他们分别作了题为《日本的数值天气预报》《日本的雷达气象学》《日本气象工作机械化的技术背景和社会背景》的学术报告。中国气象学会和中国地球物理学会联合举行茶话会，招待3位来宾，并安排他们参观了中央气象局、中国科学院地球物理研究所和北京大学。通过访问，中日两国气象界的学术交流与科技工作者间的友谊进一步加强。

1965年6月8—28日，中国气象学会由理事长赵九章、秘书长蒋金涛及中国科学院地球物理研究所的同志一行4人组成的中国气象代表团应邀访问法国，参观了法国气象局、国家空间研究中心、通信研究中心及大气物理研究中心。1965年7月13日—8月6日，以顾震潮为首的3人气象考察小组一行访问缅甸（7月13—23日）和柬埔寨（7月25日—8月6日）。通过考察，促进了与缅、柬两国的友好关系，增进了两国气象工作者的友谊，了解了缅、柬气象工作的全貌，收集了东南亚有关国家的气象资料，吸收了他们的天气预报经验。1965年12月16—29日，以岳川为首的3人气象考察小组访问巴基斯坦，了解该国的气象工作情况，并相互交换气象书刊资料。

"文化大革命"期间，中国气象学会的国际民间交流陷于停顿状态。1966年9月，桥本清美作为日本学术代表团的成员访问中国，是这期间中日两国气象学会唯一的一次交流活动。

20世纪70年代初，随着美国总统尼克松的访华和我国在世界气象组织合法席位的恢复，中美两国气象界的交往也开始重新启动。为适应当时工作的需要，中国气象界以中国气象学会的名义，开展了与美国的气象科技交流活动。

1971年5月11日，美国气象学会候任理事长瑞德教授就曾写信给美国著名记者和作家埃德加·斯诺，咨询与中国进行气象交流的机会，并表示希望派代表团访问中国。1972年2月，美国总统尼克松访华的消息极大地鼓舞了已任美国气象学会理事长的瑞德教授。同年8月，瑞德教授给中国科学院院长郭沫若写信，并抄送中央气象局局长孟平，此信由中国驻加拿大使馆转交，信中明确表示美国气象学会希望派代表团访华，就开展气象科技交流与合作进行探讨。在此期间，美国华盛顿特区天主教大学的张捷迁教授访问中国，并在美国气象学会年会上做了关于访华情况的报告，在得知美国气象学会有访华的意向后，他给中国科学院副院长竺可桢及北京大学教授周培源写信，转达了美国气象学会理事长瑞德等希望派团访华的强烈愿望。1972年底，中央气象局收到美国气象学会的访华要求后，经认真研究，于1973年4月20日以外交部及解放军总参谋部的名义向国务院提出请示，邀请美国气象学会代表团访华。1973年7月，经周恩来总理等领导同志批示同意，邀请美国气象学会代表团访华的国内所有手续完成。同年9月初，世界气象组织在奥地利维也纳和瑞士日内瓦举行国际气象组织/世界气象组织百周年纪念活动，美国气象学会理事长凯洛格、执行主任斯潘格勒与中国气象学会副理事长、中央气象局副局长张乃召进行了会谈，张乃召表示，中方已收到美国气象学会希望访华的要求，中方对此正在认真研究。1973年9月14日，张乃召回复美国气象学会前理事长瑞德教授，正式邀请他及美国气象学会理事长凯洛格等人于1974年4月访华。

1974年4月20日—5月3日，以约翰逊理事长为团长的美国气象学会代表团一行9人应邀访问中国。中国科协副主席周培源和中国气象学会副理事长张乃召会见代表团全体成员。期间，美国气象学会代表团作了关于卫星气象、热带气象、人类活动对气候的影响、云雾物理等方面的学术报告。张乃召向美国气象学会代表团介绍了中国气象学会的情况。约翰逊团长表示，此次访问是中美两国气象学会进行接触和开展科技交流的良好开端。他邀请中方派代表团访问美国，并建议相互交换气象科技书刊资料，互派科学家到对方国家去讲学或工作。美国气象学会还向中方赠送5部气象科技影片和一些气象期刊。美国气象学会代表团在北京参观访问了中国科学院大气物理研究所、中央气象台、北京大学。当时，邹竞蒙以中国气象学会副理事长的名义陪同美国气象学会代表团前往上海参观访问。

1975年10月25日—11月12日，邹竞蒙以中国气象学会副理事长的名义率中国气象学会代表团一行9人应邀回访美国，先后访问了7个城市共19个气象机构。通过访问，了解了美国气象中心业务概况及卫星气象的研究和应用的现状。访问期间，美国气象学会提出定期召开两国气象学会会议和双边学术讨论会、派遣专业考察组进行为期两个月的专业考察、定期选送气象科技工作者到对方国家工作、开展气象资料和科技情报的交换、合作进行气象科学研究等建议。

1975年10月邹竞蒙副理事长（前排左三）率中国气象学会代表团访问美国气象学会

1977年3月3日，邹竞蒙以中国气象学会副理事长的名义会见途经北京的美国气象学会秘书长斯潘格勒博士。

这一时期中美两国气象学会的交往，为此后两国大规模的气象科技和人员交流奠定了重要基础。

五、学会期刊

新中国成立以后，中国气象科学技术研究进入全面发展时期，气象科学技术研究队伍迅速壮大。《气象学报》作为国内气象领域唯一的专业气象学术刊物，自然成为刊载高水平学术论文的主体，发表了大量有关青藏高原气象学、东亚大气环流和东亚气候、西太平洋副热带高压和台风、中国降水和暴雨特征、寒潮以及中小尺度动力学和云雾物理等方面的文章。这些研究成果深为国内外气象学者所重视。例如，在20世纪70年代初期，美国气象学会会刊就根据对《气象学报》刊载论文的分析结果，高度评价了中国气象科学所取得的成就。此外，《气象学报》也刊载过许多介绍国际气象学发展趋势、技术方法和重要成果的文章，这对于引导国内气象科学各分支学科的发展、提高天气预报准确率产生了极为重要的影响。

新中国成立后，中国气象学会的学术期刊编辑出版工作也迈入了新的发展阶段，一路上有阔步前行，也有波折起伏。

1951年出版的《气象学报》第22卷第1期为中国气象学会第一次全国会员代表大会纪念专号，刊载了代表大会总结、中国气象学会章程等。同时，刊发了《中国气象学研究工作的回顾与前瞻》《现阶段的中国气象教育工作和将来展望》《近代动力气象学的进展》《近代大气环流研究的进展》《近代天气学的发展》《近代统计学在气象学上的应用及其前瞻》《近代海洋学的发展》和《漫谈大气物理学的新进展》等文章，系统分析和总结了当时中国气象科技的水平。受多种原因影响，1951年出版的《气象学报》第22卷第2、3、4期合刊出版，1952年出版的《气象学报》第23卷第1、2期，1955年出版的《气象学报》第26卷第1、2期也为合刊，其余均为按季单期出版，再未出现合刊情况。1959年出版的《气象学报》第30卷第3期为庆祝新中国成立10周年专刊，其中刊载了16篇综述性文章，就新中国成立10年来我国气象业务、气象教育、气象学研究、气象观测技术与仪器研究、锋面分析、降水研究、东亚寒潮研究、长期天气预报、数值预报、动力气象、气候学、东亚季风区域的气候研究、大气环流、农业气象学、人工降水试验、单站补充预报的进展进行系统的回顾和总结，给广大气象科技工作者极大鼓舞。1960年5月，《气象学报》曾一度停刊整顿，直至1961年8月24日中国气象学会才发出《关于〈气象学报〉复刊的通知》，致使1961年《气象学报》第31卷仅出版第1、2期，第3、4期延宕至1962年才出版。当时《气象学报》编委会会址迁至北京西郊五塔寺7号。

新中国成立后的几年内，《气象学报》用了较多篇幅来刊载对苏联气象水文工作的介绍，以及国内气象科技工作者学习借鉴苏联气象科研思路和方法所取得的成果。在庆祝苏联十月革命

40周年时，《气象学报》第 28 卷第 4 期还特别发表了《感谢苏联对于中国气象事业的帮助》一文，但对西方发达国家的气象科技发展趋势与现状，《气象学报》很少涉及。这种现象的出现虽然是由当时特定的政治背景所决定的，具有一定的现实作用，但客观上也对后来国内气象科学研究的健康发展产生了一定的负面影响。

值得思考的是，随着"左"的思潮影响日益严重，国内气象学界一度把揭示自然规律的理论研究论文统称为脱离实际、脱离工农兵群众的"阳春白雪"，主张《气象学报》应主要刊载来自基层、具有实际经验的气象人员的文章。因此，《气象学报》1965 年第 36 卷第 1 期就成了登载以县气象站为主的有关单站天气预报的专辑。1966 年 6 月 30 日，经中央气象局批准，《气象学报》暂时停刊。1966 年 7 月 7 日，中国气象学会发出《气象学报》停刊通知。《气象学报》再一次留下了难以弥补的历史空白。

1951 年 1 月 27 日，中国气象学会设立《天气月刊》编辑委员会。卢鋈任主任委员，编辑委员有蒋金涛、张宝堃、秦善元、顾钧禧、谢光道、顾震潮、张丙辰和朱和周。该刊于 1958 年起改为公开发行。

1954 年，中国气象学会常务理事会决议编辑《气象译报》，由《气象学报》编译委员会负责编译，1954 年共编印两期。

1964 年 3 月 18 日，中国科协书记处转发中央宣传部第 28 号文件，批准中国气象学会创办《气象》月刊。《气象》月刊为中级综合性技术刊物。内容以天气学为主（包括气候、农业气象、大气物理、观测与仪器），刊登适合中级技术人员阅读的研究成果和经验总结、国家进展、书评、研究报道和学术会议简讯等。

1965 年，中国气象学会还曾负责编辑《气象译丛》，1966 年 6 月 30 日即宣告停刊。

1966 年 3 月 18 日，中国气象学会和中央气象局联合发出创办《中国气象》杂志的通知。该杂志经中宣部批准同意后，原本拟于 7 月创刊，并于 1966 年 5 月试刊出版。然而，随之而来的"文化大革命"使这一计划夭折。

"文化大革命"后期，鉴于广大气象科技工作者的强烈呼吁和发展气象事业的客观需要，根据中发〔1971〕43 号文件精神，中央气象局党组于 1973 年向农林部提出专题请示，希望恢复《气象学报》的出版。虽经同意，但由于各种干扰，《气象学报》暂未能复刊。

第四节 停滞十年后的恢复背景

中国气象学会作为一个在国内外均产生了重要影响力的气象科技社团，曾有过创建的艰辛和痛苦的磨难，也有过繁荣的欢欣和中兴的自豪。回顾经历"文化大革命"后中国气象学会重新恢复活动这一阶段的历程，具有多方面的启示意义。

1966年开始的"文化大革命"带来的是一场空前的浩劫，首当其冲的是我国的文化界和科学界。是年秋，中国气象学会在甘肃张掖召开河西干热风座谈会，虽然会议取得了成功，但它却是中国气象学会因"文化大革命"中断活动前举办的最后一次正常活动。此后，学会活动便陷入长达10年之久的停顿状态。

1976年10月，以粉碎"四人帮"为标志，结束了长达10年的"文化大革命"内乱。1977年3月9日，中国科学院、中国科协、国防科工委联合向国务院和中央军委提出《关于恢复和加强国防工业系统学会活动的报告》。该报告得到了中共中央的批准，各全国学会恢复活动的序幕由此拉开。1977年9月18日，中共中央发出《关于召开全国科学大会的通知》，要求"科学技术学会和各种专门学会要积极开展工作"。这实际上是要求科协和学会全面恢复活动的明确信号，中国科协和各全国学会纷纷以实际行动贯彻通知精神。

1978年3月18日，全国科学大会在北京召开。大会期间，周培源代表中国科协和学会发言，首次提出了科协和学会恢复活动后的4项基本任务：①积极开展学术交流，推动和帮助科学技术工作者学习、运用马克思主义哲学和自然辩证法；②发动科学技术工作者对四个现代化，特别是发展科学技术事业提出意见和建议；③积极开展科学技术普及工作，为提高全民族的科学文化水平做出贡献；④积极开展青少年科学技术活动，推动广大青少年向科学技术进军。

全国科学大会的召开加快了各全国学会恢复活动的步伐。1978年4月，国务院批准了国家科委《关于全国科协当前工作和机构编制的请示报告》，科协工作全面恢复。1978年11月9—16日，中国科协召开第一届全国委员会第二次（扩大）会议，确定筹备召开中国科协第二次全国代表大会。1979年12月31日，中共中央对中国科协《关于召开中国科协二大的请示报告》作出如下重要批示："科学技术协会是科技工作者的群众团体，是党团结和联系科学技术工作者的纽带，是党领导科学技术工作的助手，它担负着动员和组织广大科学技术工作者积极参加祖国'四个现代化'的伟大建设，广泛开展学术交流、普及科学技术知识，以及同世界各国科学技术群众团体进行科学技术交流的任务。党的各级组织要加强对科协工作的领导，支持科学技术群众团体积极主动地、独立负责地开展活动。当前，要积极支持各级科协做好召开科协第二次全国代表大会的准备工作；要配备好各级科协的领导班子，选拔一批热心党的科学技术事业、刻苦钻研业务、能够团结广大科学技术工作者，并愿意真心实意为科学技术工作者服务的干部到科协工作；要帮助科协创造必要的活动条件，充分发挥它在繁荣我国科学技术事业、实现我国'四个现代化'中的作用。"这个重要批示完整地表述了科协及其所属学会的性质、地位、特点、作用和任务，给科协及其所属学会和广大科学技术工作者极大的鼓舞。

1978年12月召开的具有历史意义的中国共产党十一届三中全会，开创了中国社会主义现代化和改革开放的历史新纪元。党和国家把发展科学技术放到重要的战略地位，尊重科学、尊重人才成为全新的社会意识。

1980年3月5日，中国科协第二次全国代表大会在北京召开，这次大会是我国科技团体发展史上一次拨乱反正、继往开来的大会。中共中央总书记胡耀邦在大会上作了重要讲话，强调科协是科学家和科技工作者自己的组织，是同工会、共青团、妇联、文联一样重要的群众团体。在拨乱反正、改革开放的大背景，中国气象学会恢复活动有了极好的社会环境。

第五节　学会恢复活动的过程

以1978年为起点，气象工作也迈入了新的发展阶段，中国气象学会重新恢复活动被提上议事日程。1978年初，在中央气象局的指导下，中国气象学会开始重组组织领导机构，这在中国科协系统中属于最早着手恢复活动的学会之一。

1978年2月4日，中央气象局委派程纯枢等代表中国气象学会参加中国科协主席团扩大会议，听取有关情况的通报。2月23日，中国气象学会秘书处正式组成，中央气象局党组任命谢津梁为学会副秘书长，主持学会秘书处工作。3月5日，学会致函中国科学院大气物理研究所党委，提出拟请叶笃正出任调整后的中国气象学会第十八届理事会理事长，很快就得到明确的回复。3月18日，中央气象局党组批复了中国气象学会关于调整后的第十八届理事会正、副理事长人选的报告，由叶笃正出任理事长，原中国气象学会第十八届理事会副理事长张乃召担任名誉理事长，吴学艺、程纯枢任副理事长。

1978年4月11日，在中央气象局召开在京理事会议。饶兴、邹竞蒙、程纯枢、王宪钊、叶笃正、陶诗言、张宝堃、杨鉴初、叶桂馨、谢光道、吕东明、李宪之、谢义炳、吕炯、高由禧、杨昌业、张文瑄（王虎教代）以及谢津梁、周凯歌（中国科协）、金昌汉（中国科协）、陈保廉（新华社）、林玉树（光明日报社）出席。会议传达了中国科协主席团扩大会议精神和中央领导同志批准的气象工作方针；讨论了常务理事会成员的调整；安排了1978年学会工作任务以及气象科普和《气象学报》恢复出版事宜。会议决定增补吴学艺、邹竞蒙、张文瑄、陶诗言、谢光道、王宪钊、张丙辰、高由禧、叶桂馨为调整后的第十八届理事会常务理事会成员。

1978年4月，根据《全国科学技术规划纲要》中恢复和建立专门学会并积极开展活动的要求，以及中国科协的相关指示精神，学会发出《关于恢复省、市、自治区气象学会的几点意见》的文件，要求各省（自治区、直辖市）气象学会在1978年内恢复活动。各地气象学会迅速响应。短短几个月内有半数以上的省（自治区、直辖市）完成了气象学会的重建任务。恢复后的省级气象学会受当地科协和省气象局党组的领导，挂靠在省气象局。各级气象学会组织的挂靠体制由此形成且一直延续至今。

在叶笃正理事长的主持下，学会组织机构的重建、《气象学报》的恢复出版以及学术交流活动的组织工作同步开展。1978年4月17日与9月13日，学会分别向中国科协和国家科委提出恢复《气象学报》出版的请示报告。7月18日召开的常务理事会研究决定了调整后的第十八届理事会和《气象学报》编委会名单，并于8月10日向中国科协和中央气象局党组提出了专门报告。《气象学报》由谢义炳担任主任编委，杜行远、朱抱真任副主任编委，编辑部设在学会秘书处。《气象学报》由科学出版社出版，16开本，每年4期，每期约10万字，国内外公开发行。1978年4月30日，《气象学报》编辑部发出自1966年7月7日停刊后的第一份征稿通知。

1978年5月10—19日，学会联合中央气象局华北、东北、西北灾害性天气专题协作组在辽宁大连召开暴雨学术讨论会，叶笃正致开幕词，谢义炳作会议技术总结。本次会议标志着学会中断12年的学术交流活动正式恢复。

与此同时，在各地气象学会和气象机构的积极配合下，中国气象学会1978年年会的筹备和理事会选举的组织工作积极进行。当时学会秘书处的谢津梁、徐纪昌、马武、袁信轩开展了大量的组织和筹备工作。1978年11月16日，在中央气象局召开第十八届理事会第二次常务理事会议。会议通过了第十九届理事会候选人名单；确定了1978年年会召开日期和年会主要任务。12月1日，在中央气象局召开第十八届理事会第三次在京常务理事会议，就召开恢复活动后的第一届年会和理事会的改选安排作出重要决议。

1978年12月8—18日，中国气象学会在河北邯郸隆重召开1978年年会暨全国会员代表大会，这是经历"文化大革命"停滞后学会召开的第一次代表大会。参加本次大会的有来自全国29个省（自治区、直辖市）的气象业务、科研、大专院校、气象学会以及军事气象部门共112家单位的271名代表和7名特邀代表。大会确定的主要任务是：动员广大气象科技工作者把工作重点转移到社会主义现代化建设上来；传达气象部门"双学"会议精神；检阅自1970年以来的气象科研成果；选举产生新一届理事会。本次年会共收到800余篇论文报告，数量之多超过了以往任何一次年会，对停顿多年的气象学术交流活动是一次重要的补偿。大会期间，以无记名投票方式选举产生了由82人组成的学会第十九届理事会，张乃召任名誉理事长，叶笃正任理事长，吴学艺、程纯枢（兼秘书长）、谢义炳（兼《气象学报》主任编委）、谢光道、黄士松任副理事长，王宪钊、叶桂馨等18人任常务理事。理事会下设天气动力学、农业气象学、气候与长期天气预报、大气物理学、大气探测5个专业委员会和《气象学报》编委会。大会针对国内气象科技发展的实际，提出了实现气象事业现代化的5条原则性意见：①培养人才，组成一支高素质的气象科技队伍；②拥有先进的技术装备和手段；③具有国际水平的基础理论研究和应用开发研究；④建立现代化的气象科技管理体系；⑤发展及时高效的服务系统。这5条被确立为新的历史时期学会工作面向气象事业现代化，为气象事业现代化建设服务的主要任务。本次年会期间，部分代表提出了尽快在国内开展数值天气预报业务的建议，这一具有远见的建议立即引起了各方面的关注，对国内数值预报业务的建立产生了重要影响。1978年年会暨全国会员代表大会的顺利召开，使中国气象学会的各项工作进入了一个新的发展阶段。

第三章
改革促创新，实现新跨越

改革开放为中国气象学会实现新的腾飞奠定了重要基础，新的时代和新的任务为学会工作展示了前所未有的发展前景。中国气象学会的活动随即由转折阶段进入全新的转变阶段——建设有中国特色的气象科技社团，再一次站到了新的创业起跑线上。

建设有中国特色的气象科技社团，既是一个实践过程，又是认识不断提高和深化的过程，既是学会工作的出发点，又是学会工作不懈追求和为之奋斗的目标。在中国科协和中国气象局党组的领导下，中国气象学会从传统思维和惯例运作方式中走出来，按照气象事业发展的战略思想和发展思路，在新的历史背景下形成新的共识，展示新的形象，开始新的探索，开展新的实践，从而为实现从气象大国向气象强国的跨越，做出新的更大的贡献。

中国气象学会始终把握难得的发展机遇，在中国科协和中国气象局党组的正确领导下，从国家社会经济发展目标出发，更有效地发挥学会组织的"桥梁""纽带"作用；积极参与国家和社会事务的管理，努力承担更多的社会职能；努力拓展学会工作空间，延伸学会活动领域，增强服务能力，在发展气象科技事业，促进经济发展、社会稳定中发挥不可替代的特殊作用。

中国气象学会始终围绕中国气象事业发展大局，突出重点，同心同德，开拓创新，全方位地开展工作，成为团结和凝聚全国气象科技工作者的"平台"，促进新型气象科技人才成长的"摇篮"，发展气象科学新兴学科的"助推器"，开展国内外气象科技交流的重要渠道，服务社会、服务经济建设主战场的重要力量，宣传普及气象科技知识的重要阵地。

中国气象学会始终不满足于既有的成就，所做的各项工作更不是简单地重复过去，而是严肃面对传统观念、运行机制、组织体系、工作方式上的挑战，继承和发扬竺可桢等老一辈气象学家留下的光荣传统，集中气象科技人员和全体会员的智慧，全面规划学会的改革与发展，加强学会自身建设，以新思路求新发展，以建立具有中国特色和重要国际影响力的气象学术组织为目标，以高质量的气象学术交流和社会化气象科普为支撑，以坚持党的领导，依靠各理事单位和广大会员的支持为原则，以"建立以会员为本的办会模式和中国特色科技社团运行机制；开拓创新，多层次、宽领域、全方位地开展活动；强化服务意识，丰富服务手段，增强服务能力，提高服务水平和效益；推进学会活动的社会化和国际化进程"为主要任务，着力提升学会工作的活力与能力，全面展示了中国气象学会"爱国、包容、求实、参与、服务"的核心价值。

第一节　顺利完成恢复活动初期的各项工作

在1978年党的十一届三中全会召开后的3年多时间里，在国家政治、经济体制改革的推动下，在中央气象局党组的正确领导下，学会本着积极主动、独立负责开展活动的精神，以服从社会发展战略、面向经济建设为中心，积极探索改革，努力实践，学会的思想建设、组织建设水平迅速提高，活动领域逐步扩大。

1979年3月27日，中央气象局召开第十八次局办公会议，决定集中办好《气象》《气象科技》《气象知识》《气象学报》4种刊物和《气象工作情况》《气象科技动态》两种简报。出版工作由局办公室统一归口管理。明确《气象学报》《气象知识》由中国气象学会负责编辑。

1979年4月28日，在中央气象局召开中国气象学会第十九届理事会第二次常务理事会扩大会议，座谈讨论1979年元旦全国人民代表大会常务委员会发布的《告台湾同胞书》。中央人民广播电台和新华社的代表也参加了会议讨论。对台工作首次列入学会工作议程。

1979年6月18日—7月2日，以会长牛顿博士为团长的美国气象学会代表团一行16人应邀访华，叶笃正理事长会见并宴请美国代表团。此后，以叶笃正理事长为团长的学会代表团一行11人于当年9月25日—10月9日回访美国气象学会，民间渠道的国际交流活动开始恢复。

1979年6月，《气象学报》恢复出刊，由气象出版社出版（全年出版4期）。

1979年1月、3月和7月，分别在北京召开3次《图解百科全书——大气卷》编写组会议。会议通过了编写提纲和天气、气候两节的试写稿。《图解百科全书——大气卷》由陶诗言任主编，张家诚、陈少峰任副主编，是学会重新恢复活动初期组织编写的最具影响力的书籍。

1979年7月20日，在中央气象局召开第十九届理事会常务理事会第三次会议。会议由叶笃正理事长主持。会议决议：推荐章基嘉为全国自然科学名词委员会委员；在理事会下增设气象学名词委员会，主任委员为洪世年，副主任委员为章基嘉、阮忠家；审议通过其他各委员会委员名单；确定此后有关专业和专题性的学术会议由专业委员会负责；确定1980年3月与中国地理学会、浙江大学联合举办竺可桢诞辰90周年纪念活动；年底召开气象科普工作会议，由程纯枢主持；积极做好下半年组团回访美国有关事宜。

1979年9月22日，召开第十九届理事会常务理事会第四次会议。会议推荐叶笃正、谢义炳、陶诗言、程纯枢4人为中国科学院学部委员候选人；成立《大百科全书》气象部分编写领导小组，组长由叶笃正担任，副组长为程纯枢、谢义炳。

同年11月30日，在中央气象局召开第十九届理事会常务理事会第五次会议。会议由吴学艺副理事长主持。会上，谢义炳汇报了代表团访问美国情况；研究了学会出席中国科协第二次代表大会代表的产生办法；陈少峰汇报了科普工作委员会扩大会议筹备情况。

1980年1月，在理事会下增设气象科普工作委员会，以推动气象科普工作的开展，使气象科普成为与开展学术活动同样重要的学会支柱性工作。

1980年3月，与中国地理学会、浙江大学联合举办竺可桢诞辰90周年纪念活动。

1981年2月25日，学会主办的科普刊物《气象知识》（季刊）正式创刊。这是由中国气象学会创办的全国首个公开发行的气象科普期刊。

1981年12月14—21日，学会在北京召开首次全国气象学会秘书长联席会议。这是一次在思想和组织建设方面具有重要意义和影响的学会工作会议。中国科协副主席裴丽生和中央气象局党组书记、局长薛伟民到会指导并讲话。谢光道副理事长致开幕词，副理事长兼秘书长程纯枢作学会恢复活动3年来的工作总结报告。中国气象局副局长邹竞蒙

中国科协副主席裴丽生在1981年首次全国气象学会秘书长联席会议上讲话

代表挂靠单位党组就在学会工作中清理"左"的影响和积极参与气象现代化建设发表了讲话。会议在总结学会恢复活动3年来所取得的成绩的同时，分析研究了学会工作中出现的新情况。会议提出，为了发展未来，必须首先稳定自己，加强学会的自身建设，明确学会工作的立足点。1982年3月9日，中央气象局党组在批复学会秘书长联席会议文件的004号文件中指出："中国气象学会的活动，对于提高气象科学水平、推动气象事业现代化建设，具有特殊作用，是气象部门职能单位所难以完全替代的。"中央气象局党组对学会工作的高度评价，使全体学会工作者受到很大鼓舞，并从中得到启发，即学会工作的发展方向就是要在"发挥特殊作用"方面展现优势。

1981年召开的首次全国气象学会秘书长联席会议全体代表合影

1982年3月21日—4月9日，以理事长达尔斯特隆博士为团长的瑞典气象学会代表团一行8人应邀来访。国务院副总理万里会见了代表团全体成员，叶笃正理事长等参加会见。中国人民解放军总参谋部气象局局长孟平也会见了瑞典军事气象局司令本格森准将及拉松、凯尔塞格林和瑞典代表团部分军队成员。代表团参观访问了北京、南京、苏州、青岛、上海、杭州等地，分别在中央气象局、国家海洋局和南京大学作了多场学术报告。在京期间，中国气象学会授予瑞典气象学会秘书长拉松"中国气象学会名誉会员"称号。代表团还向中国气象学会赠送了国际著名气象学家贝吉隆所绘的1926年11月总雨量图和瑞典画册等纪念品。

1982年7月24日—8月1日，在福建厦门鼓浪屿举办首届全国青少年气象夏令营。面向青少年的气象科普工作提到了理事会议事日程。

同年10月18—22日，日本气象学会在日本筑波举行热带气象区域科学会议。中国气象学会致电祝贺并派员出席。

在中国气象学会第十九届理事会的任期内，各省（自治区、直辖市）均恢复和建立了气象学会，发展中国气象学会会员5000多人，会员总人数达7000余人，并陆续颁发了由中国科协统一制作的会员证；共举办15次专业性和专题性的学术会议，交流的论文和技术报告达1609篇，参加人数有 1795 人。举办学术报告会 157 次，3 万多人受益；举办各类学习班、训练班 76 次，参加人数有 4000 余人；建立了一支老中青相结合的气象科普队伍，举办了气象展览、科普讲座和科普报告会 900 多次，14 万多人参加；编写了《图解百科全书——大气卷》，协助科技电影制片厂摄制了科教片《探索气象的奥秘》等一批有影响力的科普作品。

1982 年 10 月 25 日—11 月 3 日，中国气象学会历史上规模空前的全国会员代表大会暨

1981 年参加在黄山召开的数值天气预报学术会议的代表合影

中国气象学会全国会员代表大会暨 1982 年学术年会代表合影

1982年学术年会在四川成都召开。本次大会是中国气象学会发展史上一次具有里程碑性质的大会。400多位代表共聚一堂，认真学习和贯彻党的十二大精神，酝酿学会工作的改革，共同勾画气象事业现代化发展蓝图，努力开创中国气象学会工作新局面。年会收到论文超过1000篇，分发材料的场面颇为壮观，平均每位代表取得的资料在10千克以上，以致当地邮电局不得不现场设点办理资料邮寄手续，动用卡车协助代表运送资料。

中国气象学会全国会员代表大会暨1982年学术年会现场

本次大会上，第十九届理事会叶笃正理事长致开幕词，副理事长兼秘书长程纯枢代表第十九届理事会作工作报告，国家气象局顾问薛伟民和四川省科协副主席发表讲话，副理事长谢义炳致闭幕词。国家气象局党组书记、局长邹竞蒙在10月27日的全体会议上，就气象事业现代化建设面临的形势任务、落实党的十二大提出的两大战略步骤、实现气象科学技术现代化应走什么样的发展道路、选择什么样的技术政策问题作了长篇发言，并希望学会发挥优势，把工作重心转移到为气象事业现代化建设服务上来。大会认真清理了"左"的影响在学会工作中的表现，提出要认真总结历史经验，以党的十二大精神统一思想，开拓前进，全面开创学会工作的新局面。

代表大会期间，选举产生了以叶笃正为理事长的中国气象学会第二十届理事会；组建了理事会所属各专门委员会；通过了新修订的《中国气象学会章程》《中国气象学会关于提高学术活动质量问题的初步意见纲要》《中国气象学会1983—1986年的学术活动规划》《中国气象学会专业委员会工作条例》《中国气象学会荣誉奖励条例》，以及《〈气象学报〉编辑部工作条例》《〈气象知识〉编辑部工作条例》。参加大会的全体代表一致通过了中国气象学会全国会员代表大会暨1982年学术年会致全体会员和气象科技工作者的倡议书。倡议书号召全体会员和气象科技工作者行动起来，在振兴我国社会主义经济建设中充分发挥气象科学技术的作用，适应新形势下各行各业对气象科学技术的需要，大力做好气象科技的普及推广及咨询服务工作，提供专业气象服务保障工作，加紧培养气象科学的各类人才，加强自身的思想建设，树立全心全意为人民服务的崇高信念，勇于探索，敢于创新，为造就气象科学的空前繁荣，为开创气象事业和学会工作的新局面，为实现党的十二大宏伟纲领而努力奋斗。

中国气象学会第二十届理事会成员合影

年会期间，各专业委员会分别作了学科研究进展报告，提交了 200 多篇学术论文进行交流。谢义炳作了《回顾过去，瞻望未来，促进我国气象科学技术的新发展高潮》的报告，陶诗言作了《四年来我国气象卫星资料分析应用研究》的报告。冯秀藻等专家分别就农业气象、气象科技管理、电子计算机技术发展、现代气象科学技术的发展特点和趋势等作了报告。美国气象学会主席、美国国家气象局局长、中美大气科技合作组组长、美国气象代表团团长霍尔格伦博士作了《美国气象学会介绍和 90 年代美国天气学研究的展望》的报告，斯仇曼博士作了《气象与农业》的报告，第尔福博士作了《美国航天局关于平流层的研究》的报告，比尔利博士作了《美国科学基金会关于航空天气的联合研究》的报告。

值得提出的是，优秀共产党员、气象学家雷雨顺承担了 1982 年学术年会的主要筹办事项，因积劳成疾，病倒在年会上。对此，中国气象学会副理事长、著名气象大师谢义炳院士在全国会员代表大会暨 1982 年学术年会的闭幕式上大声疾呼："要保护好我们的人才，尤其是中年人才。"雷雨顺同志因患肺癌不幸于 1983 年 2 月 16 日逝世，年仅 48 岁。他把全部身心献给了党，献给了祖国和人民，是气象战线的蒋筑英、罗健夫。国家气象局党组作出决定，号召全国气象系统广大职工向雷雨顺同志学习。他的高尚品质、学德和精神，成为全国气象科技工作者学习的榜样。

雷雨顺同志

随着大会的召开和大会精神的贯彻，配合国家政治、经济、科技、教育体制的改革，学会进行了多方面的改革，调整了学会工作重点，以适应气象科技发展的客观规律，加强和改善民主制度建设，理顺与各方面的关系，修订学会章程，实施会员重新登记，建立了各种规章制度，学会面貌焕然一新。

以本次全国会员代表大会暨 1982 年学术年会为重要标志，中国气象学会基本完成了历史性转折阶段的各项工作任务，进入实现学会工作关键性转变的重要发展阶段。

第二十届理事会任期内举办的重要活动掠影

1983 年 1 月在北京人民大会堂举办迎春座谈会

1983 年中国气象学会、北京气象学会向北京市青少年赠送气象仪器

1983 年航空气象专业委员会成立大会与会人员合影

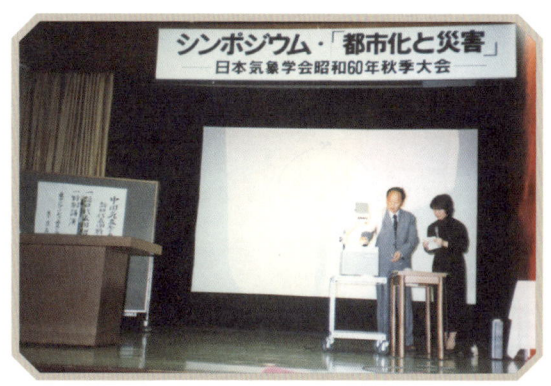

1985 年章基嘉副理事长应邀参加日本气象学会秋季大会

1985 年 1 月召开的计算机在气象中的应用学术年会现场

第二节　会员代表大会及理事会

如期召开会员代表大会、审议理事会工作报告、组织新一届理事会的选举、修订章程、决定工作方针和任务，以充分体现会员权利的行使，是成熟社团组织的重要标志，也是社团健康运作的组织基础。

会员代表大会是中国气象学会的最高权力机构，由其选举产生的理事会是会员代表大会的执行机构，在闭会期间领导学会开展日常工作，对会员代表大会负责。

自中国气象学会1982年召开全国会员代表大会暨1982年学术年会以来，共召开了9届会员代表大会，相应地改选成立了9届理事会，依次是：

1986年12月20—23日召开全国会员代表会议，选举产生第二十一届理事会；

1990年10月22—26日召开全国会员代表会议，选举产生第二十二届理事会；

1994年10月9—10日召开第二十三次全国会员代表大会，选举产生第二十三届理事会；

1998年10月12—16日召开第二十四次全国会员代表大会，选举产生第二十四届理事会；

2002年10月16—18日召开第二十五次全国会员代表大会，选举产生第二十五届理事会；

2006年10月22—24日召开第二十六次全国会员代表大会，选举产生第二十六届理事会；

2010年10月17—19日召开第二十七次全国会员代表大会，选举产生第二十七届理事会；

2014年11月5日召开第二十八次全国会员代表大会，选举产生第二十八届理事会；

2024年5月9日召开第二十九次会员代表大会，选举产生第二十九届理事会，重新恢复成立监事会并依据学会历史确定为第四届监事会。

一、1986年全国会员代表会议及第二十一届理事会

1986年12月20—23日，中国气象学会1986年全国会员代表会议在北京召开。国家气象局局长邹竞蒙、中国科协学会部部长林振申分别在大会开幕式上讲话。大会审议通过了第二十届理事会工作报告，审议通过了新的《中国气象学会章程》；表彰了16名从事气象工作50年及以上的老专家和113名优秀学会工作干部；听取了第二十届理事会所属各专业委员会就本学科4年来的进展情况所作的学术报告；选举产生了由96位理事组成的第二十一届理事会。

本届理事会任期内，召开了3次理事会全体会议。1986年12月23日召开的第二十一届理事会第一次全体会议，在陶诗言的主持下，以无记名投票方式选举产生了第二十一届理事会领导机构。陶诗言当选理事长，章基嘉、黄士松、曾庆存、周秀骥、王锡友当选副理事长，章基

嘉当选秘书长（兼）。聘请叶笃正、谢义炳为名誉理事长，谢光道等13人为名誉理事，并授予么枕生、卢鋈、叶桂馨、李宪之、朱炳海、杨昌业"中国气象学会荣誉会员"称号。聘任彭光宜为常务副秘书长。1989年第一季度以通信形式召开的第二十一届理事会第二次全体会议，重点审议修改《中国气象学会关于深化自身改革的基本设想（征求意见稿）》。1990年10月22日召开的第二十一届理事会第三次全体会议，审议通过了全国会员代表会议的各重要文件。

本届理事会常务理事会任期内，召开了6次常务理事会会议。期间，本着民主协商、开放务实的原则，就本届理事会所属21个专业（工作）委员会的设置和组建工作、各年度学会活动计划的制订、涂长望青年气象科技奖的设立、表彰奖励工作的开展、国际和海峡两岸气象科技交流与协作、深化学会自身改革、创办《气象学报（英文版）》、吸收国外气象学者加入中国气象学会等方面作出一系列重要决议。组织开展了诸如中、美、澳3国气象学会共同发起，在澳大利亚召开的国际热带气象会议（1988年）；受中国科协委托，组织地球表层学术讨论会（1986年）；组织钱学森等一批著名科学家和相关学会理事长参加；牵头14个全国学会主办中国一万年来海平面变化与温度变迁关系学术讨论会（1987年）；牵头14个全国学会组织全国第三届天地生相互关系学术会议（1989年）；举办竺可桢诞辰100周年纪念活动（1990年）；举办第二届全国优秀青年气象科技工作者学术研讨会（1990年）等重要活动。尤其是与国家自然科学基金会共同发起，于1989年7月6—8日在香港地区召开了首届东亚及西太平洋气象与气候国际会议。此次会议不仅体现了海峡两岸气象界为祖国统一大业所作的巨大努力，同时也向参会的各国气象界人士、更通过他们向国际社会展示了中国坚持改革开放的决心。

1989年12月全国第三届天地生相互关系学术讨论会现场

二、1990年全国会员代表会议及第二十二届理事会

1990年10月22—26日，中国气象学会1990年全国会员代表会议在山东青岛召开。大会开幕式由副理事长黄士松主持，理事长陶诗言致开幕词，副理事长周秀骥作关于第二十二届理事会理事选举情况的说明。参加大会的正式代表共152名。

大会审议通过了第二十一届理事会工作报告，修订了《中国气象学会章程》，表彰了陶诗言等23位从事气象工作50年的老一辈气象工作者、章淹等69位优秀学会兼职干部、北京气象学会等3个省级气象学会、吉林省气象学会秘书处等6个气象学会秘书处，大会期间还召开了各省气象学会秘书长会议、学术专题报告会。在大会召开前，先期以通信选举方式产生了由100位理事组成的第二十二届理事会。

中国气象学会1990年全国会员代表会议现场

本届理事会任期内，召开了2次理事会会议。第二十二届理事会第一次会议选举产生了第二十二届理事会常务理事会，选举章基嘉担任第二十二届理事会理事长，曾庆存、周秀骥、王锡友、刘式达、陆渝蓉（女）为副理事长，彭光宜当选秘书长；聘请陶诗言、黄士松为名誉理事长。第二十二届理事会第二次全体会议审议了秘书长彭光宜所作的关于第二十三次全国会员代表大会筹备工作报告，通过了大会主席团建议名单和会议日程，通过了在大会期间表彰优秀学会工作者的名单。

本届理事会常务理事会任期内，召开了6次常务理事会会议。在常务理事会的领导下，就本届理事会各学科（工作）委员会的设置与活动、相关制度的建立、中国科学院学部委员候选

人的推荐、组织学术交流和科普宣传等形成了许多重要的决议。期间，经国务委员、国家科委主任宋健的倡议，受中国科协委托，会同中国环境学会，于1991年1月15—18日在北京召开了气候变化与环境问题全国学术讨论会。与会专家、学者、政府官员和企业家300余人，宋健到会并讲话。1991年2月11日，受国家气象局党组委托，以迎春座谈会方式，积极参与《气象事业发展10年规划意见》的制定。1991年4月6日，在北京举行纪念《气象知识》创刊10周年座谈会。国务委员宋健为《气象知识》创刊10周年题词："普及气象知识，增强人民与大自然奋斗的能力。"1991年10月28日，与国家气象局、九三学社联合在北京举行纪念涂长望诞辰85周年大会。1994年3月22—26日，以陶诗言为团长的中国气象学会代表团一行13人前往中国台北参加海峡两岸天气与气候学术研讨会；5月31日—6月3日，召开以"造就跨世纪青年人才，开创气象科技的未来"为主题的第三届全国优秀青年气象科技工作者学术研讨会；8月23—25日，与中国气象局、中国科学院、国家自然科学基金会联合举办大气科学基础研究发展战略研讨会等重要活动。接待了台湾地区气象界代表团一行29人的来访，接待了美国、日本、瑞典等11个国家和地区39位气象学家的来访，完成了庆贺建会70周年系列纪念活动的筹备工作。

三、1994年全国会员代表大会及第二十三届理事会

1994年10月9—10日，中国气象学会第二十三次全国会员代表大会在北京召开。大会由陆渝蓉主持。大会首先通过了34人组成的主席团名单，王锡友致开幕词，章基嘉代表第二十二届理事会作了题为《为气象工作上新台阶贡献聪明才智》的报告，周秀骥作了《修改〈中国气象学会章程〉的说明》的报告；王锡友作了《关于二十三届理事会选举情况的说明》的报告。10月10日上午，代表大会审议通过了理事会工作报告和学会章程。

中国气象学会第二十三次全国会员代表大会现场

1994年10月10日下午，在北京召开的第二十三届理事会第一次全体会议上，以无记名投票方式选举产生第二十三届理事会领导机构。邹竞蒙当选理事长，刘式达、陆渝蓉（女）、周秀骥、唐万年、曾庆存当选副理事长，彭光宜当选秘书长，马鹤年等23人当选常务理事。

本届理事会常务理事会任期内，召开了7次常务理事会会议，就本届理事会所属各学科（工作）委员会的设置、名誉理事和兼职副秘书长的聘任、"中国气象学会荣誉会员"称号的授予、各年度活动计划的确定、国际民间及海峡两岸气象科技交流的组织、会员的发展与管理、《气象学报》改为双月刊等重要事项形成决议。

本届理事会任期内举办的重要活动

1995年

年初，向中国科协推荐了两名中国科学院院士候选人。经中国科协评议、审定，学会推荐的巢纪平当选中国科学院院士。

1月14—21日，应美国气象学会的邀请，以洪钟祥常务理事为团长的一行5人参加美国气象学会第75届年会以及该学会成立75周年钻石庆典。

7月2—14日，国际大地测量和地球物理学联合会（IUGG）第二十一届大会在美国博尔德举行，以中国气象学会名誉理事章基嘉为团长的4人代表团出席并向大会提交了中国气象学会组织起草的《中国大气科学进展国家报告（1991—1994）》。

11月7—10日，在福州召开东亚中尺度气象与暴雨研讨会，多个国家和地区的气象学者参加。

11月17—20日，在河南郑州召开"75·8"特大暴雨20周年回顾暨暴雨洪水监测预报学术讨论会。

12月21—22日，受中国气象局党组委托，组织、邀请全国行业内的40多位著名专家召开审议《气象事业第九个五年计划（征求意见稿）》和《全国气象事业发展规划（征求意见稿）》座谈会。

1996年

1月16—19日，由中国科协主办、中国气象学会等7个全国学会牵头，联合20多个全国学会以及各省（自治区、直辖市）科协共同组织的全国2000年农业发展学术研讨会在北京举行。

2月26日，与中国气象局在北京联合举办叶笃正从事气象工作60年暨80华诞庆贺会。

5月16—18日，在台湾中央大学举办第三届东亚及西太平洋气象与气候国际会议。

5月27—31日，中国科协"五大"在北京召开。理事长邹竞蒙、副理事长曾庆存作为中国气象学会的代表出席。曾庆存当选中国科协副主席。

8月12—14日，与台湾地区气象学者一起在北京举办海峡两岸及邻近地区暴雨试验研讨会。

9月1—12日，接待以台湾私立文化大学刘广英院长为团长的文化大学大气科学系学生参访团。参访团一行16人在大陆进行了为期12天的参观访问，这是台湾地区气象界第一个以学生为主组成的参访团访问大陆。

11月19—22日，在北京召开学科委员会工作会议，研讨做好委员会工作的对策措施，讨论了"九五"期间开展学术活动的规划。

11月26—31日，在江西南昌召开1996年全国气象学会秘书长会议，落实中国科协"五大"提出的各项任务所应采取的措施。

12月8—17日，以理事长邹竞蒙为团长的一行21人代表团，赴台湾地区参加海峡两岸及邻近地区暴雨试验研究组织委员会第二次会议及相关的科学研讨会。

1996年，与中国气象局有关职能单位共同组织了1994—1995年气象科技兴农、科技扶贫奖的评审。共收到申报材料63份，评选出22个先进集体和11个先进个人。

1997年

1月14日，《气象知识》杂志荣获中宣部、国家科委、新闻出版署颁发的"第二届全国优秀科技期刊二等奖"。

9月10—12日，与中国气象局联合召开全国气象科普工作会议。

9月22—27日，由学会组织的在校师生赴台湾地区代表团参加了海峡两岸自然（大气）科学师生论文发表研讨会。

12月24日，在中国科协五届三次全委会的开幕式上举行了首次"全国优秀科技工作者"颁奖仪式。由中国气象学会推荐的中国气象科学研究院研究员卞林根、国家卫星气象中心副总设计师李希哲研究员获奖。

1998年

1月，以理事长邹竞蒙为团长的中国气象学会代表团一行8人应美国气象学会的邀请，参加在"凤凰城"（菲尼克斯市）举办的美国气象学会第78届年会。

9月23—24日，中国科协在北京召开以"科学技术面向新世纪"为主题的学术年会。中国气象学会与相关学会共同组织了天文、空间与地球科学技术分会场。

10月12日，召开第二十三届理事会第二次全体会议，审议通过了第二十四次全国会员代表大会主要文件。

四、1998年全国会员代表大会及第二十四届理事会

1998年10月12—16日，中国气象学会第二十四次全国会员代表大会在山东青岛召开。与会代表及特邀代表共240人。学会副理事长刘式达致开幕词，中国科协副主席曾庆存、中国气象局副局长马鹤年分别代表中国科协、中国气象局党组致辞。邹竞蒙理事长代表第二十三届理事会作了题为《深化改革、开拓进取，为把一个充满生机和活力的中国气象学会全面推向21世纪而奋斗》的工作报告，唐万年作了题为《关于中国气象学会第二十四届理事会选举工作情况》的报告，彭光宜作了题为《关于中国气象学会第二十四次代表会议筹备工作情况》的报告。曾庆存致闭幕词。大会审议并通过了工作报告和新的学会章程。大会以无记名投票方式选举产生了中国气象学会第二十四届理事会理事。

第二十四次全国会员代表大会期间，召开了第二十四届理事会第一次全体会议。会议选举产生丁一汇等25人当选第二十四届理事会常务理事，曾庆存当选理事长，唐万年、马鹤年、伍荣生、黄嘉佑、陈联寿当选副理事长，梁景华当选秘书长。

本届理事会常务理事会任期内，召开了10次常务理事会会议。期间，还于1998年11月23日召开了理事长办公会议。2000年5月29—30日，在北京召开第二十四届理事会第二次全体会议暨学术报告会。上述会议就本届理事会名誉理事长和名誉理事的聘任、理事会所属各学科（工作）委员会的设置和组建、学会工作的改革、年度活动计划的制订等事项形成重要决议。

中国气象学会第二十四次全国会员代表大会现场

本届理事会任期内举办的重要活动

1999年

1月28—31日，参加由中国科协主办、中国气象学会等17个全国学会和有关省（自治区、直辖市）科协共同参与筹备召开的1999年减轻自然灾害学术研讨会。

3月，完成了中国科学院、中国工程院院士候选人的推荐工作。

5月6—8日，在浙江宁波召开1999年全国气象学会秘书长暨学科委员会主任会议。会议围绕学会工作改革的任务，交流了各省级学会和各学科委员会有关改革的典型事例和经验，研讨了学会工作面临的挑战和对策。

5月22—24日，在广西北海召开大西南通道经济开发的气候资源开发利用与保护学术研讨会。会议由中国气象学会会同广西、云南、贵州、四川、重庆等省（自治区、直辖市）气象学会共同主办。

7月初，副理事长马鹤年率团赴英国伯明翰出席第二十二届国际大地测量与地球物理学联合会（IUGG）学术年会。

9月18—21日，由24人组成的代表团参加了在浙江杭州召开的中国科协首届学术年会，并联合有关学会牵头承办了地球科学分会场。

10月25日，在浙江省气象局召开第二十四届理事会常务理事会第四次会议。会议通过了《关于中国气象学会工作改革的意见》《中国气象学会理事单位资助经费实施办法》和《中国气象学会会员缴纳会费的暂行规定》。

10月26—28日，与中国气象局联合在浙江杭州召开第四届东亚及西太平洋气象与气候国际会议和1998年特大暴雨（洪涝）学术研讨会。

2000年

2月21—23日，中国科协组织召开减轻自然灾害学术研讨会，中国气象学会作为大气圈、水圈的牵头学会，参与了研讨会的筹备和组织工作。

2月，为纪念和缅怀邹竞蒙同志，与中国气象局联合编印了《气象赤子——深切怀念邹竞蒙同志》一书。

3月21日，与中国科协、中国地理学会等单位共同发起的纪念竺可桢诞辰110周年座谈会在北京举行。

5月29—30日，在北京举办第二十四届理事会第二次全体会议暨学术报告会。中国科协学会部部长马阳和中国气象局党组书记、局长温克刚到会讲话。会议传达了中国科协第五届全委会第五次会议精神,审议了《中国气象学会史料简编》的编写工作事项,选举成立了中国气象学会理事单位资助经费监管委员会,组织了近两年来大气科学各分支学科研究进展学术报告。

6月21—27日,组团赴台湾地区参加海峡两岸大气环境与气象应用学术研讨会。

8月4日,在北京召开了"全国优秀科技工作者"候选人评审组会议,以无记名投票方式确定海军航空兵司令部气象处气象室主任郭树忠、西藏自治区气象局科研所所长边多为学会推荐的"全国优秀科技工作者"候选人。

9月13日,在北京举行仪式,授予世界气象组织秘书长奥巴西教授"中国气象学会名誉会员"称号。

2000年中国气象学会授予世界气象组织秘书长奥巴西"中国气象学会名誉会员"称号仪式现场

9月14—17日,在陕西西安召开西部大开发:气象科技与可持续发展学术研讨会。

9月17—20日,组团参加中国科协在陕西西安召开的2000年学术年会。副理事长马鹤年、陈联寿分别担任第二、第五会场副主席。

9月19—21日,与中国气象局联合在宁夏银川召开全国气象科普工作办公室主任暨气象科普基地建设经验交流会。

11月14—21日，组团赴台湾地区参加海峡两岸灾变天气监测与预报学术研讨会。

2001年

2月，完成中国科学院、中国工程院院士候选人推荐工作。

5月14—18日，在北京召开首届城市气象服务科学讨论会。

6月4日，与美华海洋大气学会代表团在北京举行合作会谈。

7月10—20日，马鹤年副理事长率团参加在奥地利召开的第八届国际气象学和大气科学协会（IAMAS）大会。

8月13—15日，在甘肃兰州召开全国气象学会秘书长会议。传达学习中国科协"六大"精神，通报中国气象学会秘书处改革情况；交流各省级气象学会在改革和发展中的新思路和典型经验。会议重点传达了江泽民总书记在中国科协"六大"上的讲话，介绍了《中国气象学会关于学习贯彻中国科协"六大"精神的意见》的要点。

9月13—16日，组团参加中国科协在吉林长春召开的学术年会。同期接待了荷兰大学生代表团的来访。

11月20—22日，在海南海口举办首届气象仪器和观测技术方法研讨会。

11月，在海南海口举办了第二届海峡两岸大气科学名词学术研讨会。会议期间成立了与海峡两岸大气科学名词审定工作相关的小组，并就《海峡两岸气象学名词对照本》的收词范围与准则、名词翻译通则等确定了原则。

年底，筹办第二十五届全国会员代表大会暨学术年会。组织编撰《我与新中国气象事业发展》一书。

2002年

2月，以副理事长唐万年为团长的中国气象学会代表团赴美参加美国气象学会第81届年会，并与美国气象学会进行友好会谈。

4月9—12日，在浙江宁波召开第十二届全国热带气旋科学讨论会。

5月25—28日，在山东烟台举办第五届全国优秀青年气象科技工作者学术研讨会。

7月30日—8月6日，在四川举办以"气候变化与人类活动"为主题的第21届全国青少年气象夏令营活动。

五、2002年全国会员代表大会及第二十五届理事会

2002年10月16—18日，中国气象学会第二十五次全国会员代表大会暨学术年会在北京召开。其中，中国气象学会第二十五次全国会员代表大会为期两天，大型学术报告会和专题气象科技论坛1天。出席第二十五次全国会员代表大会的应到正式代表270名，实到208名。大会审议通过了第二十四届理事会工作报告，修订了《中国气象学会章程》，表彰了中国气象学会优秀学会工作者和第六届全国气象科普工作先进集体、先进工作者和优秀科普作品，选举产生了中国气象学会第二十五届理事会。

中国科协副主席白春礼代表中国科协向大会致贺词。中国气象局局长秦大河代表中国气象局党组对大会的召开表示热烈祝贺。水利部党组成员鄂竟平在致辞中高度赞扬气象部门在防灾减灾中做出的突出贡献，希望气象部门继续做好预报预警服务工作。参加开幕式的还有中国科协、科技部、水利部、农业部、国家环保总局、中国科学院、国家海洋局、国家地震局等单位的领导以及首都有关新闻单位。中国科协、国家海洋局和各兄弟学会向本次大会发来贺信和贺电。

开幕式由主席团常务主席马鹤年主持。大会主席团常务主席唐万年代读了曾庆存理事长的书面讲话稿。大会主席团秘书长王春乙和中国气象学会副秘书长庄肃明分别宣读了关于表彰中国气象学会优秀学会工作者的决定和表彰奖励第六届全国气象科普工作先进集体、先进工作者和优秀科普作品的决定。王存忠等66名学会工作者受到大会表彰，并被授予"中国气象学会优秀学会工作者"称号；北京市气象台等42个气象科普工作先进集体、陆龙骅等37位气象科普

中国气象学会第二十五次全国会员代表大会暨学术年会现场

先进工作者、9部气象影视作品、11本气象科普书籍和21篇气象科普文章受到大会的表彰。开幕式上举行了隆重的颁奖仪式。

第二十四届理事会副理事长黄嘉佑向大会作了第二十四届理事会工作报告。第二十四届理事会副理事长伍荣生作了关于修改《中国气象学会章程》的报告。第二十四届理事会副理事长唐万年作了第二十四届理事会财务工作通报。大会以等额无记名投票方式选举产生了由127名理事组成的中国气象学会第二十五届理事会。

因参加大会的部分代表于10月18日上午参加朱镕基总理的接见并进行座谈，大会临时调整日程，18日上午休会半天。10月18日下午，中国气象学会第二十五届理事会召开第一次全体会议，101位当选理事出席了会议。会议以等额无记名投票方式选举产生了由28人组成的第二十五届理事会常务理事。伍荣生院士当选理事长，黄荣辉院士、陈联寿院士、郑国光、唐万年、刘建发、李万彪当选副理事长，王春乙当选秘书长。第二十五届理事会聘任叶笃正、陶诗言、曾庆存为名誉理事长、马鹤年等15人为名誉理事，聘任庄肃明为专职副秘书长。

本届理事会常务理事会任期内，召开了9次常务理事会会议。就第二十五届理事会所属各学科（工作）委员会的调整和组建、筹办中国气象学会成立80周年系列庆祝活动、筹办第二次全国气象科普工作会议、各年度工作要点和活动计划的制订、常务理事会成员分工、中国气象学会常务理事会议事规则等规章制度的建立和完善、中国气象学会年会制度的建立、与美华海洋大气学会（COAA）姊妹关系的建立与合作事项、中国气象学会会员发展和管理的改革、"两院"院士候选人的推荐、《气象学报》的改革、在中国气象学会发祥地青岛观象台设立学会纪念标志、中国气象学会第二十六次全国会员代表大会的筹备等形成了诸多重要决议。

本届理事会任期内举办的重要活动

2003年

7月17日，中国气象局人事司印发《关于中国气象学会秘书处机构调整和改革配套措施的批复》（气人函〔2003〕169号），决定中国气象学会秘书处在原来的学术交流部（兼办公室职能）、科学普及部（兼中国气象局科普领导小组办公室）、文献期刊部3个部门基础上，新增设综合协调部，科学普及部更名为科学技术普及部，其中文献期刊部下设《气象学报》期刊社和《气象知识》杂志社。

10月13—15日，在北京举办了第二届中国国际气象科技和影视信息技术与设备展及第二届中国防雷论坛暨防雷技术与产品展。中央电视台在 10 月 13 日播出了两个展会的消息和现场画面。

12 月 5 日，在北京召开第二次全国气象科普工作会议。

12 月 8—10 日，在北京召开以"新世纪气象科技创新与大气科学发展"为主题的中国气象学会 2003 年年会。

2004 年

1 月 15 日，以迎春座谈会形式学习研讨新时期中国气象事业发展战略，听取对中国气象学会成立 80 周年系列庆祝活动的意见和建议。

6 月 30 日—7 月 3 日，配合经国务院批准，由国家发展改革委、商务部、银监会和北京市人民政府主办的第一届中国国际服务业大会及展览会，在北京展览馆设立气象馆（576 平方米）。

9 月 13 日，在北京举行海峡两岸气象科学技术研讨会。

10 月 18 日，在北京召开中国气象学会成立 80 周年庆祝大会。

10 月 18—21 日，在北京召开以"推进气象科技创新，加快中国气象事业发展"为主题的中国气象学会 2004 年年会。

11 月 29 日—12 月 6 日，以理事长伍荣生院士为团长的气象学会代表团一行 17 人赴台湾地区参加 2004 年海峡两岸灾变天气分析与预报研讨会。

2004 年，与中国气象局、美华海洋大气学会、中国科学院大气物理研究所等单位联合组织召开了全球华人海洋和大气科学大会。

2005 年

年初，在北京举办以"应用气象事业发展战略研究成果，推动学会的改革与发展"为主题的迎春座谈会。

5 月 23—25 日，在甘肃兰州召开干旱气候变化与可持续发展国际学术研讨会（ISACS）。

8 月 22 日，在新疆乌鲁木齐召开气候变化与气候变异、生态—环境演变及可持续发展科学研讨会。该会议同时也是中国科协 2005 年学术年会第 2 分会场。

8 月 25—26 日，在内蒙古呼和浩特召开第三届国际沙尘暴及降尘天气专题学术研讨会。

9 月 15—16 日，在河南郑州召开暴雨、洪水与减灾——纪念"75·8"暴雨、洪水 30 周年学术研讨会。

10月24—27日，在江苏苏州举办以"气象科技与社会经济可持续发展"为主题的中国气象学会2005年年会。

10月26—28日，与中国气象局联合在上海展览中心举办第三届中国国际气象科技与水文技术设备展及第四届中国国际防雷论坛暨防雷技术与设备展。

11月22—30日，组团赴台湾地区参加2005年海峡两岸灾变天气分析与预报研讨会。

12月7日，在北京召开纪念《气象学报》创刊80周年座谈会。

2006年

5月15—17日，在北京举办"十五"气象科技成果展。

5月18日，与中国气象局联合在北京人民大会堂举办涂长望同志诞辰100周年纪念座谈会。

5月28—29日，在湖南长沙与中国气象局共同主办以"科技创新、人才推动"为主题的第六届全国优秀青年气象科技工作者学术研讨会。

8月23日，在山东青岛隆重举行中国气象学会诞生地纪念标志揭幕仪式。

9月18日，在南京大学举行授予WMO秘书长米歇尔·雅罗"中国气象学会荣誉会员"称号仪式。

中国气象学会诞生地纪念标志落成仪式

2006年中国气象学会授予世界气象组织秘书长米歇尔·雅罗"中国气象学会荣誉会员"称号仪式现场

六、2006 年全国会员代表大会及第二十六届理事会

2006 年 10 月 22—24 日，中国气象学会第二十六次全国会员代表大会在四川成都召开，中国科协、四川省政府以及中国气象局的多位领导到会。中国科协书记处书记冯长根，中国气象学会第二十五届理事长伍荣生院士，中国气象局副局长郑国光、宇如聪，中国气象学会第二十五届副理事长黄荣辉院士、陈联寿院士、唐万年、刘建发、李万彪以及正式代表、列席代表和特邀代表近 300 人出席了大会。

大会通过了题为《开拓进取，求实创新，全面推进学会改革与发展》的第二十五届理事会工作报告，修订了《中国气象学会章程》，确定了新时期学会工作的宗旨、性质、功能和任务，为学会工作在更高的层面、更宽的领域、更主动地参与气象事业的大发展提出了明确的职责和要求。选举产生了由 128 位理事组成的第二十六届理事会。大会表彰了大气物理与人工影响天气等 14 个委员会、北京气象学会等 18 个省级气象学会、北京大学物理学院大气科学系等 31 个挂靠单位、王金英等 51 位优秀学会工作者，同时颁发了第七届全国气象科普工作先进集体、先进工作者和优秀科普作品奖。

中国气象学会第二十六次全国会员代表大会现场

代表大会期间召开了第二十六届理事会第一次全体会议，以无记名投票方式选举产生了由宇如聪等33位常务理事组成的第二十六届理事会常务理事会，选举秦大河担任第二十六届理事会理事长，李崇银、郑国光、黄荣辉、谈哲敏、李福林、谭本馗当选副理事长，王春乙当选秘书长。聘请叶笃正、陶诗言、曾庆存和伍荣生担任名誉理事长，王明星等17位被聘为名誉理事。

本届理事会自成立以来，召开了7次常务理事会会议，就第二十六届理事会常务理事工作分工、相关奖励制度和条例等的修订、理事会所属学科（工作）委员会的设置及挂靠单位的确定、常务理事的增补和调整、各年度工作要点和活动计划的确定等事项形成重要决议。

2006年全国会员代表大会上代表们正在投票（持票者左起为李福林、谭本馗、谈哲敏3位副理事长）

本届理事会任期内举办的重要活动

2006年

10月24—27日，在四川成都举办以"气象科技创新与防灾减灾"为主题的2006年年会。

10月26—28日，在四川成都举办第五届中国国际防雷论坛暨防雷技术与产品展。

2007年

5月14—16日，在北京举办以"未来气候变化研究向何处去"为主题的中国科协第六期新观点新学说学术沙龙。

9月13—14日，在四川成都举办2007年海峡两岸气象科学技术研讨会。

11月14—16日，在北京举办第三届中日韩三国气象学会联合研讨会。

11月23—25日，在广东广州举办以"气象防灾减灾与应对气候变化"为主题的2007年年会。

11月28日—12月5日，组团赴台湾地区参加2007年海峡两岸灾害性天气分析与预报研讨会。

年底，与北京大学物理学院大气科学系联合举办谢义炳先生诞辰90周年纪念活动，出版《气象学报》纪念专刊，完成推荐"两院"院士候选人和"第十届中国青年科技奖"候选人工作。

2008年

2月28日，举办以"为抗御2008年历史罕见低温雨雪冰冻灾害献计献策"为主题的中国气象学会2008年迎春座谈会。

3月5—7日，在海南海口召开2008年全国气象学会秘书长会议。

6月24日，组织70余名气象科技工作者参加中国科协在人民大会堂举办的防灾减灾学术报告会，中国气象学会作为重要参加学会承担了报告会的相关组织工作。

7月22—28日，在吉林省举办主题为"应对气候变化，保护生态环境"的第27届全国青少年气象夏令营。

10月8—10日，由中国气象学会秘书处、中国气象局预测减灾司主办，中国气象科学研究院、吉林省气象局承办的中国人工影响天气事业50周年纪念大会暨第十五届全国云降水与人工影响天气科学会议在吉林长春举行。

10月28日，第五十三届国际气象组织奖颁奖仪式在人民大会堂举行，理事长秦大河院士被授予国际气象组织奖（IMO奖）。

11月17—18日，在北京与中国气象局联合举办第三次全国气象科普工作会议。

11月18—19日，在北京召开2008年海峡两岸气象科学技术研讨会。

11月19—22日，在北京召开以"防灾减灾与提高预报预测准确率"为主题的中国气象学会2008年年会。设13个分会场和第二届青年学生论坛，近800名专家学者围绕年会主题，特别是低温雨雪冰冻天气、"5·12"汶川地震以及奥运气象服务等方面的问题开展交流研讨。

11月24日，《中国学会史丛书》在北京人民大会堂举办首发式，《中国气象学会史》正式出版。

中国气象学会2008年迎春座谈会现场

12月3日，中国气象局下发《关于中国气象学会秘书处挂靠中国气象科学研究院管理的通知》（气发〔2008〕493号），将中国气象学会秘书处挂靠中国气象科学研究院管理，学会秘书处所属的《气象知识》编辑部划归中国气象局公共气象服务中心管理。年内《气象知识》杂志入选新闻出版总署"农家书屋重点报纸期刊推荐目录"。

2009年

1月19日，在北京召开以"强化气象科普和学术交流，支撑公共气象服务"为主题的2009年中国气象学会迎春座谈会。

2月16日，在北京举行"首届邹竞蒙气象科技人才奖"颁奖仪式。湖南省气象台叶成志、甘肃省气象局张强、重庆市气象局李良福、西藏自治区气象局杜军和国家卫星气象中心杨忠东获奖。

3月22日，开展以"天气、气候和我们呼吸的空气"为主题的2009年世界气象日纪念活动。

5月9—12日，联合中国科协等单位在中国科技馆共同承办以"走进科学，远离灾害"为主题的全国首届"防灾减灾日"科普活动。

7月5日，组织开展以"全社会积极参与共同应对气象灾害"为主题的"气象防灾减灾志愿者中国行"大型科普宣传活动。

7月27日—8月2日，在湖南长沙举办以"祖国在我心中，蓝天伴我成长"为主题的第28届全国青少年气象夏令营。

9月21日，在西藏拉萨举办中国科协西部经济发展论坛之一的全球气候变化与西部地区应对措施专家论坛。

10月14—16日，在浙江杭州召开以"公共服务引领气象事业发展"为主题的第26届中国气象学会年会。年会共设19个分会场及1场专题交流活动，1200多位科技工作者参加。

10月15—17日，在浙江杭州与中国气象局共同主办第五届中国国际气象科技和水文技术设备展、第七届中国国际防雷技术和产品展。

11月8—10日，在日本举办第四届中日韩三国气象学会联合研讨会。

11月14—15日，在北京与中国气象局共同主办2009年海峡两岸气象科学技术研讨会。

2010年

1月17—22日，组团参加在美国佐治亚州亚特兰大市举办的国际气象学会论坛（IFMS）

首届全体大会和美国气象学会第90届年会。

2月2日,在北京举办以"中国气象事业辉煌六十年——创业、创新与发展"为主题的2010年迎春座谈会。

3月20日,组织以"世界气象组织——致力于人类安全和福祉的六十年"为主题的2010年世界气象日纪念活动。

3月22日,"全国气象科普教育基地"首次落户北京理工大学附属中学。

4月8日,由中国气象学会组织编写的《大气科学学科发展报告》在北京向科技界和全社会发布。

6月18日,在北京举办首届中国气象学会理事长高层论坛。

7月10日,联合中国气象局等单位组织以"气象灾害,气候变化,我们共同应对"为主题的2010年"气象防灾减灾宣传志愿者中国行"大型科普宣传活动。

7月21—27日,联合中国气象局在福建厦门主办以"关注天气气候,倡导低碳生活"为主题的第29届全国青少年气象夏令营。

7月31日,2010生态文明贵阳会议——科学与技术论坛在贵阳举办,论坛主题为"强化科技支撑,应对环境挑战"。

9月3—4日,在湖北宜昌举办第七届全国优秀气象科技工作者学术研讨会。

9月9日,在北京举办2010年海峡两岸气象科学技术研讨会。

中国气象学会2010年迎春座谈会现场

七、2010年全国会员代表大会及第二十七届理事会

2010年10月17—19日，中国气象学会第二十七次全国会员代表大会在北京召开。中国科协书记处书记张勤，中国气象局副局长许小峰、沈晓农，中国气象学会第二十六届理事会理事长秦大河院士，副理事长李崇银院士、黄荣辉院士、李福林、谈哲敏等出席会议。曾庆存、丑纪范、吴国雄等院士也应邀出席会议。来自全国气象行业的业务、科研、教育及相关部门的近400位代表出席了此次大会。

10月17日召开了第二十六届理事会第三次会议（代表大会预备会议），审议通过了《第二十七次全国会员代表大会主席团组成人员建议名单》《第二十七次全国会员代表大会筹备工作报告》等。

10月18日，中国气象学会第二十六届理事长秦大河院士在开幕式上致辞。中国气象局副局长许小峰代表中国气象局党组向大会致辞。中国科协书记处书记张勤到会并讲话，中国林学会常务副秘书长李岩泉致贺词。会议审议通过了《第二十六届理事会工作报告》和《关于修改〈中国气象学会章程〉的报告》。大会表彰了动力气象学委员会等14个委员会、四川省气象学会等12个省级气象学会、中国科学院大气物理研究所等24个挂靠单位、马玉霞等104位优秀学会工作者，同时授予天津市气象学会、江西省气象学会和山东气象学会"学会工作创新奖"，授予河北省气象学会秘书处、甘肃省气象学会秘书处、山东气象学会秘书处、河南省气象学会秘书处、广西壮族自治区气象学会秘书处和海南省气象学会秘书处"先进气象学会秘书处奖"。

10月19日，召开了第二十七届理事会第一次全体会议，选举产生了第二十七届理事会及其领导机构，秦大河院士再度当选中国气象学会第二十七届理事会理事长，李福林、谈哲敏、张人禾、王会军、费建芳、胡永云、李廉水当选副理事长，翟盘茂当选秘书长。

中国气象学会第二十七次全国会员代表大会现场

本届理事会常务理事会任期内，召开了10次常务理事会会议。就第二十七届理事会常务理事会专门工作组设置及成员分工、理事会所属学科（工作）委员会的设置及挂靠单位的确定、常务理事会议事规则、相关奖励制度和管理办法等的修订、各年度工作要点和活动计划的确定等事项形成重要决议。2010年10月29日，第二十七届理事会常务理事会第一次会议同意冯雪竹担任中国气象学会专职副秘书长。

本届理事会任期内举办的重要活动

2010年

10月22日，在北京举办第二届气象期刊发展论坛暨《气象学报》创刊85周年纪念座谈会，主题为"大气科学期刊编辑与创新发展"。

10月21—23日，在北京召开以"天气、气候与可持续发展"为主题的第27届中国气象学会年会。

2011年

1月20日，在北京举办以"进一步提高气象事业发展质量"为主题的中国气象学会2011年迎春座谈会。

3月20日，与中国气象局等部门在北京举行"气象科普进学校"活动启动仪式。围绕世界气象日"人与气候"主题，以多种方式开展世界气象日科普宣传活动。

5月27日，派员参加中国科协第八次全国代表大会。经大会选举，秦大河当选中国科协第八届全委会委员、常委和副主席，张人禾当选中国科协第八届全委会委员，符淙斌被授予中国科协荣誉委员。

7月，联合中国气象局等单位主办以"共同应对气象灾害，提高防灾避险能力"为主题的2011年"气象防灾减灾宣传志愿者中国行"大型科普宣传活动。

8月29日，在北京举办以"解析极端天气"为主题的科学家与媒体面对面活动。

8月29—30日，在新疆乌鲁木齐召开2011年海峡两岸气象科学技术研讨会。

11月1—9日，接待埃塞俄比亚气象学会代表团来访。

11月2—4日，在福建厦门召开以"推进气象科技创新、提高防灾减灾和应对气候变化能力"为主题的第28届中国气象学会年会。

11月3—4日，在福建厦门召开国际气象学会论坛第二届全体会议。

11月3—5日，在福建厦门举办第八届中国国际防雷技术与产品展、第六届中国国际气象科技和水文技术设备展。

11月27日—12月3日，学会代表团一行16人赴台湾参加2011年海峡两岸灾害性天气分析与预报研讨会。

12月29日，在北京召开以"创新气象文化，发展气象现代化"为主题的2012年迎春座谈会。

2012年

3月18—23日，开展以"天气、气候和水为未来增添动力"为主题的世界气象日系列纪念活动。

4月26—27日，派员赴埃塞俄比亚参加气候变化与民航业国际研讨会。

6月18日，在福建厦门与台湾大学联合举办海峡两岸气象防灾减灾研讨会。这是两岸气象交流首次列为"海峡论坛"的重要活动之一，来自海峡两岸的50余位气象专家和学者参加会议。

7月4日，在浙江杭州举办第二届中国气象学会理事长高层论坛，论坛主题为"气候变化与低碳生活"。

2012年第二届中国气象学会理事长高层论坛现场

7月7日，与中国气象局等单位联合主办2012年"气象防灾减灾宣传志愿者中国行"活动，活动主题为"传播气象文化，科学防灾减灾"。

7月28日—8月3日，在山西太原举办以"感悟黄河文化、探究天气气候"为主题的第31届全国青少年气象夏令营活动。

9月12日，在辽宁沈阳召开以"强化科技基础，推进气象现代化"为主题的第29届中国气象学会年会。

10月18—22日，接待台湾大学原副校长陈泰然教授和台湾地区气象学会周仲岛理事长一行来访。

10月26日，联合中国气象局、科技部、中国科协在北京召开第四次全国气象科普工作会议。

12月17—18日，在北京组织召开2012年海峡两岸气象科学技术研讨会。

2013年

1月28日，联合中国气象局在北京召开主题为"凝心聚力、协同创新、共谋气象事业发展"的2013年迎春座谈会。

3月22—28日，围绕世界气象日主题"监视天气、保护生命和财产"，开展"气象科普校园行"等世界气象日系列纪念活动。

5月19日，以"空间天气与人类活动"为主题的首届空间天气日系列科普活动在全国举办。

6月15—17日，在福建厦门与台湾大学共同主办主题为"深化气象交流，惠泽两岸民生"的海峡两岸民生气象论坛。

7月13日，与中国气象局、共青团中央、中国科学技术协会共同主办的2013年"气象防灾减灾宣传志愿者中国行"活动在四川成都举办。

7月29日—8月3日，在北京与中国气象局联合举办主题为"体验国家气象，感受魅力古都"的第32届全国青少年气象夏令营。

9月4—10日，中国气象局副局长宇如聪以中国气象学会名誉理事身份率中国气象学会代表团一行14人参加了在台北举办的2013年海峡两岸灾害性天气分析与预报研讨会，并参访台湾有关气象单位。

10月23—26日，在江苏南京举办主题为"创新驱动发展 提高气象灾害防御能力"的第30届中国气象学会年会。

10月24—25日，在江苏南京举办第六届中日韩三国气象学会联合研讨会。

10月24—26日，在江苏南京举办第七届中国国际气象科技和水文技术设备展、第九届防雷技术与产品展。

11月11—14日，与国家自然科学基金委员会等单位在广西桂林共同主办主题为"空间天气与人类活动——加强创新，驱动发展"的第三届全球华人空间天气科学大会。

---------- 2014年 ----------

2月2—6日，派员参加第94届美国气象学会年会，学会主办的期刊《气象学报（英文版）》（由 Acta Meteorologica Sinica 更名为 Journal of Meteorological Research（JMR））首次参加美国气象学会年会展会。

3月11—27日，世界气象日期间，围绕主题"天气和气候：青年人的参与"，组织中国气象局开放日和全国系列科普报告会等活动。

6月14日，由中国气象学会、台湾大学、台湾中央大学共同主办，福建省气象局承办的第六届海峡论坛·2014海峡两岸民生气象论坛在福建厦门举办。

6月29日，由中国气象局、教育部、共青团中央、中国科协、中国气象学会共同主办的2014年"气象防灾减灾宣传志愿者中国行"活动在四川成都启动。

6月，中国气象局、中国气象学会联合印发《全国气象科普教育基地管理办法》（气发〔2014〕43号），首次将校园气象站和基层防灾减灾社区（乡镇）纳入全国气象科普教育基地的认定范围。

7月19—26日，以"探江淮风云，品徽风皖韵"为主题的第33届全国青少年气象夏令营在安徽合肥举办。

10月11日，中国气象学会成立90周年座谈会在山东青岛举行。座谈会由中国气象学会理事长秦大河院士主持，中国科协副主席冯长根，中国气象局局长、中国气象学会名誉理事郑国光等出席会议并致辞。

10月11—12日，2014年海峡两岸气象科学技术研讨会在山东青岛举行。

11月3—5日，以"创新气象科技，面向未来地球"为主题的第31届中国气象学会年会在北京召开。

八、2014年全国会员代表大会及第二十八届理事会

2014年11月5日，中国气象学会第二十八次全国会员代表大会在北京召开。中国科协党组书记、书记处第一书记尚勇，中国气象局党组书记、局长郑国光出席开幕式并讲话。中国科协副主席、中国气象学会第二十七届理事会理事长秦大河院士，第二十七届理事会副理事长王会军院士、李福林、张人禾、费建芳、胡永云、李廉水等以及参加第二十八次全国会员代表大会的280余位代表出席会议开幕式。大会开幕式由秦大河院士主持。

尚勇代表中国科协向中国气象学会第二十八次全国会员代表大会的召开表示祝贺并致辞。郑国光代表中国气象局党组在大会开幕式上致辞。大会审议通过了第二十七届理事会工作报告、

中国气象学会第二十八次全国会员代表大会现场

第二十七届理事会财务工作报告、关于修改《中国气象学会章程》及会费标准的决议。选举产生了中国气象学会第二十八届理事会、常务理事会和领导班子。王会军院士当选理事长，宇如聪、费建芳、钱泽宏、端义宏、杨修群、胡永云、李廉水等当选副理事长，翟盘茂当选秘书长。第二十八届理事会聘任曾庆存、伍荣生、秦大河为名誉理事长，聘任李福林、沈晓农等18位为名誉理事。

本届理事会任期内，召开了6次理事会会议。选举产生了第二十八届理事会领导机构，审定中国气象学会大气科学基础研究成果奖、气象科学技术进步成果奖评审结果及邹竞蒙气象科技人才奖等推荐评审结果、审定第35届中国气象学会年会筹备工作方案、决定在《中国气象学会章程》中增加党的建设等有关内容。2017年8月，由中国气象局提名，经第二十八届理事会第四次全体会议通过，聘任王金星为中国气象学会秘书长。

本届理事会常务理事会任期内，召开了15次常务理事会会议。就第二十八届理事会常务理事会议事规则、本届常务理事工作分工、会员管理暂行条例、理事会所属学科（工作）委员会的设置及挂靠单位建议方案、新增设奖项以及相关奖励制度和管理办法等的修订、各年度工作要点和活动计划的确定等事项形成重要决议。

本届理事会任期内举办的重要活动

2014年

11月7日，以"气候变化与农业发展"为主题的首届全国农业与气象论坛在陕西杨凌举办。论坛自2014年起每年持续举办，至2023年已举办9届，对于推广应用现代农业气象新技术，为现代农业发展保驾护航具有重要意义。

11月19日,2014年海峡两岸灾害性天气分析与预报研讨会在台北举办,中国气象局副局长许小峰率团与会。

2015年

1月3—9日,派员参加第95届美国气象学会年会展会,进行期刊宣传。

4月7日,在北京召开中韩气象学会第一次联合座谈会,围绕学术交流、科研合作、青年学者交流等议题进行研讨。

4月13—20日,召开第二十八届理事会常务理事会第三次会议,通报新增设"大气科学基础研究成果奖""气象科学技术进步成果奖"情况,审定《大气科学基础研究成果奖奖励办法(试行)》和《气象科学技术进步成果奖奖励办法(试行)》。

5月9日,联合中国气象局在北京举办以"气象创新、科技惠民"为主题的2015全国气象科普讲解大赛。本次大赛是在气象行业中首次举办,大赛自2015年起每年持续举办。

6月13—15日,在福建厦门举办第七届海峡论坛·海峡两岸民生气象论坛。论坛自2012年首次举办以来,至2023

2015年全国气象科普讲解大赛获奖选手与评委合影

年共举办了11届,累计3000多人次参与,已逐步发展成为扩大两岸气象交流和凝聚共识的重要平台。自2017年起,论坛期间增加举办海峡两岸气象青年科技交流汇、海峡两岸青年气象科学家论坛等活动。

7月25日—8月1日,在黑龙江哈尔滨举办第34届全国青少年气象夏令营。本届理事会期间,在河南郑州、贵州湄潭县、青海、京津冀、广西南宁等地共举办了6届全国青少年气象夏令营活动。

8月19—21日,在浙江杭州举办全国校园气象站辅导员培训班,是在全国范围内首次举办校园气象站辅导员培训班。

10月14—16日,在天津召开以"推进科技创新,支撑气象现代化"为主题的第32届中国气象学会年会,同期举办了大气科学前沿发展暨JMR/气象期刊编辑作者研讨会、第六届气象科普论坛等活动。

10月26—27日,中、日、韩三国气象学会共同主办的第一届亚洲气象大会(即第七届中日韩三国气象学会联合研讨会）在日本京都大学召开。

10月，启动中国科协青年人才托举工程项目。2015—2020年成功申报五届，共推荐9人。

2016年

3月19日，围绕世界气象日主题"直面更热、更旱、更涝的未来"，联合中国气象局组织中国气象局园区开放活动，联合17个省（自治区、直辖市）气象学会组织开展全国系列科普报告会37场。

4月22日，在台北举办2016年海峡两岸灾害性天气分析与预报研讨会，中国气象学会名誉理事沈晓农率中国气象学会代表团出席会议。

6月19—21日，在北京举办第八届中国气象科技和水文技术装备展、第十届中国防雷技术与产品展。

8月4日—9月7日，组织开展2016年中国气象科学研究院和中国气象局八个专业气象研究所（简称"一院八所"）评估工作。

11月2—4日，在陕西西安召开以"加强学科融合 助力气象事业发展"为主题的第33届中国气象学会年会。

2017年

3月18日，围绕世界气象日主题"观云识天"，联合中国气象局组织中国气象局园区开放活动；联合中国气象科学研究院等单位主办"仰望天空、观云识天"气象科普报告会；联合省级气象学会，在全国范围内举办气象科普系列报告会。

3月29—31日，在广东广州举办2017中国气象现代化建设科技博览会。博览会起源于2002年首次举办的中国国际气象科技和环境工程技术设备展和中国防雷论坛暨防雷技术与产品展，2017年起整合为中国气象现代化建设科技博览会，之后每年持续举办，已发展成为亚洲最大的气象行业专业展览。2023年博览会首次作为气象科技活动周主场活动，集中展示气象现代化建设最新成果和趋势，搭建产学研结合和科技成果转化的新平台。

5月25日，人力资源社会保障部、中国科协等单位首次联合印发《关于表彰全国创新争先奖获奖者的决定》，中国气象学会推荐的两名气象科技工作者张强和陆其峰荣获"全国创新争先奖"。

6月30日，在四川成都举行"气象防灾减灾宣传志愿者中国行"活动十周年总结会暨2017年"气象防灾减灾宣传志愿者中国行"活动启动仪式。

7月26日，在贵州六盘水举办中国凉都·六盘水—气候·养生·旅游论坛。来自国内外600余位专家学者齐聚凉都，分享"气候与旅游、气候与养生、气候与经济"发展的经验，探讨气候资源开发利用的新路径。

9月27—29日，在河南郑州召开以"创新引领、气象为民"为主题的第34届中国气象学会年会。

10月23—24日，在韩国釜山召开由中、韩、日三国气象学会联合主办的第二届亚洲气象大会。

12月1日，中国气象学会"科普宣传品网上商城"正式上线。截至2023年，商城已发展成科普产品推广平台、科普资源汇聚平台、科普渠道共享平台，提供优质气象科普宣传品类、展品展项类、课件类、图书类和展板折页类等，每年推广科普宣传品近10万件。

2018年

3月24日，联合中国气象局组织在京气象单位的公众开放活动。围绕2018年世界气象日主题"智慧气象"开展气象科普活动，约12000名社会公众参加了中国气象局园区和北京市观象台的开放日活动。

3月29—30日，在江西南昌召开2018年全国重大天气过程总结和预报技术经验交流会，交流会首次由中国气象学会主办。交流会自2018年起每年持续举办，至2024年共举办了7次。

5月18—24日，开展以"科技强国、气象万千"为主题的2018年全国气象科技周系列科普活动。承办气象科技前沿与创新发展高端论坛，举办全国气象科普讲解大赛，开展人工影响天气知识进社区、进学校、进农村、进公共场所等活动。

5月28—30日，在湖南长沙召开全国农业气象技术交流会，交流会首次由中国气象学会主办。交流会自2018年起，至2023年共举办了3次。

9月5—6日，在陕西西安召开全国人工影响天气60周年科技交流大会。

2018年气象科技前沿与创新发展高端论坛现场

9月18日，在北京承办中国科协世界公众科学素质促进大会"气候变化：科学与传播"专题论坛。秦大河院士、丁一汇院士、政府间气候变化专门委员会（IPCC）第一工作组联合主席翟盘茂、IPCC 第二工作组副主席 Andreas Fischlin、Stuart Mark Howden、中国社会科学院学部委员潘家华等知名国内外专家出席活动。

9月26日，中国科协在四川遂宁举办中国科技峰会——生态环境高峰论坛，会上中国科协生态环境产学联合体正式成立。中国气象学会作为联合体发起学会之一，积极推荐气象行业专家参与联合体有关活动，开展年度"中国生态环境十大科技进展"推选工作，学会秘书长担任联合体副秘书长职务。

10月23—26日，在安徽合肥召开以"智慧气象、助力生态文明建设"为主题的第35届中国气象学会年会。1400余名气象科技工作者围绕天气、气候与气候变化、大气物理与大气环境、大气探测与信息、应用气象等热点问题开展交流和研讨。

11月15—16日，在贵州贵阳举办2018年气候预测技术论坛。论坛以交流学习气候预测技术方法，分享思考气候预测技术成果为目的，自2018年起每年持续举办，至2023年共举办了6次。

2019 年

3月23日，联合中国气象局在北京组织世界气象日纪念活动启动仪式及中国气象局园区开放活动。开放日当天，中国气象局园区及北京市观象台共接待社会公众约15000人。

4月2—3日，在重庆黔江区召开全国气象学会加强学会政治引领和完善治理体系专题研讨会暨2019年全国气象学会秘书长会议和中国气象学会分支机构工作会议。

4月10—12日，在上海举办2019年中国气象现代化建设科技博览会。博览会同期举办了2019年科博风云论坛、2019年水文技术与装备发展论坛等活动，来自国内外100多家企业参展，展出新品上千款、观众来访上万人次。

6月15日，在福建厦门举办第八届海峡两岸民生气象论坛，同期举办首届海峡两岸"交通·气象与安全"研讨会。

8月27日，依托中国科协青年人才托举工程项目，在山东青岛召开中国气象学会青年科学家论坛。论坛作为中国气象学会培养青年气象科技人才的重要活动每年持续举办，已成为

2019年中国气象学会青年科学家论坛现场

学会品牌学术交流活动之一。

12月18日，在中国科协倡导下，由125家单位共同发起的中国公众科学素质促进联合体在北京成立。中国气象学会作为发起学会之一，参与了中国公众科学素质促进联合体的组建工作，并当选常务理事单位。

2020年

1月12—16日，受美国气象学会邀请，学会秘书处派员参加美国气象学会100周年年会及展会，宣传介绍中国气象学会，推介英文气象期刊，展示中国气象科学研究的最新进展与成果，扩大中国气象学会及中国英文气象期刊的国际影响力。

3月，世界气象日期间，围绕2020年世界气象日主题"气候与水"，联合多个省级气象学会，以线上直播和网络课堂形式，举办第七届全国气象科普系列报告会，覆盖人群达3000万人次。

5月30日，中国气象学会推荐的成果"我国近地表臭氧污染加剧成因及协同控制策略"成功入选中国科协生态环境产学联合体2019年度中国生态环境十大科技进展。这也是中国科协生态环境产学联合体首次评选中国生态环境十大科技进展。

9月28—29日，在天津召开第六届海河流域天气气候预报预测技术交流会。

2020年第六届海河流域天气气候预报预测技术交流会现场

10月30日—11月1日，联合承办以"何去何从：气候变化与人类命运"为主题的第三届世界顶尖科学家论坛之世界顶尖科学家气候峰会。

12月3—4日，在广东广州召开2020年全国决策气象服务业务技术交流会，之后每年持续组织召开，至2023年共举办了4次。

2021 年

3月2日，召开中国气象局图书报纸出版单位社会效益评价考核专家审核会，4月29日，召开中国气象局期刊出版单位社会效益评价考核专家审核会，完成中国气象局局属图书报刊出版单位社会效益评价年度审核工作，之后每年持续开展。

3月，世界气象日期间，围绕"海洋，我们的气候和天气"主题举办第八届全国气象科普系列报告会，受益人数近200万人；开展"大手拉小手"气象科普进校园、第五届校园气象科学展评等活动，5000多名学生参与。

5月22—23日，参加2021年全国气象科技活动周武汉主场活动。活动期间，联合57家全国气象科普教育基地开展以"气候变化、低碳你我"为主题的气象科普知识进社区、进学校、进农村、进军营、进公共场所科普宣传活动。

5月23—24日，在湖北武汉举办2021暴雨东湖论坛，论坛围绕暴雨中尺度机理、暴雨数值预报、暴雨监测预警、洪水及暴雨次生灾害等内容展开交流研讨。至2024年共举办了3次。

6月5日，中国气象学会推荐的成果"第三次青藏高原科学试验——边界层与对流层观测"入选中国科协生态环境产学联合体2020年度中国生态环境十大科技进展。

7月16日，以"服务基层、振兴乡村"为主题的第十三届"气象防灾减灾宣传志愿者中国行"活动在四川成都启动，来自全国21所高校的800多名气象防灾减灾宣传志愿者组成80个团队，通过多种形式开展气象科普活动。

10月13—14日，在北京举办以"新型城镇化背景下的城市气象研究"为主题的第八届全国城市气象学术论坛。

12月起，举办"气象前沿科技青年报告汇"系列线上活动，截至2024年7月，共举办了23期，累计邀请20余位青年气象科技工作者作线上报告。

2022 年

3月，围绕世界气象日主题"海洋，我们的气候和天气"，开展第九届全国气象科普系列报告会60余场；举办大手拉小手气象科普进校园活动，近700所学校的学生参加；开展第六届校园气象科学展评、气象知识竞赛等活动，覆盖人群230余万人次。

4月29日，以线上线下相结合的方式举办第一届长江流域气象服务学术交流会。

4月，在中国科协"全国学会期刊出版能力提升计划"项目的资助下，启动《气象学报》百年风云讲坛系列活动，已成为气象行业具有重要影响力的线上学术交流活动之一。

6月5日，中国气象学会推荐的成果"卫星遥感碳核算系统和中国碳卫星全球高精度碳产品"入选中国科协生态环境产学联合体2021年度中国生态环境十大科技进展。

6月15日，第十四届"气象防灾减灾宣传志愿者中国行"活动在成都信息工程大学启动。来自全国20余所高校、71支志愿者服务队的近千名大学生志愿者奔赴全国各地，通过多种形式开展气象科普宣传活动。

6月26—27日，在湖南长沙承办第二十四届中国科协年会气候变化与极端天气高端论坛，论坛主题为"气候变化风险与应对"。

7月15日，第十七届中国青年女科学家奖颁奖典礼在北京举行，由中国气象学会与中国气象局共同推荐的"风云卫星高精度定标与定位技术团队"荣获第十七届中国青年女科学家奖团队奖。

2023年

3月18日，联合中国气象局在北京启动2023年世界气象日纪念活动。围绕世界气象日主题"天气气候水，代代向未来"开展气象科普宣传，联合开展第十届全国气象科普系列报告会、第七届校园气象科学展评、线上知识竞赛等主题科普活动，受益公众近60万人次。

5月29—31日，在吉林延吉首次主办2023海洋气象防灾减灾学术论坛暨第九届环渤海区域海洋气象防灾减灾学术研讨会。

6月5日，气象行业两项成果"大气气溶胶光学组分定量遥感及其环境气候效应研究"和"西北地区气候暖湿化增强东扩及其重要环境影响"入选中国科协生态环境产学联合体2022年度中国生态环境十大科技进展。

7月9—11日，在贵州贵阳举办第一届全国山地气象学术研讨会。

7月13日，第十五届"气象防灾减灾宣传志愿者中国行"活动在四川雅安启动。

10月20—22日，在湖北武汉举办2023东湖论坛·气象科普论坛暨第八届全国气象科普论坛。

10月23—26日，在浙江绍兴举办2023年全国卫星数据同化研讨会暨首届国产卫星数据同化应用研讨会。

10月27—29日，在河北雄安新区举办首届全国大气边界层论坛。

11月24—26日，在上海召开2023年全国气象导航与水文气象技术交流会。

11月29—30日，在重庆举办2023年全国数值预报技术交流研讨会。

2023年全国数值预报技术交流研讨会现场

12月6—7日，在浙江杭州举办2023年全国气象服务技术交流研讨会。

12月25—26日，与中国气象科学研究院等国家级气象科研院所在四川成都联合主办全国气象部门科研院所学术年会。

······ 2024年 ······

1月10—12日，在广东珠海举办首届气象风险与保险论坛，会议同期举办了圆桌论坛，就气象风险与保险的实践与探索进行讨论。

1月28日—2月1日，派员参加美国气象学会第104届年会及展会，进行期刊国际宣传。

2月24日，在北京举办模拟联合国气候变化谈判活动。本次活动是第八届校园气象科学展评系列活动之一，活动为有志于了解并深入参与应对气候变化事务的青少年提供深入了解气候变化议题、切身参与体会气候治理的专业平台。

3月，围绕2024年世界气象日主题"气候行动最前线"，组织开展中国气象局园区开放、第十一届全国气象科普系列报告会、第五批气象教育特色学校评审、第八届校园气象科学展评等活动，受益人群近40万人次。

九、2024年会员代表大会及第二十九届理事会和第四届监事会

2024年5月9日，中国气象学会第二十九次会员代表大会在北京召开。中国气象局党组书记、局长陈振林，中国科协专职副主席、书记处书记孟庆海出席开幕式并讲话。中国气象学会第二十八届理事会理事长王会军主持开幕式，并代表第二十八届理事会作工作报告。第二十八届理事会副理事长端义宏、胡永云等与200余名会员代表参加会议。

中国气象学会第二十九次会员代表大会现场

大会审议通过了第二十八届理事会工作报告、《中国气象学会章程》修订草案和《中国气象学会会员会费标准》修订草案，听取了第二十八届理事会财务工作报告。大会选举产生了中国气象学会第二十九届理事会137人和新一届监事会4人。会上对先进气象学会、先进学科（工作）委员会、优秀学会工作者、全国气象科普工作先进集体和先进工作者进行了表彰。

大会同期召开了第二十九届理事会第一次会议和第四届监事会第一次会议。选举产生了第二十九届理事会常务理事会45人，谈哲敏院士当选第二十九届理事会理事长，矫梅燕、陈海山、姜大膀、李建、孟智勇当选第二十九届理事会副理事长，聘任张柱为中国气象学会秘书长。恢复监事会制度，延续学会历史，新一届监事会确定为第四届，朱彤院士当选第四届监事会监事长，潘进军当选第四届监事会副监事长。聘任王会军院士为第二十九届理事会名誉理事长，宇如聪、费建芳等21人为第二十九届理事会名誉理事，聘任李贺等6人为第二十九届理事会特邀理事。

本届理事会常务理事会成立后，召开了2次常务理事会会议。就第二十九届理事会常务理事会议事规则和常务理事工作分工、学会党委和分支机构组建原则和管理办法、会员管理条例和会士条例、纪念学会成立一百周年活动方案等事项形成重要决议。

本届理事会任期内举办的重要活动

2024年

5月14—16日，在北京举办第一届集合预报预测学术研讨会。

5月15—17日，在广东深圳举办2024年气象科技活动周主场活动暨2024气象现代化建设科技博览会，同期举办优秀气象科技成果展示推介、机动观测技术交流会、防雷产业高质量发展论坛等活动。

5月21日，在安徽合肥举办第十届淮河流域暴雨·洪水学术交流研讨会。

5月28日，在天津举办第八届海河流域天气气候预报预测技术交流会。

6月15日，在山东青岛召开第二十九届理事会常务理事、第四届监事会监事第一次党员大会，审议通过第二十九届理事会党委委员产生和管理办法及党委工作条例、选举产生第二十九届理事会党委推荐人选。

6月15日，在山东青岛召开第二十九届理事会常务理事会第二次会议，审议《中国气象学会分支机构管理办法》《中国气象学会分支机构设置方案（建议稿）》《中国气象学会会员管理条例（修订稿）》及《中国气象学会会士条例（暂行）》；审议首批中国气象学会会士人选及纪念学会成立一百周年活动方案等。

6月26—27日，在新疆乌鲁木齐与新疆维吾尔自治区气象局联合主办以"应对气候变化及气象灾害影响、助力构建中国—中亚命运共同体"为主题的第一届中国—中亚气象合作论坛。会议围绕在区域层面推动落实联合国全民早期预警倡议，助力构建区域命运共同体等内容凝聚共识，审议通过了《气象防灾减灾及应对气候变化乌鲁木齐倡议》。

7月20—27日，在山东举办以"感受海洋气候，领略齐鲁文化"为主题的第40届全国青少年气象夏令营。

7月27—28日，在广东深圳举办首届低空经济气象前沿科技研讨会，围绕边界层气象理论、高分辨率数值模式模拟及参数化、低空危险天气监测预警及低空经济气象典型行业应用等四方面展开讨论。

8月2日，经中国科协学会党建办公室批复，中国气象学会第二十九届理事会党委正式成立。

8月20日，在福建莆田举办第十二届海峡两岸民生气象论坛暨两岸纪念中国气象学会百年华诞座谈会。论坛还以"深化气象交流，惠泽两岸民生"为主题，开展了气象防灾减灾技术学术交流。

9月10—12日，在河北秦皇岛举办首届北方暴雨学术研讨会。

第十二届海峡两岸民生气象论坛暨两岸纪念中国气象学会百年华诞座谈会代表合影

第三节　完善组织建设，深化改革促发展

改革开放以来，中国气象学会全方位地开展工作，取得了令人瞩目的成就。学会工作的成绩，来源于改革的深入和自身建设的加强。组织建设的根本任务是提升学会的能力建设水平，这是一个长期的任务。为此，必须始终把坚持中国共产党对学会工作的领导和依法依章程办会作为基本准则。在社会主义市场经济条件下，学会组织工作中的许多原则要重新确立，许多关

2005年中国科学技术协会授予中国气象学会先进学会证书

2007年中国科学技术协会授予中国气象学会先进学会证书

2015年获评中国科协优秀科技社团

系要重新进行调整，按照建设"气象科技工作者之家"的要求，建立以会员为主体的组织体制，在决策、执行、监督、规章制度、财务管理等方面体现民主办会精神，推动学会管理的民主化、科学化、规范化和制度化。学会的基础是会员，学会组织与会员联系的紧密程度以及为会员服务的成效，关系到整个学会工作的成败。加强学会组织建设最重要的就是要从基础的会员管理做起，通过直接吸收个人会员和建立相应的会费制度，从根本上改变几十年来组织工作的模式，逐步建立以会员为本的办会模式，并从学会章程、机构设置、工作部署、开展活动等方面认真加以体现。增强服务意识，拓展服务领域，强化服务能力，提高服务水平，满足会员对学会的需求，把广大会员是否满意作为衡量学会工作的基本标准。通过持续的努力，在学会内形成没有部门界限和领域差异，不受学派、部门、年龄和资历的限制，所有的会员平等参与，共同分享知识、信息、经验和成果，务实、求实、唯实的，互利互动的，具有凝聚力和创新精神的团队。

一、理事会、常务理事会、监事会和学会党委

按照《中国气象学会章程》规定，理事会是会员代表大会的执行机构，在会员代表大会闭会期间领导本会开展日常工作，对会员代表大会负责。中国气象学会理事会的组成遵循学术性、代表性及历史延续性和老中青三结合原则。每届理事会改选均更新三分之一左右的理事。

改革开放以来，学会共召开了11次会员代表大会，选举产生了第十九届至二十九届理事会。其中，除第二十二届、二十三届理事会理事采用通信选举形式产生外，其余各届理事会理事均在会员代表大会（代表会议）上由参会代表以等额无记名投票方式直接选举产生。第十九届理事会由82位理事组成，而第二十九届理事会理事则增至137位。历届理事会均设理事长、副理事长、秘书长、常务理事。理事长、副理事长、秘书长、常务理事由当选的本届理事以全体理事会议形式以等额（或差额）无记名投票方式直接选举产生。

学会章程对理事长、副理事长、秘书长的职权和任职条件有详细条款规定。改革开放以来，曾担任学会理事长的有叶笃正、陶诗言、章基嘉、邹竞蒙、曾庆存、伍荣生、秦大河、王会军，现任理事长为谈哲敏。副理事长一般设5～7位。第十九届常务理事会由18人组成，至第二十九届增加到45人。为提高常务理事会的工作效率，从第二十五届理事会起，对常务理事成员按专门工作组进行分工，其工作职能主要是对常务理事会会议负责，包括有关决议的落实和专项任务的组织。

理事会全体会议一般每两年召开一次，第二十九次会员代表大会通过的《中国气象学会章程》规定，理事会每年至少召开一次会议，情况特殊的，可采取通信方式召开。理事会行使如

下职责：执行会员代表大会的决议；选举和罢免理事长、副理事长、常务理事，聘任和解聘秘书长；筹备召开会员代表大会；向会员代表大会报告工作和财务状况；决定会员的吸收和除名；决定办事机构、分支机构和实体机构的设立、变更和终止；决定副秘书长、各机构主要负责人的聘任；审定学会活动计划，领导本会各机构开展工作；制定内部管理制度；决定荣誉职务的确立及人选；决定其他重大事项。

常务理事会会议一般每年召开两次，第二十九次会员代表大会通过的《中国气象学会章程》规定，常务理事会每半年至少召开一次会议，情况特殊的，可采取通信形式召开。常务理事会由理事会以无记名投票方式选举产生，在理事会闭会期间行使理事会全体会议的主要职责，对理事会负责。秘书长人选由中国气象局党组推荐，经中国气象学会按程序提名聘任。第十九届和第二十届学会秘书长由副理事长兼任，自第二十届理事会开始，设专职秘书长，主持学会秘书处工作。曾担任学会秘书长的有程纯枢、章基嘉、彭光宜、梁景华、王春乙、翟盘茂、王金星，现任秘书长为张柱。

中国气象学会第二十九届理事会常务理事合影

第二十九次会员代表大会选举产生了第四届监事会，监事会一般由3～7名监事组成，监事任期与理事任期相同，期满可以连任。监事会每半年至少召开一次会议。监事会行使如下职责：列席理事会和常务理事会会议，并对决议事项提出质询或建议；对理事、常务理事、负责人执行本会职务的行为进行监督，对严重违反本会章程或者会员代表大会决议的人员提出罢免建议；检查本会的财务报告，向会员代表大会报告监事会的工作和提出提案；对负责人、理事、常务理事、财务管理人员损害本会利益的行为，要求其及时予以纠正；向业务主管单位、行业管理部门、登记管理机关以及税务、会计主管部门反映本会工作中存在的问题；决定其他应由监事会审议的事项。

根据中国科协关于成立学会党委的要求，学会党委是在学会理事会和监事会等决策监督机构中设立的功能性党组织，以《中国共产党章程》为根本遵循，在学会建设中发挥政治功能、组织功能和推动事业发展功能。2024年6月15日，中国气象学会召开第二十九届理事会常务理事、第四届监事会监事党员大会，选举产生中国气象学会第二十九届理事会党委推荐人选。同年8月2日，经中国科协学会党建办公室批准后，学会第二十九届理事会党委正式成立。学会党委成立后，制定了相应的工作规程，推动了学会党建和学会各项工作深度融合，积极探索学会党建工作的新路径和新举措，不断提升党建工作的科学化、规范化和制度化水平。

二、会员

长期以来，中国气象学会会员分为个人会员、资深会员、荣誉会员、学生会员和单位会员。2024年5月9日召开的第二十九次会员代表大会通过了新修订的《中国气象学会章程》，对会员进行重新分类，将会员分为个人会员（包括普通会员、资深会员、外籍会员、会士）和单位会员。章程对各类会员的条件、权利和义务、申请入会和退会程序等有详尽规定。

改革开放初期至2004年1月14日前，中国气象学会仍沿用会员属地化管理方式，即由各省级气象学会所在行政区域内按照中国气象学会章程的规定发展和管理会员。1991年，学会组织开展了会员的重新登记工作，要求各省级气象学会对区域内的中国气象学会会员进行登记造册，发放中国气象学会统一制作的会员证。1985年12月20日召开的第二十届理事会常务理事会第十次会议首次批准香港皇家天文台林超英等7名气象学者和美国比尔利博士的申请，吸收他们为中国气象学会通信会员。2004年经各省级气象学会和计划单列市气象学会统计，全国会员人数达22500多名。由中国气象学会理事会直接批准吸收并在中国科协备案的外籍通信会员为14名。

2004年1月15日召开的第二十五届理事会常务理事会第四次会议根据《中国科学技术协会章程》《中国科学技术协会所属全国性学会组织工作条例》《中国科学技术协会关于推进所属全国性学会改革的意见》及《中国气象学会章程》的有关规定，为规范学会会员管理，通过并颁布了《中国气象学会会员管理暂行条例》，同时，配套制定了《中国气象学会会员会费收取办法》和《中国气象学会关于实施个人会员登记号的规定》。作为中国气象学会改革活动和管理模式的一项重要举措，其核心就是改变会员属地化管理方式，直接发展和管理会员。

2014年11月5日，第二十八次全国会员代表大会审议通过了修订后的《中国气象学会会员会费标准》，明确规定了各类会员的缴费标准。为规范会员管理，当天，第二十八届理事会常务理事会第一次会议审议通过了修订后的《中国气象学会会员管理暂行条例》。

2024年5月9日召开的第二十九次会员代表大会对《中国气象学会会员会费标准》进行了修订，根据新的会员分类标准，制定了新的会员会费收取标准。2024年6月15日召开的第二十九届理事会常务理事会第二次会议根据《中国科学技术协会章程》《中国科学技术协会全国学会组织通则》及《中国气象学会章程》等有关规定，对《中国气象学会会员管理条例》进行了修订，通过并颁布了《中国气象学会会士条例》，学会会员管理更加规范。

《中国气象学会会员管理条例》规定，会员是学会的主体和基础，也是学会活动的主要依靠力量，为会员服务是学会的基本职责。会员入会由学会批准，并享有相应的权利和义务。对各类会员的条件、权利和义务、会员管理做出具体的规定。《中国气象学会会员会费标准》明确了各类会员的会费标准和缴纳办法。为大力弘扬科学精神，表彰在气象领域取得卓越成就、为新阶段气象高质量发展做出突出贡献的学会会员，中国气象学会制定了《中国气象学会会士条例》，中国气象学会会士是学会会员体系的重要组成部分，是学会会员的最高学术称号。

《中国气象学会会员管理条例》的施行，体现了学会以会员为本的新理念，对学会的管理水平和管理能力提出了新的要求，对学会新的运行机制、核心制度和服务模式的建立产生了根本性的影响，更对学会改革发展具有决定性的意义。

2023年，经各省级气象学会和计划单列市气象学会统计，全国会员人数已达43000多名。目前，学会采用中国科协会员管理系统对会员进行管理，会员的入会申请、审批、缴费、管理等均可在网上实现。

三、分支机构

学会按照国家有关规定，根据工作需要和会员组成特点、业务范围等设立分支机构，主要包括专业委员会（2024年5月前称为学科委员会）和工作委员会。分支机构是学会的组织基础，隶属中国气象学会理事会，是执行理事会决议、开展大气科学各分支学科活动及专项工作的组织。

1978年产生的第十九届理事会调整了各委员会的设置，共设立了9个委员会。在所设委员会中，仍依惯例将各学术性质的委员会称为专业委员会，将期刊类的委员会称为编审委员会，其他则称为工作委员会。第二十届理事会将所属委员会设置为17个，其中气象科学技术名词审订委员会同时接受全国自然科学名词委员会的领导。第二十届理事会常务理事会对各委员会的机构设置进行了改革，增强各委员会的代表性，实现委员的老中青梯次配备，在委员会的组建中可根据需要设立若干专门学组。在征得有关业务部门的同意后，所有的学科委员会均有对口的气象业务部门或院校为其挂靠单位。委员会除接受理事会的领导外，还同时接受挂靠单位的业务指导。挂靠单位有责任管理学科委员会的工作，并为委员会配备学术秘书，在办公场所和活动经费上给予支持。学科委员会主动配合挂靠单位做好工作，互惠互利，有效地扩大了委员会活动领域，提高了参与程度和工作成效，形成协调合作的良好关系。各委员会也开始发挥对省级气象学会实施专业学术活动的指导作用。第二十一届理事会所属委员会增至22个，增设的水文气象学委员会由中国气象学会和中国水利学会共同组建。学术性质的委员会改称为学科委员会。第二十二届理事会所属委员会增至25个，学科划分更为准确，委员会设置更为科学。

为加强各委员会建设，规范管理，1991年6月召开的第二十二届理事会常务理事会第三次会议审议通过了《中国气象学会关于学科委员会的规定（试行）》。该规定根据《中国气象学会章程》和中国科协《自然科学专门学会组织通则》中的有关条款，就学科委员会的有关问题作了具体规定，学科委员会是在理事会领导下实施分支学科学术活动管理的组织，是具有学科代表性的工作机构。学科委员会接受其挂靠单位的业务指导。学科委员会的主要职责为：制订学术活动计划；组织国内外学术会议和其他科技活动；提出学科发展情况的报告和建议；评选优秀论文，推荐科技成果；组织继续教育活动；承办理事会或常务理事会交办的工作；接受有关部门、单位的委托，开展技术业务咨询；指导省（自治区、直辖市）气象学会对口学科委员会的科技活动；负责与有关学术组织的联系和合作。此外，还对建立学科委员会的条件与程序、学科委员会的组织及任期等其他事项作了规定。该规定经其后历届理事会修订，得到进一步的补充和完善，在各委员会的建设和发展中起到重要指导作用。

第二十六届理事会所属学科（工作）委员会发展为40个。各委员会组成人员总计达1700余人，大量相邻相关自然科学和社会科学工作者被吸纳并在各委员会中担任职务，一批国外知名气象专家和华裔气象科技人员也加入到各委员会中，充分体现了各委员会的学术包容性、学科代表性和影响力。各委员会根据《中国气象学会章程》，制定了各自的章程或委员会工作条例，确定任期内的工作方向、工作任务、工作规划和年度计划等，并承担了理事会和委员会挂靠单位委托办理的工作任务。第二十八届理事会分天气组、气候组、大气动力学与地球系统模式组、大气物理与大气环境组、应用气象组、大气探测与信息组、气象教育与软科学组7个学科群，设置了35个学科委员会和4个工作委员会，基本实现全行业主要单位和学科领域全覆盖。

为进一步加强中国气象学会分支机构管理，规范和引导本会分支机构活动，根据《中国科协所属全国学会分支机构管理办法（试行）》《中国科学技术协会全国学会组织通则》《社会组织名称管理办法》及《中国气象学会章程》等有关规定，2024年6月15日，第二十九届理事会常务理事会第二次会议审议通过了新修订的《中国气象学会分支机构管理办法》。该办法规定，学会分支机构主要包括各专业委员会、各工作委员会，依据国家重大战略部署、科技发展趋势、学科发展需求及自身工作需要等特点专门设立，是学会的组织基础。分支机构接受本会理事会（常务理事会）的领导，不得另行制定章程，同时接受其挂靠单位的业务指导。学会理事会（常务理事会）根据气象科技发展趋势和专业交流需求，设置若干专业委员会，专业委员会的设置在尊重历史延续性的基础上，主要体现专业代表性、学术权威性及新兴学科的增长性。学会理事会根据工作需要设置若干工作委员会，由学会秘书处根据工作需求提出设置建议报理事会（常务理事会）审议通过后成立。第二十九届理事会共设置了38个专业委员会和6个工作委员会。

学会积极支持分支机构的能力提升和创新发展，鼓励各分支机构结合自身特点在章程授权范围内开展活动。学会负责对分支机构的管理和考核等工作，定期召开分支机构主任委员或学术秘书参加的工作会议，听取工作汇报，研究解决工作的实际问题，协调各委员会工作规划和年度活动计划。

四、自身建设

组织建设工作是学会工作的基础和保证，也是学会工作改革的重要内容。为适应国家政治、经济体制改革的发展，加强学会自身建设被提上学会工作的重要议程。历届理事会积极贯彻中国科协和中国气象局党组的工作部署，着力加强以思想建设、组织建设、制度建设和能力建设为重点的学会自身建设，积极推进学会的改革，在建设有中国特色气象科技社团的道路上进行了多方面的探索和实践。

1989年1月，在总结学会改革10年来经验的基础上，经过学会系统反复多次的讨论，提出了《中国气象学会关于深化自身改革的基本设想》（以下简称《设想》）。《设想》对10年来的经验进行了总结，明确要按照党的十三大报告中提出的对群众团体改革的原则要求，进一步解放思想，大胆稳妥地推进和深化学会自身的改革，明确社会职能和自身功能，转变活动方式和运行机制，在更高的起点上提出问题，制定策略，开拓学会工作新领域。《设想》的提出，集中了各方面的意见和智慧，对学会改革的持续推进产生了极为重要的影响。

理事会确立了"为中国气象事业发展服务是学会工作的第一要务"的工作思路，始终围绕中国气象事业在各个发展阶段的战略目标和中心工作，制订学会工作规划和活动计划，凝聚全行业的力量，积极主动地为气象事业的发展提供切实有效的服务。中国气象局党组始终关注和重视学会工作，尊重学会理事会的集体领导，支持学会从自身特点出发自主开展活动，履行挂靠单位的责任和义务，并从人力、物力和财力等各个方面为学会工作的正常开展提供必要的保障。1982年3月9日，中央气象局党组在批复学会秘书长联席会议文件的中气党字004号文件中指出："中国气象学会的活动，对于提高气象科学技术水平，推动气象现代化建设，具有重要的特殊作用，是气象部门职能单位所难以完全替代的。"

学会秘书处作为学会常设办事机构，按照民政部、中国科协有关要求，主要承担理事会和中国气象局交办的各项任务，围绕学术交流、科学普及、期刊编辑、会员服务等方面开展工作，保证学会各项工作的顺利开展和秘书处的平稳运转。中国气象局十分重视学会秘书处的建设。早在1979年2月，中央气象局党组就决定恢复学会秘书处机构。1984年6月20日，国家气象局下发文件指出，中国气象学会秘书处下设学术交流部和科学普及部，均为处级单位，学会秘书处总编制数为24人。1991年8月30日，国家气象局批复了《中国气象学会秘书处机构编制清理整顿方案》，明确了中国气象学会秘书处的主要任务和职责，清理整顿后学会秘书处总编制为24人，其中秘书长1人（机关司级或副司级），秘书处维持学术交流部、科学普及部、文献期刊部3个处级机构，处级干部总数不超过5人，其中学术交流部2人、科学普及部1人、文献期刊部2人。1997年7月，学会秘书处有在编正式职工16人，并聘用了多位退休人员参加秘书处的工作，下设学术交流部、科学普及部、文献期刊部3个处级机构，在编正式职工的待遇完全参照中国气象局机关人员执行。2003年7月17日，中国气象局人事司印发《关于中国气象学会秘书处机构调整和改革配套措施的批复》（气人函〔2003〕169号），决定中国气象学会秘书处在原来的学术交流部（兼办公室职能）、科学普及部（兼中国气象局科普领导小组办公室）、文献期刊部3个部门基础上，新增设综合协调部，科学普及部更名为科学技术普及部，其中文献期刊部下设《气象学报》期刊社和《气象知识》杂志社。2008年底，随着中国气象局机构调整，学会秘书处挂靠（支撑）单位改为中国气象科学研究院。

为充实学会秘书处的力量，有效加强学会与理事长、副理事长及其所在单位的联系，1983年学会开始设立兼职副秘书长一职，由学会理事会聘任。首位兼职副秘书长为气象出版社的纪乃晋。以后，受聘担任兼职副秘书长的人数逐步增加。从第二十五届理事会起，兼职副秘书长在理事长、副理事长单位中的热心学会工作并具有较强组织活动能力的科技人员中产生。

随着学会工作领域的拓展和会员队伍的扩大，作为中国气象学会挂靠单位的国家气象局党组于1985年8月13日发出《关于建立、健全各省、自治区、直辖市气象学会办事机构的通知》。随着文件精神在各地的贯彻执行，学会的组织网络和专、兼职学会工作者队伍迅速形成，整个学会工作出现了前所未有的新气象。该文件为学会的组织建设、队伍建设和改革工作创造了极为有利的条件，对气象学会的改革发展产生了关键性作用，得到了中国科协的高度评价，在中国科协所属各全国学会中产生了积极的影响，成为挂靠单位支持学会工作的范例。1990年8月23日，国家气象局党组召开会议专门讨论了学会工作。在听取彭光宜副秘书长的汇报后，国家气象局党组书记邹竞蒙明确指出：中国气象学会在第二十届理事会期间，工作是颇有成绩的，确实发挥了学会的优势。在开展气象学术交流和科普工作、加强横向联系、团结广大气象工作者、促进人才的成长、推动气象业务现代化建设等方面，都发挥了积极作用。

学会重新恢复活动以来，各项工作得到了中国科协及时有力的指导。中国科协的领导多次参加中国气象学会的活动，并亲临学会视察工作。学会也与中国科协各部门建立了良好的关系，多次承担并高质量地完成了中国科协及所属各部门委托的专项工作和活动。

2017年中国科协领导视察中国气象学会

目前，全国各省（自治区、直辖市）和大连、青岛、宁波、厦门4个计划单列市均建有气象学会，并全部列入中国气象学会业务指导范围。各省级气象学会和部分地市级气象学会设有秘书处，并配备专职学会工作人员。多年来，各省级气象学会始终与中国气象学会保持良好的互动、互利、互惠关系。为建立和完善学会组织体系，密切与省级气象学会的联系，从1985年开始，建立了全国气象学会秘书长会议制度，每年举办一次。该例会成为协调全国气象学会活动、交流学会工作经验，促进全国各地气象学会均衡发展的重要机制。全国气象学会秘书长会议采

2023年全国气象学会秘书长及分支机构会议现场

取务虚与务实相结合的方式，统一认识，总结工作，交流经验，寻求共识，协调行动，相互借鉴，共同提高。对学会工作中的重大问题，集体研讨，提出预案，如学会工作重要文件的出台、代表大会筹备方案的实施、表彰奖励工作的组织、纪念大会和年会等重要学会活动的筹办等都事先通过秘书长会议集体讨论和酝酿，在学会的改革发展进程中起到了建设性作用，提高了专职学会工作人员的业务技术素质，使各级学会秘书处成为同级理事会的助手和参谋，在增强学会工作的纵向联系和充分发挥全国学会的指导作用方面、形成学会组织优势和团队优势中发挥了重要作用。中国科协和中国气象局领导也曾多次参加该例会。得益于这一组织体系，学会工作得到有效延伸。

此外，在第二十四届理事会理事长曾庆存院士的倡议下，2002年学会组织编撰出版了《中国气象学会史料简编》和《我与新中国气象事业》。《中国气象学会史料简编》一书全面发掘和整理了学会自1924年创建以来76年的历史资料，系统地反映了中国气象学会的发展脉络。《我与新中国气象事业》一书通过气象工作者自己的亲身经历和感受，以小见大，揭示了新中国气象事业发展历程中的重大事件、气象现代化建设及气象科学各分支学科的发展历程，反映了几代气象工作者对国家、对人民、对事业的热爱和对科学真理的追求，对每一位气象科技工作者都具有启示作用。2008年，在中国科协的大力支持下，学会编撰出版了《中国气象学会史》一书，本书是中国科协组织编写的《中国学会史丛书》之一，详细叙述了学会发展历史，分类梳理了学会重点工作，对学会的人文往事、组织结构、主要活动等方面作了翔实的介绍。上述图书的正式出版，对于传承学会历史和气象文化，推动行业精神文明建设具有重要意义。

第四节　学术交流活动

组织气象科技学术交流是学会的主导性工作之一，也是学会工作的支柱。在国家社会经济发展的带动和气象现代化建设的引导下，学会逐渐调整开展学术活动的指导思想和组织方式，学术交流活动出现了前所未有的大好局面。通过组织大规模、宽领域、深层次的学术交流活动，在支撑气象现代化建设、引导学科发展和学科建设、推进气象科技创新、发现和培养气象科技人才、优化气象科技队伍结构、推动气象教育发展、倡导学风和学术道德建设等方面开展了大量卓有成效的工作，展现了学会学术交流活动的崭新风貌。

一、学术活动的管理

学术活动是学会能力建设的基础与核心，是为会员服务的最基本形式。学会通过各类学术活动的组织，为会员和广大气象科技工作者提供参与学术交流的舞台，满足他们日益增长的对科技发展新信息、新成果、新发展、新趋势的需求。为此，在总结以往组织学术交流活动经验的基础上，转变传统观念，改革学会管理和活动形式，坚持以人为本，稳步推进学术活动管理和运行机制的改革，集成学会资源，抓大事，办实事，学术领域逐步扩大，引导能力、服务能力明显增强，受益人数迅速增加，学术活动的多元化和国际化水平逐年提高。

在学术活动的组织上，始终遵循从国情出发，尊重气象科技发展的客观规律，着眼于社会经济发展和气象事业发展需求，结合中国科协对学会开展学术活动的要求，制订活动规划，编制年度计划。在组织开展学术活动的措施上，坚持"大气象"意识，抓住加强指导、把握趋势、突出重点、提供舞台、改善环境、拓宽领域、提高质量等重要环节。处理好学术活动数量和质量的关系，基础理论研究交流与应用技术成果交流的关系，气象业务、科研、教育之间的互动关系，综合性学术会议与专题学术活动的关系，气象科学与社会科学间有机结合的关系。在学术活动的具体实施中，积极发挥国家创新体系建设和气象事业发展战略对学会学术交流活动组织的引导作用、理事会对学术活动的指导作用、各学科委员会的能动作用以及学会秘书处的协调作用。做到学术活动与国家社会经济发展总目标、总任务相结合，与国家气象事业发展战略和重点发展学科相结合，与气象重点课题研究与重大建设项目相结合，与科技人员实际需要相结合，使学会真正成为国内气象科学技术和学术信息的"集源地"和"发散地"。

学会从建设创新型国家的战略高度出发，认真思考，系统规划，立足世界大气科学发展趋势和我国国情，充分发挥学会在促进科技新解放和大发展中的特殊作用，以促进科技进步为中心，以鼓励原始性创新为核心，以社会效益和经济效益为准绳，以服务经济建设为目标，以会员和气象科技人员的需求为出发点，明确创新导向，积极鼓励和加强对气象基础研究和重大战略高技术项目、创新项目、非共识性项目以及学科交叉项目学术活动的支持，发展前沿与交叉学科，拓展学术活动的广度和深度，采取积极措施，鼓励原创性思维，为原始性创新思想、观点的产生创造宽松的环境，加强对交叉学科、新兴学科的扶植，注意培养新的学科生长点，为体制创新、知识创新、技术创新做出积极的贡献。

学会始终把加强学术建设、活跃学术思想、发扬学术民主、促进学科发展、增强学术活动的活力作为责无旁贷的使命。推动建立学术评价机制；科学设计学科委员会的设置，发挥学科委员会在引导学科建设和发展方面的重要作用；举办包括社会科学、自然科学多学科共同参加、联合举办的学术交流活动，借鉴和吸纳其他学科的发展经验和研究成果，不仅促进气象科学的发展，也为其他科学的发展做出应有的贡献；积极主办和联合举办有影响力的国际气象学术交流活动，创造条件加入相关的国际性和区域组织，把中国优秀的气象学家和一流的科技成果推向国际；关注学风和学术道德建设，提倡不同学术观点进行平等自由争论，恪守学术道德，坚持学术诚信，维护良好社会形象；通过开展学术交流发现人才，通过表彰奖励激励举荐人才，通过继续教育培训人才，通过开展青少年科技教育活动培育人才，通过创建和谐学会凝聚人才，通过国际民间合作与交流吸引人才。学术活动系统工程的实施，把学会的学术建设提高到一个新的水平，使中国气象学会成为具有中国特色的气象科技交流主要舞台和主要阵地，成为与气象大国的形象和实力相适应、在国民经济和社会发展中的重大问题和气象事业发展中的关键问题上具有对策研究和预见预测能力、在国际气象学术舞台上有重要影响力的学术团体。

二、建立年会制度

中国气象学会自创建起就建立了年会制度，初期为每年召开一次，后因受战乱影响而断断续续召开。新中国成立后至"文化大革命"前，仅在1962年举办了一届年会。改革开放以后，借1978年、1982年学会召开会员代表大会之际举办了年会，年会的作用再次得到显现。在学会第二十三届理事会任期内，为适应国际气象交流与合作的发展趋势，搭建符合气象科技发展客观规律，具有高水平、跨学科、跨行业特点的学术平台，整合国内气象科技交流资源，在邹竞蒙理事长的倡导下，开始借鉴美国气象学会举办年会的经验，学习各相关全国学会的做法，提议并专门讨论恢复中国气象学会年会制度的问题。在2002年学会会员代表大会召开期间，举办了一次年会，成为全面恢复和建立学会年会制度的重要预演。

恢复和建立中国气象学会年会制度在第二十五届理事会任期内得以完成。这是理事会根据气象科学和新时期气象工作发展的客观要求，审时度势作出的重要决定，是中国气象学会在推动大气科学领域内学科之间和其他领域交叉融合，促进气象科学适应当今科学技术快速发展的新形势下所进行的有益探索，并使之成为跨学科、跨行业、综合性、国际化的学术交流平台，创新思维的平台，培养和发现人才的平台，为气象事业和经济社会发展服务的平台。中国气象局党组积极支持中国气象学会理事会的这一举措，并要求气象部门的广大科技工作者踊跃参与中国气象学会的年会活动。希望中国气象学会不断总结年会的办会经验，坚持将年会办好，办出特色，办出影响，为中国气象科技事业快速发展、赶超世界科技先进水平提供更大的推动力。

为筹备好2003年年会，组成了各方面代表参加的筹委会，聘请叶笃正、陶诗言、曾庆存、周秀骥院士担任顾问，确定由副理事长、常务理事会学术组组长黄荣辉院士具体指导年会学术活动的组织工作。利用全国气象学会秘书长会议、学科（工作）委员会主任会议等广泛宣传和动员，上下互动，配合工作；中国气象局为支持年会召开，特拨出专款14.3万元用于年会文集的出版；林超英理事个人提供1万元港币，以香港天文台的名义资助参加年会的青年科技工作者，尤其是来自边远或者贫困地区的年轻气象工作者；浙江省绍兴市雷电检测所林松良提供1万元，用作年会评选优秀论文的奖金；气象行业各部门、有关学科委员会的挂靠单位以各种方式支持年会工作。年会共征集论文近800篇，于会前正式出版了年会文集。

2003年年会

2003年12月8—10日，以"新世纪气象科技创新与大气科学发展"为主题，在北京举办了2003年年会。这是一次跨行业、跨学科特点非常明显的高水平学术交流活动。来自气象、水利、海洋、环境、农业、地理、遥感等10多个学科的600多位专家学者参加了此次年会，仅气象行业就有9位院士参加，年会的跨行业、跨学科、跨领域特点还吸引了许多军事气象科技人员参加。科技部、国家自然科学基金委员会地学部、美华海洋大气学会、香港天文台的代表也应邀参会。年会安排了10个特邀报告，设置了7个分会场，还在广东设置了以"热带气象学问题"为主题的京外分会场，各分会场由学会学科委员会和相关业务部门共同承办。近400位科技人员参加了分会场学术报告，与会人员就共同关心的热点问题及不同的学术观点和技术方法开展了深入讨论。闭幕式上，郑国光副理事长宣布了中国气象学会第十届涂长望青年气象科技奖获奖名单，伍荣生理事长为获奖人员颁发了获奖证书。在之后召开的招待会上，王春乙秘书长宣布了7位获得本次年会优秀论文奖的获奖者名单和获得年会经费资助的10位青年科技人员名单。应邀参加年会的美华海洋大气学会的代表黄其淦和张大林宣布了在年会期间与中国气象学会商谈进

中国气象学会 2003 年年会现场

一步开展两会合作的主要成果,并向中国气象学会赠送了纪念牌匾。在各方面的关心和支持下,2003 年年会取得了圆满成功,为以后年会的组织和运作提供了宝贵经验。受中国气象学会恢复年会制度的启发,许多省级气象学会也纷纷参照中国气象学会的做法,建立省级气象学会的年会制度。

2004 年年会

2004 年 10 月,以"推进气象科技创新,加快中国气象事业发展"为主题的 2004 年年会在北京举办。来自气象、水利、海洋、环境、农业、遥感、生态、军事气象等 10 多个学科的近 800 位专家、学者参加了本次年会。气象行业共有 10 位院士参加了年会。香港天文台、澳门地球物理暨气象台和台湾地区气象学会代表及 10 多位海外华人气象学者应邀参会。美、日、韩 3 国气象学会以及美华海洋大气学会、欧洲数值预报中心的代表也应邀参会。年会共设置了 10 个主题分会场,邀请有关专家撰写了 11 篇大会特邀报告,并征集论文 780 篇。会前由气象出版社出版了一套两册 210 万字的年会文集。年会还邀请美国商务部副部长帮办兼海洋与大气局副局长约翰·凯利将军作了题为《服务战略:开发全球观测系统》的报告。2004 年年会集中宣传了中国气象事业发展战略,年会活动中既有专门介绍中国气象事业发展战略研究及其成果的大幅面展板,又有中国气象局领导所作的关于中国气象事业发展战略研究的特邀报告,同时还设有以"中国气象事业发展战略研究及其成果应用"为主题的分会场。年会的跨行业、跨学科、跨领域和高集成、高水平的特点使其具有相当高的社会影响力,吸引了各方面的人员参加年会,年会的国际化程度明显提高。

2005年年会

2005年年会以"气象科技与社会经济可持续发展"为主题，于10月24—27日在江苏苏州举办。参加年会的科技人员有840多位。年会下设大气综合探测技术，亚洲区域气候变率与气候变化，台风和暴雨及其灾害的防御，粮食安全与生态环境监测，气候、生态、环境与可持续发展，筹建公共气象频道，全球观测系统研究与可预报性试验（THORPEX）计划、集合数值预报及应用，气象科技期刊改革与发展论坛，公共气象与服务论坛，风能利用论坛，气象科普论坛等12个分会场。邀请丑纪范院士、符淙斌院士等科学家与会并作大会报告。THORPEX中国委员会也利用年会召开了工作会议。年会征文期间共收到论文1100余篇，其中正式出版论文详细摘要近1000篇。

中国气象学会2005年年会现场

2006年年会

2006年年会以"气象科技创新与防灾减灾"为主题，于10月24—27日在四川成都举办。来自气象科研、业务、教育以及水利、海洋、环境保护、军队等行业的1000余名科技工作者参加了年会。年会共设18个分会场，特别设置了"缅怀郭晓岚教授对大气科学贡献"学术报告会。军事气象和民航气象专题首次列入年会分会场，在年会历史上第一次实现了气象业务、科研、教育、军事气象等多部门的共同参与。年会同期举办了气象影视工作交流与评奖、中国科学院地学部常委会第十三届二次会议、"973"第二课题2006年学术研讨会、厦门气象主题公园设计方案专家咨询会等活动。中国气象局副局长宇如聪、中国科学院大气物理研究所吴

中国气象学会 2006 年年会现场

国雄院士、中国水利水电科学研究院水资源研究所王浩院士、中国社会科学院城市发展与环境研究中心潘家华研究员分别作了特邀报告。

2007 年年会

2007 年年会以"气象防灾减灾与应对气候变化"为主题,于 11 月 22—25 日在广东广州举办。年会报名注册人员 1900 余人,年会征文期间论文总投稿数为 2071 篇,其中收入年会论文集的有 1465 篇。来自全国各气象行业、相关部门和学科的专家以及多位海外和国际气象界的学者共 1600 余人参加了年会。学会理事长秦大河院士、中国气象局副局长许小峰等出席开幕式。秦大河院士、许小峰副局长、危朝安副部长、许健民院士、北京市气象局副局长王建捷和研究员王

中国气象学会 2007 年年会现场

东晓应邀作大会特邀报告。与会人员围绕年会主题，利用分会场、墙报、论坛、讲座、优秀论文评选等形式进行了内容广泛的交流和研讨，充分展示了最新的科研成果。开幕式上举行了"第十二届涂长望气象青年科技奖"颁奖仪式。年会设置10个分会场，还设置气象软科学和气象经济学两个论坛。本次年会主题突出，特邀报告层次高，分会场交流形式多样，达到了学会搭台、服务大局、事业受益的目的。

2008年年会

2008年11月20—22日，在北京举办第25届中国气象学会年会，年会主题为"防灾减灾与提高预报预测准确率"。国家气象中心主任端义宏、中国地震局陈颙院士、中国科学院大气物理研究所穆穆院士、中国气象局气象探测中心主任宋连春、北京市气象局副局长王建捷受邀作大会特邀报告。年会设置了13个分会场，同时举办第二届青年学生年会，围绕天气预报准确率与公共气象服务、极端天气气候事件与应急气象服务、气候变化、气候预测研究与预测方法、气候资源应用研究、大气环境监测、预报与污染物控制、大气物理学、城市气象与城市可持续发展、干旱与减灾、复杂地形影响下的天气与气候、气象频道建设与气象灾害报道、卫星遥感应用技术与处理方法、气象史志研究等展开学术交流与讨论。近800人参会，300余人作分会场口头报告，100余人参加了墙报交流。

中国气象学会2008年年会现场

2009 年年会

2009 年 10 月 14—16 日，在浙江杭州举办第 26 届中国气象学会年会，年会主题为"公共服务引领气象事业发展"。开幕式由中国气象学会理事长秦大河院士主持。中国气象科学研究院陈联寿院士、同济大学汪品先院士、中国农业大学柯炳生校长、国家气象中心端义宏主任分别作特邀报告。年会设置了气象综合探测技术、灾害天气事件的预警、预报及防灾减灾、气象灾害与社会和谐、热带气旋科学研讨、气候变化、气候预测与公共服务、气候资源应用研究、农业气象防灾减灾与粮食安全、航空与航天气象技术交流、季风动力学、人工影响天气与大气物理学、气候环境变化与人体健康、全球和区域气候模式及极端天气气候事件的模拟研究、大气成分与天气气候及环境变化、冰冻圈与极地气象、气象史志的积累与挖掘、公共气象服务论坛——以公共气象服务引领气象科普工作、雷电防护、气象装备技术企业论坛等 19 个分会场和 1 项专题活动。来自气象业务、科研、教育、军事气象系统和相关行业的 1200 多位科技工作者参加了年会。近 400 位科技人员作分会场报告，100 余人参加了墙报交流。

2010 年年会

2010 年 10 月 21—23 日，在北京举办第 27 届中国气象学会年会，年会主题为"天气、气候与可持续发展"。国家气候中心主任宋连春、中国工程院院士徐祥德、中国农业科学研究院研究员林而达受邀作大会特邀报告。来自全国各个行业的气象科技工作者围绕灾害天气研究与预报、重大天气气候事件与应急气象服务、应对气候变化、气候资源应用研究、城市气象、人工影响天气与云雾物理新技术理论及进展、雷达技术开发与应用、农业气象防灾减灾与粮食安全、副热带季风与气候变化、干旱半干旱区地气相互作用、空间天气自主资料应用与模式集成、大气物理学与大气环境、气象期刊发展、气候环境变化与人体健康、气象事业发展战略和低碳经济等 15 个学科领域从不同专业角度进行了分会场交流。400 余人作了口头报告，200 余人参加了墙报交流。

2011 年年会

2011 年 11 月 2—4 日，在福建厦门举办第 28 届中国气象学会年会，年会主题为"推进气象科技创新、提高防灾减灾和应对气候变化能力"。中国气象局副局长许小峰、北京大学城市与环境学院教授陶澍、兰州大学大气科学学院院长黄建平、福建省气象台首席预报员林毅受邀作大会特邀报告。年会设置了 18 个分会场，同时举办第四届气象科普论坛、第三届研究生年会，以及"集合 Kalman 滤波资料同化方法"专题培训。来自全国各个行业的气象科技工作者围绕

中国气象学会 2011 年年会现场

气象综合探测技术、风云卫星定量应用与数值天气预报、灾害天气研究与预报、气候变化、气候预测、冰冻圈与极地气象、城市气象精细预报与服务、大气成分与天气气候变化的联系、大气物理学与大气环境、公共气象服务、气象与现代农业、热带气旋、雷电、气候环境变化与人体健康、空间天气事件数值模拟等进行学术交流。共有 1200 多名代表参加，500 余人作了口头报告，360 余人参加了墙报交流。

2012 年年会

2012 年 9 月 12 日，在辽宁沈阳举办第 29 届中国气象学会年会，年会主题为"强化科技基础，推进气象现代化"。香港天文台台长岑智明、国家卫星气象中心副主任卢乃锰、沈阳中心气象台台长陈力强受邀作大会特邀报告。年会设置了 18 个分会场、1 个专题论坛和 2 个专题讲座。400 余人作口头报告，240 余人参加了墙报交流。来自美国的 Ronald Holle 博士（维萨拉公司

中国气象学会 2012 年年会现场

气象专家兼顾问）、美国国家海洋和大气管理局（NOAA）的 Song Yang 博士以及来自韩国光州地方气象厅的宋孝实女士、韩明珠先生，来自香港的杨汉贤、苏志权、杨贺基、林日荣先生也参与了本届年会分会场的学术交流活动。

2013 年年会

2013 年 10 月 23 日，在江苏南京举办第 30 届中国气象学会年会，年会主题为"创新驱动发展 提高气象灾害防御能力"。理事长秦大河、中国地质大学（武汉）唐辉明教授、中国科学院大气物理研究所廖宏研究员、南京信息工程大学大气科学学院李天明教授受邀作大会特邀报告，报告主题涵盖了全球气候变化、地质灾害预测预报、大气环境以及气候预测等方面。年会设置了 18 个分会场，围绕灾害天气监测、分析与预报、公共气象服务、卫星资料分析、气候预测、大气成分、大气物理与大气环境等内容开展交流和研讨。1200 余名代表参会，470 余人作口头报告，300 余人参加了墙报交流。同期举办了气象水文仪器展和防雷设备展，国内外 20 余家相关企业参展。

2014 年年会

2014 年 11 月 3—5 日，在北京举办第 31 届中国气象学会年会，年会主题为"创新气象科技 面向未来地球"。年会针对科技发展、天气、气候、气象探测技术和公共服务、大气环境、水资源开发利用、城市灾害、空间天气、灾害防御等多个热点问题，设置了 16 个分会场，并组织了叶笃正先生学术思想专题报告会。秦大河院士、王会军院士、中科院计划局何传启研究员、中国气象科学研究院端义宏研究员等受邀作大会特邀报告。1000 余人参加会议，分会场交流论文 459 篇，墙报交流 223 篇。

中国气象学会 2014 年年会现场

2015年年会

2015年10月14—16日，在天津举办第32届中国气象学会年会，年会主题为"推进科技创新 支撑气象现代化"。国家信息中心专家委员会主任宁家骏、南京信息工程大学教授李旭晖、天津市气象局首席预报员易笑园、北京师范大学教授李占清受邀作大会特邀报告。年会设置了23个分会场，围绕灾害天气监测、分析与预报，应对气候变化，低碳发展与生态文明建设，水文气象预报最新理论方法及应用研究，科技创新保障农业提质增效，气象卫星遥感资料应用，气象信息化，气象期刊编辑出版等多领域、多学科热点问题开展交流和研讨。美国气象学会代表团一行8人参加了本次年会的期刊分会场，并与中国气象学会进行合作会谈。1500余位代表参会，共提交论文总数1969篇，中国知网（CNKI）光盘收录1614篇（收入率80%），现场交流650篇，墙报交流315篇。

中国气象学会2015年年会现场

2016年年会

2016年11月2—4日，在陕西西安举办第33届中国气象学会年会，年会主题为"加强学科融合 助力气象事业发展"。中国科学院院士曾庆存、中国工程院院士丁一汇、中国科学院院士万卫星、北京大学教授胡永云受邀作大会特邀报告。年会设置了22个分会场，围绕灾害天气监测、分析与预报，副热带气象与气象灾害风险，应对气候变化、低碳发展与生态文明建设，全球变暖背景下的亚洲季风与冰冻圈，城市、降水与雾霾等多领域热点问题开展交流研讨。同时，还组织开展了应用气象学科专业发展战略研讨暨冯秀藻先生诞辰一百周年纪念会，城市、降水

中国气象学会2016年年会现场

与雾霾观测试验专题研讨和城市气候与城市规划专题研讨三场专题学术活动。1500余位代表参会，共提交论文2800篇，现场交流965篇，墙报交流259篇。

2017年年会

2017年9月27—29日，在河南郑州举办第34届中国气象学会年会，年会主题为"创新引领 气象为民"。中国工程院院士丁一汇、中国科学院院士张人禾、加州大学洛杉矶分校大气与海洋科学系杰出教授廖国男、国家卫星气象中心主任杨军、中国气象局数值预报中心研究员沈学顺受邀作大会特邀报告。1300余名气象科技工作者参会。年会共设置了28个分会场，包括各专题会场及第七届全国气象科普论坛暨全国气象科普教育基地经验交流会、大气科学论文写作与创新研究、谢义炳先生诞辰100周年纪念暨学术研讨会、青年论坛等。

中国气象学会2017年年会现场

2018年年会

2018年10月23—26日，在安徽合肥召开第35届中国气象学会年会，年会主题为"智慧气象 助力生态文明建设"。国家气候中心丁一汇院士、国家气象中心王建捷主任、中国科学院大气物理研究所郄秀书研究员、南京信息工程大学廖宏教授受邀作大会特邀报告。共组织了23场学科专题交流、2场专题论坛、3场科学家论坛、3场交叉学科交流及王绍武教授学术思想暨气候科学前沿研讨会。共有1400余名气象科技工作者参会。年会报名上传论文总数2627篇，通过审核的论文数量2483篇，中国知网（CNKI）光盘收录2023篇（收入光盘率81%）；现场交流728篇、墙报交流246篇。

年会制度的恢复，开拓了学会开展学术交流的新思路，整合了学术资源，实现了"参与、共享、合作、创新"的年会宗旨，发挥了年会的品牌效应，体现了学术活动的高度集成和集约化管理，提高了学会的国际影响力，加快了学会工作的国际化水平，在促进行业合作、推动气象科技创新等方面发挥了特殊的作用，取得了很好的效果。

中国气象学会2018年年会现场

三、促进学术交流的基本做法

（一）关注学术建设

学风和学术道德建设是学术建设的重要内容，良好的学术氛围也是学术活动长盛不衰的重要保证，更是气象科学核心价值的具体体现。改革开放以来，学会继承并发扬优良传统，倡导以"求实、创新、协作、献身"为主要表征的科技道德规范；提倡"百花齐放，百家争鸣"，鼓励不同观点的争论；提倡学术创新，以创新意识、新理论、创新技术成果促进科学技术的进步；提倡逾越学科和部门的界限，实现学科、人才、管理等全方位的集成，针对国民经济和社会发展亟须要办的大事，同心协力，较好地解决需要科技发挥先导作用的热点、难点问题和重大关键技术、共性技术、工程化技术，推进气象科技的进步。提倡学术民主，服从真理，端正学风，务实创新；提倡在广泛交流中形成和建立各种学派，开展不同学术观点的自由讨论；做到对学术问题的不同见解，通过时间和实践来检验，不以个人权威的意见作为学术问题的最后结论，从而激励科技工作者的创造性思维。多次成功组织持不同学术观点的学者同堂切磋，建立起勇于创新、大胆探索、追求真理、鼓励竞争、崇尚合作、淡泊名利、克服浮躁、反对学术腐败的科学精神和科学道德。

（二）多形式开展学术活动

在学术活动的组织中，强调学术活动要注重跟踪国际气象科技发展动态，分析发展趋向，引导国内气象科技的发展；强调全国学会学术活动对地方学会学术活动的指导作用，以提高各层次学术交流活动的水平和质量；强调学术活动与人才培养相结合，既出成果，又出人才；强调学术活动要切实为气象事业的发展提供学术和科技支撑；强调改革学术会议举办方式和管理形式，走出一条依靠社会力量与学会优势相结合的举办学术活动的新路子。近年来，学术活动在保持相当规模的基础上，形式更具多样化，其深度和广度以及所涉及的领域不断扩大。学会平均每年召开各类学术会议30个以上，交流论文报告上千篇。通过组织编印学术会议论文集、学术会议论文摘要、学术会议技术总结等形式，使更多的人从中受益。同时，作为学术交流活动的另一种形式，学会着力加强继续教育工作，根据国际大气科技发展动态以及气象科技人员的需要制订培训计划，以研讨班、讲座、培训班等形式开展继续教育，努力提高气象科技人员的业务技术素质。从科技人员的需要和气象业务发展的需要出发，不断充实和丰富继续教育的内容，将开展继续教育活动与宣传新的学术思想和观点，推广新技术、新成果有机结合，收到了很好的效果。

（三）引导学科建设

学会坚持加强与其他自然科学和社会科学的相互渗透，加深对社会发展需求的了解，扶植新的学科生长点，改变气象科技的传统结构，并把这一思想贯彻到学科委员会的工作中。在经历了单学科组织学术活动到多学科交叉联合举办学术活动的过程后，又进一步向组织社会科学、自然科学多学科共同参加，联合举办高层次、高水平学术活动的阶段发展。这既能借鉴其他学科的发展经验和最新研究成果，加快气象科技的发展，又为其他学科的发展做出应有的贡献。

学会主办、联办了一系列有影响力的大型综合性学术活动，例如，第一、第二届全国减轻自然灾害研讨会，中国食品结构研讨会，海南岛大农业生态考察等。

自觉地将学术活动与气象事业、学科发展联系在一起，是学会学术活动的重点方向。多年来，学会全面参与气象事业现代化建设规划、气象事业发展战略和各"五年计划"中气象部分的项目实施，紧紧围绕气象行业、部门科技攻关和协作项目组织学术活动，为解决攻关中的技术难题出力，从学术上提供支持。

坚持作阶段性学科发展的进展报告，每4年一次，对学科的发展提出一份中国大气科学进展报告，出版中、英文版本，提交国际大地测量与地球物理学联合会（IUGG）。从1987年起，每4年编印一本反映气象科学发展全貌，包括成就、成果、研究进展、与国际水平的差距以及对策和技术政策的文集，作为气象科技发展进程的阶段性总结，为气象科技人员分析、研究国内外动态，引导科研和应用开发、沟通信息服务。

跟踪国际气象科技发展动态，分析发展趋势，及时调整和组织国内学术活动的开展。学会注意科学地选定学术活动项目的选题，既重视基础研究的指导作用，又注意加强应用开发研究方面的交流，引导学术交流的深入，保证学术活动质量的提高。如1994年8月23—25日，与中国气象局、中国科学院和国家自然科学基金会联合举办的大气科学基础研究发展战略研讨会在北京召开。国家科委副主任邓楠、中国科学院副院长胡启恒、中国气象局局长邹竞蒙到会并作重要讲话。会议通过了《关于加强我国大气科学基础研究工作的意见和建议》。

1990年，学会明确提出90年代学术活动应聚焦于两个重点：一是气候变化（包括人类活动对气候的影响）及其对国民经济特别是农业、生态环境影响的研究；二是气象灾害研究和减灾决策研究，发展中尺度气象学，提高灾害性、突发性天气预报准确率。实践证明，学术活动两个重点的确定，充分体现了学会对气象科技发展趋势的超前认识和把握，从而奠定了气象事业和气象科技发展的重要学术基础，也充分证明了学会在学术引导方面的重要作用。

（四）组织和参与各类跨学科、特色和区域学术活动

气象涉及多学科、多领域的交叉融合，气象科技的发展必须依靠多学科的科技进步，需要各方面的合作与支持。学会大力加强与各学科、行业、部门、院校及有关单位的合作，共同探索建立长期有效、优势互补、资源共享的合作机制，建立起了良好的科技合作发展格局。通过学会学术交流平台，进一步加强学科间、区域间、部门间、部门和地方、部门和企业、科研机构与高校间的合作，充分挖掘潜在社会资源，促进资源信息共享，大力加强区域气象合作和地方气象科技工作，促进了区域内新的协作机制的形成，从而为区域经济发展和防灾减灾提供强

有力的支持。同时，在加强数据、成果、人才等资源共享，促进优秀人才脱颖而出，充分利用国际人才资源，努力培养出一大批能够参与乃至主导国际气象科技合作与交流的人才等方面创造良好环境。

1983年11月19—24日，与地质、地震、天文、石油和空间科学等学会联合召开全国天文、地质、地震、气象相互关系学术讨论会，就外层空间与地球上发生的自然灾害之间的相互关系进行探讨。1984年，与中国地球物理学会在北京联合召开第二次中层大气学术座谈会，共同探讨臭氧层总量的变化及其分布，臭氧层的状态及总量与地面气压、气温的关系等科学问题。1985年12月，与中国林学会在云南昆明联合召开第四次全国林业气象学术讨论会，制定了林业气象"七五"期间的发展方向和任务。1986年7月10日，与中国环境学会联合举办酸雨问题学术讨论会，重点探讨我国酸雨现状，大气污染物的中、长距离输送等大家共同关心的问题。1987年12月，与14个全国学会共同在北京召开中国一万年来海平面变化及其与温度变迁关系学术讨论会，陶诗言理事长以及施雅风在大会上作了专题报告。1988年11月1—5日，与中国地理学会、国家气候委员会联合组织召开全国气候与社会经济发展关系研讨会，对《气候蓝皮书》提纲进行了充分讨论。1995年，与中国气象局等单位联合召开"75·8"特大暴雨20周年回顾及暴雨洪水监测预报学术讨论会、大西南通道经济发展的气候资源开发利用与保护学术研讨会、西部大开发：气象科技与可持续发展学术研讨会、城市环境污染学术研讨会、第十三届全国遥感学术会议等。1996年，参与了34个学会和9省1市联合召开的我国西部地区经济发展战略学术研讨会。2000年，会同中国农学会等7个学会联合举办全国农业发展学术研讨会。2005年，由气象、水文及国家防汛、减灾部门共同参加的暴雨、洪水与减灾——纪念"75·8"暴雨·洪水30周年学术研讨会吸引了美国、意大利等国的专家和国内多位院士参加，围绕"暴雨、洪水与减灾"这一主题，重温了"75·8"事件的惨痛教训，回顾了30年来暴雨、暴雨引发的灾害、水文灾害的预报预测技术和业务工作的发展历程。

2015年"75·8"暴雨·洪水40周年学术研讨会现场

2005年，与中国科学院大气物理研究所大气科学和地球流体力学数值模拟国家重点实验室、中国气象局成都高原气象研究所联合举办第六次全国动力气象学术会议。2015年8月25日，在河南郑州召开"75·8"暴雨·洪水40周年学术研讨会，总结了40年来气象、水文、自然灾害防御等方面的技术进展，研讨和展望了未来相关学科发展方向，来自全国各地气象、水文及相关领域的专家和科研技术人员共160余人参加了会议。

近年来，学会聚焦前沿目标和国家需求，面向气象事业发展需要，加大力度，全方位打造高品质学术交流平台，积极推动气象科技创新与成果转化，逐步形成以年会、国际和地区交流、海峡两岸交流、区域和专题交流、服务国家大局的特色交流为主的分层分类学术交流服务体系，全面融入气象事业高质量发展大局，服务创新驱动发展成效日益明显。大力推动各类特色和专题学术交流。2018年3月29日，在江西南昌召开全国重大天气过程总结和预报技术经验交流会，交流会首次由中国气象学会主办，对全国气象预报技术的总体提升起到了积极的促进作用，交流会自2018年起每年持续举办。同年11月15—16日，在贵州贵阳举办气候预测技术论坛，论坛自2018年起每年持续举办。2020年8月19—20日，在上海举办气象观测创新发展论坛，围绕气象观测技术装备发展、气象雷达技术、降水测量、计量技术等领域开展交流研讨，120余人参会。同年12月3—4日，在广东广州召开全国决策气象服

2019年全国重大天气过程总结和预报技术经验交流会现场

2020年气象观测创新发展论坛现场

务业务技术交流会，决策气象服务在保障生命安全、生产发展、生活富裕、生态良好国家发展战略中发挥着重要作用，同时也是各级政府防灾减灾、趋利避害，促进国民经济高质量发展的重要保障，80余位代表参会，交流会自2020年起每年持续举办。2021年和2023年，在湖北武汉举办两次暴雨东湖论坛，论坛推动了暴雨科学研究领域前沿科学、核心技术与业务实践的互动发展，促进了相关科研院所、业务单位、学界间的交流与沟通。2023年11月29—30日，在重庆举办全国数值预报技术交流研讨会。同年12月25—26日，在四川成都联合举办全国气象部门科研院所学术年会，围绕暴雨、强对流机理及预报、人类活动与天气、气候变化相互作用研究、气象人工智能、生态与农业气象等内容开展交流研讨，徐祥德、张小曳、谈哲敏院士等专家学者作大会特邀报告。

2023年暴雨东湖论坛现场

2023年起不断拓展学术交流范围。2023年7月9—11日，在贵州贵阳举办第一届全国山地气象学术研讨会，270余人参会，围绕山地气象观测方法与认识、山地气象数值模拟研究、山地气象灾害与气象服务、山地气候和气候变化、山地气候资源开发利

2023年首届全国大气边界层论坛现场

用开展交流研讨。同年10月27—29日，在河北雄安新区举办首届全国大气边界层论坛，230余人参会。11月24—26日，在上海举办全国气象导航与水文气象技术交流会，围绕远洋气象导航关键技术研发与应用、航空气象导航技术研发与应用、水文气象灾害预报预警技术与系统平台应用等主题开展交流，250余人参会。2024年1月10—12日，在广东珠海举办首届气象

2024年首届低空经济气象前沿科技研讨会代表合影

风险与保险论坛，同期还举办了圆桌论坛，就气象风险与保险的实践与探索进行讨论。同年5月16日，在广东深圳举办机动观测技术交流会，围绕无人机观测技术进展、机动观测数据应用、机动观测装备技术发展与应用等主题开展交流研讨。7月27—28日，在广东深圳举办首届低空经济气象前沿科技研讨会，围绕边界层气象理论、高分辨率数值模式模拟及参数化、低空危险天气监测预警及低空经济气象典型行业应用等方面展开交流研讨。

推动区域性气象科技交流，持续举办全国农业与气象论坛，支持海河流域、环渤海地区、淮河流域、泛珠三角区域、长三角地区、黄河流域开展天气气候预报预测、海洋气象防灾减灾、暴雨·洪水等交流，支持举办沈阳雨雪冰冻灾害论坛、武夷论坛、丝绸之路气象科技研讨会等区域性论坛，服务国家和相关区域发展需求。如首届全国农业与气象论坛于2014年11月7日在陕西杨凌召开，论坛以"气候变化与农业发展"为主题，230余人参会。借助农业与气象论坛，提高服务"三农"的质量和水平，探索农村、农业及粮食安全生产的新方法、新路子，做好防灾减灾，推广应用现代农业气象新技术，为现代农业发展保驾护航。与会人员开阔了学术视野，了解了最新的农业气象业务动态，学习了为农服务的新技术、新方法。同时，论坛为提升杨凌现代农业领先地位、提高中国杨凌农业高新科技成果博览会品牌效应起到了积极作用。论坛自2014年起每年持续举办，至2024年共举办了10届。

（五）积极承担中国科协组织的活动

中国气象学会的学术活动始终得到中国科协的关注和支持，学会也积极参与中国科协组织的系列学术活动，如中国科协历届学术年会、减轻自然灾害学术研讨会、病虫害防治分析研讨会；积极撰写气象方面的论文报告和对策建议，组织代表团和专家与会，并具体承办了年会分会场的组织工作和《减灾白皮书》《病虫害防治分析绿皮书》的编印工作。对此，中国科协给予了充分的肯定。此外，还参与了酸雨对大农业的危害及其对策学术讨论会、长江沿江地区跨世纪持续发展学术研讨会等一系列重要的跨学科学术会议。

同时，主动承担中国科协委托中国气象学会承办的学术活动。如承办第一、第二、第三届全国减灾会议等。1987年，承办地球表层学学术讨论会，中国科协主席钱学森和各有关学会的理事长、著名科学家在会上作了报告。会议就钱学森倡导的地球表层学与各有关学会的关系、地球表层学的定义、主要内容以及地球表层学系统的界限等问题进行了热烈讨论。1988年，承办在北京召开的全国近期重大自然灾害预测及防御措施研讨会，形成了开展综合灾害预测及对策研究工作的具体建议。1989年，牵头与中国地质学会等14个全国学会、研究会共同组织第三届天地生相互关系学术会议，中国科协主席钱学森在开幕式上作了重要讲话。200多名自然科学和社会科学领域的专家、学者参加了会议。1991年1月，在国务委员、国家科委主任宋健的倡议下，中国科协以及中国气象学会、中国环境学会在北京召开了气候变化与环境问题全国学术讨论会。1996年1月，联合20多个全国学会以及各省（自治区、直辖市）科协共同组织全国2000年农业发展学术研讨会，并汇编成《中国2000年农业发展问题探讨文集》。1998年9月23—24日，中国科协在北京召开科学技术面向新世纪学术年会。会议期间，由中国气象学会与相关学会共同组织了天文、空间与地球科学技术分会场。多次与中国植物保护学会、中国畜牧兽医学会、中国水产学会、中国林学会联合举办中国科协生物灾害防治研讨会。2012年12月4日，在湖南与中国环境科学学会、中国水利学会、中国海洋湖沼学会等十几家全国学会共同协办第二届中国湖泊论坛。同年9月8—10日，在河北石家庄承办第十四届中国科协年会极端天气事件与公共气象服务发展论坛分会场。2014年10月23日，在安徽合肥协办第四届中国湖泊论坛。2022年6月26—27日，在湖南长沙承办第二十四届中国科协年会气候变化与极端天气高端论坛分会场。

2022年承办第二十四届中国科协年会气候变化与极端天气高端论坛分会场

此外，还多次参与举办中国科协西部经济发展论坛、中国科协热点问题学术报告会、中国科协新观点新学说学术沙龙、中国科协青年科学家论坛等活动。

（六）组织青年交流活动

全国优秀青年气象科技工作者学术研讨会制度自1986年建立后，每4年召开一次，参会人员均为由各省级气象学会组织推荐、并由中国气象学会理事会审定后授予"全国优秀青年气象科技工作者"称号的青年气象工作者。

1986年6月6—9日，首届全国优秀青年气象科技工作者学术研讨会在江苏南京召开，会议检阅了青年气象科技工作者所取得的学术成果，向100名优秀青年气象科技工作者颁发荣誉证书。第二届全国优秀青年气象科技工作

1986年首届全国优秀青年气象科技工作者学术交流会现场

者学术研讨会于1990年5月24—27日在陕西西安召开，会议检阅了自1986年以来青年气象科技工作者所取得的优秀科技成果，表彰了99名优秀青年气象科技工作者。会议期间，由谢义炳院士主持颁发1988—1989年度涂长望青年气象科技奖。第三届全国优秀青年气象科技工作者学术研讨会于1994年5月31日—6月4日在青海西宁召开。会议总结了近10年来学会开展青年工作的经验，表彰了101名优秀青年气象科技工作者，同时进行了1992—1993年度涂长望青年气象科技奖颁奖活动。第四届全国优秀青年气象科技工作者学术研讨会于1998年12月20—24日在四川成都召开。本次会议同时也是中国科协第三届青年学术年会卫星会议，检阅了自1994年以来我国青年气象科技工作者所取得的学术成果，表彰了在"两个文明"建设中做出显著成绩的优秀青年气象科技工作者。黄嘉佑副理事长向104位优秀青年气象科技工作者及1994—1995年度、1996—1997年度涂长望青年气象科技奖获得者颁奖。2002年5月，第五届全国优秀青年气象科技工作者学术研讨会在山东烟台召开。会议期间，特别举办了以"直面WTO——中国气象发展的机遇与挑战"为主题的气象科技论坛。2006年5月28—29日，第六届全国优秀青年气象科技工作者学术研讨会在湖南长沙召开，对108名获得"全国优秀青年气象科技工作者"称号的代表给予表彰，同时由中国气象局和中国气象学会共同授予李成才等8

人"中国青年科技人才奖",并颁发了荣誉证书。2010年9月3日,第七届全国优秀青年气象科技工作者学术研讨会在湖北宜昌召开,100余名青年气象工作者进行了为期两天的学术交流和讨论,并就青年人才培养和成长等问题进行了座谈研讨,111名全国优秀青年气象科技工作者在会上受到表彰。2014年9月10—11日,第八届全国优秀青年气象科技工作者学术研讨会在江苏宜兴召开,来自全国气象部门、高等院校和科研院所的近120位青年气象科技工作者参加了此次会议,会上对中国气象科学研究院丁明虎等112名气象工作者授予"第八届全国优秀青年气象科技工作者"称号,同时对南京大学大气科学学院教授丁爱军等10名特别优秀者授予"十佳全国优秀青年气象科技工作者"称号。

近年来,中国气象学会积极响应中国科协、教育部、科技部等八部门联合发布的《关于支持青年科技人才全面发展联合行动的倡议》,高度关注并大力支持青年气象科技人才的成长与发展。依托中国科协青年人才托举工程项目持续举办青年科学家论坛,营造良好创新生态,为青年人才健康全面成长提供支撑和平台。中国气象学会青年科学家论坛已成为学会的一项重要品牌学术交流活动,为青年气象科技工作者提供了展示研究成果、交流学术思想的平台,有力推动了气象科技领域的创新发展。2019年8月27日,中国气象学会青年科学家论坛首次在山东青岛举办,100余位青年科技工作者参加了论坛。2019—2023年,共组织5次青年科学家论坛,累计参会人数2000余人。

自2021年12月起,举办"气象前沿科技青年报告汇"系列线上活动,截至2024年7月,共举办23期,累计邀请20余位青年气象科技工作者作线上报告。

四、学科(专业)委员会的活动

学会所属各学科(专业)委员会在开展分学科交流中发挥了重要功能,对学科建设和发展起到了决定性作用。

大气物理学委员会持续组织有关云降水物理以及人工影响天气方面的学术交流和研讨。交流活动涉及云物理、层状云探测和人工影响、积状云的人工影响、人工影响天气的作业指挥和效果检验、人工影响天气作业工具、大气电过程等内容,对研究工作的深化和实施增雨作业都有重要意义,也使我国成为世界范围内实施人工影响天气作业水平最高的国家之一。2004年5月,与北京大学大气科学系、国家卫星气象中心合作,在北京大学举行了地基GPS水汽测量技术及资料处理方法研讨会,着重研讨与地基GPS水汽测量资料处理有关的技术问题。2008年6月,在北京举办飞机云物理观测方法及其应用研讨会。2015年10月,在陕西西安举办第十五届地球环境和气候探测与过程研究研讨会。2019年4月，在广东珠海举办主题为"大气探测与大气遥感"的首届中国大气物理与大气环境发展论坛等。

气候学委员会从国家经济、社会发展的需求和全球气候研究发展的热点出发，利用我国气象事业日益蓬勃发展的良好契机，紧紧围绕气候领域学科发展和国家社会、经济建设的需求举办活动。2003年12月，委员会承担和组织了学会2003年年会上的气候系统与气候变化分会场。2004年10月，与动力气象学委员会联合举办了主题为"气候动力学与气候预测"的学术交流研讨会，来自国内外的100余位专家学者出席了会议。在中国科协2005年学术年会期间，与新疆维吾尔自治区气象局、气象学会在新疆乌鲁木齐共同主办了气候变化与气候变异、生态—环境演变及可持续发展科学研讨会。2005年，在江苏苏州举办亚洲区域气候变率与气候变化学术会议。此外，委员会还开设气候变化论坛、气候评价系列报告等一系列科学论坛，切实加强在气候科学领域与有关国际组织和国际重大科学项目计划的联系与合作；通过双边合作和科学家之间的合作，共同申请科研项目进行合作研究、人员交流与培训，持续举办亚洲区域气候监测、预测和评估论坛等活动。

卫星气象与空间天气学委员会以国内外遥感应用需求为导向，以气象卫星和卫星气象发展为先导，瞄准国际卫星遥感的前沿，推动我国卫星遥感事业的发展与进步。委员会的工作重点是面向"学科建设"，尤其是如何提升卫星气象科学综合研究实力。我国是世界上少数几个同时拥有极轨和静止系列气象卫星的国家之一，是世界气象组织对地观测卫星业务监测网的重要成员。委员会按实际需求，分设卫星气象与气候、空间天气、卫星探测新技术发展、卫星环境遥感、卫星气象军事应用学组，聘请了一批有影响力的海外委员。2003年12月，组织以"地球气候和环境系统的探测与研究"为主题的学术会议。2005年1月，组织风云二号C星（FY-2C）数据处理和应用技术交流会，就FY-2C数据处理、应用、数据共享和卫星发展建议等议题进行了热烈讨论。2005年5月，举办国际遥感与空间技术多学科应用研讨会暨第二届MODIS/AIRS处理软件国际培训班。2005年10月，组织以"大气综合探测技术"为主题的学术交流会。此外，还于2006年主办农业生态与卫星遥感应用技术学术交流会，于2009年举办空间天气预报模式建模与应用研讨会，于2012年举办第一届华东区域卫星遥感应用研讨会，于2014年举办空间天气与大气环境监测研讨会，于2019年承办首届风云气象卫星国际用户大会等。

台风委员会主要负责中国气象学会理事会中关于开展台风学科建设、专业学术交流及科普活动等组织和管理的工作，以凝聚全国各台风研究机构的力量，全面树立起我国广大台风科研及台风业务工作者的团队意识，逐步提高中国的台风研究水平，从而有效提升中国台风研究的国际综合影响力。台风委员会于 2004 年 4 月与极地气象学委员会联合主办第十三届全国热带气旋科学讨论会。会议着重交流了近年来形成的台风研究和业务成果。由于台风研究工作日渐受到重视，研究队伍达到了近年少有的规模，一支以年轻研究人员为主、老中青相结合的研究队伍正在台风研究领域逐步形成。2004 年 9 月，在上海举办"台风模式比较计划"第一期研讨会。2004 年，上海台风研究所李永平研究员代表台风委员会完成了中国科协"2049 工程"上海市试点项目中有关气象教材部分的初稿编写工作，编写内容达 6 万多字，并提供了大量的多媒体材料。2017 年 12 月，举办第十八届全国热带气旋科学讨论会。2019 年 5 月，承办第十届中韩热带气旋联合研讨会等。

2004 年第十三届全国热带气旋科学讨论会现场

热带与海洋气象学委员会以开展热带区域大气和海气相互作用研究即热带气象和海洋气象方面的学术交流活动为主，汇集热带天气、气候、海洋等方面专家提出对热带与海洋气象学科的发展建议，组织专家开展热带天气气候灾害科普活动，促进学科发展。热带与海洋气象学委员会于 2003 年 10 月举办了中国热带海洋气象科学研讨会，交流台风、暴雨、热带和南海季风、热带地区的气候以及其他相关的热带天气分析、模拟和预报等。2004 年 11 月，主办热带大气气候国际学术研讨会，来自海内外的 250 多名专家学者出席大会，中国科学院院士曾庆存、黄荣辉、吴国雄、李崇银以及来自泰国、美国的专家作大会主题报告。此外，还于 2009 年 5 月在广东珠海举办全国热带与海洋气象学术研讨会，2011 年 5 月在云南昆明召开热带气象学术交流会，2012 年 11 月在广东广州召开华南海岸带灾害性天气预报技术学术研讨会暨热带与海洋气象学委员会2012年会,2019年3月在海南昌江黎族自治县召开登陆台风降水及其可预报性学术研讨会等。

干旱气象学委员会围绕国民经济、社会发展、西部大开发和气象业务现代化的需要,开展与干旱气象及生态环境相关的应用基础研究、应用研究和技术开发工作。2004年9月,在甘肃兰州组织召开了全国干旱研究学术研讨会,会议围绕我国干旱天气气候变化规律研究、干旱区天气气候特征及其变化规律、天气气候预报预测技术、干旱灾害及其影响分析研究、沙尘暴研究、干旱区水资源与环境研究等方面开展学术交流。2004年10月,在中国气象学会年会上组织干旱气候变化及其影响专题交流分会场,被年会组委会评为优秀分会场。2005年5月,在甘肃兰州举办干旱气候变化与可持续发展国际学术研讨会(ISACS)。2006年9月,与中国科学院寒区旱区环境与工程研究所、兰州大学、甘肃省气象局、甘肃省科协、内蒙古自治区科协以及台湾地区"中央研究院"环境研究变迁中心、台湾中央大学、台湾私立文化大学等单位联合组织

2005年干旱气候变化与可持续发展国际学术研讨会现场

召开海峡两岸沙尘暴及环境治理学术研讨会。2009年在甘肃敦煌举办第七届干旱气候变化与减灾学术研讨会。2020年在甘肃兰州举办区域性高温、干旱研讨会等。

气象软科学委员会以气象事业发展面临的复杂社会实践问题为研究对象,在促进决策民主化、科学化和提高管理水平等方面发挥了重要作用。2004年在北京召开气象事业发展战略专题学术研讨会。2005年在湖北宜昌召开目标管理专题学术研讨会。2006年在山东青岛召开气象人才与教育培训专题学术研讨会。2019年,在郑州举办第一届中原风云论坛等。委员会设立了气象软科学专门网站,起到了很好的咨询服务作用。委员会提交的《气象技术政策研究》《气候变化应对战略研究》《气象服务产业化研究》《气候资源开发利用与保护战略研究》《国家安全与气候变化的适应与减缓战略研究》被列入科技部国家软科学计划项目。此外,还与中国气象局气象干部培训学院共同主办《气象软科学》杂志。

大气科学名词审定委员会同时也是全国科学技术名词审定委员会的学科分支机构,具体职

责是规范和统一现有的气象名词术语，审定发布新的名词，公布废弃旧的或不合适的名词，组织名词术语研究的学术活动，整理或组织大气科学名词方面的工具书。近年来，共审定公布名词1800余条，海峡两岸名词交流5000余条。出版名词工具书3本，海峡两岸名词学术研讨会文集3本。2004年，开展了《大气科学名词》的修订工作，确定了需要修订和补充的名词800余条，完成了补充名词的释义工作，2007年第二季度由科学出版社出版发行。积极开展海峡两岸气象学名词交流，在已出版的《海峡两岸大气科学名词》基础上，继续积极与台湾地区气象学会开展名词交流工作。通过海峡两岸专家的共同研讨，以名词定名的科学性和准确性为原则，提出海峡两岸一致的定名。通过海峡两岸大气科学名词工作委员会共选择近800条比较新的名词，进行深入研讨。2006年10月，在新疆乌鲁木齐召开第四届海峡两岸大气科学名词学术研讨会。2006年底，正式出版《英汉汉英大气科学词汇》一书，收录词汇3万余条，其中包括经过审定公布的大气科学名词1800余条，气象上常用的经过相关学科公布的规范化名词4000余条，有力地推动了规范化名词在气象科研、业务和管理等部门的应用。2009年《大气科学名词》（修订版）由全国科学技术名词审定委员会审定公布。

雷电防护委员会以加强雷电专业领域的学科交叉、技术交流、行业合作和知识普及为宗旨，促进雷电学科发展，提高雷电业务以及防护工作的科技含量，促进雷电灾害防御工作的依法管理和行业自律，提高雷电防护社会经济效益，推动防雷减灾工作科学发展。雷电防护委员会自2002年开始，每年举办一次全国性高水平的防雷论坛和防雷技术与产品展览。截至2023年，已举办17届。论坛以防雷管理、防雷基础理论研究、雷电监测预警、雷电防护技术为主题。每年举办2～3次专家研讨会，对防雷管理、技术中的"热点"进行专题研讨，如2006年在西藏召开了古建筑防雷技术研讨会等，推动了民族地区防雷工作的深入发展。每年举办1～2期技术培训活动，并为会员提供各种防雷技术书籍、技术规范标准代购业务等。每年编辑发行年度《全国雷电灾害汇编》。参与组织防雷科研课题和标准化工作，完成"防雷工程资格考试大纲和题库建设"课题。2005年和2006年举办防雷企业高层座谈会，会议交流研讨了行业发展现状与问题，反映了企业的呼声和要求，维护了企业的正当权益，受到有关方面的重视。2015年在上海召开中外古建筑及石化化工基地雷电防护应用技术研讨会，来自国内外雷电防护领域的相关防雷专家近30人参会。2020年在北京召开灾害天气学术研讨会等。

雷达气象学与气象雷达委员会以促进雷达气象学和气象雷达事业的发展，促进本学科领域不同专业、不同行业的合作，促进雷达新技术的发展和应用人才的成长，加快雷达系统建设步伐，努力提高雷达技术在灾害性天气监测、预测预报、水文、交通、航空等领域的应用水平为宗旨，积极开展活动。2004年12月，在北京召开雷达气象学与气象雷达委员会在京委员座谈会，分析国内外雷达气象与气象雷达发展趋势和面临的挑战，研讨委员会重点工作。2005年5月，在四川成都召开雷达气象学与气象雷达委员会第一届学术年会，大会收到交流论文150余篇，内容涉及雷达气象学与气象雷达方面的新技术、新方法、雷达产品应用和雷达业务运行保障等领域。2005年10月和2006年5月，分别举办了美国下一代天气雷达（NEXRAD）计划业务与技术发展研讨会、美国NEXRAD计划业务保障体系与新技术发展研讨会，邀请美国国家气象局的专家作大会报告。2018年9月，在安徽合肥召开中国新一代天气雷达发展20周年学术交流会暨科技成果展。

2005年雷达气象学与气象雷达委员会第一届学术年会现场

农业气象学委员会以服务社会主义新农村建设和粮食安全问题为切入点，积极开展农业气象学术交流和服务。2005年5月14—15日，在南京信息工程大学举办了应用气象学专业建设研讨会。2005年8月，与中国农学会农业气象分会合作主办旱区农业与牧业协调发展学术研讨会，增强了相关学科的联系，活跃了农业气象与生态学学科的思想。2005年10月，在江苏苏州举办以"粮食安全与生态环境监测"为主题的学术交流会。2006年10月，在江西南昌召开全国农业气象与生态环境学术年会。2016年5月，在江苏南京举办应用气象学国际学术研讨会暨全球应用气象研究院成立大会，160多位国内外专家、学者参会，共同探讨国内外应用气象领域研究热点问题。2020年12月，在江苏南京举办全国农业气象与生态气象学术年会，来自国内多所高校、科研院所及各级气象局等单位的近150位专家学者参会。

大气化学委员会作为大气科学新兴学科的代表，集中了我国大气化学学科最优秀的专家，自2005年成立以来，对加强对我国大气化学工作的引导和设计，推动我国大气化学学科的稳定和健康发展，起到了积极的作用。委员会组织国内各有关部门的大气化学工作者协同开展工作，促进大气化学科技人才的成长和研究水平的提高，发挥大气化学在促进国民经济可持续发展和技术创新中的作用，促进国内大气化学有关项目的整合，形成我国大气化学研究的特色及综合优势，适时推出由我国科学家主导的、与国际顶层大型计划接轨的区域性联合研究计划。建立并及时更新大气化学的专家库、收集整理大气化学发展的最新动态和专家建议。指导并协助国内各地方（省、自治区、直辖市）有关部门开展大气化学工作。为制定有关的发展战略、方针政策、规划和计划，提供咨询服务和技术信息支持等。

气象经济学委员会也是中国气象学会设立的第一个挂靠在非气象机构的学科委员会。自2004年成立起，委员会打破了气象单位只研究和预报气象变化、经济学者不涉足气象经济问题、气象与经济很少被放在一起研究的状况，使气象不再是天气预报的代名词，而成为与政府决策、百姓生活和企业经营紧密联系的科学问题。委员会从气象经济学的角度，分析研究统筹城乡发展、区域发展、经济社会发展、人与自然和谐发展、国内发展与对外开放中的气象经济学问题，为中国气象事业发展"公共气象、安全气象、资源气象"的战略定位及我国气象事业和国民经济的可持续发展提供有效服务。在中国社会科学院可持续发展研究中心的大力支持下，建立包括经济、气象、气候变化、水利、农业、保险、电力、石油等多学科专家组成的会员网络，推进气象经济学研究架构的形成和研究工作的开展。主任委员潘家华和学术秘书吴向阳多次接受中央电视台和相关报刊的采访。委员会还编辑出版了《研究快讯》。

气象通信与信息技术委员会结合气象工作的特点，努力构建气象信息技术交流平台，共同研讨信息技术在气象领域的开发应用，促进数据库、网络技术、高性能计算机以及Web服务（Web Service）、地理信息系统（GIS）等技术在全国气象行业的开发与应用。组织召开以"信息技术在气象领域的开发应用"为主题的学术研讨会。每年汇编出版《信息技术在气象领域的开发应用》论文集。2011年5月，在北京召开2011年气象通信与信息技术委员会年会。2012年4月，在四川成都召开2012年学术年会。2019年3月，在北京举办科技年会等。

动力气象学委员会发挥在气象基础理论研究中的先导性作用，于2005年8月召开第六次全国动力气象学术会议，该例会每4年举办一次。2006年9月，与中国海洋大学海洋环境学院联合召开海气相互作用及其动力学问题研讨会，就海气相互作用及其动力学问题和国内外最新发展进行研讨。2006年中国气象学会年会期间，与气候学委员会共同主办气候变化及其机理和模拟分会场。通过系列学术活动的举办，促进了我国动力气象学及大气科学的发展，其中关于大气遥相关机制的研究、大气低频动力学、大气运动的连续谱、非线性动力学及其在气候变化中的应用，以及厄尔尼诺—南方涛动（ENSO）动力学及其数值模拟等处于国际先进行列。此外，还于2008年4月在江苏南京举办全国中尺度气象学术研讨会，2009年在江西景德镇召开第七次全国动力气象学术会议，2011年5月在广西北海召开气候动力学若干问题研讨暨全体委员大会，2012年10月，在湖南张家界举办第三届非线性大气—海洋科学研讨会，2013年7月在山西大同召开第八次全国动力气象学术会议，2019年10月在浙江湖州召开第六届非线性大气—海洋科学研讨会等。

气象教育与培训委员会以发展现代气象教育、培养专业化和国际化气象人才为己任。2004年10月，在兰州大学举办学术研讨会，就贯彻江泽民同志关于"军队干部要逐步走出军队自己培养和依托国民教育培养并举的路子"的指示精神和"国防军事人才培养规划及要求"展开研讨。委员会还先后就大气科学发展战略中大气科学和应用气象学两个本科专业规范、教学基本要求及内容，以及关于组建中国大气科学研究大学联合会（CUCAR）的建议等进行专题讨论，提出了大气科学教育发展战略规划、军事气象学专业（国防生）教学方案与计划、大气科学专业（本科）教学基本要求和内容、高等学校应用气象学本科专业规范、应用气象专业教学基本内容、高等学校大气科学本科专业规范、应用气象学课程教学基本要求等建议。

气象影视与广播技术委员会致力于全国电视和广播气象服务技术推广、学术研究和交流、专业培训、科普和宣传等工作，推动全国广播电视气象服务的学科和业务技术的发展与创新。2004年举办第五届华风杯全国电视气象节目观摩评比活动。2006年举办第六届华风杯全国电视气象节目观摩评比活动，世界气象组织、美国气象学会、国外气象频道和周边国家、地区等电视机构的代表参会。委员会还建立了年会制度。面向我国新一代公共气象服务体系和中国气象频道的建设，委员会加强了电视气象服务国际交流的组织工作。2003年先后组织考察了法国气象频道、加拿大气象频道、澳大利亚气象频道、日本气象频道，为中国气象频道的建设积累了经验。2006年5月，组团赴美对美国天气频道、美国国家海洋和大气管理局的天气广播和卫星广播网、NBC的公众气象服务状况、业务技术、制作传输、经营运作及发展方向等进行了考察。委员会开展的各类活动为中国气象频道的开播奠定了基础，中国气象频道于2006年5月18日正式开播。2005年，承担中国气象局"气象影视节目主持人气象广播专业资格认定条件研究"课题，组织电视气象节目主持人认证培训班两期，为气象主持人专业认证打下了基础。2016年

10月，在宁夏银川召开全国气象影视三十年暨传媒发展研讨会。2023年11月，在江西南昌举办第二十三届全国气象影视与传媒学术交流会。

气象史志委员会以史为镜，继承优良传统，以推进气象现代化建设为工作重点。通过多年的潜心研究和交流活动，整理、发掘中华民族丰富的气象史学资料，研究近代气象学和现代气象学的发展历史及发展规律。委员会还组织老一辈气象工作者撰写回忆录并整理出版多部气象史研究专著和文集，坚持"古为今用、洋为中用"，多方收集气象史料和实物，将中国历代灿烂的气象文化发扬光大。同时，也为《中国气象史》（2004年版）的编撰做出了重要的贡献。

天气与极地气象学委员会在极地与青藏高原研究、亚洲季风研究、暴雨研究、热带气旋研究和预报研究及大气环流动力学理论研究方面开展了大量的协作与交流活动，对我国天气与极地气象学研究的深化产生了不可估量的作用，使天气预报技术手段更为丰富，预报时效进一步延伸，预报准确率得到提高，预报服务更为精细，服务能力大幅提升，在国民经济、社会发展和减灾防灾中发挥了举足轻重的作用。

城市气象学委员会旨在及时追踪国际前沿科学技术，共同探讨城市气象关键技术研究，坚持"引领学术发展、促进学科建设、营造创新氛围、培养科技人才，促进科技协作"的要求，提升城市气象科学的学术氛围。为国内城市气象科技工作者提供学术交流的平台，提供了解国外城市气象学科发展动态的机会。委员会于2011年6月，在北京召开城市气象探测技术应用研讨会。2012年11月，在广东深圳举办首届城市气象论坛，论坛主题为"城市与气候变化"，从城市气象观测、城市群大气环境污染、城市精细化天气预报、城市减缓和适应气候变化等方面进行了口头报告和墙报交流，70余位专家学者参会交流。2021年10月，以线上方式举办第八届全国城市气象学术论坛。2023年5月，在河北雄安新区举办第九届全国城市气象学术论坛。

2023年第九届全国城市气象学术论坛现场

高原气象学委员会以高原气象学为研究中心，围绕高原气象学科发展和国家社会、经济建设需求，以召开委员会全会、学术年会、专题学术研讨会以及前沿论坛等多种交流方式，促进高原气象学科与整个气象行业的联系，参与气象现代化建设，促进气象科技知识的普及，为气象科学事业的蓬勃发展做出贡献。委员会于2009年在贵州举办高原山地气象研究暨西南区域气象学术交流会。2010年10月，在西藏山南举办高原山地气象研究暨西南区域气象学术交流会（第四届高原气象论坛）。2012年10月，在重庆举办2012年高原山地气象研究暨西南区域气象学术交流会。2019年10月，在福建厦门举办高原山地气象研究暨高原与盆地暴雨旱涝灾害四川省重点实验室学术交流会等活动。

气候变化与低碳发展委员会以提高气候变化学术交流和科技知识普及宣传能力为出发点，围绕适应与减缓气候变化相关领域的学科发展开展工作，提升全社会对应对气候变化和低碳发展的责任意识和行动意识。委员会于2014年8月，在内蒙古呼和浩特举办第三届区域气候变化监测与检测学术研讨会。2016年5月，在湖北武汉召开第四届区域气候变化监测与检测学术研讨会。2018年8月，在宁夏银川举办第五届区域气候变化监测与检测学术研讨会。2021年10月，在贵州贵阳举办第六届区域气候变化监测与检测学术研讨会。

人工影响天气委员会以"探索、求实、创新、协作"为宗旨，围绕"繁荣学术交流，促进学科发展"中心任务，坚持学术交流和组织建设工作并重，积极开展学术交流与科技咨询活动，强化教育培训与宣传工作，深化委员会运行机制建设，推进我国人工影响天气的稳定健康发展。委员会于2008年10月，在吉林长春举办中国人工影响天气事业50周年纪念大会暨第十五届全国云降水与人工影响天气科学会议。2018年9月，在陕西西安召开全国人工影响天气60周年科技交流大会。2020年9月，在宁夏固原召开全国人工影响天气技术与方法交流。2023年3月，在广东深圳举办人工影响天气创新发展论坛等活动。

数值预报委员会围绕数值预报业务发展的前沿技术和未来发展方向，积极组织数值预报学术活动，推动了我国数值预报研发和业务的发展。委员会于2008年4月，在湖北武汉举办全国数值预报发展与应用研讨会。2011年12月，在北京召开2011年数值预报发展交流会。2012年11月，在山东曲阜举办2012年全国数值预报研讨会。2018年4月，在江苏无锡举办2018年全国数值预报研讨会。2020年1月，在北京召开新一代静止气象卫星资料同化研讨会。2022年8月，在内蒙古阿尔山举办2022年全国卫星数据同化研讨会暨首届云雨区卫星数据同化研讨会。2023年10月，在浙江绍兴举办全国卫星数据同化研讨会暨首届国产卫星数据同化应用研讨会。同年11月，在重庆举办2023年全国数值预报技术交流研讨会等活动。

统计气象学与气候预测委员会旨在研究气候变异的事实、特征、规律、科学成因、可预测性、气候预测基础理论和方法等。委员会于2009年举办中国气候变化探讨会。2010年5月，在北京召开短期气候预测学术研讨会。同年12月，在吉林长春举办2010年度短期气候预测联合学术研讨会。2012年7月，在山东烟台举办气候预测研究战略研讨会和学术交流会等活动。2017年，举办中国气象学会统计气象学与气候预测委员会全体委员会议暨东亚气候及预测研讨会等。

多年来，中国气象学会凭借自身机制和组织构架，独立或联合举办了多种多样的学术交流活动，为气象领域和相关行业的专家学者提供了展示和讨论最新研究成果的平台，通过分享最新的科研成果、技术方法和创新思路，激发了越来越多学者对气象科学的热情和兴趣，不断推动着气象科学的学术创新和发展，促进气象科学研究成果在社会经济发展中的应用，更好地为农业、交通、能源、环境等领域提供精准的气象服务，从而推动社会经济的可持续发展。

第五节　气象科普活动

党的十一届三中全会以来，中国气象学会的气象科普工作迎来了一个空前繁荣的时期。作为学会工作的两大支柱之一，继承和发扬学会重视开展气象科普的传统，把普及气象科学知识、提高公众的气象意识、促进社会主义精神文明建设作为学会的基础工作来抓。气象科普工作既是学会组织的责任，也是学会发展的机遇。近年来，中国气象学会全面贯彻落实习近平总书记关于科普工作的重要论述，贯彻实施《全民科学素质行动规划纲要（2021—2035年）》《关于新时代进一步加强科学技术普及工作的意见》等文件精神，围绕新形势新需求，面向社会与公众，创新气象科普形式，建设气象科普网络，壮大气象科普队伍，拓展气象科普渠道，丰富气象科普手段，提升开展气象科普工作的能力，全面推进学会气象科普工作。

一、气象科普工作的组织领导与规划协调

中国气象学会通过召开系列专门会议，加强制度建设，强化对科普工作的组织领导与规划协调，保证气象科普工作健康有效地开展。

1980年1月7—10日，中国气象学会在云南昆明召开气象科普工作委员会扩大会议，气象科学普及工作委员会开始进入正常运转，气象科普成为与学术交流同样重要的学会支柱性工

作。会议集中研究了《关于创办〈气象知识〉的初步设想》《关于编写〈气象知识丛书〉的初步设想》《关于协助拍摄气象科教电影的初步设想》《关于科学普及活动奖励试行办法》等重要问题。会议提出，搞好气象科普"要依靠党的领导"，开展气象科普工作，重要的是要"有一个组织"。

1981年9月，在浙江杭州召开全国气象科普创作会议。在各省（自治区、直辖市）气象学会推荐的基础上，评选出气象科普创作先进集体17个、先进个人58名、优秀气象科普图书11本、优秀科普文章4篇。

1982年4月1—6日，中国气象学会科普工作会议在重庆召开。参加会议的有学会气象科普工作委员会委员、各省级气象学会的代表以及新闻、出版、广播、电视、电影等单位的特邀代表共110人。这是一次对学会科普工作具有重要指导意义的工作会议。学会气象科普工作委员会主任委员陈少峰作了气象科普工作两年来的基本总结和今后主要任务的报告，传达了国务院副总理万里"给农民普及气象知识很重要，可以多编点小册子"的指示。会议对今后中国气象学会气象科普组织体系的形成，以及科普工作的形式和途径等提出了比较完整的框架，凸显了气象学会在科普工作中的主力军作用。中央气象局党组书记薛伟民、副局长邹竞蒙分别在会议文件的报告上作了批示。领导的重要批示是对全体气象科普工作者的勉励，增强了大家做好气象科普工作、开创气象科普工作新局面的信心。

1983年10月19—24日，在浙江宁波召开第二届气象科普工作委员会和《气象知识》编审会第一次全体会议。与会代表120人，会议由副主任委员陈少峰、王鹏飞主持。

1984年4月25日，在北京召开气象科普工作委员会常务委员会第二次会议。会议由副主任委员陈少峰主持，就1984年气象夏令营活动和在中国气象学会六十周年纪念活动期间进行科普奖励工作作出决议。

1984年8月29日—9月4日，在新疆乌鲁木齐召开气象科普工作委员会会议，会议对各省（自治区、直辖市）推荐的科普先进集体、个人及优秀科普作品进行评选，共评选出科普先进集体11个、先进个人20名，优秀气象科普图书15本，优秀短篇作品17篇（含广播稿6篇）、电视录像6部。

1985年5月3—8日，在贵州安顺召开全国科普经验交流会议，对《中国气象学会1986—1990年气象科学技术普及工作规划（讨论稿）》进行了认真的讨论。同年8月16—19日，在吉林白山召开全国青少年科技活动座谈会，就青少年气象科技活动规划进行认真讨论和修改。9月30日，印发《中国气象学会1986—1990年科普工作规划》。12月30日，印发《中国气象学会1986—1990年青少年气象科技活动规划》。

1985年5月中国气象学会科普经验交流会全体代表合影

1987年5月19—24日，在山东青岛召开第三届气象科学普及工作委员会扩大会议，与会者97人。会议总结了4年来开展气象科普工作的经验，提出了未来4年的工作规划及未来两年的主要工作计划。

1989年8月20—24日，在宁夏银川召开气象科学普及工作委员会常务委员会第八次扩大会议。共评选出科普先进集体27个、先进个人34名、优秀气象科普图书13本、优秀短篇作品31篇（含广播稿3篇）、优秀科普电视录像片10部、科普电影6部。会前，气象科普工作委员会主任委员邹竞蒙就科普评奖工作及科普工作的重要性、发展方向等问题作了重要指示。

1991年11月6—9日，在广西北海召开第三届气象科学普及工作委员会扩大会议，与会代表70余人，秘书长彭光宜出席会议并讲话。会议研讨交流了气象科普相关事宜。

1994年6月28日—7月2日，在辽宁大连召开第四届全国气象科普工作先进集体（工作者）和优秀气象科普作品奖评审会，对1989年1月—1993年12月的气象科普工作和科普作品进行评选。共评选出先进集体26个、先进个人35名、优秀气象科普图书15本、优秀科普文章46篇、优秀科普影视片10部。其中，有3本气象科普图书获得特别奖。

1996年中国气象局中气人发〔1996〕54号文同意建立由中国气象局办公室、科教司、计财司和中国气象学会秘书处共同组成的中国气象局科普工作协调小组。下设中国气象局科学技术普及办公室，挂靠在中国气象学会秘书处。

为进一步贯彻执行中共中央、国务院《关于加强科学技术普及工作的若干意见》和全国科普工作会议精神，中国气象学会与中国气象局于1997年9月10—12日在北京联合召开第一次全国气象科普工作会议。中国气象局局长温克刚致开幕词。大会宣读了国家科委主任邓楠发来的贺信。中国气象学会常务理事、中国气象局副局长马鹤年作工作报告。报告回顾了改革开放以来的气象科普工作，分析了气象科普的重要意义和作用，以及气象科普工作存在的不足和差距，明确了今后气象科普工作的主要任务。中国气象学会理事长邹竞蒙发表讲话，强调气象科普工作是整个气象科技事业的重要组成部分，是沟通气象与社会的"桥梁"，在提高气象工作的社会经济效益方面有不容忽视的促进作用，学会要发挥科普主力军作用，调动全行业的力量，发挥各自优势，使气象科普工作上一个新台阶。大会讨论并通过了《中国气象局、中国气象学会关于加强气象科学技术普及工作的意见》。这次会议标志着气象科普管理职能的进一步加强，使气象科普活动由过去主要侧重于气象科技知识的普及向科学知识、科学方法和科学思想的全面普及转变，气象科普由气象行业各单位组织开展向统一、协调、有序开展的转变。来自国家科委、中国科协及有关部、委、局的领导和各省（自治区、直辖市）气象局、各省（自治区、直辖市）气象学会和计划单列市气象局、气象学会及有关部门的负责人共150多位代表参加了会议。国家气象中心《天气预报》节目组等39家单位、郑大玮等40位个人被评为"全国气象科普先进集体"和"全国气象科普先进个人"，并受到大会表彰。会后下发了中国气象学会、中国气象局《关于加强气象科学技术普及工作的意见》。

1997年第一次全国气象科学技术普及工作会议现场

1998年，在四川成都召开第五届全国气象科普工作先进集体（工作者）和优秀气象科普作品奖评审会，共评选出先进集体39个、先进个人40名、优秀气象科普图书6本、优秀科普文章37篇、科普影视片8部。

2000年9月19—21日，与中国气象局联合在宁夏银川召开全国气象科普工作办公室主任暨气象科普基地建设经验交流会。来自全国各省（自治区、直辖市）和计划单列市气象局的科普办公室主任、气象科普基地负责人等60余人参加了会议。会议总结了3年来全国气象科普工作的成绩与面临的问题，提出了未来几年气象科普工作的重点。

为全面贯彻落实《中华人民共和国科学技术普及法》（以下简称《科普法》）和第三次全国科普工作会议精神，谋划未来气象科普工作的发展，2003年12月5—6日，与中国气象局联合召开第二次全国气象科普工作会议。全国人大、全国政协、中国科协、教育部、团中央等中央单位有关领导到会祝贺。来自全国各省（自治区、直辖市）气象局、气象学会及计划单列市气象局、气象学会和中国气象学会各理事单位的代表约150人参加了会议。大会由中国气象局副局长刘英金致开幕词，强调气象科普工作是推动中国气象事业发展的重要力量。中国气象学会副理事长唐万年就关于起草《中国气象局、中国气象学会关于贯彻〈科普法〉的意见》的目的、意义、经过和主要内容作了说明。中国气象学会理事长伍荣生作了《充分利用学会优势，发挥科普主力军作用》的讲话。中国气象学会副理事长、中国气象局副局长郑国光作了题为《认真贯彻实施〈科普法〉，全面开创新时期气象科普工作新局面》的工作报告。工作报告系统总结了

2003年第二次全国气象科普工作会议现场

自 1997 年第一次全国气象科普工作会议以来气象科普工作的主要成绩与成功经验，提出了今后气象科普工作的主要任务和措施。

在这次大会前，学会根据《科普法》和国务院副总理李岚清及科技部部长徐冠华在第三次全国科普工作会议上的讲话，走访有关学会，结合气象部门实际情况，起草了《中国气象局、中国气象学会关于贯彻〈科普法〉的意见》，在征求各方面的意见后，进行多次修改，使两个文件更加符合气象行业的科普工作的实际。经中国气象局和中国气象学会常务理事会批准，于 2004 年 12 月 1 日正式印发。《中国气象局、中国气象学会关于贯彻〈科普法〉的意见》从 8 个方面提出了具体意见，是国内较早由部门和学会联合下发的贯彻《科普法》的专门文件，受到各方面的关注和重视。

2008 年 11 月 17—18 日，与中国气象局联合在北京召开第三次全国气象科普工作会议。中国气象局局长郑国光出席开幕式并致辞，科技部副部长李学勇向大会发来贺信，中国科协书记处书记宋南平发表讲话。中国气象学会理事长秦大河主持会议并致辞，中国气象局副局长沈晓农作工作报告，来自全国气象行业的 180 余名代表参加大会。人民日报、新华社、光明日报、科技日报、科学时报、中国气象报等在京主要媒体参与会议采访。大会对气象行业 48 个全国气象科普工作先进集体、42 名全国气象科普先进工作者进行了表彰，并命名 32 家单位为第二批全国气象科普教育基地。会议期间，著名科普专家、中国科技馆原馆长王渝生研究员为大会作了题为《创新文化与科学普及》的科普报告。

2012 年 10 月 26 日，在北京与中国气象局、科技部、中国科协联合举办第四次全国气象科普工作会议。中国气象局党组书记、局长郑国光，中国科协书记处书记徐延豪、科技部政策法规司副司长王宇出席会议并讲话。中国气象局党组副书记、副局长许小峰主持并作工作报告，会上通报了第三批全国气象科普教育基地名单。会上，郑国光要求，继续发挥气象科普工作在公共气象服务中的作用，提高气象科普的针对性和有效性，并逐步构建气象科普社会化工作格局，提升气象科普的能力和水平。

2015 年 7 月 8 日，第二十八届理事会气象科学普及工作委员会成立大会召开，委员会主任委员、中国气象局副局长许小峰及来自气象部门、科研院所、大学、传媒界、省气象学会等 30 多位委员以及特聘顾问许健民院士、丁一汇院士、林之光研究员等参加了会议。

2019 年 12 月 18 日，在中国科协倡导下，由 125 家具有重要影响力的企业、媒体、学会、高校、科研文化机构共同发起的中国公众科学素质促进联合体在北京成立。成立联合体的目的是探索中国科普事业新模式，打造社会化科普新引擎。中国气象学会作为发起学会之一，参与了中国公众科学素质促进联合体的组建工作，并竞选成为常务理事单位。

近年来，学会积极参与制定及修订了《气象文化建设"十二五"规划》《气象科普发展规划》《全国气象科普教育基地管理办法》《气象科普教育基地创建规范》《中国气象学会科学传播专家团队管理办法（试行）》《气象教育特色学校管理办法（试行）》《气象科普宣传品网上商城管理办法》等一系列规章制度，为进一步推动气象科普工作科学规范发展奠定了基础。

二、气象科普品牌活动

（一）世界气象日纪念活动

世界气象日纪念活动是开展社会化气象科普宣传的重要形式。自1980年起，每年3月23日的世界气象日前后，学会均与中国气象局联合举办纪念活动，根据每年世界气象组织确定的世界气象日主题，联合各相关部门开展有针对性的主题宣传活动。采取座谈会、报告会、纪念会、气象台站向社会开放、咨询服务活动、编印宣传材料、出版《中国气象报》专刊等形式，向社会普及气象知识、气象科技的发展、气象工作在社会发展中的作用，使各界人士更多地了解气象工作的重要性，更多地关心、支持气象事业的发展。这一活动也成为每年新闻界和社会大众关注的热点。

1984年的世界气象日主题为"气象为农业服务"，3月23日，在北京召开了世界气象日纪念大会，1900余人参会。农牧渔业部部长何康、中国气象学会理事长叶笃正、世界气象组织第二副主席邹竞蒙等出席了报告会，世界气象组织秘书长的代表莫锐尔博士等外国专家应邀参加了报告会。何康部长作了题为《农业离不开气象，气象要为农业现代化服务》的报告。1985年的世界气象日主题为"气象与公共安全"，在由叶笃正理事长主持的报告会上，国家气象局副局长骆继宾、水电部总工程师冯寅、交通部科技局局长李实、农牧渔业部水产局局长涂逢俊、中国民用航空局副局长阎志祥到会并作了专题报告，500多人出席了报告会。1987年3月23日，与国家气象局联合在北京举办"气象——国际合作的一个典范"世界气象日报告会，全国人大常委会副委员长严济慈、中国科协副主席裘维蕃以及500多位各界人士参加了报告会，以克莱因为团长的美国民间气象代表团也应邀到会。国家气象局局长邹竞蒙和美国民间气象代表团埃森温格教授围绕气象国际合作分别作了报告。1988年3月22日，围绕世界气象日的主题"气象与宣传媒介"，与国家气象局联合在北京召开记者招待会。中国气象学会副理事长兼秘书长章基嘉在会上作了题为《气象离不开宣传媒介》的专题讲话。会后，安排记者们参观了中央气象台和卫星气象中心。

1989年世界气象日纪念活动现场　　　　　　　　1990年世界气象日纪念活动现场

　　1990年3月23日，为纪念世界气象日和世界气象组织成立40周年，与国家气象局、水利部及水利学会联合召开以"气象和水文部门为减轻自然灾害服务"为主题的座谈会，国务委员、国家科委主任宋健出席会议并讲话，国家气象局、水利部、民政部、农业部的领导到会并讲话。1996年3月23日，与中国气象局、国家体委在北京联合举办世界气象日纪念座谈会，国家体委主任伍绍祖就气象服务是体育运动的有力保障作了主题报告。1997年3月23日，组织近百位专家在北京围绕世界气象日主题"天气与城市水问题"举行了纪念宣传咨询活动，共接待3000余人次的咨询。1999年3月21日，与中国气象局、卫生部、北京市气象局、北京气象学会在北京举办"天气、气候与健康"大型宣传咨询活动，以纪念"3·23"世界气象日，前往咨询的人数近2000人。

　　2000年3月21日，围绕世界气象日主题"世界气象组织——50年服务"，与中国气象局在北京联合召开世界气象日座谈会，邀请外交部、水利部、海洋局、民航总局、环保局和新闻单位的代表参加，《气象知识》杂志社为此出版了纪念特刊。2006年3月，以"预防和减轻自然灾害"为主题，联合中国气象局在北京举办为期一周的世界气象日纪念活动。邀请几十位两院院士、专家举办世界气象日座谈会，举办中国气象科技展厅开馆剪彩仪式，开放中央气象台、中国气象科技展厅、气象卫星展厅和华风影视大楼等科普基地，其中，中国气象科技展厅是建成后的首次开放，接待近2万公众参观。2011年3月20日，联合中国气象局、教育部、中国科协等部门在北京举行"气象科普进学校"活动启动仪式，向11所中小学校赠送科普书籍，向全国各级气象学会提供宣传品15000份。2014年3月11—27日，围绕世界气象日主题"天气和气候——青年人的参与"，联合8个省（直辖市）气象学会共同举办气象科普报告会24场，邀请了2位院士和18位气象专家作科普报告，共有8300多名大中小学生和热心气象的社会各界人士听取了报告。此后,每年世界气象日纪念活动期间,都组织开展全国气象科普系列报告会。2024年围绕世界气象日主题"气候行动最前线",组织中国气象局园区开放日活动,联合全国各级气象学会举办第十一届全国气象科普系列报告会,组织全国气象科普教育基地开放等活动。

至2024年,世界气象日纪念活动已举办了整整45年。每年围绕世界气象日主题,联合全国各级气象学会和全国气象科普教育基地,面向社会公众,发挥气象科学传播专家团队的作用,汇集各方资源,努力创新气象科普的内容与形式,组织开展了丰富多彩的气象科普主题活动。除了在全国范围内向公众开放气象园区、气象观测场、业务平台、科普场馆,组织全国气象科普系列报告会等传统活动外,还不断创新方式方法,借助人工智能小胖机器人普及气象科学知识,联合《知识就是力量》杂志社合作出版世界气象日主题专刊,开展全国气象摄影大赛作品征集、气象知识有奖竞答、青少年手抄报展评等活动,活动覆盖人群逐年增多,影响力不断扩大。

(二)全国青少年气象夏令营

组织气象夏令营活动,是中国气象学会向青少年传播气象科技知识的重要方式。自1982年在福建厦门举办首届全国青少年气象夏令营以来,共举办了40届全国青少年气象夏令营,为广大青少年提供了学习气象知识、了解社会、接触大自然、认识祖国大好河山的机会,成为提高青少年气象科学水平、增强气候意识,以及接受爱国主义、集体主义和革命传统教育的重要方式。历届夏令营主题鲜明,特色突出,内容丰富,组织有序,安全程度高,得到各方面的广泛好评。许多营员发自内心地说:"气象夏令营给我留下了终生难忘的回忆。"数百名参加过气象夏令营的学生选择报考气象院校,成为气象队伍中的一员。夏令营活动举办期间,全国各地气象学会除组织参加总营活动外,还在各地设立分营,开展形式不同、风格各异的气象夏令营活动。近年来,中国气象学会还结合气象科技扶贫工作,在北京组织了两期由贫困地区青少年参加的"气象科技扶贫夏令营"活动。

第37届全国青少年气象夏令营营员合影

观测员为全国青少年气象夏令营营员讲解牧草观测知识

2011年恰逢全国青少年气象夏令营举办30周年，学会组织开展了一系列纪念活动。联合中国气象报社等单位开展了"气象夏令营——我的难忘之旅"夏令营征文活动。在中国气象局科技大楼举办了"全国青少年气象夏令营30年图片展"。由中国气象学会策划、华风气象传媒集团制作的《我爱气象夏令营》专题片在中国气象频道播出，并获得在海南举办的第七届中国纪录片国际选片会入围作品奖。

（三）气象防灾减灾宣传志愿者中国行

2007年，"气象防灾减灾宣传志愿者中国行"大型科普活动首次举办，志愿者们深入基层、农村、学校、社区等地，通过面对面讲解、发放宣传资料、现场演示等方式，向公众普及气象防灾减灾知识。同时，利用社交媒体、网络平台等渠道扩大宣传范围，强化宣传效果。2017年6月30日，举办了"气象防灾减灾宣传志愿者中国行"活动十周年总结会。

"气象防灾减灾宣传志愿者中国行"活动经过16届的实践与探索，已发展成为由国家多个部委主办、全国30余所高校参与的全国性志愿者品牌活动，已成为普及气象防灾减灾知识、提升公众应对气象灾害能力的有效形式和途径。活动累计组织了23000余名志愿者深入到12574个行政村，开展气象防灾减灾科普宣传工作，发放宣传资料2660余万份，惠及群众1100余万人次，为公众增强应对气候变化意识，提升气象防灾减灾能力做了大量卓有成效的工作。该活动曾获得中国气象局"创新工作特别奖"和第六届"中国地方政府创新奖·特别奖"。依托活动建设的气象科普文化获得"高校校园文化建设优秀成果奖"和"全国大学素质教育优秀品牌活动评选"金牌。2019年该活动入选第二届世界公众科学素质促进大会案例展览。

2019年第十二届"气象防灾减灾宣传志愿者中国行"活动启动仪式现场

（四）全国气象科普讲解大赛

为提升气象科学传播能力，使气象科技发展成果更多更广泛地惠及公众，2015年5月，中国气象学会、中国气象局举办首次全国气象科普讲解大赛。活动以"气象创新 科技惠民"为主题，来自全国各省（自治区、直辖市）的62名选手参加了比赛。自2015年至2024年，全国气象科普讲解大赛每年持续举办，累计有千余名选手参赛，选手围绕气象基础知识、气象防灾减灾、气候变化、气候资源开发利用等内容，通过丰富的案例、生动的比喻和实验演示，将复杂的气象知识变得通俗易懂，提高了公众对气象科学的认知水平和兴趣，促进了气象科学知识的广泛传播，激发了更多人对气象科学的兴趣和探索欲望。大赛中涌现出的优秀气象科普讲解人才，成为推动气象科普事业发展的重要力量。

2019年全国气象科普讲解大赛现场

（五）全国气象科普教育基地创新活动

全国气象科普教育基地是组织开展气象科普活动的重要阵地。自2017年起，中国气象学会组织全国气象科普教育基地（以下简称科普基地）每年在全国科技活动周和全国科普日等大型科普活动期间开展基地开放、科普报告、研学实践、知识竞赛、技能培训、科学实验、科普体验、科普游园会、展览展示等主题鲜明、形式多样、内容丰富的创新科普活动。以"走出去、请进来"、线上线下深度融合的形式，推动气象科普进机关、进企事业、进农村、进社区、进校园、进军营等，旨在通过开展系列化重点活动，打造精品科普品牌，强化优质科普产品供给，更好地发挥气象科普教育基地面向社会传播气象知识、推广最新气象科技成果、展示气象行业形象的重要窗口作用。

8年来，在全国31个省（自治区、直辖市）共支持249家科普基地（综合类207家、校园类38家、社区类4家）开展了丰富多彩的气象科普宣传活动，惠及社会公众超4394.55万人，取得了良好的社会效果。科普基地联合行动，推动了气象科普工作多元化、特色化、常态化，发挥了丰富公众精神文化生活、提升全民科学文化素质的作用。

（六）全国气象科普系列报告

2014—2024年，中国气象学会连续11年组织全国气象科普系列报告，围绕世界气象日主题，发挥气象专家的力量，走进大中小学校、社区、军营和科技馆，共计报告522场，线上线下覆盖达3268万人次。

（七）校园气象科学展评活动（详见校园气象科普教育部分）

三、气象科普教育基地

中国气象学会始终将加强气象科普教育基地建设，提升全社会防灾减灾综合能力，提高全民气象科学素质作为工作重点。按照中共中央办公厅、国务院办公厅《关于新时代进一步加强科学技术普及工作的意见》《全民科学素质行动规划纲要（2021—2035年）》《气象高质量发展纲要（2022—2035年）》等重要文件精神，围绕公众和社会需求，提高气象科普教育基地服务能力、管理水平和活动品牌效应，融合社会资源、深化交流合作，促进气象科普教育基地持续健康发展。

全国青少年科技教育基地。1999年，科技部、中宣部、教育部和中国科协评选命名首批百家"全国青少年科技教育基地"，中央气象台、南京北极阁气象科普基地、贵州省气象台、宁夏回族自治区气象台、广西壮族自治区气象台5个气象行业单位入选。2002年开展了第二批"全国青少年科技教育基地"评选，中国气象局国家卫星气象中心、天津市气象科技展览馆等12个单位入选。至此，气象部门入选"全国青少年科技教育基地"17个。入选率居国务院各部门之首。

全国科普教育基地。1999年，中国科协命名的首批200个"全国科普教育基地"中，北京市气象台、黑龙江省气象台、江西省气象科普教育基地、山东省气象台、武汉中心气象台、广东气象科普教育基地、广西壮族自治区气象台、云南省气象台、陕西省气象科普教育示范基地、延安市气象台、宁夏回族自治区气象台等11个气象行业单位入选。此后，中国科协又陆续命名了多批全国科普教育基地。2021年，中国科协重新组织开展2021—2025年首批全国科普教育基地认定工作，中国气象学会推荐的北京市气象探测中心（北京市观象台）、中国北极阁气象博物馆、厦门市青少年气象天文科普基地等单位入选，气象行业有44个单位被中国科协命名"全国科普教育基地"。

全国气象科普教育基地。2003年，联合中国气象局在气象行业内开展首批"全国气象科普教育基地"认定工作。中央气象台、上海浦东气象科普馆、江苏省连云港市花果山气象科普馆等47个单位入选。在当年全国气象局长会议上，举办了隆重的气象科普教育基地授牌仪式。中国气象学会伍荣生理事长和中国气象局秦大河局长共同为其授牌。2005年7月，联合中国气象局印发《全国气象科普教育基地管理办法》和《全国气象科普教育基地标准》，明确科普教育基地是重要的公益性基础设施，是宣传普及气象科学知识的重要载体，应履行《科普法》等法律法规赋予的职责，享受政策优惠。上述两个文件对气象科普教育基地建设和管理起到重要的指导作用，促进了气象科普教育基地建设的健康发展。

2008年，联合中国气象局开展第二批"全国气象科普教育基地"评审工作，30个单位被确定为第二批全国气象科普教育基地。2006—2010年，分别命名中国台风博物、北京理工大学附属中学等6家为全国气象科普教育基地。2012年，在开展的第三批"全国气象科普教育基地"认定工作中，首次将校园气象站纳入认定范围。61家单位被确定为第三批全国气象科普教育基地。其中，26所中小学校入选。

2014年6月，中国气象局、中国气象学会联合印发修订的《全国气象科普教育基地管理办法》，正式将校园气象站和基层防灾减灾社区（乡镇）纳入全国气象科普教育基地的认定范围，全国气象科普教育基地认定范围扩展为三类：综合类、示范校园气象站、基层防灾减灾（乡镇）类。

2015年11月完成全国气象科普教育基地信息网建设工作。近年来，持续完善和优化全国气象科普教育基地信息网的功能和流程，借助网站加强对科普基地运行的日常管理、活动申报、项目申报、年度考核、科普基地认定等工作。2015年底，首次在全国气象科普教育基地信息网上开展了全国气象科普教育基地年度考核工作。

2015年，组织开展第四批全国气象科普教育基地认定，首次将基层防灾减灾社区（乡镇）纳入认定范围。70个单位被确定为第四批"全国气象科普教育基地"，其中12个基层防灾减灾社区（乡镇）入选。2017年完成第五批"全国气象科普教育基地"认定工作，评选出68个单位（综合类36个、示范校园气象站24个、基层防灾减灾社区（乡镇）类8个）为"全国气象科普教育基地"。2019年完成第六批"全国气象科普教育基地"认定工作，新增科普基地67个（综合类 37 个、示范校园气象站 21 个、基层防灾减灾社区（乡镇）类 9 个）。2020 年完成第七批"全国气象科普教育基地"的认定工作，61 个单位入选（综合类 33 个、示范校园气象站 24 个、基层防灾减灾社区（乡镇）类 4 个）。2022 年，开展第八批"全国气象科普教育基地"认定工作，62 个单位（综合类 35 个、示范校园气象站 22 个、基层防灾减灾社区（乡镇）类 5 个）被认定为"全国气象科普教育基地"。自 2015 年起，每年开展科普基地考核工作，到 2023 年有 2 家基地被合并，12 家基地被撤销"全国气象科普教育基地"资格。至 2024 年，共有全国气象科普教育基地 458 家（综合类 280 家、示范校园气象站 143 个、基层防灾减灾社区（乡镇）类 35 个）。2024 年底将开展第九批"全国气象科普教育基地"认定工作。

2017 年 12 月初，学会秘书处首次对福建省和江西省的 10 个全国气象科普教育基地进行了针对性检查与调研。2020 年 12 月出台《气象科普教育基地创建规范》。2021 年，组织开展了全国气象科普教育基地展区升级改造项目（2022—2024 年）推荐工作，5 家单位被推荐为 2022 年项目；10 家单位被推荐为 2023—2024 年项目备选，为全国气象科普教育基地升级改造提供项目和资金支持。

全国中小学生研学实践教育基地。2017 年配合中国气象局科技司，向教育部推荐第一批"全国中小学生研学实践教育基地"，广州市花都区气象天文科普馆、中国北极阁气象博物馆、贵州黔东南州气象台等 3 家单位入选并获得资助。2018 年，中国气象科技展厅等 8 家基地入选教育部第二批"全国中小学生研学实践教育基地"。

国家气象科普基地。2020 年中国气象局、科技部联合组织开展首批"国家气象科普基地"的认定工作。经各地气象、科技主管机构审核推荐，组织专家评审，面向社会公示等程序后，中国气象局、科技部决定，认定中国气象科技展馆及系列专题科普展区等 16 个基地为首批"国家气象科普基地"。

科学家精神教育基地。2022 年，中国科协、教育部、科技部等 7 部委联合发布了首批"科学家精神教育基地"名单。中国气象学会推荐的叶笃正气象科普馆入选。2023 年中国科协等 7 部委联合开展了第二批"科学家精神教育基地"认定，中国气象学会推荐的中国北极阁气象博物馆入选。气象行业共有 4 家基地被命名为"科学家精神教育基地"。

气象科普教育基地是开展气象科普工作的重要载体，是提升公共气象服务质量的重要途径，是展示气象部门形象的重要窗口，也是实现气象事业高质量发展的必然要求。加强科普基地建设，对提升全社会防灾减灾综合能力，提高全民气象科学素质具有重要意义。

四、校园气象科普教育

中国气象学会高度重视校园气象科普教育，在校园气象科普教育方面开展了大量创新性工作，遵循"汇聚、共享、合作、创新"的理念，构建校园气象科普教育的框架体系。

（一）加强校园气象制度建设，开展校园气象教育特色学校命名工作

多年来，持续加强校园气象制度建设，旨在通过"一站、一团、一课堂、活动+实践、评奖、项目和交流"的方式，帮助广大中小学校高效开展校园气象科普教育。

2010年，中国气象局、中国气象学会正式命名北京理工大学附属中学"全国气象科普教育基地"称号，是"全国气象科普教育基地"首次落户校园，2012年首次将示范校园气象站纳入全国气象科普教育基地认定范围，截至目前，共有143家示范校园气象站进入全国气象科普教育基地行列。

2019年推出并实施校园气象科普教育整体解决方案以来，每年不断完善和优化，推进多方共建，搭建气象部门、教育部门、社会企业各方面力量同校园和青少年之间的桥梁，为中小学生探究气象科学提供良好的平台。

2020年制定《气象教育特色学校管理办法》，首次启动气象教育特色学校评选工作，现共有94所中小学校获评"气象教育特色学校"称号。通过筑牢塔基，发挥全国气象科普教育基地——示范校园气象站的作用，培育气象教育特色学校，推动学校更好地开展校园气象科普教育。

2021年制定校园气象科普教育示范市（县）命名要求（试行），推动并命名温州市苍南县为"校园气象科普教育示范县"。

（二）丰富校园气象科普资源，夯实校园气象科普教育内容

中国气象学会通过搭建校园气象科普教育资源平台，整合众多优质资源，集合优秀案例，开展气象科普活动和科学实践，帮助广大中小学校高效开展校园气象科普教育。2020年组建校园气象科普教育网以来，汇聚校园气象站20个，气象科学课程10类共134节，讲座视频及课件资源66个。

校园气象站应用于中国农业科学研究院附属小学、上海市松江区岳阳小学、北京市汇文实验中学、陕西省延长县七里村镇呼家川完全小学、北京交通大学附属中学第二分校、广东省佛山市南海区伯奇学校、内蒙古鄂尔多斯市东胜区第一小学铁西校区和广东省佛山市南海区大沥镇沥雄小学等70多所中小学校。《气候变化与人类社会》高中版课程在北京交通大学附属中学第二分校落地实施了四年时间，课程作为高一和高二的气象教育特色课程，由专家讲座、课题

实践指导和模拟联合国气候变化谈判组成,取得明显的成效,让学生更多去关注当今气候变化热点问题,形成对气候变化的科学认识;《气象科学 STEM 课程》作为中国农业科学研究院附属小学的气象社团课程成功实施了5年,课程由专家讲授和动手实践构成;《防灾减灾系列课程》也在四川省的中小学校应用实施。气象开学第一课、世界气象日主题系列报告等讲座视频,《观风云变化 识气象万千——气象科学》慕课,《"毫米"之雨累成灾 气象预警护平安》等科普视频资源,《冬奥项目与天气的那些事儿》《甲骨文中的天气》等课件资源也受到学校欢迎,下载量达 2000 多次。

(三)开展系列校园气象科普活动,让青少年播下科学的种子

气象科普讲座进校园。每年在世界气象日、全国气象科技周、全国科普日等重大活动期间,组织开展全国系列科普讲座进校园活动,累计数百场次,活动覆盖全国近百万青少年。

气象科普开学第一课。自 2021 年起,连续四年在新学年的第一周开展气象科普开学第一课活动,结合当年的重要天气热点,通过线上线下结合的形式,组织专家重点解读,为广大青少年普及气象防灾减灾知识,是中国气象学会为全国中小学生送上的开学大礼,活动覆盖全国近十万青少年。

2022 年中国气象学会气象科普开学第一课活动现场

校园气象科普嘉年华系列活动。中国气象学会组织校园气象科普嘉年华系列活动走进北京、陕西、新疆、内蒙古、江苏、安徽、广东、海南等省(自治区、直辖市)20 多个学校,围绕着气象防灾减灾、气候变化与双碳等主题开展气象科普讲座、气象知识竞赛、气象纸模拼图、气象 VR 体验、气象观测实践等系列活动。

全国青少年气象夏令营（详见气象科普品牌活动部分）。

校园气象科学展评活动。校园气象科学展评活动是以全国中小学生为对象开展的校园气象科学实践作品评选活动。旨在激发青少年的积极性和创造性，增强青少年对气象知识的深入理解，培养他们的创新精神和实践能力。中国气象学会已经开展了8届校园气象科学展评活动，数万名中小学生参加，内容包括气象科学小论文、气象小品文、气象摄影、气象手抄报、气象科普剧、气象观测实践、气象主播秀、气象科幻故事、气象服装设计和模拟联合国气候变化谈判等。

中国青少年应对气候变化行动。2024年6—9月，联合国儿童基金会驻华办事处、国家应对气候变化战略研究和国际合作中心、中国气象学会共同启动中国青少年应对气候变化行动，该活动旨在面向全国适龄青少年征集气候行动项目案例，并遴选优秀作品参加第29届联合国气候变化大会（COP29）进行展示。

（四）推动校园气象科普能力提升

中国气象学会多年来对教师也开展了一系列支撑提升的活动，主要有校园气象科普教育论坛和校园气象站辅导员培训班，每年轮流举办，通过这种形式来提升气象站辅导员的气象专业知识水平和加强学校之间的交流，为校园气象科普教育工作建言献策。

校园气象科普论坛。校园气象科普教育论坛的举办旨在加强气象行业与教育部门的联合，充分发挥社会力量和资源在推动校园气象科普教育中的作用，邀请相关行业专家根据论坛主题作特邀报告，同时设立不同分论坛，邀请气象科普专家、教育专家、中小学学校校长、社会资源方等围绕分论坛主题就未来校园气象科普教育的发展方向、青少年科学思想与科学方法的培养、校园气象科普教育经验交流、校园气象与其他学科相融合、校园气象科普校本教材开发及应用、校园气象科学实践与社会资源利用等方向对校园气象科普教育进行全面、深入地探讨，各位嘉宾畅所欲言，为校园气象科普教育的高质量发展献计献策。中国气象学会分别在2012年、2016年、2018年、2021年和2023年举办校园气象科普教育论坛，吸引了近千名来自全国各地的中小学校长和辅导员、气象科技工作者参加。

校园气象科技培训班。校园气象站辅导员培训班通常以气象知识培训结合专题研讨的形式，来提升全国中小学校园气象站辅导员的气象专业知识水平，加强在校园气象科普工作中的经验交流，为青少年创造良好的气象科学知识学习实践氛围。中国气象学会分别在2015年、2017年、2019年、2022年和2024年举办校园气象科技培训班，吸引了1000多名来自全国各地的中小学校长和辅导员、气象科技工作者参加。

五、开拓气象科普活动领域，推进气象科普社会化

多年来，中国气象学会根据不同时期的工作重点和热点，积极探索气象科普理论研究，创新思路，创新形式，开展丰富多彩的气象科普宣传活动，社会化程度得到很大提高。

（一）气象科普影视宣传

自 1980 年起，中国气象学会就开始研究利用气象科教电影、电视手段，开展大规模的气象科普宣传活动。协同各电影制片厂和气象科技电影脚本创作队伍，成立专门的气象影视协作组，气象科普影视工作得到较快发展，共完成科教电影和电视录像片近百部。在中国气象学会与上海科教电影制片厂、中国农业电影制片厂合作制作的科教电影中，《寒潮》获国家级科教电影优秀奖，《高原气象》《云天奇观》《物候学与农时》获第三届气象优秀科普电影奖，《台风》获墨西哥第三十七届国际科教片大奖。在中国气象学会与天津、宁夏、青海气象学会和宁夏气象影视中心、山西科教影视中心等单位共同组织拍摄的多部科教电视录像片中，《冰雹》获全国第二届"科蕾奖"（现为"全国优秀科教音像制品奖"）一等奖，《龙卷风》获全国第三届"科蕾奖"二等奖，《黑风》获全国第四届"科蕾奖"三等奖、第五届"全国优秀气象科普作品奖"一等奖，《二十四节气》获第七届"全国优秀科教音像制品奖"二等奖，《向沙漠进军》获第三届"优秀气象科普电视录像"一等奖，《暴雨》获第五届"全国气象科普优秀作品奖"二等奖，《长风之歌》获第五届"全国气象科普优秀作品"特别奖，《走近天气预报》获第六届全国气象科普优秀作品一等奖。《四季与健康》获中国科协声像协作网 2005 年三等奖。1990 年 3 月，为纪念我国卓越的气象学家、地理学家、教育家竺可桢诞辰 100 周年，受中国科协的委托，组织编写反映竺可桢生平的电视剧本《竺可桢》，并协助中国科协声像中心摄制完成电视录像片《竺可桢》。1998 年在理事会下专门成立了气象广播、电视制作委员会，有力地支撑了气象科技影视片的创作和摄制，并通过组织作品观摩、评奖活动，引导各地气象科教影视工作的开展。2021 年首次尝试将气象科技前沿成果科普化，与"第三次青藏高原大气科学试验"项目合作，制作科普短视频，以通俗易懂的短视频形式向公众展示青藏高原大气科学试验成果；与"第二次青藏高原综合科学考察研究——西风—季风协同作用及其环境效应"项目合作拍摄科学纪录片，其中科普短视频《世界屋脊探秘——气壮山河_青藏高原大气科学试验》荣获科技部组织的 2020 年度全国优秀科普微视频作品；《西风—季风与环境变化科考纪录片》荣获 2023 年度全国优秀科普微视频作品。

（二）气象科普设施建设

2003年6月，中国气象学会在北京市崇文区金鱼池小区建成全国首家社区气象站。中国科协徐善衍书记参观了社区气象站，并说："中国气象学会为社区居民办了件大好事。"2003年又在石景山八角街道社区建设了社区气象站。2004年在崇文区体育馆路小学建设了红领巾气象站。

2003年在北京金鱼池小区建起的社区气象站

2004年北京体育馆路小学气象站揭牌仪式

2005年初，学会承担了中国气象科技展厅（1000平方米）的筹建工作，并于2006年初建成，全面展示中国气象事业现代化建设的成就，展示气象科技在经济、社会可持续发展中的重要作用，展示气象工作的服务领域、服务能力、服务水平和服务产品，展示"公共气象、安全气象、资源气象"理念和发展前景，展示气象工作者的科学和奉献精神。

2006年中国气象科技展厅开展仪式现场

2018年，推动和支持中国农业科学研究院附属小学、上海市松江区岳阳小学和北京市汇文实验中学建设校园气象站。

2020年，援助建设陕西省延长县七里村镇呼家川完全小学校园气象站、捐助科普图书等科普产品2000份，开展校园气象科普嘉年华活动。

2021年，推动北京一零一中学石油分校建设校园气象站。

2022年，完成北京交通大学附属中学第二分校校园气象站建设，持续推动《气候变化与人类社会》课程在校实施。

2023年，完成广东省佛山市南海区伯奇学校建设校园气象站。

2024年，完成内蒙古自治区鄂尔多斯市东胜区第一小学铁西校区和广东省佛山市南海区大沥镇沥雄小学建设校园气象站。

（三）气象科普交流培训与人才队伍建设

中国气象学会一贯重视气象科普交流培训与人才队伍建设。20世纪80年代初，在山东青岛面向各级气象台站开展了气象科普教育培训，面向气象科普人员举办了摄影技术培训班。1992—1994年，在北京面向中央国家机关工委和气象部门举办了30多期计算机五笔字型培训班，数百人接受了计算机应用方面的知识培训。1996年11月，针对全国气象科普创作方面存在的问题，举办第一期全国气象科普创作培训班。1999年，举办全国气象科普工作培训班。2000年4月，在北京举办第二期气象科普创作培训班。2008年4月和11月，在南京和北京举办了两期全国气象科普工作培训班，对于繁荣气象科普创作、推动全国气象科普工作等发挥了积极作用。2009年8月，在辽宁举办全国气象科普工作研讨班，来自全国32个省（自治区、直辖市）气象科普专职人员共42人参加了研讨，研究了新形势下气象科普工作，交流了气象科普基地建设与管理，并对气象科普发展规划进行了专题研讨。

自2005年开始，举办全国气象科普论坛，迄今已举办8届，论坛围绕气象科普基地建设、科普创作、防灾减灾科普宣传、科普志愿者队伍建设、气象科普与新农村建设、气象科普期刊、气象科普传播途径、科学素质纲要落实等方面进行交流研讨。2023年10月20—22日，2023东湖论坛·气象科普论坛暨第八届全国气象科普论坛在湖北武汉举办，论坛邀请权威专家学者和气象科普工作者围绕气象科普理论与实践问题、气象科普资源建设、气象科普创作、气象科普传媒与传播、全国气象科普教育基地建设等主题展开交流研讨，共同探索气象科普产业化新链条，创新发展气象科学普及、气象文化推广新模式。

组织开展全国校园气象站辅导员培训班和全国校园气象科普教育论坛（详见校园气象）。

中国气象学会自2013年开始组建气象科学传播专家团队，至2018年组建了气象学、气候与气候变化、卫星气象和气象防灾减灾4个气象科学传播专家团队，专家人数近百人。2017年牵头成立大学生气象防灾减灾宣传志愿者联盟，成功组织大学生志愿者气象防灾减灾宣传大型科普活动，10余所高校的2000余名大学生志愿者参加。2020年5月，成立中国气象学会科技志愿者总队。同年10月，在中国科协青少年科技中心的协调和指导下，组建中国气象学会大手拉小手气象科普报告团，现有专家32人。2021年12月，组建飓风气候变化科学传播工作室，现有成员17人。2023年11月，中国气象局办公室印发《气象科普宣传青年志愿服务队伍建设工作方案》，根据此方案，中国气象学会积极搭建志愿服务平台，建立气象青年志愿服务总队，引导青年注册加入志愿服务队伍，在全国范围内开展气象青年志愿服务工作，平台累计注册志愿者5481名，队伍183支，发布志愿者活动527个（截至2024年9月底）。

（四）其他科普活动

参加全国科技周和全国科普日活动。 中国气象学会积极参加各类重要科普活动，连续多年参加全国科技活动周和全国科普日科普宣传活动。自2001年开展"全国科技活动周"以来，中国气象学会协同中国气象局，在每年"全国科技活动周"中精心组织各项科普活动，包括参加科技活动周主场活动，搭建气象科普展台，举办气象科普"进社区、进学校、进农村、进军营、进公共场所"、气象科技下乡、气象知识有奖竞答等活动。国务委员陈至立等中央领导多次在气象展台观看气象卫星模型、气候变化展览等，气象展台成为历年来科技周主会场的亮点之一。科技周组委会多次表扬中国气象学会并发来感谢信。2003年6月，中国气象学会副理事长、中

气象科普走进社区

世界气象日纪念活动期间全国气象科普系列报告会走进西藏军营

国气象局副局长郑国光参加"全国科普行动日"启动仪式。此后，学会每年在全国科普日活动期间都联合全国气象科普教育基地组织科普报告会、科普讲座、专家访谈、公众参观等科普活动。充分利用网站、电子显示屏、微博、微信、影视等媒体向公众宣传气象科普知识，取得了良好的气象科普宣传效果。

围绕气象热点开展科普活动。近年来，围绕气象防灾减灾和应对气候变化等热点问题，开展了一系列社会影响较大的气象科普活动。2008年2月，针对历史罕见的低温雨雪冰冻灾害，中国气象学会与中国气象局在北京联合召开2008低温雨雪冰冻灾害专家座谈会，在京部分院士及民政部国家减灾中心、国家电监会安监局、农业环境与可持续发展研究所、交通部公路科学研究院等单位近百人出席了座谈会。中央电视台等10多家在京媒体参加会议并予以报道。2008年5月12日汶川发生地震后，与中国气象局联合向四川、甘肃、陕西、重庆等省（直辖市）气象局与气象学会发出《关于加强灾后安置和重建阶段气象科普工作的通知》，要求各级气象部门及气象学会高度重视气象防灾减灾知识科学普及的重要性，针对地震灾后可能发生气象及衍生灾害，积极组织专家队伍编发科普资料，加快修复受影响的气象科普基地和气象设施，尽快开展气象科普活动，把防震减灾科普工作落到实处。同时，学会及时编印《抗震救灾减灾气象实用手册》，分发到四川、甘肃、陕西、重庆等有关灾区，并联合中国铁道学会，选择位于北京西客站旁边的莲花池公园和西客站出站口处，开展"抗震救灾，气象科普进铁路"活动。

气象科普进公交、进列车、车站活动。为贯彻落实《国务院办公厅关于进一步加强气象灾害防御工作的意见》及《中国应对气候变化国家方案》，2007年9月，与北京公交公司合作，举办了"气象科普伴你行——首都公交车厢大众教育"启动仪式。该活动依托北京公交网络，以图文并茂的形式，在车厢内张贴有关气候变化和防灾减灾的气象科普知识宣传画，向社会公众广泛宣传气候变化和防灾减灾常识。通过在北京20条线路的100辆气象科普宣传车，开展历时两个月的气象科普宣传，受益乘客达500万人次。2008年世界气象日期间，继气象科普进公交之后，又与中国气象局、

2007年举办气象科普伴你行——首都公交车厢大众教育活动

铁道部、中国铁道学会联合举办"气象科普伴你行——铁路列车大众教育活动"启动仪式，有关新闻媒体对此给予了高度关注，中央电视台等十几家媒体记者参加并报道了启动仪式。这标志着气象科普书籍、影视片、播音带等系列科普宣传品正式进入列车和车站。2009年5月，围绕防灾减灾主题，联合中国科协科普部、中国科技馆、中国林学会等单位，在中国科技馆共同承办了以"走进科学，远离灾害"为主题的全国首届防灾减灾日科普活动。自2009年起，多次在防灾减灾日期间联合开展科普宣传活动。

其他特色气象科普活动。2011年8月29日，借助中国科协"科学家与媒体面对面"的活动平台，以"解析极端天气"为主题，组织气象科学家与主流媒体面对面地聚焦"极端天气"。专家们围绕全球变暖和极端天气的话题，以图文形式向媒体解析了全球变暖的趋势和极端天气发生的原理，与媒体进行了有益的互动。人民日报、新华社、光明日报、经济日报、中央人民广播电台等20多家媒体参加了活动，中国科协网进行了全程直播。2013年5月19日，在全国范围内举办以"空间天气与人类活动"为主题的首届空间天气日系列科普活动，全面宣传空间天气基础知识，树立人们对太空领域的正确认识。2018年，承办中国科协世界公众科学素质促进大会"气候变化：科学与传播"专题论坛。秦大河院士、丁一汇院士、IPCC第一工作组联合主席翟盘茂、IPCC第二工作组副主席Andreas Fischlin、Stuart Mark Howden、中国社会科学院学部委员潘家华等知名国内外专家出席，现场120多位听众参会，参与在线提问和网络直播的社会公众约70万人次，其中学会自有平台达50万人次。2021年，围绕北京2022年冬奥会和冬残奥会相关的气象问题完成系列气象科普长图和图文创作，并利用微信、微博等新媒体

2018年世界公众科学素质促进大会"气候变化：科学与传播"
专题论坛现场

进行连载，针对气象因素对各赛事的影响进行科学解读，使公众更加深刻地体会到气象服务对赛事的重要性；围绕雪场运维、环境气象、应急救援气象保障、各体育赛事与气象的关系等内容，开展冬奥气象知识专题竞赛等活动。

（五）气象科技扶贫

中国气象学会以服务美丽乡村建设、推进气象科技成果应用为目的，积极开展气象科技扶贫工作。从1987年起，与中国气象局共同设置了气象科技扶贫工作奖，与有关部门共同制定评奖条例，并承担气象科技扶贫工作奖评选的具体组织工作。此外，通过编印《气象科技适用技术汇编》、深入贫困地区和扶贫单位开展气象科普与适用技术推广活动、召开全国气象科技振兴地方经济和扶贫经验交流会等形式，开展气象科技扶贫。1995年起草了中国气象学会《贯彻落实中共中央关于扶贫工作的若干意见》的实施方案。

2001年3月，中国气象学会在贵州省黔东南苗族自治州雷山县举办"气象科普宣传与适用技术推广"科技扶贫活动。2008年组织编辑出版了《农村生产气象灾害应急避险常识》《农村生活气象灾害应急避险常识》《节气与农事》《气候与农事》丛书，面向农村广大群众宣传气象防灾减灾、科学种田等相关科普知识。

2009年与中国科协科普部、中国气象局科技司、中国农学会等单位联合，在贵州省长顺县开展以"手拉手，预防灾害；心连心，共建和谐"为主题的防灾减灾科技下乡活动，活动期间深入农户家中、田间地头了解农业生产发展现状和气象灾害发生情况，向农民现场讲解气象防灾减灾知识及应对措施。2010年5月25日，在陕西省渭南市澄城县王庄镇水洼村与中国气象局联合举办"气象科普走进渭北农家"农村科普示范活动，向农民代表赠送由中国气象学会等单位提供的气象灾害防御书籍、气象科普挂图、气象为农服务资料等精美图书和资料。2010年根据中国科协要求，组织气象专家赴新疆和田地区承办"百名科技专家和致富能手进南疆"科技下乡活动。2012年6月，在吉林省榆树市刘家镇举办气象科技惠农活动，组织气象专家进农村、进农家、进田间地头，与

李泽椿院士与新疆的少年儿童谈气象科技知识

农民面对面探讨如何加强气象科技惠农工作。2012年后，活动由中国气象局气象宣传与科普中心和中国气象学会秘书处共同承办，活动也由气象科技下乡扩展为"千乡万村气象科普行"，至2024年从南到北先后奔赴15个省（自治区、直辖市）（贵州长顺、陕西渭南、河南方城、吉林榆树、湖北潜江、山东莱西、四川简阳、云南玉溪、山西临汾、黑龙江五常、重庆石柱、内蒙古突泉、福建福清、湖北潜江、宁夏银川），走遍祖国大江南北，助力提升农民科学素质。

2020年，在中国科协农村专业技术服务中心的支持下，与新疆维吾尔自治区气象学会联合组织开展了"智爱妈妈"系列气象科普活动，近50名气象科技志愿者参与活动，活动受惠人数达5000余人，线上借助融媒体传播量达15万人次。2021—2022年，在中国科协"智慧行动·气象防灾减灾科学传播志愿者服务"项目资助下，与西藏自治区气象学会联合开展了一系列丰富多彩的气象科普志愿服务活动，为青藏高原地区气象防灾减灾宣传做出了积极贡献。

2023年9月18日，"2023年校园气象科普嘉年华暨气象防灾减灾宣传科普草原行"活动走进中国气象局对口扶贫点——内蒙古自治区兴安盟突泉县工农小学，中国气象学会通过举办丰富多彩的校园气象科普嘉年华活动、赠送气象科普宣传品等形式，有效推进了校园气象科普教育工作，为青少年营造了良好的气象科学知识学习实践氛围，彰显了扶贫与科普相结合的社会责任。

2023年校园气象科普嘉年华活动中的气象模型DIY

2023年向突泉县工农小学捐赠气象科普宣传品

（六）气象科普表彰奖励

为表彰广大气象科普工作者的辛勤劳动和丰硕成果，组织开展10余次全国气象科普评奖活动，共有357个集体、427名优秀科普工作者、数百部优秀气象科普作品受到学会表彰。为推动校园气象科普工作，自2014年起组织评选"校园气象科普优秀校长""校园气象站优秀辅导员"，共计11批300余人获奖，以鼓励和表扬为校园气象科普教育做出贡献的校长和科技辅导员。为切实加强气象科普能力建设，还开展了13届全国优秀气象科普作品征集评选活动，评出优秀气象科普作品2000多个。

1980年9月，林之光撰写的《中国的春、夏、秋、冬》和周全瑞撰写的《谈谈气象卫星的新发展》分别荣获全国新长征优秀科普作品二、三等奖。1985年1月，在中国科协召开的农村科普工作会议上，中国气象学会气象科普工作委员会常务委员会被评为先进集体，中国气象学会秘书处马武被评为先进个人。在同年11月召开的中国青少年科技辅导员协会第二次全国代表大会上，中国气象学会秘书处王琼仍被评为学会工作积极分子。1996年2月7—9日，国家科委、中宣部和中国科协在北京召开全国科学技术普及工作会议，宁夏回族自治区气象局科研所声像室获先进集体奖；中国气象科学研究院林之光、中国气象学会秘书处王琼仍、《辽宁气象》杂志王奉安、福建省气象学会郑行照、湖南省益阳市气象局曾强吾获先进个人奖。2000年9月，学会制定了《中国气象局、中国气象学会关于气象科学技术普及工作奖励办法》。2003年，中国气象学会荣获中国科协第四届学会科普单项奖。

2011年至今，中国气象学会积极开展校园气象科普、科学传播专家团队建设、全国气象科普教育基地、科技志愿服务等方面工作，中国气象学会科普工作受到中国科协表扬，连续13年被评为"全国学会科普工作优秀单位"。同年10月，中国气象学会联合华风气象传媒集团拍摄的《我爱气象夏令营》专题片获得第七届中国纪录片国际选片会入围作品奖。2012年，中国气象局、中国气象学会主办的"气象防灾减灾宣传志愿者中国行"获得第六届"中国地方政府创新奖"特别奖。2015年，由中国气象学会等14家学会共同承接的"科普中国百科科学词条编写与应用项目"获得"2015年度公益科普奖"。2016年8月，中国气象学会秘书处科学技术普及部受

2016年荣获《全民科学素质行动计划纲要》"十二五"实施工作先进集体称号

2006年在第二十六次全国会员代表大会上颁发气象科普奖

到中国科协等九部委表彰,荣获《全民科学素质行动计划纲要》"十二五"实施工作先进集体称号。多年来,中国气象学会多次被评为全国科普日活动优秀组织单位;举办的活动多次被评为全国科普日优秀活动。2022 年,在中国科协宣传文化部开展的"喜迎二十大 奋进新征程"中国科协十年优秀工作案例评选活动中,中国气象学会推荐的工作案例"组建科普资源平台 助力校园科普"入选中国科协十年优秀工作案例(2012—2022 年)。

（七）气象科普资源建设与信息化

长期以来,中国气象学会通过制作系列气象科普展板和光盘,编印系列气象科普挂图和宣传页,编印《气象服务应用手册》《趣谈天气》《营旗飘飘——纪念全国青少年气象夏令营 30 周年》和《全国气象科普教育基地巡礼》等科普图书,制作科普宣传片《我爱气象夏令营》,开发气象科普文创产品,举办科普报告会、科普讲座、气象科普展览、气象知识竞赛,开展气象科普咨询、气象科普志愿活动等方式,面向社会公众,跨行业、多渠道、全方位地开展气象防灾减灾、应对气候变化等科普宣传活动。

2017 年底,中国气象学会"科普宣传品网上商城"正式上线。"科普宣传品网上商城"是中国气象学会为深入推进科普产品信息化建设而打造的科普产品推广平台、科普资源汇聚平台、科普渠道共享平台。以气象科普产品建设为重点,依托现有传播推广渠道和平台,使气象科普产品内容更加丰富、渠道推广途径更加完善、工作开展过程更加顺利、气象科普影响范围更加广泛,是专为各类气象科普活动而设的科普产品服务平台。中国气象学会借助"科普宣传品网上商城"平台,以提高公众气象科学素质为宗旨,秉承服务社会服务公众的理念,搭建气象科普产品"集散地",吸引社会资源入驻,共同宣传普及气象科学知识,提高公众应对气候变化意识,提升气象科普传播能力。目前,"科普宣传品网上商城"提供场馆展项 87 件、气象科普宣传品 204 件、益智宣传品 34 件、气象课程 19 件、科普书籍 193 件、挂图折页 43 件、科普展板 42 件、共享资源 320 件、音频视频 14 个系列 1000 多个视频、乡村振兴 2 类、气象文创 15 件,共计 11 个板块,千余件产品,每年推广科普宣传品近 10 万件,有效满足了气象科普活动需要。

近年来,学会科普信息化工作取得较大进展。2008 年与中国科协信息中心合作,在《中国公众科技网》开设《气象减灾》专栏,挖掘和利用《气象知识》杂志的科普资源,全年上传文章 200 余篇,图片 350 多幅,拓展了气象科普宣传渠道。2009 年更新调整了中国气象学会网站《科普之窗》栏目,增加了"二十四节气""气象与农事"等贴近群众生活的内容。2016 年完成气象科普基地网站平台建设，全国气象科普教育基地信息网上线，自2018年起，陆续建成学会科普官方微信公众号"气象e新"、微博"气象e新"、科普中国"气象e新"、微信小程序"小e气象"和"气象青年志愿者"、视频号"气象e新"等平台，各平台发布的视频、图文、科普文章累计覆盖人群达千万余次。其中，利用微信小程序"小e气象"开展线上气象知识竞赛活动，包括校园巅峰赛、个人赛、专题赛和团队大作战，2021年7月上线以来共有3552514多人参与。举办个人赛1428853场，专题赛263874场等，校园巅峰赛每年有近百支队伍参赛。

第六节　气象科技期刊

编辑出版科技期刊是科技社团的标志性工作之一。改革开放以来，为适应气象科技快速发展和开展国内外气象学术交流的需要，学会文献期刊的编辑出版工作进入了新的发展时期。《气象学报》中文版的办刊水平和国际影响力逐年提高。同时为促进气象国际交流，学会在1987年创办了《气象学报（英文版）》，2014年更名为 Journal of Meteorological Research（JMR）。中国气象学会主办的期刊始终坚持学术性、创新性、指导性、资料性、连续性、知识性和服务性，始终致力于推进期刊的国际化进程，始终保持稳定上升、健康发展的态势。

一、《气象学报》

《气象学报》创刊于1925年，是中国气象界创刊最早的学术性刊物之一。著名气象学家涂长望、赵九章、叶笃正、谢义炳都担任过期刊的主编。经过几代气象科技工作者的艰苦创业和不断进取，《气象学报》已成为我国气象科学领域高水平的学术性期刊，在国内外大气科学界都有一定影响。

作为引领中国气象科学发展方向的高水平气象学术刊物，其所发表的论著体现了中国气象科学技术研究发展的历程，为推动中国气象科学技术研究、培养各类气象科技人才、繁荣气象科技事业、扩大气象国际交流做出了极为重要的贡献，是中国气象学会工作的重要组成部分、开展学术交流的重要阵地和对外交流的重要"窗口"。

随着改革开放的深入，中国气象科学蓬勃发展，学术研究成果和论文报告迅速增加，全国范围内先后创办了40种左右的气象期刊，《气象学报》在气象界已不再是一枝独秀，面临着改革发展的严峻挑战。为此，《气象学报》重新确立了"坚持把社会效益第一、及时反映我国在大气科学方面优秀的研究成果、促进国际学术交流、扩大我国大气科学工作的影响并提高学术地位放在首位"的办刊宗旨，在总结以往办刊经验的基础上，继续发扬《气象学报》的优势和特点，不断拓展学科范围，狠抓学术质量，努力使编排格式规范化、标准化，做到与国际高水平学术期刊接轨。近年来，更坚持会员优先、价值优先和服务气象科技创新第一的原则，以提高期刊质量为中心，以缩短论文刊出周期为重点，使《气象学报》的国际知名度和影响力迅速提升。

为提高《气象学报》办刊质量，中国气象学会理事会适时调整《气象学报》编审委员会的组成，先后聘请北京大学地球物理系教授谢义炳院士、中国气象局廖洞贤研究员、中国气象科学研究院周秀骥院士、国家气候中心丁一汇院士、南京大学谈哲敏院士5位国内外知名的气象学家担任编审委员会主任委员，主导《气象学报》的办刊方向和业务领导，并聘请多位活跃在气象科学前沿的外籍和华裔气象学家担任编委。

发挥优势、努力进取、办出特色，是中国气象学会理事会对《气象学报》的要求，也是《气象学报》改革、创新、发展的目标。努力做到全面反映中国气象科学技术研究的最新进展与高水平研究成果，推动气象科学技术前沿的创新性研究，尽快成为具有重要国际影响的学术刊物，以此为目标，学会采取了多项措施：①制订编刊规划，加强工作的计划性；②强化组稿工作，除吸收作者自由撰写的高水平学术论文以外，根据特色要求，有计划地在国内外开展组稿工作，保证稿源特别是国际前沿、基础理论和技术创新以及国家级大型重点科研业务项目和课题的稿件；③加强《气象学报》与中国气象学会所属各学科委员会的密切联系，组织撰写反映大气科学各分支学科领域内优秀研究成果和阶段性的综合论述；④活跃学术思想，开展各种学术观点的交流；⑤加入清华同方中国期刊网和万方数据—数字化期刊群这两个在中国较有影响力的科技期刊网，提升影响，扩大阅读群；⑥组织开展每年一度的《气象学报》优秀论文评选，并积极向中国科协推荐；⑦加强与各气象学术刊物及相关学科知名期刊的联系与合作；⑧围绕大气科学领域的核心及热点问题不定期编辑出版纪念刊和专刊等。通过上述努力，《气象学报》于2007—2011年、2015年获得"中国科协精品科技期刊工程"项目资助，《气象学报（英文版）》于2013—2018年获得"中国科技期刊国际影响力提升计划"项目连续两期资助。2021年，两刊获得中国科协"全国学会期刊出版能力提升计划"项目资助。

在《气象学报》办刊发展历程中，其篇幅、刊期和版式经历过几次大的调整。1979年，《气象学报》出刊4期，每期约90个页码，与恢复出刊前大致相同。1981年出版的《气象学报》（季刊）将每期页码增加至128页，信息量增加了三分之一。1995年4月17日召开的第二十三届理事会常务理事会第三次会议决定，《气象学报》由季刊改为双月刊。这一决定自1996年

《气象学报》第 54 卷起开始执行，信息量再次增加。从 2002 年第 60 卷第 1 期开始，《气象学报》由小 16 开改为大 16 开，版式由通栏改为双栏。在栏目设置方面，除常规的《论文》栏目外，专门开辟《学术论坛》《论述》《短论》《信息》《综述》《简讯》《气象科技史》等栏目。

《气象学报》组建了业务素质高、技术能力强、具有相当水平的组稿和通联能力的编辑队伍，建设了专用网站，建立了《气象学报》期刊采编系统，并于 2007 年开始运行，实现了网上投稿、审稿、查询等。自 2007 年第 3 期起，《气象学报》开始彩图随文排，既方便读者阅读又美观大方。2017 年起，《气象学报（英文版）》采用国际先进的 XML 排版技术，并开展了被引提示推送、文献引用推送、微信推送等增强出版活动。2020 年起，《气象学报》也启用了 XML 排版技术。两本期刊的编辑业务管理实现了数字化和网络化，从而加快了稿件的采、审、编速度，编辑出版的效率和水平获得较大提高。

目前，《气象学报》中、英文版已实现期刊出版电子化。自创刊以来的全文论文资料电子版已制作完毕，在中国知网上即可查阅中文版 1935 年以来所发表论文的全文，在万方数据上可查阅 2000 年以来发表的全部论文，并可在中国气象局和中国气象学会网站上查阅到《气象学报》中、英文版的各期目录与论文摘要。2013 年，所有历史过刊文章的全文 PDF 上传至期刊网站，并配有文献解析和链接，供免费下载。2013 年 4 月开始，网站增加录用稿全文在线预出版模块，以弥补录用待刊过程所造成的信息传播损失，规范了稿件流向，进一步缩短了学术信息发布周期。2015 年，建立了微信服务号和微平台发布，提供实时微信查稿服务。2016 年，利用微信平台推送最新期刊目次，在门户网站刊发了学术动态、学术会议等即时信息，加强了与读者的互动。

通过一系列的改革措施，《气象学报》的办刊水平和质量明显提高。多年来，《气象学报》的期刊各项评价指标一直在大气科学类期刊中位居前列。2003 年、2005 年获评第二届、第三届"国家期刊奖百种重点科技期刊"；被评为"百种中国杰出学术期刊"10 余次，连续 6 届获评"中国精品科技期刊"，2012—2015 年获评"中国最具国际影响力学术期刊"，2016—2021 年获评"中国国际影响力优秀学术期刊"，2013 年、2015 年、2017 年获评"百强报刊"，2013 年、2021 年荣获"中国出版政府奖期刊奖提名奖"，2019 年、2023 年入选"地球科学领域高质量科技期刊分级目录"T1 级期刊。

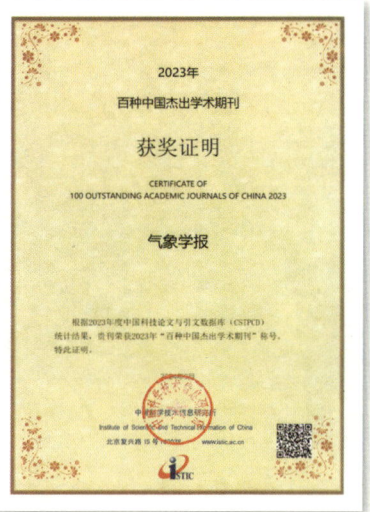
《气象学报》获评百种中国杰出学术期刊

《气象学报》入选第6届中国精品科技期刊

《气象学报》入选中国科协精品科技期刊工程

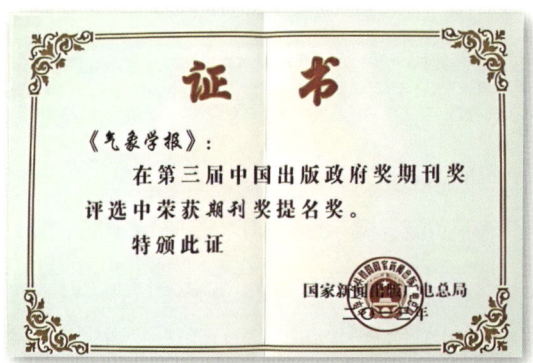
《气象学报》荣获第三届中国出版政府奖期刊奖提名奖

《气象学报》荣获第五届中国出版政府奖期刊奖提名奖

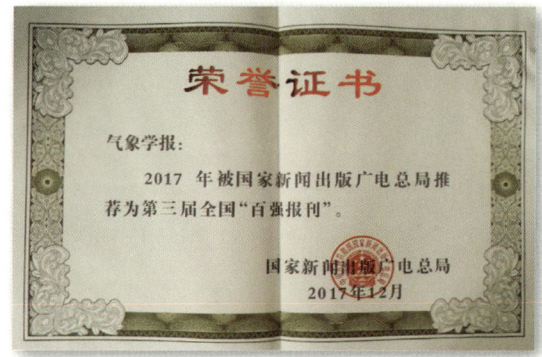
《气象学报》入选第三届全国"百强报刊"

《气象学报》获评2020中国国际影响力优秀学术期刊

《气象学报》发表的多篇论文获奖。1997年第6期的《气象学报》发表了中国科学院大气物理研究所研究员钟青的论文《物理守恒律保真格式构造与数值预报斜压原始方程传统谱模式改进研究》。由于这一成果的发表，钟青荣获世界气象组织（WMO）"青年科学家奖"。在北京举办的颁奖仪式上，世界气象组织秘书

世界气象组织（WMO）青年科学家获奖人钟青在颁奖仪式上发表获奖感言

长奥巴西高度评价了该成果的理论和应用价值。2003年，论文《ENSO发生前和发展初期西太平洋赤道西风爆发的研究》的作者张祖强荣获2003年世界气象组织（WMO）"青年科学家奖"。崔晓鹏的论文《西大西洋锋面气旋过程的数值模拟和等熵分析》（2004年），刘屹岷的论文《孟加拉湾季风爆发对南海季风爆发的影响》（2005年），柳艳菊的论文《1998年南海季风爆发时期中尺度对流系统的研究：Ⅰ中尺度对流系统发生发展的大尺度条件》（2006年），李巧萍、丁一汇、董文杰的论文《中国近代土地利用变化对区域气候影响的数值模拟》（2007年）分别获评第二、三、四、五届"中国科协期刊优秀学术论文"，中国气象学会和《气象学报》编辑部均受到表彰。俞小鼎、周小刚、王秀明的论文《雷暴与强对流临近天气预报技术进展》（2016年），李崇银、凌健、宋洁、潘静、田华、陈雄的论文《中国热带大气季节内振荡研究进展》（2017年），宇如聪、李建的论文《中国大陆日降水峰值时间位相的区域特征分析》（2019年）分别获评第一、二、四届"中国科协优秀科技论文"，《气象学报》编辑部受到表彰。

二、《气象学报（英文版）》

《气象学报（英文版）》为《气象学报》的姊妹期刊，均由中国气象学会主办。创办《气象学报（英文版）》是中国气象学会改革发展的重要成果，也是中国气象学会逐步走向国际化的重要标志。

创办《气象学报（英文版）》的构想由中国气象学会常务理事的中国气象局局长邹竞蒙首先提出，并征求了理事长叶笃正的意见。叶笃正非常赞同，特别叮嘱要注意英文编辑队伍的水平。

经过一段时间的酝酿，逐步形成了《气象学报（英文版）》筹备工作初步意见。1986年11月24日召开的中国气象学会第二十届理事会常务理事会第十二次会议对此作出重要决议：为加强气象科技期刊的国际交流，于1987年起出版《气象学报（英文版）》。

出版《气象学报（英文版）》的筹备工作委托中国气象学会兼职副秘书长的气象出版社总编辑纪乃晋负责。筹备工作任务包括：《气象学报（英文版）》的定位和稿源的组织；在气象出版社内组建《气象学报（英文版）》编辑部；调入中国科学院大气物理研究所周诗健（原英文版《大气科学进展》执行主编），以加强编辑力量；向国家新闻出版署提出出刊申请；与英国培格曼出版社签订《气象学报（英文版）》包销发行合同。由于《气象学报》中、英文版仅设一个编委会，为此，编委会决定特别增聘10位左右的国（境）外知名气象学家担任编委。上述筹备工作任务的相继完成，为加快出版《气象学报（英文版）》创造了极为有利的条件。在《气象学报（英文版）》的创刊过程中，始终得到了中国气象局和国内各主要气象机构的指导和帮助。

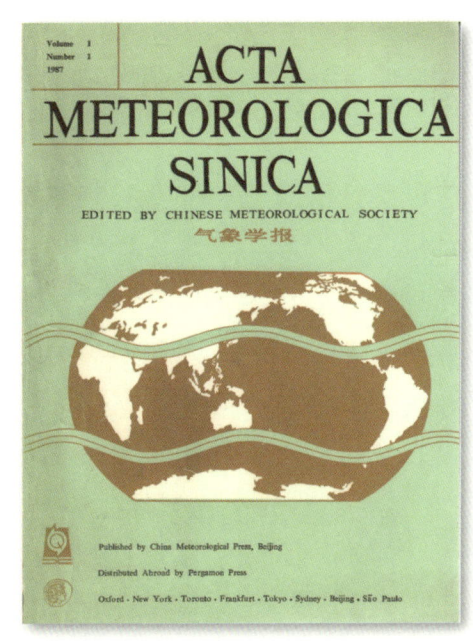

《气象学报（英文版）》创刊号封面

1987年4月15日，国家新闻出版署新出总字212号文件批复《气象学报（英文版）》准予出版。短短5个月后，《气象学报（英文版）》于1987年9月正式出版创刊号，创刊号上刊登了中国气象局局长邹竞蒙、名誉理事长叶笃正和理事长陶诗言等的贺词。当年《气象学报（英文版）》出刊两期。

自1988年起，《气象学报（英文版）》按季刊定期出版。刊载的论文一部分是从《气象学报》中挑选出的学术水平高且有创新成果的文章，另外一部分则是来自国内外的作者投稿。

1992年5月，《气象学报（英文版）》荣获国家气象局全国首届优秀气象期刊评选一等奖。1992年9月，经中国科学技术协会首届优秀学术期刊评审委员会评定，《气象学报（英文版）》荣获三等奖。2004年，《气象学报（英文版）》出版单位改为"《气象学报》期刊社"。

在办刊过程中发现，《气象学报》中、英文版虽同设一个编审委员会，但由于编辑部分别设在中国气象学会秘书处和气象出版社，多年来实际上是处于分离状况，由此产生了诸多不利影响。其一，稿源分散，整体影响力很难提升，影响了《气象学报》进入国际一流学术期刊的步伐；其二，不利于办刊经费、人力、物力等有限资源的合理配置和利用；其三，难以形成互利互补的强势竞争力。对此，许多老一辈气象学家和气象科技工作者也积极呼吁整合《气象学报》中、英文版。根据各方面要求和建议，中国气象学会秘书处在调研部分同类学术团体通行的办刊方式并多次与有关单位协商后，于2004年提出了《气象学报》中、英文版整合方案，将《气象学报（英文版）》编辑部转入中国气象学会秘书处。整合方案的核心是使《气象学报》有一个新的更高的起点，更快地提升《气象学报》在国内外的影响力，强化其在高水平气象学术刊物中的竞争力，并使其成为一本国际化、标志性的大气科学学术期刊。经中国气象学会理事会多次讨论修改后，交由《气象学报》主管单位中国气象局审核并得到批准。

2005年初，《气象学报（英文版）》编辑部正式转入中国气象学会秘书处，并开展了《气象学报（英文版）》的改版工作，由原来的标准16开改为欧版大16开，内页为双栏，使用CTEX排版软件，风格与国内外优秀英文期刊类似。转入后的《气象学报（英文版）》刊载的论文全部为从《气象学报》中挑选出的高水平文章。

2007年，为推进《气象学报（英文版）》的改进工作，加快进入SCI的进程，吸引国外作者投稿成为《气象学报（英文版）》走上国际化道路的非常重要的问题。为此，新一届编委会特别邀请美国国家航空航天局（NASA）气象研究负责人刘家铭（William K.M.Lau）和美国海军研究院张智北（C.P.Chang）分别担任副主编和编委。经广泛调研，中国气象学会秘书处拟订了《关于〈气象学报（英文版）〉改进方案》，经两次常务理事会会议审议后原则通过。改进方案提出，进一步明确《气象学报（英文版）》的定位与稿源，接纳作者的自由投稿。为防止短期内可能出现的稿源短缺现象，可先从中文版精选部分文稿，比例控制在三分之一以内，待稿源充足后完全实现自由投稿；为避免《气象学报》中、英文版出现较大重复，英文版以刊载研究快讯（Research Letter）为主，内容短小精悍，有新意或创新性；由施普林格（Springer）负责《气象学报（英文版）》的海外印刷版和网络版的发行；《气象学报（英文版）》加入全球最大的科学技术和医学领域学术资源平台SpringerLink（现刊和过刊）。

在《气象学报（英文版）》的编辑工作中，为提高质量，一方面着力加强编辑部建设，努力提高编辑人员自身英语和业务水平，还特聘一位英语水平和编辑业务水平较高的学者严把稿件质量关，使英文表达做到通俗易懂，既符合外国人的习惯用法，又贴近作者所表达的意思，力求使文章能准确地表达并介绍给读者；另一方面严格执行国际规范和标准。在广泛调研20多种国内外英文版学术期刊的基础上，着重对论文的页眉、注脚、正文题名、层次标题、摘要、参考文献作了分析，吸取国外学术期刊编排格式的长处，做到与国际接轨。加强发行宣传，通过多种渠道进行宣传。通过中国气象局国际合作司，定期向国外主要气象机构和学会各理事单位提供赠阅期刊。

经过短短几年的努力，由中国气象学会主办的《气象学报（英文版）》的面貌发生了根本性的变化。2008年5月，汤姆森科技信息集团（Thomson Reuters）正式函告：《气象学报（英文版）》（Acta Meteorologica Sinica）自2007年第1期（Vol.21 No.1）开始被SCI正式收录。这不仅实现了中国气象学会理事会和许多老一辈气象工作者多年的愿望，也为《气象学报（英文版）》的发展提供了新的机遇和空间。

随着中国气象科研水平的不断提高，国际影响力不断扩大，英文稿件的直接投稿量逐年增加，这给办好《气象学报（英文版）》带来良好的机遇，也带来巨大的挑战。为适应期刊发展的时代要求和满足气象科技工作者的需求，《气象学报（英文版）》编委会曾在2007年酝酿刊物更名之事，拟将名称 Acta Meteorologica Sinica 改为 Journal of The Chinese Meteorological Society，并经2007年9月在福建厦门召开的第二十六届理事会常务理事会第三次全体会议上审议通过，之后经中国气象局同意后，呈报中国科协和新闻出版署，于2008年8月获得批复。在等待各主管机构批复期间，2008年5月编辑部接到汤姆森科技信息集团来函通知《气象学报（英文版）》已被SCI收录。考虑到刊物刚被收录就更名可能会对刊物的国际评价产生不良影响，2008年10月编委会商议决定暂缓更名，故未去北京市新闻出版局办理变更登记手续。2009年，《气象学报（英文版）》由季刊改为双月刊。自2011年起，《气象学报（英文版）》与Springer签约，2011年第1期开始在Springer网站上发布。2012年开始采用ScholarOne Manuscripts 在线投审稿平台。

到2012年时，《气象学报（英文版）》进入SCI已经5年，投稿数量和在业界的影响力不断增加和提高，国际评价比较稳定，经咨询SCI代表意见，编委会认为更名条件已经成熟，更名将更有利于刊物发展，建议重新启动更名事宜。考虑到2008年提出的名称地域性较强，国际吸引力不足，不利于刊物国际化发展，故编委会建议采用全新名称。经编委会主编、副主编和部分常务编委反复讨论，并最终在2012年3月《气象学报》中、英文版常务编委会第一次会议达成共识：将《气象学报（英文版）》英文名称改为 Journal of Meteorological Research（JMR），中文名称不变。新英文刊名涵盖领域广，科学性较强，与世界知名刊物 Journal of Geophysical Research（JGR）的刊名比较类似。

根据《气象学报》编委会提议并经中国气象学会第二十七届理事会常务理事会第六次会议审议通过，《气象学报（英文版）》从2014年第1期起正式启用新的英文刊名、刊号和封面，栏目设置作部分调整。实施责任学术编委制，采用ScholarOne Manuscripts国际审稿平台。2013年成立《气象学报（英文版）》编委会，2014年增加海外编委数量，国际编委比例超过50%，审稿和出版模式与国际接轨。聘请外籍编辑做语言质量把关，出版质量与国际接轨。与Springer国际在线平台合作，借助Springer进行海外发行和国际宣传，大大提高了刊物的可视度和下载率，下载量成倍增长，国际影响力不断增强。

《气象学报（英文版）》于2013—2018年获得"中国科技期刊国际影响力提升计划"项目连续两期资助。在项目资助下，2015年在天津举办大气科学前沿发展暨JMR/气象期刊编辑作者研讨会，会议邀请了国内外一流专家作前沿学术报告，引领学科发展；同时邀请美国气象学会期刊出版同行作报告，学习国际一流期刊办刊经验，建立合作。邀请美国气象学会出版委员会主任、出版部主任、部门经理和技术及文字总监等介绍美国气象期刊的总体情况和运作模式，包括同行评议的科学监管和协作、期刊生产制作、技术编辑和高质量出版、文字编辑等工作流程和发展方向等，扩大了国内气象期刊编辑的视野，也让国外同行认识到中、美气象科技期刊的发展面临同样的问题和挑战。会后双方产生了更多的合作和交流意向。

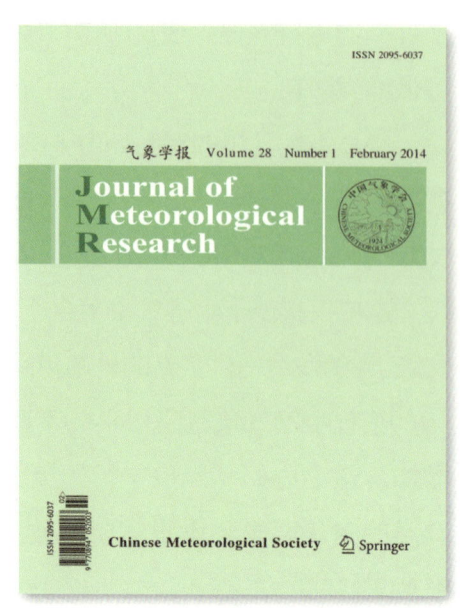

《气象学报（英文版）》2014年更名为 *Journal of Meteorological Research*（JMR）

2015年大气科学前沿发展暨JMR/气象期刊编辑作者研讨会现场

自2014年起，JMR在中国科协项目资助下连续多年参加美国气象学会年会展会进行国际宣传，加强了与海外编委的联系，拓展了国外稿源，扩大了期刊的国际影响力。2017年，出版王绍武先生纪念专辑等3期专刊。2018年，出版《京津冀2016/17冬季重污染》专刊、《气溶胶—云—辐射相互作用及其气候效应》专刊和《复杂下垫面下东亚降水的观测和模拟》专刊；2020年，出版《新中国成立70周年气象科研业务进展》专刊、《气象卫星生态遥感应用》专刊和《中英气候科学与气候服务》（CSSP China）专刊。2023年，出版《风云气象卫星历史资料再处理》专刊，部分出版《"21·7"河南极端暴雨：机理、预报和服务挑战》专刊和《新型城镇化背景下的城市气象研究》专刊。

目前，JMR由中国科学技术协会主管，旨在反映天气预报和气候预测基础理论和应用研究及业务预报中的前沿创新成果，重点刊发具有全球背景和区域特色的文章，通过搭建最新气象科技成果展示与知识交流服务平台，助力成果转化，推动中国气象科技创新和业务发展的国际传播。JMR采用全球领先的ScholarOne Manuscripts英文原版采编系统和国内先进的XML一体化融合出版系统，建有独立网站，历史数据齐全、现刊实时发布、开放获取、提供快速在线预出版和多种形式的文章推送服务，国际发行量稳步提升，国际下载量成百倍增长。JMR自被SCI数据库收录以来，影响因子逐年增长，2023年SCI影响因子为3.2，由Q3区升入Q2区；Scopus数据库影响因子由3.9增至5.1，位列国际大气科学领域和海洋工程领域期刊排名双Q2区。

自2017年起，JMR每期更换封面，反映科学主题和创新发现

近年来，JMR 在中宣部出版局组织的科技期刊社会效益评价考核中多次获评"优秀"；2021 年入选中国科学技术信息研究所"中国科技论文核心期刊"；2019 年、2023 年入选中国地学领域高质量科技期刊分级目录 T1 级期刊；多次获评"中国最具国际影响力学术期刊""中国国际影响力优秀学术期刊"；2013 年、2016 年入选中国科技期刊国际影响力提升计划项目；2021 年获得"全国学会期刊出版能力提升计划"项目资助。

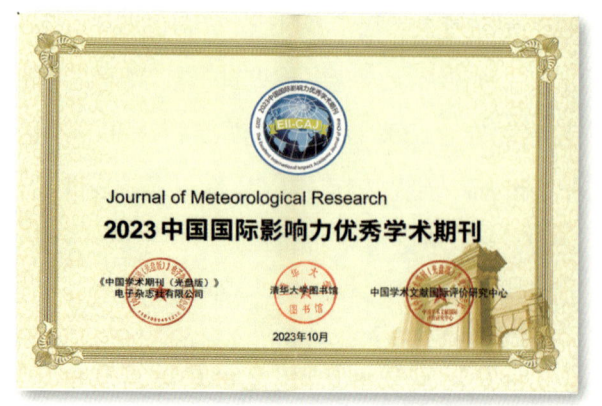

JMR 获评"2023 中国国际影响力优秀学术期刊"

2020 年，ZHAI Panmao（翟盘茂），YU Rong（余荣），GUO Yanjun（郭艳君），LI Qingxiang（李庆祥），REN Xuejuan（任雪娟），WANG Yaqiang（王亚强），XU Wenhui（徐文慧），LIU Yanju（柳艳菊），DING Yihui（丁一汇）的论文 The Strong El Niño of 2015/16 and Its Dominant Impacts on Global and China's Climate，荣获"第五届中国科协优秀科技论文"，《气象学报（英文版）》编辑部受到表彰。2023 年，ZHOU Kanghui（周康辉），ZHENG Yongguang（郑永光），LI Bo（李波），DONG Wansheng（董万胜），ZHANG Xiaoling（张小玲）的论文 Forecasting Different Types of Convective Weather: A Deep Learning Approach 荣获"第八届中国科协优秀科技论文"，《气象学报（英文版）》编辑部受到表彰。

三、学会期刊发展和提升

中国气象学会始终把学术期刊的发展放在首位，期刊工作被纳入学会整体管理和发展规划，使学会期刊得到长期稳定发展，成为气象界公认的顶级学术期刊。近年来，《气象学报》中、英文版立足于服务国家重大需求，通过预报论坛、数据论文、综述、短论、简讯等多样化专栏和专刊，及时刊载天气预报、气候预测业务及相关研究领域（气候变化与极端天气、动力气象学、天气学、气候学、数值预报、大气物理学、大气化学、大气探测、人工影响天气等）的前沿成果，努力搭建最新成果展示和国际交流平台，推动科研成果向业务一线转化。《气象学报》中、英文版被中国科技期刊引证报告（CJCR）、北大核心、中国科学引文数据库（CSCD）及 Web of Science（WoS）等重要检索系统收录，在中国科技期刊和大气科学类期刊综合评价总分排名一直名列前茅。两刊坚持正确的出版方向和办刊宗旨，严格执行"三审三校"制度。制定多项岗位职责和流程制度，加强规范化管理；积极参加学术交流，抢抓优质稿源，出版重大主题专刊；持续优化完善技术平台，提升出版和传播水平。高质量完成编辑出版工作，在出版管理和办刊能力上均有较大提升，在学术质量、国际影响力、数字出版和传播等方面取得明显进步。2021年，中国气象学会入选"中国科协全国学会期刊出版管理规范单位"。

中国气象学会入选"中国科协全国学会期刊出版管理规范单位"

为迎接中国气象学会百年诞辰和《气象学报》创刊百年，在中国科协"全国学会期刊出版能力提升计划"项目的部分资助下，2022年4月，启动"《气象学报》百年风云讲坛"，持续举办高端学术研讨。讲坛主题策划坚持问题导向，聚焦前沿领域，注重产学协同发展。讲坛采用先进的线上会议技术平台，会议组织工作不断改进、严谨有序，报告专家精英荟萃，听众来源广泛，单期受众高达1.3万人次，互动活跃，交流效果显著，已成为气象界有重要影响力的线上学术活动，对气象科研和业务起到了推动作用。截至2024年9月，已邀请近百位学界泰斗、青年才俊和一线专家作精彩报告。多位知名院士、专家参与了主讲和主持。学术报告通过多个媒体平台进行直播，累计受众超15万余人次，期刊的学术品牌和影响力得到有效提升。

四、气象期刊联盟

为适应科技期刊的数字化、集团化和国际化态势，促进气象期刊的科学发展，推动气象科技创新研究，2011年9月组建成立中国气象学会气象期刊工作委员会，挂靠中国气象学会秘书处文献期刊部，全国有38家气象科技期刊加盟，其中核心刊物14家，委员会成员合计74人，气象科技期刊集群化建设取得新突破。气象期刊工作委员会以加强气象类科技期刊的沟通和交流、引领和促进气象刊物的发展为宗旨，通过搭建交流平台、整合信息资源、推动协同行动，探讨气象期刊集团化和国际化发展的战略选择、气象刊物数字网络化建设的趋势与对策，了解和把握未来国内和国际期刊的改革与发展方向，提升我国气象期刊的总体发展水平，提高气象科技期刊编辑的业务能力，更好地服务和推动气象科技创新。

2011年9月中国气象学会气象期刊工作委员会成立大会代表合影

气象期刊工作委员会自成立以来，先后在福建厦门、沈阳、北京等地举办气象期刊展、专题讲座和编校规范研讨会等活动，建立长效沟通机制，探讨起草气象期刊编校规范，组织优秀编辑为广大气象科技作者提供论文投稿和写作技巧讲座等，引领气象期刊集群化发展。2013年，联合汤森路透集团举办以"快乐写作，轻松投稿——SCI在科研中的价值与应用"为主题的讲座，汤森路透集团代表介绍了Web of Science数据库在科技论文写作中的应用和文献检索技巧，以及科研文献管理软件Endnote的使用方法，讲座取得了良好的效果。2014年，协助中国气象局办公室完成全国省级刊物调研，并联合召开中国气象局学术期刊认定评审会，顺利完成中国气象局学术期刊认定评审工作。

2015年完成气象期刊工作委员会换届，本届委员会包括22名专家代表和43名编辑代表，涵盖全国48家气象期刊。征集确立了气象期刊联盟标识，建立了期刊联盟网页。与中国知网合作讨论制定了气象期刊优秀论文的评选标准。2015年，在第32届中国气象学会年会期间组织举办期刊展，共有11家期刊参展，参展期刊通过海报、宣传册和样刊等，向与会代表宣传期刊，扩大期刊影响。美国气象学会期刊出版部也带来了样刊和宣传材料参展，期刊展成为中国气象学会年会展会的重要组成部分。2016年，派员参加美国气象学会年度出版会议，学习美国气象学会的管理理念和出版技术，探讨与美国气象学会技术支持公司进行合作、提升我国气象英文期刊出版质量的可能性。2017年，在河南郑州举办大气科学论文写作与创新研究讲座，讲座以专题报告和互动问答的形式开展，百余人参会。会后，20多位气象类期刊的编辑参加了数字出版合作策略讨论会，参会代表讨论了与中国知网数字合作出版有关事宜，明确了与中国知网数字合作出版中可能出现的问题和应对策略等。2018年，在安徽合肥组织召开气象科技论文诊断会，会议为参会代表提供了具体实用的科技论文写作指导。2023年，在广东珠海举办气象科技期刊发展提升交流研讨会，30余种气象期刊参会，共同探讨学术期刊高质量发展之路，同时举办期刊海报展和"专家—作者—编辑"面对面座谈，加深期刊编辑与专家、作者及读者的交流，进一步提升期刊的专业影响力。

气象期刊工作委员会自成立以来，围绕气象科技期刊论文学术评价准则、气象期刊编校质量评价、气象期刊审稿和编校流程的优化和规范、气象期刊的数字化和网络化建设、气象期刊网上期刊联盟和刊物资源共享、气象期刊的国际化发展等方面开展工作。组织和引领气象行业期刊和同仁，共同商讨气象期刊的发展，提高了气象期刊的整体办刊水平，推动了气象期刊集团化和国际化发展。

五、《气象知识》

《气象知识》创刊于1981年，是目前唯一一份以宣传气象科技和防灾减灾知识为主要任务、国内外公开发行的全国性气象科普期刊。

创办《气象知识》的构想始于1978年。特别是全国科学大会的召开，受到邓小平同志"树雄心，立大志，向科学技术现代化进军"的鼓舞，创办《气象知识》科普期刊提上了议事日程。

1978年6月30日，中央气象局办公会议研究并形成决议，确定《气象知识》由中国气象学会主办，出版月刊，公开发行。《气象知识》的创刊工作全面推进。

在1979年6月29日召开的中国气象学会科学普及工作委员会主任会议上，主任委员陈少峰宣读了国家科委关于批准中国气象学会创办科普期刊《气象知识》的文件。

1980年3月5日，中国气象学会秘书处就《气象知识》试刊的征稿、特约通讯员的确定和试刊的选题计划发出1号文件。其后，组建了《气象知识》编委会，连续3次召开编委会会议，专题讨论《气象知识》创刊的筹备工作。《气象知识》编辑部由中国气象学会秘书处负责组建，先后从中国气象局各单位和京外调集了一批有经验的编辑人员。1980年11月17日，召开《气象知识》编委会第三次扩大会议，明确办刊方向和选用稿件实行三审制的原则，即责任编辑负责初审、主编负责复审、最后经编委把关审定的三审制度。会议就编委会、编辑部的职责和编委分工作出相关决定，并审定了《气象知识》第1期的内容。

1981年2月25日，《气象知识》第1期正式出版发行，第一个全国性的气象科普期刊就此创刊。《气象知识》由科学普及出版社出版，国内外公开发行。发行数第1期为14981份，至第4期增加到17323份。1982年发行的《气象知识》则达到20556份。由于各方面的原因，创刊初期的《气象知识》杂志为季刊，每年出版4期。1982年5月14日，在国家气象局召开了在京编委会会议，研究确定从1983年开始《气象知识》改成双月刊。

1984年,《气象知识》编辑部开展了第一次"天气与我们"知识竞赛,并于1984年第6期公布了荣获知识竞赛一、二、三等奖名单。此后,《气象知识》又组织了两次"学气象"知识竞赛,有7000多人参加。

1985年12月,《气象知识》编辑部与气象出版社合作组织出版《气象知识》丛书一套,共18册,每册约5万字。

1986年、1988—1989年,《气象知识》先后举办了两次气象摄影竞赛,集中了近500位气象摄影爱好者的艺术创作,汇集了各类作品1300件。

为提高办刊质量,提高刊物的科学性、知识性,从1988年起每年开展优秀作品评比活动。

1988年1月19—20日,《气象知识》编委会在北京召开第二次会议,参加会议的编委共17人。会议听取了主编1987年工作情况小结和1988年工作设想的汇报;重申每位委员一年写1篇文章、提两条建议、出3个选题的要求。

1989年,《气象知识》编辑部荣获中国气象学会"第三届气象科普先进集体"称号。

1996年,《气象知识》获中央宣传部等单位联合评选的优秀期刊二等奖。

1990年,在《气象知识》创刊10周年前夕,国务委员宋健、中国科协副主席裴丽生及气象界的老前辈叶笃正、谢义炳、陶诗言、章基嘉都为《气象知识》题词。宋健题词为:"普及气象知识,增强人民与大自然奋斗的能力。"这些题词刊登在1991年《气象知识》第1期上。

1992年,《气象知识》因不断追求期刊质量的提高,获得由国家气象局颁发的"全国首届优秀气象期刊二等奖"。同年,《气象知识》编辑部与科学普及出版社联合编辑出版了《大气探秘》《盟友,还是敌人》《人类的永久伙伴》《晴雨冷暖话丰歉》《得天者独厚》一套5本科普知识丛书,全套80万字,印制1万套后,又重印一次。

1993年6月15日,中国科学技术协会宣字274号文件批复,同意成立中国气象学会《气象知识》杂志社,以改善《气象知识》的经营管理。

1996年,《气象知识》认真贯彻落实中共中央办公厅、国务院办公厅印发的《关于加强科学技术普及工作的意见》,对《气象知识》在栏目、内容、版式、目录、纸张档次上作了较大的调整。改版后的《气象知识》栏目得到扩充、版式更加新颖、内容更加贴近读者。

1997年3月,《气象知识》荣获中共中央宣传部、国家科委、新闻出版署联合颁发的第二届"全国优秀科技期刊二等奖"。同年4月和9月,又分别荣获中国科学技术协会颁发的"中国科协优秀科技期刊二等奖"和中国气象局、中国气象学会联合命名的"全国气象科普先进集体"称号。

2003年，《气象知识》在刊载文章质量不断提高的同时，版面由大16开内文黑白印刷改为大16开全彩色印刷，页码40页，一举改变了原来的面貌。期刊栏目设置更为科学，版面上获得更大的空间，内容更为丰富，表现力也得到了极大提升。大大缩小了与国内同类期刊的差距，受到广大读者的欢迎。与此同时，《气象知识》扩版的准备工作也基本落实。

《气象知识》按照贴近社会、贴近生活和贴近读者的原则，积极探索按照市场规律和市场机制办刊的新思路，并于2004年再次进行了改版，页码增加至64页，大量刊载气象防灾减灾、应对气候变化和社会公众关心的气象"热点"问题等方面的文章，图文并茂，焕然一新。

2006年5月，中国气象局授予《气象知识》编辑部"全国气象科技工作先进集体"荣誉称号。

2008年12月，中国气象局下发《关于中国气象学会秘书处挂靠中国气象科学研究院管理的通知》（气发〔2008〕493号），将中国气象学会秘书处挂靠中国气象科学研究院管理，原中国气象学会秘书处所属的《气象知识》编辑部划归中国气象局公共气象服务中心管理。2010年，中国气象学会成为《气象知识》第二主办单位。

第七节　科技奖励和人才举荐

为奖励在气象领域做出杰出贡献的个人、组织，充分发挥中国气象学会人才和学科优势，中国气象学会设立涂长望青年气象科技奖、邹竞蒙气象科技人才奖、大气科学基础研究成果奖和气象科学技术进步成果奖。中国气象学会理事会下设的气象科技奖励与人才工作委员会负责中国气象学会设立的各类科技奖励的评审工作，同时在中国科协的指导下，按照要求积极开展各类人才举荐和项目推荐工作，举荐的气象行业专家和学者得到了中国科协等相关部门的认可，在改进和提高气象学会自身服务能力，壮大气象学会综合实力和社会影响力等方面取得了较好成绩。

一、气象学会科技奖励

1. 涂长望青年气象科技奖

1984年9月19日召开的第二十届理事会常务理事会第五次会议作出专门决议，决定设立中国气象学会青年气象科技奖，用于奖励35岁以下有突出成绩的青年气象科技工作者。经第二十届理事会常务理事会审议，通过了《中国气象学会青年气象科技奖试行条例》，并于1985

年1月20日正式颁布实施。

1986年12月19日召开的第二十届理事会第四次全体会议上，兼任青年气象科技奖评选委员会主任的谢义炳副理事长提出临时动议，建议将"青年气象科技奖"更名为"涂长望青年气象科技奖"，以缅怀涂长望同志对我国气象科学的发展和气象事业的建设做出的重大贡献，这个动议得到与会全体理事的一致赞同。更名后的涂长望青年气象科技奖每两年评选一次。该奖已在科技部备案。曾被世界气象组织秘书长誉为中国气象界最有影响力的奖项。

涂长望青年气象科技奖自设立以来，先后四次修改《涂长望青年气象科技奖条例》，为提高该奖的影响力，获奖名额每届减至5名，奖金为4000元。截至2024年，共开展了17届评选，共计131人获此殊荣（名单见附录四）。

2. 邹竞蒙气象科技人才奖

为纪念邹竞蒙同志为中国气象事业做出的杰出贡献，根据邹竞蒙同志的生前意愿，在征得其家属同意后，中国气象学会特设立邹竞蒙气象科技人才奖。奖励"在中国从事气象科研、业务、管理以及气象科技创新、教育培训、科普、宣传等工作中做出突出贡献的优秀气象科技工作者"。奖励每两年评选一次，每次授予人数不超过6名，其中海外华人1名，奖金为2万元。2008年2月25日，经科技部批准同意设立该奖项。首届邹竞蒙气象科技人才奖的评选工作于2008年5月22日正式启动，截至2024年，共开展了6届评选，共计32人获此殊荣（名单见附录五）。

3. 大气科学基础研究成果奖和气象科学技术进步成果奖

2015年2月，中国气象学会第二十八届理事会常务理事会第二次会议审议同意在现有针对人才奖励的基础上，新设针对基础研究、气象科技进步方面的成果奖项，并充分考虑与承接中国气象局气象科技成果转化奖的整合事宜，形成中国气象学会有关基础研究、技术开发和成果转化等科研成果的奖励体系，与国家奖励有效衔接。

2015年3月，中共中国气象局党组决定，将中国气象局气象科技成果转化奖评选工作转移给中国气象学会承担，纳入中国气象学会新增奖项中统筹设计；4月，第二十八届理事会常务理事会第三次会议审定并通过了《大气科学基础研究成果奖奖励办法（试行）》和《气象科学技术进步成果奖奖励办法（试行）》；7月，组织完成了气象科学技术进步成果奖评审工作。由于中国气象局气象科技成果转化奖与学会气象科学技术进步成果奖两奖合并，本次评审工作主要针对中国气象局2014年科技成果转化奖推荐项目展开。

2016年1月，第二十八届理事会常务理事会第五次会议同意从2016年起全面启动中国气象学会大气科学基础研究成果奖、气象科学技术进步成果奖的组织推荐和评审工作。2017年5月，大气科学基础研究成果奖和气象科学技术进步成果奖在国家奖励办完成登记备案工作。截至2024年，已完成3届大气科学基础研究成果奖（共计9项成果荣获）和4届气象科学技术进步成果奖（共计43项成果获奖）的推荐评审工作（名单见附录六、附录七）。

二、开展各类人才举荐工作

在中国科协的指导下，中国气象学会发挥组织优势，为国家举荐高层次人才，开展了中国科学院院士、中国工程院院士、国家科学技术奖、光华工程科技奖、全国创新争先奖、全国优秀科技工作者和全国杰出科技人才、中国青年科技奖、中国青年女科学家奖和未来女科学家计划、青年人才托举工程、中国生态环境十大科技进展等科技和人才奖项的推荐工作。具体如下：

1. 两院院士

根据中国科学院、中国工程院、中国科协关于两院院士推荐工作的有关要求，组织完成了历届两院院士候选人的推荐评选工作。1995年中国气象学会推荐的巢纪平先生当选中国科学院院士。2009年中国气象学会推荐的徐祥德研究员当选中国工程院院士。

2. 全国创新争先奖

全国创新争先奖由中国科协、科技部、人力资源社会保障部、国务院国资委共同主办，表彰在基础研究和前沿探索、重大装备和工程攻关、成果转化和创新创业、社会服务等方面做出突出贡献的集体和个人。评选周期为3年，2017年开展首届评选表彰，中国气象学会推荐的张强（甘肃省气象局）和陆其峰（国家卫星气象中心）两位研究员荣获"全国创新争先奖"。

3. 中国青年科技奖

中国青年科技奖由中共中央组织部、人力资源社会保障部、中国科协、共青团中央共同主办，旨在表彰在国家经济发展、社会进步和科技创新中做出突出贡献的青年科技人才。中国青年科技奖评选周期为2年，每届获奖者不超过100名。该奖项已评选17届，经中国气象学会推荐的共14位青年科技工作者获此殊荣，名单如下：

第一届：**谭晓光**（北京市气象局）、**金飞飞**（中国科学院大气物理研究所）

第二届：**穆　穆**（中国科学院大气物理研究所）

第三届：吴北婴（女，中国科学院大气物理研究所）

第四届：谈哲敏（南京大学大气科学系）

第五届：假　拉（西藏自治区气象局）

第六届：郄秀书（女，中国科学院兰州高原大气物理研究所）

第八届：张人禾（中国气象科学研究院）

第九届：李建平（中国科学院大气物理研究所）

第十届：王自发（中国科学院大气物理研究所）

第十一届：王劲松（国家卫星气象中心）、范　可（中国科学院大气物理研究所）

第十四届：王开存（北京师范大学）

第十七届：袁　星（南京信息工程大学）

★★★ 4．中国青年女科学家奖 ★★★

中国青年女科学家奖由中国科协、全国妇联、中国联合国教科文组织全国委员会共同主办，旨在表彰面向世界科技前沿、面向经济主战场、面向国家重大需求、面向人民生命健康，在相关科技创新领域做出突出贡献的青年女科技工作者和团队。

中国青年女科学家奖设立于 2004 年，评选周期为 1 年。**2013 年由中国气象学会推荐的北京大学孟智勇教授获此殊荣。**中国青年女科学家奖团队奖设立于 2019 年，评选周期为 1 年。**2020 年由中国气象学会推荐的国家卫星气象中心"风云卫星高精度定标与定位技术"团队获此殊荣。**

★★★ 5．全国优秀科技工作者和全国杰出科技人才 ★★★

全国优秀科技工作者是中国科协于 1997 年设立的面向广大科技工作者的奖项，每两年评选一次，中国气象学会推荐入选的人员如下：

1997 年：卞林根（中国气象科学研究院）

　　　　李希哲（国家卫星气象中心）

2010 年：王劲松（女，中国气象局兰州干旱气象研究所）

　　　　张义军（中国气象科学研究院）

　　　　胡秀清（国家卫星气象中心）

2012 年：陈云峰（气象出版社）

　　　　除　多（西藏高原大气环境科学研究所）

　　　　　　高学杰（国家气候中心）
2014年：刘健文（空军装备研究院气象所）
　　　　　　张　强（甘肃省气象局）
　　　　　　陆其峰（国家卫星气象中心）
2016年：沈学顺（国家气象中心）
　　　　　　苗爱梅（山西省气象台）
　　　　　　范　可（中国科学院大气物理研究所）
　　　　　　费建芳（中国人民解放军理工大学）

2015年，经中央批准对这一奖项进行改革，全国优秀科技工作者奖表彰名额为500名，新增全国杰出科技人才子奖项，获奖名额为10名。2016年，中国气象学会推荐的南京信息工程大学廖宏教授荣获"全国杰出科技人才"称号。

★★★ 6. 青年人才托举工程 ★★★

中国科协青年人才托举工程（以下简称"青托工程"）是中国科协赋能全国学会、面向32岁以下的青年人才，创新遴选机制和培养模式，打造国家创新人才后备队伍的一项人才服务项目。青托工程于2015年10月启动，每年评选一批，给予每人每年15万元（10万元）连续3年的资助。由中国气象学会推荐入选的人员如下：

第一届：李　菲（中国科学院大气物理研究所）
　　　　陈昊明（中国气象科学研究院）
第二届：李　婧（北京大学）
　　　　陈尚锋（中国科学院大气物理研究所）
第三届：燕　青（中国科学院大气物理研究所）
　　　　刘　超（南京信息工程大学）
第四届：朱志伟（南京信息工程大学）
　　　　杜　宇（中山大学）
第六届：成里京（中国科学院大气物理研究所）

★★★ 7. 中国生态环境十大科技进展 ★★★

在中国科协指导下，中国科协生态环境产学联合体（以下简称"联合体"）于2019年开展了"中国生态环境十大科技进展"推荐工作，截至2024年，中国气象学会推荐的四项成果入选。

2019 年：我国近地表臭氧污染加剧成因及协同控制策略，该成果由南京信息工程大学环境科学与工程学院廖宏教授团队及其合作者完成。

2020 年：第三次青藏高原科学试验——边界层与对流层观测，该成果由中国气象科学研究院赵平研究员及其他合作者完成。

2021 年：卫星遥感碳核算系统和中国碳卫星全球高精度碳产品，该成果由中国科学院大气物理研究所刘毅研究员及其他合作者完成。

2022 年：西北地区气候暖湿化增强东扩及其重要环境影响，该成果由甘肃省气象局张强研究员及其他合作者完成。

三、其他工作

中国气象学会气象科技奖励与人才工作委员会在历届理事会的指导下继续加强和完善学会奖励制度，制定并不断完善各类奖励办法，规范奖励程序，增加奖项设置，扩展举荐渠道，持续稳步地推进表彰奖励与人才举荐工作。

2015 年中国气象学会在线评奖系统建成，2016 年正式上线并试运行，经过两年多的升级改造现已成熟。目前，中国气象学会设立的涂长望青年气象科技奖、邹竞蒙气象科技人才奖，以及大气科学基础研究成果奖和气象科学技术进步成果奖均已实现在线填报、在线评审和在线投票等功能，提高了评审的质量和效率，节约了一定的人力、物力。同时，在评奖系统中进行了专家库建设，在中国气象局现有专家库的基础上对学会下设学科委员会专家和期刊专家库信息进行了收集、整理，完成了专家库比对和查重工作，现有专家库人数达 1400 余名，为在线评审专家选择和随机抽取提供了很大的便利。

第八节　国际民间气象科技交流

气象工作的特点和学会工作的特质决定了开展国际交流的必要性。中国气象学会从其创建起就十分关注民间渠道的国际交流与协作。中国气象学会利用特殊的地位和优势，开展了广泛的国际科技交流活动，构建了民间气象科技交流平台。近年来，中国气象学会积极开展国际民间气象科技合作与交流活动，通过"走出去、请进来"，努力探索国际民间气象合作交流的新途径，学会工作国际化水平得到了新的提高，有力地支持了中国气象事业持续稳定发展。

一、中美交流

美国是世界气象强国,美国气象学会也是国际上最具影响力的学会组织之一。开展与美国气象学会的交流与合作,对于中国气象学会发展民间渠道的交流与合作具有重要意义。为此,在学会重新恢复活动的初期,就注重发展两国学会间的交流。

1974年和1975年中美两国气象学会实现互访,促进了中美之间的气象交流与合作,为今后中美双方在气象领域的进一步合作和交流打下了良好基础。随后多年,双方气象学会的交流不断扩大和深入,并推动了政府间气象领域的合作与交流,取得了丰硕的成果。

1979年6月18日—7月2日,以会长牛顿博士为团长的美国气象学会代表团一行16人应邀来访。叶笃正理事长会见并宴请美国代表团。美方向中国气象学会赠送纪念品——1768年美国独立战争起源地的金属碗(复制品)1个,上面刻有"为了友谊,美国气象学会赠给中国气象学会"的词句。访问期间,团长牛顿博士作题为《北美强雷暴的某些特征》的学术报告,其他成员也分别作了《人工影响天气》《大气边界层》《美国国家海洋和大气管理局工作及气象业务展望》《目前美国国家气象局数值天气预报业务》等学术报告,国内气象科技人员从中了解到美国和国际气象科技的发展趋势。代表团在北京参观了中央气象台和通信台、北京大学和中国科学院大气物理研究所,代表团部分成员还分别由谢义炳副理事长等陪同去广西桂林访问,吴学艺副理事长陪同去陕西西安、山西太原访问。

同年9月25日—10月9日,以叶笃正理事长为团长的中国气象学会代表团一行11人回访美国气象学会。代表团在美受到热情接待,先后参观了美国气象学会总部、美国国家海洋和大气管理局的国家天气中心等16家单位,4名团员在美作了8场学术报告。通过访问,了解了美国气象学会的组织架构和运作方式,以及美国气象业务组织、科研、教育和气象业务的发展情况;共同探讨了美国一些大学接受中国选送气象进修生、研究生的可能性和途径,并接受美方赠送的气象教材。

1982年,中国气象学会在四川成都召开全国会员代表大会暨1982年学术年会。美国气象学会主席、美国国家气象局局长、中美大气科技合作组美国气象代表团团长郝尔格伦等4位专家应中国气象学会邀请出席大会,并分别作了《美国气象学会介绍和90年代美国天气学研究的展望》《气象与农业》《美国航天局关于平流层的研究》《美国科学基金会关于航空天气的联合研究》等报告。大会期间,中美气象学会还就开展进一步的合作进行了磋商。

1984年3月20—24日，由中国气象学会、美国气象学会、国家气象局、中国科学院、美国国家科学基金会、美国海洋大气局在北京联合召开国际青藏高原和山地气象学术讨论会。来自世界气象组织等15个国家和组织的48名代表及中国的49名专家参加会议。会议共交流55篇学术报告，主要内容有：青藏高原气象科学试验、阿尔卑斯山试验以及美国能源部关于复杂地形的大气研究等野外观测结果；关于高原及山地天气系统方面的研究有500百帕高原低涡、背风坡气旋及局地天气现象；还有关于高原及山地对大尺度环流的影响、高原及邻近地区加热场分布方面的观测、分析与模拟研究及关于数值预报模式中的地形影响等方面的研究报告。其中，中方提供的20篇论文都是我国1979年5—8月进行的青藏高原气象科学试验的成果，充分展示了我国在青藏高原和山地气象研究方面对国际气象学发展做出的贡献。

1985年10月，美国气象学会主席莫瑞诺博士偕夫人以及秘书长斯潘格勒夫妇来华讲学和访问，与学会理事长叶笃正、国家气象局局长邹竞蒙商讨台湾地区中尺度气象试验的有关事宜，就两国气象学会联合召开国际大气辐射会议进行商讨，并就各自会员加入对方学会有关问题达成原则协议。此前，国家气象局党组第三十一次会议研究了中国气象学会呈送的中美气象学会会谈方案请示的3个问题，同意在双方对等互利的原则下，中美气象学者加入对方气象学会互免会费。同年12月，中国气象学会批准美国和境外的8名学者为中国气象学会通讯会员。

1986年8月26—30日，由中美两国气象学会共同发起，得到世界气象组织、国际气象学与大气物理学协会、国家气象局共同资助的北京国际辐射会议在北京召开。参加会议的有来自中国、美国、澳大利亚、加拿大、法国、德国、意大利和日本的112位科学家，会议报告了108篇论文，主要反映关于辐射收支和青藏高原的辐射收支、大气遥感、云、辐射与气候、大气气溶胶与辐射、辐射测量和大气微量气体、大气化学与气候等方面的国内外最新研究成果。会议名誉主席由叶笃正教授和美国科罗拉多大学J.London教授担任，中国气象学会大气物理专业委员会主任委员周秀骥教授和美国犹他大学气象系廖国男教授担任大会执行主席。

为纪念中美气象学会恢复交往15周年，1989年4月25日—5月7日，由本顿率领的多位美国气象学会前主席夫妇组成的访问团来华访问。访问团的成员都是为推进中美气象学会交往合作做出突出贡献的老朋友。访问团先后访问了广州、昆明、桂林、重庆、武汉、北京。期间，访问团还参加了中美大气科技合作议定书签订10周年纪念仪式，参加了中美气象学会与世界气象组织联合主办的第五次人工影响天气国际会议开幕式，举行了中美两会的乒乓球比赛。

应美国气象学会的邀请，以洪钟祥为团长的中国气象学会代表团一行5人于1995年1月

14—21日,出席在得克萨斯州达拉斯城举行的美国气象学会第75届年会。代表团实地学习了美国气象学会组织年会的做法和经验。会议期间举办了两个讲座、13个专题报告会或讨论会,与会代表2200多人。

1998年1月,以理事长邹竞蒙为团长的中国气象学会代表团一行8人应美国气象学会的邀请,参加在"凤凰城"(菲尼克斯市)举办的美国气象学会第78届年会。之后又多次派员参加美国气象学会年会及展会,学习了解美国气象学会的组织和运作,加强学会期刊的国际宣传,提升中国气象期刊的形象,加强中美气象科研成果的交流。2010年1月17—22日,组团参加在美国佐治亚州亚特兰大市举办的美国气象学会第90届年会。2014年2月2—6日,应美国气象学会邀请,学会秘书处派员参加第94届美国气象学会年会,学会主办期刊 *Journal of Meteorological Research*(JMR)首次参加了美国气象学会年会展会。2015年1月3—9日,派员参加第95届美国气象学会年会及展会,更多地了解美国气象学会年会和展会的运作机制,为中国气象学会的改革发展提供了借鉴,为中美两国气象学会的合作交流拓展了渠道。

长期以来,中美气象学会在推动气象科学学术交流等方面建立了良好的合作关系,2015年1月,在"中国科技期刊国际影响力提升计划"项目资助下,期刊部两位代表参加了美国气象学会(AMS)年会,并与AMS理事长和秘书长进行了会谈。为进一步推进两个学会间的合作交流,推动中美气象科技工作者在学术交流、文献互换、期刊交流、会员互认等方面的工作,2015年3月,中美气象学会签署了合作协议。同年10月13—18日,美国气象学会2014年主席William Gail博士、美国气象学会秘书长Keith Seitter博士一行8人应邀访问中国气象学会,进行了为期6天的交流访问活动。期间,10月14—15日,美国气象学会代表团成员应邀出席中国气象学会在天津主办的大气科学前沿发展暨JMR/气象期刊编辑作者研讨会,会上,美国气象学会代表团成员介绍了美国气象期刊的总体情况和运作模式,中、美编辑同仁就期刊的出版周期、期刊影

2015年10月中美气象学会在天津座谈

响力计量指标界定等问题进行了互动交流。10月16日，中美两国气象学会召开座谈会，双方就会员、学术交流、期刊交流等方面的具体合作事项做了进一步探讨。

2016年1月10—14日，派员参加第96届美国气象学会年会及展会。年会期间，中国气象学会副理事长胡永云教授、学会秘书处期刊部主任伊兰博士参加了国际气象学会论坛第四次会议，交流了中国气象学会近年来的工作进展，对成立国际气象学会有关事宜发表了看法。同年5月23—29日，首次派员参加美国气象学会出版委员会年会，与美国气象学会期刊同行进行深度交流，会议共有来自美国气象学会的70余位代表参会。8月17日，美国气象学会理事长Frederick H. Carr及会员薛明、张贵富等利用参加美华海洋大气学会（COAA）会议之机顺访中国气象学会，中国气象学会副理事长胡永云教授、秘书处期刊部主任伊兰博士等参与接待，双方就中美气象学会合作协议签署以来的有关工作进展进行了交流，对共同组织学术会议、加强期刊合作、做好会员服务等方面的工作进行了讨论。

2016年5月，中国气象学会气象期刊工作委员会派员参加美国气象学会（AMS）出版委员会年会。这个会议定位为工作会议，之前不对外。2015年10月，AMS期刊出版代表团参加天津中国气象学会年会期刊分会场之后，美国同行对中国气象期刊有了更多

2016年5月气象期刊委员会访问AMS出版部

了解，并且看到了双方合作的潜势。两位中国代表这次应邀参会属于回访，加强了中、美气象期刊同行在具体工作层面上的沟通和交流。会议期间，中国代表参加了AMS出版策略指导委员会会议，了解目前其期刊出版的发展思路和改进举措；参加AMS出版委员会年会，了解其期刊出版的现状、其所属各知名期刊2015年度报告、工作计划、营销策划等；实地考察AMS期刊出版部的编辑生产加工各环节，充分了解其期刊出版工作流程和效率，与AMS期刊同行进行深度交流；与AMS会刊（BAMS）主编Jeff Rosenfeld博士进行单独会谈，了解该栏目设置背后的宗旨和理念及其独特的传播手段，探讨中、美气象学会期刊开展合作的可能性；与AMS技术经理Brian Papa博士及AMS期刊生产制作公司Sheridan集团代表进行会谈，了解AMS期刊的外包服务流程和先进的技术手段和数字出版趋势；与部分期刊的主编（如Journal of Atmospheric and Oceanic Technology 主编 William Emery 博士和 Luca Baldini 博士）进行交流。两位代表深入学习了 AMS 先进的管理理念、高效的工作流程、丰富的办刊经验、前沿的生产技术和科学传播手段，为中国气象期刊的发展带回诸多有益启示和借鉴。

2017 年 1 月 22—26 日，派员参加第 97 届美国气象学会年会及展会。2018 年 1 月 7—11 日，派员参加第 98 届美国气象学会年会及展会，期间中美气象学会代表进行了交流会谈，商讨了未来中美气象学会合作事宜，并就推动国际气象学会论坛健康发展有关事宜进行了探讨。2020 年 1 月 12—16 日，派员参加第 100 届美国气象学会年会及展会，作为独立参展单位，在展会现场设置期刊展位，进行期刊国际宣传，推介学会主办期刊，展示中国气象科学研究最新进展与成果，扩大中国气象学会及中国英文气象期刊的国际影响力。2021 年 3 月，中美气象学会就 2015 年签署的合作协议进行了续签。

2024 年 1 月 28 日—2 月 1 日，派员参加第 104 届美国气象学会年会及展会，进行期刊国际宣传，学习探索与国际气象组织联合举办国际研讨会的可能模式。期间，还与美国气象学会期刊部门负责人就双方刊物发展情况进行深入交流。

二、中日韩交流

1982 年 5 月 26 日，叶笃正理事长应邀出席日本气象学会成立 100 周年庆祝大会。同年 9 月 27 日—10 月 9 日，日本气象学会理事长、日本东京大学理学部地球物理系主任岸保勘三郎教授来华进行学术交流。同年 10 月 18—22 日，日本气象学会在日本筑波举行热带气象区域科学会议。中国气象学会派 3 位代表出席，并在会上宣读了一篇有关台风研究的论文。

1984 年 10 月 6—19 日，以日本气象学会理事长山元龙三郎为团长的日本气象学会代表团应邀来访。团员有原理事长野谦治、岸保勘三郎、日本气象厅气象研究所所长竹内清秀、九州大学教授瓜生道也、北海道大学教授菊地腾弘、日本气象协会关西本部调查部次长陈介臣博士。中国气象学会副理事长章基嘉、谢光道会见了代表团，代表团向中国气象学会赠送了一台计算机。代表团参观访问了北京气象中心、大气物理研究所和北京大学地球物理系，并在北京举行了学术报告。代表团在江苏南京参加了中国气象学会成立 60 周年纪念活动，期间还访问了江苏省气象局、南京大学气象系、南京气象学院、紫金山天文台。

1985 年 10 月 17—31 日，应日本气象学会邀请，以章基嘉为团长的中国气象学会代表团一行 5 人访问日本。代表团先后访问了札幌管区气象台、北海道大学低温科学研究所、千岁航空测候所、东京大学、日本气象厅、日本卫星气象中心、筑波气象研究所、筑波大学、名古屋大学水圈研究所、京都大学理学部和防灾研究所、大阪管区气象台、高安山雷达站、大阪机场航空测候所，并参加了日本气象学会秋季大会。代表团成员在日本分别举行了学术报告活动。此次访问是1984年日本气象学会参加中国气象学会60周年纪念活动的回访。

2004年10月，在中国气象学会80周年庆祝大会期间，中日韩3国气象学会举行了三方会谈，就加强交流与合作的途径、方式与内容达成了多方面的共识。根据三方达成的协议，中日韩三国气象学会轮流主办中日韩气象学会联合研讨会。2005年和2006年的第一、二届中日韩气象学会联合研讨会分别由日本和韩国气象学会承办。2007年11月14—16日，第三届中日韩气象学会联合研讨会在北京举行，由中国气象学会主办、中国气象科学研究院承办，210人参会。研讨会期间，三国气象学会商定，将每年一次的联合研讨会变更为每两年一次。第三届中日韩气象学会联合研讨会的成功召开促进了三国气象部门专家间的交流，增进了友谊，加强了相互了解，在三方相互之间已有的良好双边合作的基础上，将这一多边合作与交流平台提高到一个新的水平。

2004年10月中国气象学会理事长伍荣生与日本及韩国气象学会理事长会谈三国气象学会合作事宜

2007年第三届中日韩气象学会联合研讨会代表合影

2009年,第四届中日韩气象学会联合研讨会在日本举行。研讨会原计划于5月26—28日在日本筑波举行,由于H1N1流感在日本的暴发,被推迟至11月8—9日。中方有94人报名参会,由于日期变更,实际参会人数不足30人,中国气象学会副理事长李崇银参会致辞并作特邀报告,学会秘书处也派员参加了会议。

2011年10月24—26日,第五届中日韩气象学会联合研讨会在韩国举行。由于研讨会时间与第28届中国气象学会年会时间间隔很近,学会秘书处未能派员与会,理事陆日宇代表中国气象学会致辞,部分国内代表参加研讨会并作报告。

2013年10月24—25日,第六届中日韩气象学会联合研讨会在中国南京信息工程大学举行。来自中国、韩国、日本的专家学者150余人参加会议。本届研讨会与第30届中国气象学会年会同期举办。中国气象学会副理事长、北京大学胡永云教授主持开幕式,张人禾理事、韩国Soonchang Yoon教授、日本Hiroshi Niino教授在开幕式上致辞。在此次联合研讨会期间,三国气象学会负责人召开了工作会议,商议将中日韩三国气象学会联合研讨会更名为亚洲气象大会(Asian Conferenceon Meteorology,ACM)。

2015年4月5—8日,受中国气象学会王会军理事长邀请,韩国气象学会Joong-Bae Ahn会长一行5人访问中国气象学会,并参加中韩气象学会第一次联合座谈会。在会上,王会军理事长与Joong-Bae Ahn会长共同签署了座谈会纪要。会谈纪要的签署,对今后促进双方合作交流,尤其是青年科学家的交流将起到积极作用。座谈会后举行了学术报告会,韩国气象学会代表团为来自中国气象科学研究院、国家气象中心、中国科学院大气物理研究所等单位的40余位科研人员作了学术报告。在北京期间,韩国气象学会代表团先后访问了中国科学院大气物理研究所、北京大学、中国气象科学研究院。

2015年10月26—27日,由中日韩三国气象学会共同主办的第一届亚洲气象大会在日本京都大学举行。会议由日本气象学会承办。来自中国、韩国、日本的专家学者200多人参会,其中中国学者有75人。日本气象学会理事长Hiroshi Niino教授、中国气象学会副理事长胡永云教授和韩国气象学会理事长Joong-

2015年第一届亚洲气象大会上中日韩三国气象学会理事长会议签署会议协议

2015年第一届亚洲气象大会与会代表合影

Bae Ahn 教授分别在开幕式上发表致辞。会议设3个分会场，安排了3个大会报告，一批青年学者和研究生参加了会议，展现了良好的学术和精神风貌。

2016年8月3日，日本气象学会新任理事长 Iwasaki 先生、秘书长 Masahiro Watanabe 先生以及韩国气象学会新任理事长 Myong-In 先生、秘书长 Myongin Lee 先生借在北京参加 AOGS 国际会议之机顺访中国气象学会，中国气象学会副理事长胡永云教授、秘书长翟盘茂研究员参与接待，三方就加强三国气象学会之间的沟通交流等共同关心的话题进行了讨论。

2017年10月23—24日，第二届亚洲气象大会在韩国釜山举行，会议由韩国气象学会承办。来自韩国、中国、日本三个国家的参会代表约300人出席了大会开幕式。韩国气象学会秘书长 Myong-In Lee 主持了大会开幕式，东道主韩国气象学会 Byung-Ju Sohn 以及中国气象学会副理事长胡永云、日本气象学会 Toshiki Iwasaki 分别在开幕式上致辞。会议为亚洲国家广大从事气象科研、业务研究及服务的同行搭建了学习交流的平台，促进和扩大了三国气象学会在东亚地区乃至全球的影响。

2017年第二届亚洲气象大会代表合影

2022年11月24日,由中国气象学会承办的第三届亚洲气象大会以线上方式举行,总计近2000人参与。会议开幕式由中国气象学会副理事长胡永云教授主持。大会分为4个分会场,分别围绕气候变化机理与预测、气象卫星发展及应用、极端天气与气候、东亚大气污染中的理化过程四个主题进行交流研讨。来自中日韩三国的24名青年学者作了特邀报告,并与参会的国内外学者在线上进行了热烈讨论。会议同时设置了线上墙报展示环节,共有60余名青年学者投稿。

三、中瑞交流

1982年3月21日—4月9日,以理事长B·达尔斯特隆为团长的瑞典气象学会代表团应邀来访。国务院副总理万里在人民大会堂会见了代表团全体成员,同他们进行了友好交谈。叶笃正理事长和邹竞蒙、程纯枢、谢义炳、谢光道副理事长等会见了代表团。代表团成员分别在中央气象局、国家海洋局和南京大学作了《瑞典气象业务的改变》《瑞典的数值天气预报》《空气的污染模式及能源研究》《天气雷达技术》《瑞典的天气预报业务》《军事气象服务及海洋活动》等学术报告。代表团参观访问了北京、南京、苏州、青岛、上海、杭州等地。

1983年2月28日,瑞典气象学会授予中国气象学会副理事长程纯枢瑞典气象学会名誉会员称号,以表彰他对中瑞两国、两会气象交流与合作的贡献。

同年6月5—21日,以谢义炳教授为团长、章基嘉教授为副团长的中国气象学会代表团一行10人回访瑞典。代表团访问瑞典的目的有3个:一是专业考察;二是增进友谊;三是促进合作。瑞方对这次接待极为重视,作了精心安排。代表团参观访问了地方、军队、民航、大学、科研、工厂等20家单位,其中有空军天气预报中心、国防研究所的3个空军基地、空军气象学校和空军气象台站等单位。访问期间还进行了学术交流,我方有8名专家宣读了10篇论文,瑞方也宣读了10多篇学术报告。双方还就进一步发展两国气象部门之间的合作进行了会谈。

1983年以谢义炳副理事长为团长的中国气象学会代表团回访瑞典气象学会

1985年3月6日，中国气象学会授予弗雷斯·拉松（Fritz Larson）"中国气象学会名誉会员"称号。拉松是瑞典气象学会前主席、前秘书长、军事气象局的航空气象学家，多年来为促进中瑞两国气象界之间的友好往来做了大量工作。

四、中澳交流

1985年8月1日，澳大利亚海洋专家汤姆·比尔博士受澳大利亚气象与海洋学会的委托，在访华期间专程拜访了中国气象学会，就建立和发展两学会间的联系和友好往来交换了意见。章基嘉、洪世年、彭光宜、陈国范会见比尔博士。比尔博士提出拟派代表团访华。双方互赠纪念品。

1988年7月4—8日，与澳大利亚气象与海洋学会、美国气象学会在布里斯班共同举办澳大利亚国际热带气象会议。中国、澳大利亚、美国、英国、德国、法国、苏联、加拿大、日本、印度、泰国、印度尼西亚、新西兰、乌干达、瓦努阿图、中国香港等16个国家和地区的近200位知名学者参加会议。会议收到论文200余篇。中国大陆有14位学者参加，有8篇论文在会上报告，另有29篇论文以海报形式参加交流。中国台湾地区气象界有两位学者与会。

五、与美华海洋大气学会（COAA）的交流

2001年6月4日，以刘安国博士为团长、张大林教授和郑权安教授为副团长的美华海洋大气学会（Chinese-American Oceanic and Atmospheric Association，简称COAA）代表团一行10人访问中国气象学会。双方介绍了各自学会的组织和活动情况，并就美华海洋大气学会提出的拟于2003年在北京举办第三届全球华人国际大气海洋会议进行了初步探讨。COAA成立于1993年，是一个非政治性、非营利性的科学组织，其宗旨是提高COAA成员的科技水平和职业繁荣，促进全球华人学者间的科学交流、合作和进步，其成员分别来自美国、英国、俄罗斯、加拿大及中国等国家和地区。

2003年12月9日，中国气象学会与COAA在北京签署促进共同发展的备忘录，主要内容包括：联合组织召开国际学术会议；互邀对方代表参加学会年会；鼓励会员参加对方学会；促进双方科学家之间的合作与交流，鼓励双方科学家为对方培养年轻博士科技工作者，鼓励双方合作撰写SCI文章等；在中美双方国家法律、法规的允许下，促进大气和海洋资料、软件和信息的交流和交换，促进资料共享；COAA帮助促进中国气象学会《气象学报（英文版）》的发展，

包括提高其质量，扩大其发行，争取其进入 SCI 杂志库。双方相互交换出版物，联通电子网页等。

2004 年，中国气象学会与中国气象局、COAA、中国科学院大气物理所等单位联合组织召开了全球华人海洋和大气科学大会。自中国气象学会与 COAA 结成姊妹关系以来，一直保持着良好的互动与合作，交流和访问频繁。2016 年 7 月 27 日，2016 年全球华人大气海洋科学大会暨第七届美华海洋大气学会国际大气海洋气候变化会议在北京举办。此次大会由 COAA 主办，

2003 年在北京与 COAA 签订合作备忘录

2016 年第七届国际大气海洋气候变化会议现场

中国气象学会协办，会议围绕大气成分观测、分析与模拟，数据同化，热带气旋，强对流天气与强降雨，降水与水文学，卫星气象学 / 海洋学，季风与热带气象学 / 海洋大气相互作用，海洋过程与模拟等大气、海洋和气候变化等领域若干议题进行了交流与研讨。

六、围绕"一带一路"合作等国家需求开展交流

围绕东盟合作，连续三年协办中国—东盟防灾减灾与可持续发展专家论坛。2015 年 9 月 21 日，第五届广西防灾减灾与可持续发展专家论坛在广西南宁召开。论坛以"做好防灾减灾工作，更好地服务'一带一路'"为主题，深入探讨灾害发生发展的机理和规律，分析灾害的形势，预测灾害的发展态势，提出和制定东盟区域的防灾减灾对策与建议，进一步推动加强东盟地区防灾减灾合作、提高区域防灾减灾能力。近 200 名来自美国、泰国及全国各地的专家、学者参加

2015年第五届广西防灾减灾与可持续发展专家论坛　　2016年中国—东盟防灾减灾与可持续发展专家论坛

论坛。2016年9月11—12日，2016中国—东盟防灾减灾与可持续发展专家论坛在广西南宁召开。来自中国和东盟国家的防灾减灾业务部门、大学、研究机构以及广西科协系统的领导、专家学者共100多人参加论坛，共同研讨区域防灾减灾和可持续发展热点学术问题。2017年9月13—14日，2017中国—东盟防灾减灾与可持续发展专家论坛在广西南宁召开。来自中国、越南、泰国、法国、巴基斯坦等12个国家和中国香港地区的320多名专家学者围绕"加强科技创新，提升防灾减灾水平"主题展开研讨交流。曾庆存、丁一汇、何满潮等17位中外院士和嘉宾在大会上作主旨报告。通过支持举办专家论坛，开展中国和东盟国家在防灾减灾及适应与减缓气候变化方面的学术探讨，对加强和改进防灾减灾工作和更好地服务"一带一路"建设具有深远的意义。

连续3年支持举办第一届至第三届中亚气象科技国际研讨会，加强陆上丝绸之路的气象科技合作交流。首届中亚气象科技国际研讨会于2015年10月12—13日在新疆乌鲁木齐召开。来自中国、澳大利亚、哈萨克斯坦、吉尔吉斯斯坦、塔吉克斯坦5国的气象科技专家就中亚区域天气气候科学问题进行研讨，并签署《中亚气象防灾减灾及应对气候变化乌鲁木齐倡议》，确定在地面观测和科学实验，遥感监测和卫星资料应用，中亚高分辨率数值模式研发，中亚区域基于树木年轮的历史气候研究，未来气候变化预估，干旱和冰雪圈研究等领域加强合作。2016年9月28—29日，第二届中亚气象科技国际研讨会在北京召开。来自中国气象局、中国科学院、南京信息工程大学、兰州大学以及乌兹别克斯坦、塔吉克斯坦、哈萨克斯坦气象水文部门的80多位气象专家齐聚北京，围绕中国和中亚区域气候灾害监测技术、灾害性天气预报预警技术、气候变化及其影响评估、水资源对气候变化的响应等主题展开交流研讨。2017年10月25—26日，第三届中亚气象科技国际研讨会在江苏南京召开。来自哈萨克斯坦、吉尔吉斯斯坦、乌兹别克斯坦、美国、肯尼亚等国家，以及中国气象局、中国科学院、复旦大学、南京大学等单位的专家学者，围绕中亚区域气候灾害监测技术、灾害性天气预报预警技术、气候变化及其影响评估、水资源对气候变化的响应等主题展开交流研讨。通过支持举办中亚气象科技国际研讨会，践行我国"一带一路"倡议，深化与中亚国家的气象科技交流与合作，共同提升应对中亚气候变化和防灾减灾能力。

面向海上丝绸之路、海洋气象科技交流与合作举办国际会议。2016年4月6—9日，由中国气象学会协办的热带气象与海洋科学技术国际研讨会在广东广州召开，来自中国、美国、英国等国的10余位知名专家学者作了特邀报告，来自近20个国家、地区和国际组织的180余位与会代表参与研讨与交流，目的是为推动落实国家"一带一路"重大倡议，加强同东南亚、热带太平洋、印度洋等海上丝绸之路国家和地区在海洋、气象方面的科技交流与合作。

2018年4月24—26日，第十四届亚洲区域气候监测、预测和评估论坛在广西南宁召开。论坛由中国气象学会主办，国家气候中心承办，广西壮族自治区气象局协办，共安排了36篇口头报告交流和20余篇墙报交流。来自中国气象局、民政部、美国国家海洋和大气管理局、英国气象局、澳大利亚气象局，以及日本、韩国等11个亚洲国家气象部门、国内外多个院校的百余位气候专家共聚一堂，围绕气候服务管理的新经验和气候预测的新进展进行深入研讨。论坛的成功举办对促进亚洲地区气候业务、服务和科研起到了积极作用。

2024年6月26—27日，由中国气象学会和新疆维吾尔自治区气象局共同主办，以"应对气候变化及气象灾害影响 助力构建区域命运共同体"为主题的第一届中国—中亚气象合作论坛在新疆乌鲁木齐举行。来自哈萨克斯坦、塔吉克斯坦、吉尔吉斯斯坦、土库曼斯坦、巴基斯坦、蒙古国、尼泊尔等中亚及上海合作组织国家的气象水文部门和WMO等国际组织的官员，以及中国气象局、国内高校、科研院所、企业的代表和专家齐聚一堂，共谋深化区域气象合作，提升应对气候变化能力。会上，与会各方审议通过了《气象防灾减灾及应对气候变化乌鲁木齐倡议》。

七、参与国际气象学会论坛活动

国际气象学会论坛（International Forum of Meteorological Societies，简称IFMS）于2009年1月成立，其指导委员会由包括中国在内的7个国家和地区的气象学会组成，是多国气象学会就共同关心的问题进行研讨和信息交流的平台。论坛全体会议原则上每两年召开一次，由指导委员会成员轮流承办。

2010年1月19—20日，国际气象学会论坛首次全体大会在美国佐治亚州亚特兰大市召开。包括中国气象学会代表团在内的来自30多个国家和地区气象学会的近60名代表出席会议。会议就气象学会在气候变化科研、教育和科普中的作用，学会和政府职能部门的协同关系等4个议题展开讨论。秦大河理事长主持了关于气象学会在气候变化中的作用的第一主题分会，介绍了中国气象学会在应对气候变化中开展的各项工作及面临的挑战。会议确立了未来行动纲领及每个行动计划的负责人，以期促进全世界气象及邻近学科学会之间的深入交流和合作发展。

2011年11月3—4日，国际气象学会论坛第二次全体会议在福建厦门召开。本次会议主题为"进一步提高世界各国气象学会的职能和作用"，来自全球16个国家、地区和相关国际组织的34名代表（包括国际气象学会论坛指导委员会5名成员）参加了会议。会议开幕式由中国科学院院士、中国气象学会理事长秦大河主持，中国气象局副局长许小峰出席开幕式并致辞。通

2011年国际气象学会论坛第二次全体会议代表合影

过本次会议，中国气象学会的国际影响力和地位得到了提升，会议收到了预期成效。

2013年9月12—13日，应欧洲气象学会和英国皇家气象学会的邀请，中国气象学会秘书处3位同志赴英国里丁参加国际气象学会论坛第三次全体会议。会议由欧洲气象学会和英国皇家气象学会联合主办，来自16个国家和4个国际组织的近30名代表参加会议。会议主题为"促进交流、共享资源"，旨在加强全世界60余个国家和地区气象学会之间的交流，促进教育和科普资源共享，推动气象和相关学科学术交流，提高气象学会服务于气象专业人士的能力。

2016年1月13—14日，参加国际气象学会论坛第四次全体会议。来自美国、加拿大、中国、英国、日本、澳大利亚等13个国家和地区的31位代表参加了会议。中国气象学会副理事长胡永云作为第一组会主持人之一作会议报告，介绍了中国气象学会近两年来与美国气象学会的双边活动，与日、韩气象学会的交流和共同举办亚洲气象会议的情况，以及中国气象学会在学术

2016年国际气象学会论坛第四次全体会议代表合影

交流、期刊出版等方面的工作,并同国际气象学会同行研讨国际气象学会论坛的未来发展和学会间的合作。2018年,中国气象学会副理事长胡永云被推荐为国际气象学会论坛新一届秘书长候选人并成功当选。

八、其他交流活动

中国气象学会开展的民间科技交流活动也在与各类气象国际组织的联系中得到体现,如推荐专家到各国际民间和区域气象组织担任职务、与世界气象组织建立良好的合作关系等。1992年10月5—9日,与世界气象组织(WMO)、国家气象局、国家科委、水利部、安徽省防洪抗旱指挥部、美国气象学会、日本气象学会联合举办暴雨、洪涝国际学术研讨会,近20个国家和地区以及有关国际组织和机构的100多位代表参加了会议。

1992年10月12—16日,学会与世界气象组织(WMO)、国科联(ICSU)及中国力学会、中国水利学会、中国海洋学会4个全国学会联合在北京举办ICSU/WMO国际热带气旋灾害研讨会。这是国际减灾10年委员会在中国北京召开的首次学术会议。到会的有英、法、日、德、澳大利亚及东南亚许多国家和地区的著名科学家,是一次重要的高水平学术会议。会议达成以下共识:长期参加国际大地测量和地球物理学联合会(IUGG)及其下属组织国际气象学和大气科学协会(IAMAS)的活动,组织撰写并提交《中国大气科学进展国家报告》;参与非政府组织的与气象相关的活动;在学会和所属委员会举办的活动中邀请各国气象学者参加;通过华裔气象科学家发展与所在国气象学会和气象机构的联系。

2009年9月8—10日,由中国科协、重庆市政府共同主办的第11届中国科协年会在重庆举办。本届年会共设32个分会场,中国气象学会成功申办并与重庆市气象局共同承办了中国科协第 11 届年会第一分会场——2009 中国国际防雷减灾论坛。共 169 位专家学者参加了论坛，进行了为期两天的交流与研讨，有 42 位专家学者和企业家作了报告。

2011 年 7 月 12—15 日，在北京举办城市气象观测与模拟国际研讨会。来自美国、英国、加拿大、法国、德国、日本、西班牙、波兰、意大利等国家和地区的 100 余位专家学者参加了为期 4 天的研讨会。会议主要从城市陆面与边界层过程、城市化对天气气候影响、城市气象观测等方面进行了交流和研讨。此次会议共征集交流论文 100 余篇，经国际专家委员会审阅，录用 30 篇论文作为口头报告、30 篇论文作为墙报参与了交流。会议同时邀请来自美国、英国、西班牙、法国、日本、加拿大和中国的 15 位城市气象领域知名学者作了大会特邀报告。此次会议得到国家自然科学基金委员会的资助。

2011 年 7 月 15 日，在贵阳国际生态会议中心举行 2011 生态文明贵阳会议——科学与技术论坛。论坛主题为"科学应对生态问题"。第十一届全国政协常务委员、人口资源环境委员会副主任、中国气象学会理事长、中国科协副主席、中国科学院地学部主任、中国科学院冰冻圈国家重点实验室主任、政府间气候变化专门委员会（IPCC）第一工作组联合主席秦大河主持会议，并作了题为《气候变化科学新进展》的专题演讲。参加本次论坛的外宾和代表共 225 人。

2011 年 11 月 1—9 日，应中国气象学会理事长秦大河的邀请，以埃塞俄比亚气象学会理事长 Workneh DEGEFU 先生为团长的埃塞俄比亚气象学会代表团一行 6 人来我国进行友好访问。代表团一行在福建厦门参加了国际气象学会论坛第二届全体会议，会议期间参观了中国气象局和中国气象学会在福建厦门举

2011 年埃塞俄比亚气象学会代表团访问中国气象学会

办的第六届中国国际气象科技和水文技术设备展、第八届防雷技术与产品展，并参观了厦门市气象局。随后，代表团赴北京参观考察，参观了中国气象局国家气象中心、国家卫星气象中心、华风气象传媒集团、中国气象局气象干部培训学院以及中国气象科技展厅，代表团成员对中国现代化建设及中国气象事业取得的成就赞不绝口。

2012 年 5 月，中国气象学会农业气象与生态气象学委员会联合南京信息工程大学 WMO 区域培训中心举办了农业气象国际培训班。培训班邀请了世界气象组织农业气象委员会主席

Byong-Lee 博士，以及国家气象中心、南京大学、南京农业大学、南京信息工程大学农业气象领域的资深专家为培训班学员授课。培训班的举办对扩大中国农业气象学科的影响、推进国际交流与合作、培养国际农业气象人才具有重要意义。

2012年6月12—14日，由中国气象学会台风委员会承办的WMO登陆台风预报示范项目培训研讨会在上海召开。来自WMO、日本气象厅、美国国家大气研究中心、香港天文台、国家气象中心、上海中心气象台和上海台风研究所等机构的知名专家和各省气象局预报员共计70余人出席会议。WMO世界天气研究项目高级科学官员Nanette Lomarda女士、华东区域气象中心主任汤绪、美国国家大气研究中心（NCAR）预报评估专家Barbara Brown博士以及中国气象科学研究院陈联寿院士分别致辞并作特邀报告。

2012年7月27日，作为2012生态文明贵阳会议分论坛之一的气候变化论坛在贵阳国际生态会议中心举行，论坛主题为"全球气候变化下的灾害预防与预警"。中国气象学会理事长秦大河担任论坛主席，邀请了中国科学院地球化学研究所刘丛强院士等演讲嘉宾。围绕论坛主题，演讲嘉宾们畅所欲言，展开了深入而热烈的讨论。

2012年8月14—17日，第一届东南亚天气与气候国际学术研讨会在云南楚雄召开。会议由云南省科学技术协会和中国气象学会动力气象学专业委员会联合主办。来自中国、美国及泰国的73名代表出席了研讨会。会议围绕东南亚地区气候与环境、数值模拟、防灾减灾应急响应、延伸期天气预测等科学问题进行了探讨交流。

2013年11月11—14日，由国家自然科学基金委员会、中国气象学会、中国地球物理学会、中国空间科学学会、中国天文学会、中国宇航学会共同主办的第三届全球华人空间天气科学大会在广西桂林召开，大会主题是"空间天气与人类活动——加强创新，驱动发展"。来自全球从事空间天气科学的500余名华人空间天气科技工作者出席会议，其中应邀参会的院士有10位，海外相关领域专家学者近40位。会议进行了19个大会报告和6个分会场的分组报告，共交流口头报告303篇，墙报72篇。

2015年6月27日，在贵州贵阳举办以"走向生态文明新时代——新议程、新常态、新行动"为主题的生态文明贵阳国际论坛。在"全球低碳转型与可持续发展"专题高峰会议上，中国气象局局长郑国光作了题为《重视气候安全、建设生态文明》的报告。在"生态文明建设与气候安全"主题论坛上，多位中外气象专家齐聚一堂，围绕IPCC第五次评估报告、生态文明与气候安全、巴黎气候大会谈判前景等开展对话交流。

生态文明贵阳国际论坛 2015 年年会现场

2015年12月16日，中芬气象科技合作联合工作组第十二次会议在北京召开。中国气象学会授予世界气象组织候任秘书长、芬兰气象局局长佩蒂瑞·塔拉斯教授"中国气象学会荣誉会员"称号。王会军理事长宣读了授予佩蒂瑞·塔拉斯教授"中国气象学会荣誉会员"称号的决定，并为其颁发证书。

2016年5月23—25日，世界气象组织气候学委员会（WMO/CCl）极端天气气候事件定义任务组（TT-DEWCE）第二届二次会议在广东广州举行，会议由中国气象局向世界气象组织申办，由中国气象学会承办。来自世界气象组织秘书处和中国、美国、阿根廷、澳大利亚、科特迪瓦、德国、印度尼西亚、日本、黑山、西班牙等国家的20多位专家参加了会议。会议期间，专家应邀参观了广东省突发事件预警信息发布中心并考察了广东省气象局现代化建设成果。

2016年9月23—25日，第二届中国大地测量与地球物理学学术大会（CCGG）在江苏南京举办。大会由国际大地测量与地球物理学联合会中国委员会（CNC-IUGG）主办，南京信息工程大学和中国气象学会承办。国际IUGG秘书长，多名院士及南京信息工程大学、IUGG中国委员会有关领导和专家共800余人参加了大会。大会设置了叶笃正院士百年诞辰专题会场、2个联合交叉研讨会和35个分会研讨会，共有593名来自海内外的专家学者和研究员作了口头报告，168篇论文进行了展板报告。

2018年7月9—20日，第十五届气候系统与气候变化国际讲习班在南京大学仙林校区举办。讲习班由中国气象局主办，国家气候中心、南京大学大气科学学院和中国气象学会联合承办。

154名中外学员（其中来自18个国家的国际学员32人，国内学员122人）与5位知名国际气候专家在两周时间内面对面深入交流，深化对气候系统和气候变化的理解和认识，对推动全球绿色、低碳、可持续发展，推动构建人类命运共同体具有重要意义。

2019年4月16—18日，由世界气象组织主办，中国气象科学研究院、中国气象学会、深圳市气象局联合承办的第四届季风强降水研讨会在广东深圳召开。会议主题为"季风强降水科学与预报"，来自美国、英国、法国、澳大利亚、韩国、印度、菲律宾等国家以及国内高校、科研院所及业务单位的100多位专家学者参加了研讨会，会议围绕季风强降水的观测、模式和预报进展，以及热带气旋相关的强降水事件进行了深入、广泛的交流。

中国气象学会充分发挥国际民间交流优势，开展了全方位多层次的国际科技交流合作活动，取得了较好的效果。

第九节　海峡两岸气象交流

中国气象学会恢复活动后，即在中国气象局的具体领导下开始关注对台湾地区的工作。在组织实施过程中，循序渐进，从小到大，从单向到双向，促进了交流与合作管道和机制的建立，逐步改变了海峡两岸气象工作相隔绝的状况。在这一过程中，海峡两岸气象学会的许多老一辈气象工作者发挥了重要作用。同时，也得到了华裔气象学者的鼎力相助。

新中国成立后相当长的一段时间里，海峡两岸气象界的往来几乎完全断绝。20世纪70年代初，当时的中央气象局根据周恩来总理的指示，利用气象预报为海峡两岸渔民服务，将重要天气预报及时向台湾地区渔民广播，以体现海峡两岸同胞之情，扩大在台湾地区各阶层的影响。1979年4月，学会公开发出邀请台湾地区气象界人士来大陆参观、访问和参加学术会议的新闻稿。1981年，学会又建议台湾地区气象学会参加中国气象学会及其所属各专业委员会，并向台湾地区气象主管部门赠送《气象学报》第39卷一套。在菲律宾气象学会和友好人士的推动下，国家气象局局长邹竞蒙以专家身份于1982年11月率中国气象代表团赴马尼拉参加南海和西太平洋热带气旋学术讨论会，主动与当时的台湾地区"中央气象局"局长吴宗尧等首次接触。在以后的第二、第三次会议上，海峡两岸均派人出席会议，继续进行接触，为海峡两岸气象界以后的科技交流和合作开了个好头。

1984年7月，学会成立60周年纪念活动筹委会曾向台湾地区气象界发出邀请信，新华社播发了这条消息。邀请信指出："……在此，特邀请台湾地区气象界派出代表届时来大陆参加纪念和庆祝活动，并共商发展我国气象事业大计，研究交换海峡两岸气象资料和天气预报途径及其服务。代表名额不限，会后如愿意，可安排游览祖国之名山大川，或回原籍访祖寻根，探亲访友。诸代表在大陆食宿交通之所用均由本会负责，并保证来去自由和人身安全……"虽然由于众所周知的原因，台湾地区气象界没有对此做出积极回应，但海峡两岸气象界的关系趋于松动。

1988年1月7日召开的中国气象学会第二十一届理事会常务理事会第三次会议，责成秘书处就促进海峡两岸气象学者的学术交流提出建议和方案，为海峡两岸学会开展交流做好准备。

1988年7月，中、美、澳三国气象学会在澳大利亚举办澳大利亚国际热带气象会议，台湾地区"中央气象局"科技中心主任王时鼎、台湾大学李清胜教授参加会议。这是台湾地区气象学者第一次参加由中国气象学会在国外主办的学术会议。会间，台湾地区学者对中国气象学会的状况与活动表现出很大兴趣，并有较多的交往。

鉴于海峡两岸气象学者在国际学术交流活动中有了较多接触，1988年初，中国气象学会理事长陶诗言倡议，在香港举办以海峡两岸气象学者为主体的学术交流会，以推动海峡两岸气象科技交流。陶先生的倡议得到了国家气象局的支持，也得到了国务院港澳办、台办和外交部的赞同。

经过各方面的共同努力，确定于1989年7月6—8日在香港举行首届东亚及西太平洋气象与气候国际会议。学会以陶诗言理事长为团长，包括副理事长黄士松、周秀骥在内的21名成员与会，代表团秘书长彭光宜负责团内协调和对外联络。台湾地区代表有蔡清彦教授、陈泰然教授、洪秀雄教授等共19人，美国代表有张智北教授、麦文键教授、刘家铭教授等共17人（其中华裔学者14人），香港地区代表包括香港天文台岑柏台长、林超英等13人，还有新加坡、泰国的一些气象学家与会，与会人员共72人。由于这次会议海峡两岸气象学家占大多数，因而实际上是为海峡两岸气象学家研讨共同关心的气象问题量身定制的一次学术会议。这次会议的意义在于，它是海峡两岸分隔40年来第一次在气象领域进行的较大规模的面对面学术交流，会议的召开使海峡两岸气象学者能够有机会具体和直接地了解对方的气象科研和发展水平，并探讨通过进一步的交流而获益的可能。会后，学会向国务院港澳办、台办和外交部提交了书面汇报。由于此次会议的成功举办，此后海峡两岸气象科技交流的日常组织工作确定由学会秘书处负责。

1989年9月20—21日，台湾地区气象专家刘昭民来访，参观了国家气象中心、卫星气象中心及北京市气象台、北京古观象台，并在北京气象学会作了学术报告，介绍了台湾地区民航气象业务及服务工作情况。副理事长兼秘书长章基嘉等会见了刘昭民。

1991年4月5—10日，学会接待了台湾地区前气象科技研究中心主任王时鼎的来访。中国科学院院士叶笃正、陶诗言，学会理事长章基嘉会见了王时鼎。王时鼎参观了国家气象中心、卫星气象中心、中国气象科学研究院和中国科学院大气物理研究所，并在国家气象中心作了《台湾地区中央山脉对台风的影响及其问题》《台湾地区中尺度实验及其科学成就》的学术报告，向国家气象中心赠送了经过整编的台湾地区中尺度实验资料图册。1991年，应海峡两岸交流基金会秘书长陈文长的要求，学会提供了大陆主要城市1951—1980年月平均气温和降水量资料。

1991年7月，在筹备召开第二届东亚及西太平洋气象与气候国际会议期间，学会秘书长彭光宜代表中国气象学会邀请将在8月访问大陆的台湾中央大学教授团中的6位大气科学系教授顺访中国气象学会和国家气象局。台湾中央大学大气科学系主任洪秀雄接受了邀请。这是中国气象学会第一次接待台湾地区气象学家代表团。理事长章基嘉会见并宴请了客人。客人们除参观国家气象中心、卫星气象中心和中国气象科学研究院外，还在气象出版社选购了80多种气象专业书籍，首次使如此众多的大陆气象图书进入台湾地区的高等学府。

1992年，第二届东亚及西太平洋气象与气候国际会议在香港举行。在与会的80余名气象学者中，大陆有29人，台湾地区有24人，其中许多为海峡两岸的著名学者。海峡两岸气象业务主管部门的领导——邹竞蒙和蔡清彦均以学者身份参加了会议全过程。共有64篇论文在大会上报告，内容多属海峡两岸共同关心的气象灾害和天气现象以及国际上正在发展的前沿学科，不少论文反映了高新技术在大气监测和预报系统中的应用。会议期间，海峡两岸学会负责人就定期交换期刊和出版物达成协议，就邀请台湾地区气象学会领导人到大陆访问达成共识。与会者一致认为，这一会议形式已成为海峡两岸气象学者定期交往的主要渠道，并望今后进一步发展和拓宽。邹竞蒙还接受了台湾地区媒体的采访，阐明了加强海峡两岸气象科技合作，对于减轻自然灾害、增进海峡两岸人民福祉的重要意义和重大作用。

在海峡两岸气象学会和有关人士的推动和有效运作下，海峡两岸的气象科技交流得到较快发展，逐步建立了海峡两岸气象科技文献的交换渠道，实现了海峡两岸一般气象文献资料的直接交换及闽台地区重要灾害性天气的直接会商，并真正实现了海峡两岸气象人员就共同关心的气象问题广泛地交流与研讨，实现了海峡两岸气象界多年的夙愿。1993年1月6—19日，应中国气象学会理事长章基嘉的邀请，台湾地区气象学会理事长、台湾大学大气科学系教授陈泰然偕夫人来大陆访问。陈泰然教授此次来访是为今后海峡两岸的人员交流和科技合作做准备。访问期间，中国气象局局长邹竞蒙宴请了陈泰然夫妇。陈泰然教授偕夫人先后参观访问了国家气象中心、国家卫星气象中心、中国气象科学研究院、中国科学院大气物理研究所、国家海洋预报中心、北京大学、南京大学、南京气象学院、空军气象学院以及部分省、市气象局，多次在大学和科研机构作学术报告。陈教授对大陆的气象科研、教学和业务作了全面细致的考察，与众多大陆同行进行了坦诚而广泛的交流，返回后发表了《中国大陆之气象科技研究教学与作业考察》的详尽报告，反响良好。

1994年3月22—26日，以陶诗言院士为团长的学会代表团一行13人，前往中国台北参加由台湾地区气象学会主办的海峡两岸天气与气候学术研讨会。大陆学者共有12篇论文在会上报告，受到与会者的关注。这是大陆气象界第一次组团访问台湾地区，实现了气象科技人员的双向交流。会议结束时，学会秘书长彭光宜应邀简要介绍了中国气象学会在大陆的组织机构以及活动情况。期间，代表团访问了台湾大学大气科学系、民航桃园国际机场气象台、台湾中央大学大气科学系、"中央气象局"所属资讯中心、预报中心、卫星气象中心及地震中心，对台湾地区的气象教育、科研和业务工作情况作了初步了解。期间，秘书长彭光宜和中国气象科学研究院副院长丁一汇受权与台湾地区"中央气象局"局长、太平洋科学协会大气科学委员会主席蔡清彦，就台湾地区参加南海季风试验的有关事项进行了商谈，并取得了共识。

1994年10月，学会邀请台湾地区气象学会组团来大陆，参加纪念中国气象学会成立70周年活动，并召开大气科学发展暨海峡两岸天气气候学研讨会。台湾地区29人参加，之后纷纷发表文章称赞这次访问"是

1994年3月陶诗言理事长（右1）率中国气象学会代表团访台期间考察台湾地区天气预报中心

1994年3月中国气象学会和台湾地区航空气象协会领导成员在台北会晤

1994年海峡两岸气象专家在北京举行座谈会

一次有科学收获、有参访收获的成功之旅",并对以后扩大交流充满期望。

福建省与台湾地区一衣带水,地理位置和人文条件使其成为海峡两岸气象科技合作的首选之地。应陈泰然教授邀请,福建省气象学会理事长叶榕生等一行12人,于1995年5月中旬前往台湾地区,就拟议中的"闽台中尺度气象试验项目"进行考察访问。随后,应陈泰然教授邀请,叶笃正院士夫妇和黄荣辉院士到台湾地区访问并讲学,受到热情接待。

海峡两岸气象交流的逐步推进,也引发了连锁效应。1995年6月5—12日,台湾地区航空气象协会一行7人,在秘书长陈绍成的率领下,借来北京参加太平洋科学协会第十八届大会之机顺访中国气象学会。应客人的要求,安排参观了国家气象中心、国家卫星气象中心、中国气象科学研究院,以及首都机场、航空公司、航管中心及机场气象设施。客人们对大陆气象现代化建设取得的成就反映良好。陈绍成秘书长还邀请大陆学者参加计划于1996年在台湾地区举办的航空气象学术研讨会。同年6月2—11日,学会接待了在美国普渡大学任教的台湾地区气象学者商文义教授,开展了中尺度气象模式方面的学术交流。

1995年9月11日,第三届东亚及西太平洋气象与气候会议组织委员会会议在香港召开。学会秘书长彭光宜、中国气象科学研究院副院长徐宝祥、国家自然科学基金委林海出席了会议。出席会议的还有台湾地区代表3人,香港地区代表3人,美国代表2人。会议由香港气象学会主席陈仲良教授主持,香港天文台台长刘志钧致欢迎词。组委会就会议的各项筹备事宜达成一致。

为推动海峡两岸暴雨科技合作,台湾大学大气科学系教授、气象学会海峡两岸气象科技交流推动小组召集人陈泰然教授带队一行10人于1995年11月赴福州参加东亚中尺度气象与暴雨研讨会。通过学术交流,海峡两岸气象学者就开展中尺度科学试验的合作取得共识,初步达成共同开展暴雨试验的意向。会后,代表团考察访问了厦门市气象局和广东省气象局。

1995年在福建福州召开东亚中尺度气象与暴雨研讨会,海峡两岸气象学者讨论暴雨试验合作问题

1996年,海峡两岸关系虽然仍处在低谷时期,但依仗以往建立的基础,海峡两岸气象科技

交流与合作却是最为活跃的一年，是海峡两岸开始气象科技交流以来交往人员最多、层次规格最高、接触交流面最广、最富有成果的一年，海峡两岸气象交流达到了一个新的高潮。当年台湾地区有9批共77人次来访，大陆也有4批共61人次赴台湾地区访问考察。特别是在国务院副总理钱其琛、国台办副主任陈云林的亲自关注下，实现了中国气象学会理事长、中国气象局名誉局长邹竞蒙访问台湾地区。台湾地区"国科会"副主委、太平洋科学协会大气科学委员会主席蔡清彦访问大陆，对实现海峡两岸气象科技合作起到了直接的推动作用。

在太平洋科学协会第十八届大会在北京举办时（1995年6月），香港气象学会主席陈仲良教授、中国气象学会秘书长彭光宜、台湾地区气象学会秘书长王作台、美裔气象学家张智北教授共同商定，启动第三届东亚及西太平洋气象与气候国际会议的筹备工作。王作台教授代表台湾中央大学校长刘兆汉教授，邀请会议到台湾中央大学举办，得到一致赞同。

1996年5月16—18日，第三届东亚及西太平洋气象与气候国际会议在台湾中央大学举行。中国气象学会组成以常务理事马鹤年为团长，常务理事洪钟祥、理事丁一汇为副团长的大陆气象界代表团一行28人参加。台湾地区有40位学者参加。还有来自美国等其他国家，以及香港地区的气象学家和外籍华裔气象学家30多人与会。在研讨会上演讲的论文近80篇。会议就东亚季风和气候、梅雨、大气动力学、台风、海—气相互作用、天气和气候的数值模拟等进行了研讨。

同年6月30日—7月3日，接待台湾大学大气科学系陈泰然教授、周仲岛教授来北京访问，就开展海峡两岸暴雨试验交换了意见。

8月12—14日，台湾大学陈泰然教授率领10人代表团出席由中国气象学会和中国气象科学研究院共同主办的海峡两岸及邻近地区暴雨试验研讨会。会议由学会副理事长周秀骥院士和台湾大学陈泰然教授共同主持。会议审议、修改了试验的科学计划与实施计划书，讨论了试验组织机构的设置与职责，研讨了观测与资料管理等事项。学会理事长邹竞蒙在讲话中指出："这次会议将成为一个里程碑，标志着海峡两岸气象科技交流进入实质性合作的新时期。"

11月5—18日，台湾地区"中央气象局"局长谢信良率气象访问团一行18人，对大陆气象工作进行考察访问，海峡两岸气象主管举行了小范围会晤，双方在回顾海峡两岸交往进展的基础上，着重就今后进一步加强海峡两岸气象科技交流与合作，进行重要天气会商和对实时气象资料的交换等问题交换了意见，体现了海峡两岸气象业务部门加强业务合作的积极愿望。访问团先后在北京、福建、广州、南京进行访问，对中国气象局系统的气象业务、科研、教育和产业开发进行了全面考察。

11月7—12日，接待台湾地区气象专家蔡清彦和王永壮来大陆参加南海季风试验组委员会议及对中国气象局的访问。

10月31日—11月10日，接待台湾私立文化大学大气科学系教授余嘉裕一行7人代表团访问大陆。代表团在陕西、甘肃和北京进行了沙尘暴的考察。

12月8—17日，以理事长邹竞蒙为团长的代表团一行21人，赴台湾地区参加"海峡两岸及邻近地区暴雨试验研究"组织委员会第二次会议及相关的科学研讨会。期间，邹竞蒙会见了台湾地区"国科会"副主委蔡清彦，听取了他对加强海峡两岸科技合作的7点意见，还会见了海峡两岸基金会副董事长兼秘书长焦仁和。会后，部分代表团成员对台湾地区的气象工作进行了较为全面的考察。

1996年12月海峡两岸气象学会理事长邹竞蒙（中）、刘兆汉（右）同场出席在台湾地区举办的"海峡两岸及邻近地区暴雨实验研究"组织委员会第二次会议

应台湾中央大学刘兆汉校长的邀请，代表团于12月17日上午访问该校，参观了大气科学系和大气物理研究所，邹竞蒙理事长发表了题为《大陆气象事业发展的主要成就和前景》的演讲。代表团还访问了台湾大学大气科学系。12月17日下午，考察了桃园国际机场气象中心以及多普勒天气雷达系统，并对其民航气象服务作了概略的了解。邹竞蒙理事长还与台湾地区"中央气象局"局长谢信良在友好的气氛中就有关海峡两岸气象科技交流与合作等共同关心的问题交换了意见，就海峡两岸气象业务合作的可能性进行了探讨；在许多重要问题上取得原则性的共识；在暴雨试验研究计划的制订和实施，以及探讨建立气象电路、开展灾害性天气会商等方面取得进展。此次访问台湾地区规格高、人员多、时间长、接触面广、多项活动交错进行，扩大了影响，广交了朋友，取得了圆满成功。也由于邹竞蒙理事长的特殊身份和背景，使海峡两岸气象科技的实质性合作提高到了一个前所未有的水平。

1996年9月1—12日，台湾私立文化大学大气科学系学生参访团一行16人赴大陆进行为期12天的参观访问，这是台湾地区气象界第一个以学生为主组成的参访团访问大陆。中国气象局副局长马鹤年会见了参访团全体成员。参访团在大陆期间先后在北京、济南、泰安、曲阜、南京、上海等地参观游览，访问了相关气象业务单位、气象站和高校，听取了各参访单位有关负责人的详细介绍,使参访团的同学对大陆气象业务体系有了较完整的印象。以学生为主的参访团来访,是海峡两岸交流深入的重要表征,增加了交流的层次,在海峡两岸气象科技交流中是一个新的突破,也是海峡两岸气象界高层面向未来、面向下一代而构思运作的成功范例。

1997年8月12—19日和8月25日—9月5日,学会先后接待了由台湾私立文化大学和台湾中央大学大气科学系学生组成的参观访问团。参访团先后参观考察了上海、南京、杭州、成都等地的气象业务部门和有关院校,并与各接待单位的青年科技工作者就共同关心的有关气象、科研、业务、教育、服务等方面的问题进行了座谈。同年9月22—27日,应台湾私立文化大学理学院院长刘广英的邀请,学会组织的大陆在校师生代表团赴台湾地区参加了海峡两岸自然(大气)科学师生论文发表研讨会。代表团团长为南京气象学院陆维松教授,成员由来自10所高校的6位老师和15位在校生组成。代表团成员的学术报告涉及面广、水平高,每篇论文准备都很充分。代表团的访问在台湾地区气象界产生了良好的反响。同年10月,在上海举办了台风研讨会。

1998年5月24—26日,中国气象局局长温克刚以中国气象学会常务理事的身份率代表团一行13人赴中国台北参加海峡两岸及邻近地区暴雨与季风研讨会,对海峡两岸共同感兴趣的暴雨与台风问题进行了学术交流,并对有利于海峡两岸经济社会活动和人民生命财产安全的灾害性天气会商事宜进行了可行性研讨。温克刚局长还与台湾"中央气象局"局长谢信良就海峡两岸进行灾害性天气会商、华南暴雨的合作研究、气象资料交换以及第四届东亚及西太平洋气象与气候国际会议等问题进一步达成共识。

1999年3月,海峡两岸灾变天气研讨会在中国台北召开,马鹤年副理事长率大陆代表团一行17名气象学者参加会议。

同年10月26—28日,在浙江杭州召开第四届东亚及西太平洋气象与气候国际会议,副理事长马鹤年任大会组委会主任。开幕式上,学会理事长曾庆存和台湾地区气象学会理事长刘兆汉分别致辞。来自海峡两岸暨香港、澳门的学者90余人,以及来自北美和其他国家的学者应邀参加会议。会议得到国家自然科学基金委员会和美国大气研究大学联合会提供的资助。

1999年2月22日,学会名誉理事长邹竞蒙不幸逝世,台湾地区气象学会立即于2月26日驰电志哀:"昨日惊闻贵会名誉理事长邹竞蒙先生猝罹变故,唯念邹先生德誉素隆,为气象界一代硕彦,近年来为推动两岸气象科技交流,不遗余力,贡献卓著,今不幸遇难,本会谨表深诚哀悼,湍此驰唁。"

2000年6月21—27日,以理事长曾庆存院士为团长、中国气象局副局长李黄为副团长的大陆气象界和环境界的代表团一行19人赴台湾地区参加海峡两岸大气环境与气象应用学术研讨

2000年11月在台湾地区召开海峡两岸灾变天气监测与预报学术研讨会，中国气象学会常务理事颜宏致辞

会。开幕式上，台湾地区气象学会理事长（台湾中央大学校长）刘兆汉、中国气象学会理事长曾庆存、台湾大学大气科学系教授陈泰然分别致辞。海峡两岸共有60多位气象专家与会，交流学术论文29篇。会议围绕全球变暖、大气环境、大气化学等问题进行深入研讨。研讨会后，代表团顺访了台湾大学、台湾中央大学、台湾私立文化大学等地。同年11月14—21日，以常务理事颜宏为团长的海峡两岸灾变天气监测与预报学术研讨会代表团一行16人访问台湾地区。期间，代表团全体成员参加了为期1天半的海峡两岸灾变天气监测与预报学术研讨会，访问了台湾地区"中央气象局"、花莲市气象站和雷达站以及台湾大学等高校。代表团所到之处，均受到热情的欢迎和周到的安排，圆满完成了参会和参访任务。

2001年4月20—30日，台湾地区"中央气象局"副局长纪水上一行10人到北京、上海、武汉等地参观访问，并就海峡两岸灾变天气及气象防灾作业进行学术交流。代表团还游览了长江三峡。同年12月21—26日，海峡两岸台风研讨会在台湾私立文化大学举行，中国气象局副局长郑国光率代表团一行17人赴台湾地区与会。会议对台风的特点、预报方法、雷达和卫星资料在台风监测预报中的应用、台风数值预报与模拟研究作了交流。会后，代表团还参观考察了台湾地区的气象业务和教育工作情况。

2002年的海峡两岸气象科技与人员交流活动较为频繁。2002年4月28日，台湾地区气象学会秘书长王作台教授、台湾大学周仲岛教授和台湾私立文化大学刘广英教授来北京拜访中国气象局局长秦大河，并代表台湾地区气象学会理事长刘兆汉教授邀请秦大河局长下半年率团访问台湾地区。6月24日，台湾私立文化大学董事长张镜湖、教授刘广英在参加"海联会"参访团来大陆访问期间提出，希望直接得到大陆气象资料。双方认为气象资料的交换对推动海峡两岸的"三通"有积极的作用，同时也对双方气象业务和科研工作有益，应积极探讨气象资料交换的方式。12月15—24日，中国气象局副局长刘英金率大陆气象学会代表团一行15人赴中国台北参加海峡两岸干旱与灾变天气研讨会，并到台湾中央大学、台湾大学、台湾私立文化大学、"中央气象局"以及日月潭和垦丁气象站参观访问。与此同时，广西、江苏和浙江等地气象学会也纷纷组织代表团前往台湾地区访问考察，开展对口学术交流。

2004年9月13日，海峡两岸气象科学技术研讨会在北京举行，此次活动是纪念气象学会创建80周年系列活动之一，来自台湾地区气象界、民用航空界、台湾中央大学、台湾私立文化大学等机构的专家学者一行10余人与会。中国气象学会副理事长黄荣辉院士与台湾地区气象学会理事长、台湾私立文化大学理学院院长刘广英教授在开幕式上致辞。会议特邀中国科学院资深院士陶诗言作了题为《东亚地区降水的季节变化及其与东亚季风季节变化的关系》的学术报告。代表们分别作了《国家级气象预报业务现状与发展》《国家卫星气象中心业务现状》《台湾气象服务事业现状分析》《台湾大气科学高等教育与研究现况》等报告，并就相关问题进行交流和探讨。9月17—19日，台湾地区气象学会理事长刘广英一行20人来到中国气象学会发祥地青岛参观访问，并与大陆气象界同仁一起畅谈气象事业的发展问题。中国气象学会副理事长郑国光等陪同台湾地区客人参观了中国海洋大学、青岛市观象台、青岛市气象局、青岛民航气象台等部门。在青岛市观象台，受到了北海舰队海洋水文气象台官兵最高礼仪的接待。当谈

2004年台湾地区气象学会理事长刘广英教授（前排左9）率气象代表团到青岛中国气象学会诞生地寻根

2004年9月陶诗言（右3）与刘广英（右2）老友重逢

到观象台"三易其主、六换国旗"最后回归中国，但气象观测资料一天未缺的经历时，大家高度赞扬了竺可桢、王华文等老一辈气象学家为中国气象事业崛起而无私奉献的崇高精神。台湾地区气象专家还考察了青岛市气象局业务现代化建设及2008年奥帆赛气象保障筹备情况。

2004年11月29日—12月6日，以理事长伍荣生为团长的气象学会代表团一行17人赴台湾地区参加2004年海峡两岸灾变天气分析与预报研讨会，并参访了台湾地区的有关气象单位。

2005年11月14—19日，海峡两岸台风与强对流天气研讨会在上海召开。来自台湾大学和台湾中央大学的6位知名教授，以及来自中国气象科学研究院、中国气象局数值预报创新基地、中国气象局培训中心、南京大学、北京大学、南京信息工程大学、中国海洋大学、上海台风研究所、上海中心气象台和浙江省气象台的10余位教授、博士参加会议并在会上作了精彩的科学报告，台湾地区气象学会的1名代表也参加了本次会议。会议期间，海峡两岸气象专家、学者共同交流和探讨了台风、强对流天气等研究领域的方法与经验。会议交流的20余篇科学报告主要围绕"台风降水与结构""强对流天气与中尺度模式""台风形成、路径与观测"3个议题，充分反映了近年来海峡两岸在台风和强对流天气研究领域的最新进展和发展规划。经过充分的交流与讨论，双方就进一步加强海峡两岸在台风、强对流天气等研究领域的合作交流提出了若干建议和设想。双方表示，将继续加强海峡两岸气象学术交流与合作，扩大交流层面和领域，更有力地推动气象科技的共同发展和繁荣。

2005年海峡两岸台风与强对流天气研讨会现场

2006年9月13—14日，海峡两岸气象科学技术研讨会在北京召开。在9月13日的开幕式上，中国气象学会副理事长、中国气象局副局长郑国光和台湾地区气象学会副秘书长、台湾中央大学大气科学系林沛练教授分别代表中国气象学会和台湾地区气象学会致辞。研讨会上，来自海峡两岸的业务、科研、教育等单位的30余位专家、学者围绕台风、雷达气象、航空气象、卫星气象、气溶胶、气象科普等内容进行了交流与讨论，特别是在台风方面的交流引起了海峡两岸学者的共鸣，大家均认为海峡两岸应加强台风预报的合作研究，如台湾地区地形对台风路径影响的预报。

2007年4月2日，秦大河理事长在北京会见了台湾私立文化大学董事长张镜湖、校长李天任以及理学院院长刘广英教授。双方认为，海峡两岸之间气象交流走得很顺畅，这与海峡两岸气象学会在推进海峡两岸气象事业的合作与交流等方面所做出的贡献是分不开的。双方还就气候变化等热点问题进行了交流。同年5月，接待台湾地区气象学会叶文钦来访，安排了多项参访活动。应台湾私立文化大学余嘉裕博士的邀请，以王守荣博士为团长的大陆气象学者参访团一行15人，于2007年11月28日—12月5日出席了在中国台北举办的2007年海峡两岸灾害性天气分析与预报研讨会，共有19位海峡两岸气象同仁作大会学术报告，大陆有8位专家作了学术交流。交流的内容涉及台风与龙卷、大气观测与分析、气象预警与防灾和气候预报。会后大陆参访团参观访问了台湾地区"中央气象局"、台湾中央大学大气系、台湾大学大气系、私立文化大学大气系、日月潭气象站、台湾南区气象中心、气象博物馆和垦丁气象雷达站等业务单位。

2007年9月13—14日，海峡两岸气象科学技术研讨会在四川成都举办。开幕式上，副理事长李崇银院士和台湾地区气象学会秘书长李定国分别代表中国气象学会和台湾地区气象学会致辞。来自海峡两岸业务、科研、教育等单位的近30位专家、学者围绕强对流天气监测与分析、台风路径分析及预报、卫星气象、雷达监测与应用、航空气象、高影响天气事件及气象服务等内容进行了交流与讨论。会议期间，台湾地区气象学会代表团一行参观了四川省气象局的业务和科研单位。会后，台湾地区气象学会代表团一行还参观了九寨黄龙机场气象台、江苏省气象局业务单位和扬州市气象局，期间拜谒了南京中山陵。

2009年12月14—15日，海峡两岸气象科学技术研讨会在北京召开。与会代表共50余人，分别来自中国科学院、北京大学、南京大学、南京信息工程大学、中山大学、兰州大学、国家气象中心以及各省（自治区、直辖市）气象局，台湾地区气象界有20位专家参会。会议共收到论文报告35篇，其中台湾地区有13篇。中国气象学会理事长秦大河院士、台湾地区气象学会理事长周仲岛先生参加会议并致辞。会后，台湾地区气象代表团先后参访了国家气象中心、国家卫星气象中心、中国气象科学研究院、华风气象传媒集团及北京市气象局、江苏省气象局、南京信息工程大学、上海市气象局等气象单位。

2010年12月1日，海峡两岸灾害性天气分析与预报研讨会在中国台北召开，来自海峡两岸有关高校、研究院所、业务单位的近50名专家共聚一堂，围绕天气分析与预报、天气分析与反演技术、台风分析与预报、大气观测研究4个主题，开展了深入研讨。会议历时两天，有23位专家进行了学术交流。中国气象局副局长许小峰率中国气象学会代表团出席了研讨会。台湾气象学会理事长、台湾大学周仲岛教授致欢迎辞。

2011年8月29—30日，海峡两岸气象科学技术研讨会在新疆乌鲁木齐召开。来自海峡两岸的40多位气象同行就灾害性天气的分析和预报、气候变化等议题进行了研讨和交流。会议共提交论文32篇，31位海峡两岸气象学界专家在为期两天的研讨会上作了学术报告。此活动已纳入国台办2011年重点交流项目规划，旨在通过交流和互访，促进两岸气象同行的了解和气象业务的发展。

2012年9月17—23日，中国气象学会名誉理事郑国光率中国气象学会代表团一行15人赴台湾参加了海峡两岸灾害性天气分析与预报研讨会。代表团成员来自中国气象局有关职能部门、直属单位、省市气象局及相关大学、中国科学院等从事气象业务、科研、教学和管理工作的人员。来自海峡两岸气象业务科研单位、有关高校、研究院所的70余名专家共聚一堂，两岸20位专家在研讨会上作了报告。其中大陆专家9位，台湾专家11位。会后，代表团考察了台湾"中央气象局"业务平台、台东气象台、花莲气象台，参访了台湾中央大学、台湾大学和台湾私立文化大学。

2012年10月18—22日，台湾大学原副校长陈泰然教授和台湾地区气象学会理事长周仲岛教授一行来到北京，进行了为期5天的访问交流活动。学会名誉理事郑国光与理事长秦大河分别会见了台湾学者。在京访问期间，陈泰然和周仲岛分别在专场学术报告会上作了题为《东亚梅雨研究的回顾》和《台湾豪雨研究和西南季风实验》的学术报告，与到会的160余位专家学者进行了学术交流。台湾气象学者还参观了国家气象中心、国家卫星中心、天津市气象局和华风气象传媒集团等单位。

2012年12月17—18日，海峡两岸气象科学技术研讨会在北京召开，中国气象学会名誉理事郑国光、台湾地区气象学会理事长周仲岛、台湾地区气象部门负责人辛在勤在开幕式上致辞。来自海峡两岸的60多位气象同行就台风、暴雨等强对流天气的监测、分析与预报，卫星气象技术及应用，雷达监测与应用等内容进行了研讨和交流。一天半的研讨中，有30位专家学者进行了大会交流。此次互访活动已纳入国台办2012年重点交流项目规划。

2012年，海峡两岸气象界以推动合作、惠泽民生为目的，首次在国家级"海峡论坛"中筹办气象科技交流分论坛，随后升级为二级分论坛，逐步发展成为海峡两岸民间气象科技交流的

2017年海峡两岸气象青年汇活动

2023年海峡两岸青年气象科学家论坛现场

重要平台。2012年6月18日，由中国气象学会、台湾大学共同举办的海峡两岸气象防灾减灾研讨会在福建厦门召开，此次研讨会是海峡两岸气象交流首次列入"海峡论坛"，来自海峡两岸的50余位气象专家和学者参加会议。自2012年起，至2024年，共举办了12届海峡两岸民生气象论坛，累计3000多人次参与。自2017年起，论坛期间举办海峡两岸气象青年科技交流汇、海峡两岸青年气象科学家论坛等活动，通过业务交流和文化考察的方式，促进两岸青年气象科技人员交流。十几年来，海峡两岸民生气象论坛面向基层、面向民间、突出民生，不断加强业界人员互动，增加互信，促进研究成果的共享，提升两岸气象科技交流协作的广泛性与内涵，在海峡灾害性天气预报预警、海峡航运等气象服务方面达成诸多共识，形成了良好的互动局面，已逐步发展成为扩大两岸气象交流和凝聚共识的重要平台，为两岸关系行稳致远发挥了独特而重要的作用。

2013年9月4—10日，中国气象局副局长宇如聪以中国气象学会名誉理事身份率中国气象学会代表团一行14人参加了在台北举办的2013年海峡两岸灾害性天气分析与预报研讨会，研讨会在台湾大学举办，来自海峡两岸有关高校、研究院所、业务单位的近百名专家学者和学生共聚一堂，围绕灾害性天气分析与预报等方面，开展了深入的交流和讨论。研讨会共有22位专家作论文汇报交流，其中大陆方面专家报告12篇，台湾方面专家报告10篇。研讨会前后，中国气象学会代表团对台湾中央大学、台湾大学、台湾气象局所属气象预报中心、地震监测中心、卫星气象中心以及台中、花莲气象台站等气象科研、教学、业务部门进行了参观访问。

2014年10月11—12日，海峡两岸气象科学技术研讨会在山东青岛举办。来自国家气象中心、中国气象局气象探测中心、中国气象科学研究院、中国科学院大气物理研究所、山东省气象台、北京大学、南京大学、南京信息工程大学以及台湾地区气象业务服务部门的专家学者参加了研讨会，会议共交流论文16篇。研讨会在中国气象学会成立90周年之际召开，中国气象局局长郑国光专程陪同台湾专家参观了中国气象学会诞生地，台湾地区气象局局长辛在勤在中国气象学会成立90周年座谈会上致辞，并签订了两岸气象合作协议。签订两岸气象合作协议是一个重要的里程碑，它把两岸气象合作从两岸气象科技交流的层次提高到了两岸气象预报中。同年11月19日，海峡两岸灾害性天气分析与预报研讨会在台北举办。台湾地区气象学会副理事长吴俊杰、中国气象局副局长许小峰致辞。开幕式后，来自两岸教育、科研与业务机构的24位专家分别围绕台风、季风与气候，资料同化与数值模拟，中尺度分析与暴雨，气象建设与服务4个专题展开研讨与交流。台湾地区气象部门及有关大学大气科学领域的老师、学生近百人参加了此次交流。

2014年海峡两岸气象科学技术研讨会代表合影

2015年12月10日，海峡两岸气象科学技术研讨会在北京召开。来自海峡两岸气象领域的70余位专家学者围绕台风、暴雨等灾害性天气监测、预警、预报和减灾服务等方面开展了学术交流和研讨。中国气象学会副理事长宇如聪及台湾地区代表团团长张修武先后致辞。2015年6月生效的《海峡两岸气象合作协议》为两岸气象业务主管部门搭建了更加广阔的合作平台。开幕式后，来自两岸气象科研与业务单位的24位专家学者进行了专题研讨。

2016年4月22日，海峡两岸灾害性天气分析与预报研讨会在台北举办，中国气象学会名誉理事沈晓农率中国气象学会代表团出席会议。开幕式上，沈晓农、台湾气象学会副理事长张修武致辞。来自两岸科研、业务与教育等部门的21位气象专家分别围绕台风、季风与气候，资料同化与数值模拟，中尺度分析与暴雨，气象防灾减灾等多个专题展开研讨与交流，台湾地区气象部门及有关大学大气科学领域的多位专家参加了此次研讨交流活动。中国气象学会代表团一行参访了台湾中央大学和"中央气象局"，实地了解台湾气象业务预报及服务的工作，并与台湾预报业务人员进行了现场交流。

2019年6月15日，以"两岸新时代、科技新融合"为主题的海峡科技专家论坛——海峡两岸交通·气象与安全研讨会在福建厦门举行。来自海峡两岸60余名交通运输、气象、海事、航运、经贸等业界、学界、机构的专家、青年和基层代表出席了会议。本次研讨会共收到论文50篇，墙报交流论文7篇，签署了闽台交通气象与安全合作框架协议，进一步促进气象、交通行业融合交流，拓展合作领域，探索建立人才、技术、资源等互联互通和深度融合的机制，助推行业跨界融合的新效益。大会还组织两岸专家进行了实地考察，了解海洋运输对气象服务的需求，交流台湾海峡灾害性天气监测预警联防的举措。

2022年11月30日—12月1日，海峡两岸气象青年科技交流汇（海峡民生论坛下设活动）采用线上线下相结合的方式成功举办，分别在北京、福州、台湾设置了3个会场。在为期两天的科技交流活动中，来自台湾大学、中国气象局各直属科研业务单位、各省（自治区、直辖市）气象局、相关高等院校、民航系统等单位的海峡两岸青年专家学者、科研人员、业务骨干围绕台风、暴雨、强对流等天气成因分析、过程机理及预报预警技术研究等内容展开交流和研讨。交流活动共征稿论文150余篇，组委会甄选了30余篇进行了报告交流、120余篇进行了墙报交流，线上线下共200余人参与交流。本次活动得到中国科协港澳台办公室2022年海峡两岸暨港澳科技人文交流项目的资助。

2023年6月15—17日，海峡两岸青年气象科学家论坛在福建厦门成功召开。为期两天的科技交流活动中，来自台湾大学、中国气象局各直属科研业务单位、各省（自治区、直辖市）

气象局、相关高等院校、民航系统等 40 多家单位的 100 余位海峡两岸青年专家学者开展了深入的交流和研讨，主要内容包括台风、暴雨、强对流等天气成因分析、过程机理研究及预报预警技术研究，智慧气象服务技术研发、成果应用及效益评价，气象防灾减灾方面好的做法和经验，气象科普资源开发共享、气象科普全媒体科学传播、面向重点人群的气象科普宣传等。论坛共收到论文 220 余篇，组委会甄选了 10 篇进行了大会邀请报告、40 篇进行了大会报告、130 余篇进行了墙报交流。本次活动得到中国科协港澳台办公室 2023 年海峡两岸暨港澳科技人文交流项目的资助。

2024 年 8 月 20 日，第十二届海峡两岸民生气象论坛暨两岸纪念中国气象学会百年华诞座谈会在福建莆田湄洲岛举办。中国气象局副局长熊绍员，福建省人民政府副省长林文斌，南京大学校长、中国科学院院士、中国气象学会理事长谈哲敏，以及台湾气象学会海峡两岸交流委员会负责人等出席开幕式并致辞。论坛同期举办了两岸纪念中国气象学会百年华诞座谈会，会议由中国气象学会副理事长矫梅燕主持，会上两岸嘉宾代表回顾了中国气象学会百年发展历程。论坛还以"深化气象交流，惠泽两岸民生"为主题，开展了气象防灾减灾技术学术交流。开幕式上，熊绍员、林文斌分别代表中国气象局和福建省政府签署省部共建海峡数字气象创新研发基地协议，并为基地揭牌。

第十节 气象科技咨询与评估

伴随我国经济体制、科技管理体制的改革，科技社团开展科技咨询业务应运而生，成为学会活动中具有很强生命力和发展前景的新兴领域。中国气象学会开展气象科技咨询始于 1983 年。

一、气象科技咨询活动

1983 年 8 月 5 日，中国气象学会第二十届理事会常务理事会第三次会议在北京召开。作为会议重要议题之一，研究了关于学会开展科技咨询服务工作。中国科协学会部副部长王振纲到会指导。此次会议的召开，首次将开展气象科技咨询活动提到了学会重要议事日程。

1983 年，按照中国科协关于组织 2000 年科技发展展望的部署，学会承担了气象学和大气科学部分的调研和成果撰写工作。开展 2000 年的中国气象学和大气科学预测研究及气象事业发展前景研究，是涉及正确决策和促进我国气象事业现代化的重大问题。参加此项工作的专家和学者约 200 人。经过半年多的努力，于 1984 年高质量地编纂成《2000 年的中国气象学和大气科学》一书。内容涉及2000年我国气象事业发展展望、气象业务技术体制发展设想、大气科学研究发展展望、气象系统教育发展设想以及气象学和大气科学各分支学科的发展展望。

从1984年起，发挥学会跨行业、跨部门的优势，积极参与决策咨询，先后参与了气象现代化建设纲要及"八五""九五"、2010年发展规划等的论证。学会针对气象科技发展中的一些带有方向性、战略性、全局性的问题，以科技政策声明、科学家建议、会议纪要等形式提出科学见解，例如：关于发展我国数值天气预报问题、关于我国的人工影响天气工作的发展方向、关于农业气象研究问题等。同时，围绕"气象事业适应两个根本性转变""科教兴气象""气象可持续发展"等组织了一系列气象软科学课题的研究，取得了一批重要的成果，推动了气象事业的发展。

1985年6月13日，中国科协咨询服务部批准中国气象学会成立中国气象科技咨询中心。此后，气象科技咨询和中介服务的概念逐步引入学会的相关活动，并通过科技活动月、学科发展报告、项目和科研课题的组织实施、科技成果的转让和应用推广等活动的组织，开展了大量的科技咨询和中介业务。

1991年2月11日，中国气象学会受国家气象局党组的委托，邀请在北京的部分专家、学者征询对《气象事业发展十年规划意见》的建议。

1993年4月1—8日，在北京与中国科学院大气物理研究所、中国科学院资源环境科学与技术局共同举办首届中国气象科技成果展示交流会。60多家单位的300项成果参展。转让成果102项，现场成交金额198.3万元，意向性金额达2861万元。展会的举办，顺应了社会主义市场经济的要求，培育了气象科技市场，加快了气象科技成果的转化与推广，也为举办更多类型的气象科技服务积累了经验。

至1995年，学会气象科技咨询业务发展到一个新的水平。在中国气象学会的推动下，各级气象学会相应开展此类业务，学会所属机构也从自身专业优势出发，举办各种形式的咨询服务活动，学会组织的科技优势、人才优势、组织优势和社会公信力优势得到了更好发挥。1995年12月6日，学会所属气象软科学委员会成立蓝达发展咨询服务中心，作为气象软科学委员会所属的科技咨询服务实体，设在中国气象局总体规划设计研究室。蓝达发展咨询服务中心成立后，在气象部门许多国家级重要课题和攻关项目、气象软科学研究中发挥了不可或缺的作用。

1995年12月21—22日，受中国气象局党组的委托，学会组织全国气象行业各单位的40多位知名专家召开审议《气象事业第九个五年计划(征求意见稿)》和《全国气象事业发展规划(征求意见稿)》座谈会。与会专家、学者对两个文件进行了认真讨论，许多高质量建议和中肯意见被充分采纳。为此，中国气象局主要领导强调，今后，事关重大的规划和重要项目实施前，均应通过中国气象学会进行充分论证。

1998年1月13日,中国科协在北京举办科技兴农论坛。国务院副总理姜春云出席会议并作重要讲话。国家气候中心董敏研究员代表中国气象学会作了题为《加强对 ENSO 现象预测的研究,为振兴农业服务》的专题报告。

2004年前后,学会更是动员各理事单位、理事会所属各委员会和会员积极参与中国气象局受国务院委托开展的气象事业发展战略研究。

2005年,学会协助"08办"[①]组织召开了北京"2008"工程建设雷电防护工程研讨会,负责奥运场馆建设、设计、施工、监理单位的100余人出席了会议。会议引起各单位对防雷工作的重视,会后不少单位主动要求对防雷装置进行设计审核与竣工验收。北京市"08办"以简报形式向北京市委、市政府作了专题汇报,引起有关领导的重视。

参与中国气象事业发展战略研究

2007年9月29日,厦门市政府办公厅组织召开厦门气象主题公园规划设计方案专家咨询会。学会理事长秦大河,副理事长李崇银、黄荣辉、谈哲敏、谭本馗等共15人组成专家委员会参加会议,对厦门气象主题公

2007年9月厦门气象主题公园规划方案专家咨询会现场

园规划设计方案进行专家咨询。经讨论和质询,形成明确的咨询意见,认为气象主题公园概念的提出是个创新,对于宣扬气象科学知识、普及科普教育、提高防灾减灾意识和自救能力都具有重要意义,建议根据专家提出的意见进一步完善设计方案,并尽快报有关部门立项。

2007年12月21日,应深圳市气象局的要求,组织了对《深圳市雷电灾害发生的现状与防御对策研究报告》的评审活动。

---

① 北京市人民政府"2008"工程建设指挥部办公室,简称"08办"。

2009年9月21日，由中国科协、中国工程院和西藏自治区人民政府主办，中国气象学会、西藏自治区气象局共同承办的全球气候变化与西部地区应对措施专家论坛在拉萨举办。论坛是第十届中国西部科技进步与经济社会发展专家论坛的专题论坛之一。论坛紧扣"依托优势资源，发展特色产业"主题，围绕党中央、国务院关于西部大开发的战略部署，结合西藏自治区经济社会发展的现实需求，就西部地区优势资源开发与特色产业建设问题进行有针对性的学术交流，为推动西部地区经济社会更好更快更大发展提出建设性的意见和建议。

2010年4月8日，中国科协学术建设发布会在北京举行。由中国气象学会组织编写的《大气科学学科发展报告》在会上向科技界和全社会发布，同时发布的还有其他25个学科2009—2010年进展情况及未来发展趋势。中国气象学会首次参加了学科发展报告的编写工作，组成了以徐祥德院士为首席科学家的专家组，历经近一年的努力，按照中国科协的要求，在中国气象学会有关专业委员会的大力配合下，圆满地完成了大气科学学科发展研究综合报告、建议意见报告和12篇专题报告。

2015—2018年，每年组织专家参加在北京召开的中国科协预防与控制生物灾害分析研讨会。研讨会由中国科协调研宣传部主办，中国气象学会、中国植物保护学会、中国林学会、中国畜牧兽医学会以及中国水产学会等联合承办。与会专家围绕每年的气象灾害、农作物和林木病虫害、畜禽疫病害、水产养殖动物等疫病害的发生态势进行汇报，并提出当年病虫害发生的预测及防控的对策建议。由多个学会联合编写完成我国预防与控制生物灾害年度咨询报告，通过中国科协报送国务院，为下年度农、林、牧生产等决策提供重要依据和科学支撑。会议期间形成的咨询报告是中国气象学会组织科学家参与完成的重要咨询报告之一。多年来，中国气象学会连续参与生物灾害防治研讨会，坚持气象服务社会的宗旨，与相关学会的专家们形成了良好的协作关系，气象学会所做的关于气象灾害现状、趋势分析研究，为预防与控制生物灾害发挥了重要作用，充分体现了气象对有关工作的支撑保障作用。

2016年6月14日，中国气象局科技与气候变化司委托中国气象学会开展中国气象科学研究院和中国气象局八个专业气象研究所（以下简称"一院八所"）的评估工作。根据中国气象局对"一院八所"的要求和定位，中国气象学会制定了详细的评估工作方案，组成专家组，对"一院八所"2012—2015年的发展状况进行了现场评估。评估过程历时一个多月，最终形成"一院八所"评估工作报告，并报送中国气象局科技与气候变化司，为全国气象科技创新大会有关交流研讨提供依据。

2017年6月15日，中国气象局科技与气候变化司委托中国气象学会秘书处开展中国气象局野外科学试验基地评审和实地考察评估工作。2017年10月下旬到11月下旬，学会秘书处先后组织完成了野外科学试验基地的专家评审和现场核查工作。10月27日，学会秘书处对申报基地进行了现场评审。专家组听取了申报基地的汇报，国家综合气象观测试验基地遥感卫星辐射校正场等13个基地通过专家评审，其中7个基地需进行现场考察。据此，学会秘书处组织专家组于11月9日—12月1日对需现场考察的基地分组进行了实地核查。

2017年11月29—30日，中国气象局科技与气候变化司委托中国气象学会秘书处组织评估专家组赴沈阳对中国气象局沈阳大气环境研究所整改工作进行了现场评估。专家组听取了有关整改工作报告，经过质询和讨论，形成整改评估意见，专家组一致同意通过沈阳大气所整改评估。

2018年11月21—23日，受中国气象局科技与气候变化司委托，学会秘书处组织专家组对中国气象局武汉暴雨研究所、成都高原气象研究所进行了中期评估，专家组经过分别审阅两个研究所的自评报告、听取汇报和质询、现场考察以及与科研业务骨干个别访谈，集体讨论后认为，两个研究所自2016年评估以来各方面工作进展成效显著，依托单位和主管部门对研究所改革发展工作高度重视，措施得当，存在问题整改取得明显成效，一致同意通过中期评估，并对两个研究所的后续发展提出了相关建议。

2018年中国气象局武汉暴雨研究所中期评估

为进一步完善气象科技创新体系，规范气象野外科学试验基地建设，提升科技创新基础能力，受中国气象局科技与气候变化司委托，学会秘书处组织开展了2019年中国气象局野外科学试验基地的初审、专家评审、现场考察等有关工作，遴选出中国气象局第二批野外科学

2019年中国气象局野外科学试验基地遴选

试验基地。阿克达拉大气本底野外科学试验基地、北京大气探测技术野外科学试验基地、华东台风野外科学试验基地等10个基地入选。

作为第三方评估机构，中国气象学会自2017年起，组织开展气象科技成果评价工作。先后开展了22项气象科技成果评价工作。2018年学会根据已有评价实践，结合国家有关要求起草了《中国气象学会气象科技成果评价暂行办法》，规范了气象科技成果评价指标、申请书格式、委托评价协议格式、成果评价报告格式等文本内容，为今后开展相关工作奠定了良好的基础。

2017—2024年中国气象学会气象科技成果评价项目汇总表

序号	年份	成果名称	完成单位
1	2017年	重大农业气象灾害监测预警与防控技术	中国气象科学研究院
2	2018年	台风监测预报系统关键技术	中国气象科学研究院
3		新舟60国家增雨飞机系统	中国气象科学研究院
4	2019年	机载云降水粒子谱仪与成像仪研制及应用	中国气象科学研究院
5		中国国家新一代天气雷达组网技术与应用	中国气象局气象探测中心
6		SMART季节气候预测系统与应用	南京大学
7	2020年	区域/全球一体化GRAPES数值天气预报业务系统与应用	国家气象中心
8		农业气象灾害和作物苗情的全天候卫星遥感监测技术	中国气象科学研究院
9		江淮对流云增雨作业决策指挥技术研究与应用	安徽省人工影响天气办公室
10		青藏高原多圈层地气相互作用综合观测系统及应用	中国科学院青藏高原研究所
11	2021年	西藏综合交通气象灾害监测、预警、评估技术与应用	西藏高原大气环境科学研究所
12		中国台风巨灾模型2.0	中再巨灾风险管理股份有限公司
13		登陆台风引发广东沿海风雨精准预报研究	中国科学院深圳先进技术研究院
14		湖南秋季积层混合云系飞机人工增雨作业关键技术及应用	湖南省人工影响天气领导小组办公室
15	2022年	中国大陆副热带切变线研究	中国气象局气象干部培训学院
16		主要农业气象灾害精细监测预报与评估关键技术及应用	中国气象局沈阳大气环境研究所
17		重大工程抗风抗冰参数的三维精细网格化论证关键技术及应用	中国气象科学研究院
18		国家空间天气监测预警中心2005—2022年空间天气预报	国家卫星气象中心
19	2023年	雷电多维度特征研究与0～12小时预警预报一体化系统研发	中国气象科学研究院
20		风云三号黎明星工程研制与应用关键技术	国家卫星气象中心
21		高分辨率全球中期和月延伸数值预报关键技术及业务应用	国防科技大学气象海洋学院
22	2024年	国产风云卫星蓝藻水华高精度遥感监测预警关键技术及推广应用	国家卫星气象中心

自2021年起，连年承接完成中国气象局办公室委托的中国气象局局属图书报刊出版单位社会效益评估和中国气象局主管出版物审读工作。自2022年起，连续开展中国正能量"五个一百"网络精品评选、走好网上群众路线百个成绩突出账号推选工作，得到有关部门的肯定。

二、气象现代化建设科技博览会

为进一步展示和交流气象产业最新技术及设备，促进气象科学技术成果转化，2002年，中国气象学会联合多家单位在上海举办首届中国国际气象科技和环境工程技术设备展和中国防雷论坛暨防雷技术与产品展，展会自开办以来得到世界气象组织（WMO）和有关国际组织、中国气象局、中国科学技术协会、中国水利部水文局等单位的大力支持。经过20多年的不断发展，展会已逐渐发展成为亚洲最大的气象行业专业展览。自2017年起，展会整合更名为"中国气象现代化建设科技博览会"，博览会是集气象、水文、防雷等于一体的专业展会，近年来，每年吸引来自全球气象、水文、防雷等相关行业的上百家知名企业参展，年接待观众上万人。

2002年，中国气象学会联合中国海洋学会、地球物理学会和空间科学学会，在上海展览中心联合举办首届中国国际气象科技和环境工程技术设备展。由中国气象局雷电防护办公室与中国气象学会雷电防护研究会联合主办的中国防雷论坛暨防雷技术与产品展同期举办。共有来自美国、德国、日本、芬兰、中国香港以及国内的百余家生产厂商、经销商、代理商参展，展出的先进技术与设备涉及气象科技与环境工程和雷电防护技术的各个方面。为配合两个展会的举办，同时举行了气象科技和环境工程技术高级研讨会和首届中国防雷论坛。

2003年10月13—15日，中国气象学会与中国华云技术开发公司、华风气象传媒集团在北京联合主办了第二届中国国际气象科技和影视信息技术与设备展；中国气象局雷电防护管理办公室与中国气象学会雷电防护研究会在北京联合主办了第二届中国防雷论坛暨防雷技术与产品展。两个展会以"信息化与气象经济"为主题，来自中国、美国、挪威、日本、法国、韩国、英国、德国、波兰和中国香港、台湾地区的众多生产厂商、代理商和经销商纷纷报名参展。第二届中国防雷论坛和多场专业技术讲座也与展览同时举行。

2004年10月13—14日，第三届中国防雷论坛暨防雷技术与产品展在深圳会议展览中心与第六届中国高新技术成果交易会同期举办。

2005年10月26日，第三届中国国际气象科技与水文技术设备展及第四届中国国际防雷论坛暨防雷技术与设备展在上海展览中心举办。本届展会由中国气象局及中国气象学会共同主办，并首次得到世界气象组织（WMO）的特别支持，世界气象组织委派Miroslav Ondras代表 WMO 专程抵沪出席展会开幕式和相关活动。中国气象局局长秦大河和伍荣生理事长分别为展会题词，世界气象组织秘书长雅罗为展会书写了贺信。本届展会充分展示了我国气象科技现代化建设的丰硕成果，集中体现了中国气象工作的技术水平和服务能力。展会以"气象服务与和谐社会建设"为主题、以"国际化和专业化"为主旨，吸引了来自中国、美国、法国、英国、西班牙、芬兰、澳大利亚、荷兰、日本、斯洛伐克、波兰、中国香港等国家和地区近百家知名公司和厂商参展，本届展会的国际化程度比此前两届有较大提高。与展会同期召开的还有2005全国气象装备订货会、中国国际防雷论坛、中国气象科技学术报告会。

2007年11月23日，由中国气象学会和中国气象局共同主办的第四届中国国际气象科技和水文技术设备展及第六届中国国际防雷论坛暨防雷技术与产品展在广东广州锦汉展览中心隆重开幕。中国气象学会理事长秦大河、中国气象局雷电防护管理办公室主任朱祥瑞、中国华云技术开发公司总经理魏华、国际水文—气象装备行业协会（HMEI）秘书长等领导和嘉宾出席开幕式并讲话。本次展会是继上海、北京三届展会后又一次气象行业内高规格、大规模、最新技术的产品展示、交流、洽谈的盛会。WMO 秘书长发来贺信表示祝贺。展会以"科技创新"和"气象为防灾减灾服务"为主题，吸引了来自德国、瑞士、芬兰、荷兰、意大利、法国、日本、美国等国外厂商（如 ABB、SELEX、Belfort、Baron、Vaisala、美国哈希、美国 ECS）的参展，中国华云、南京大桥、四川中光、上海施耐德等国内知名公司也带来了他们的最新技术和产品。展会期间就大气探测、水文气象、气候变暖、防灾减灾、防雷技术等问题进行了交流和探讨。

2009年10月15—17日，由中国气象局和中国气象学会共同主办的第五届中国国际气象科技和水文技术设备展、第七届中国国际防雷技术与产品展在浙江杭州举行。本次展会既是对中国气象事业发展60周年的巡礼，又是海内外气象、水文装备和防雷最新技术和产品的集中展示，来自德、美、英、法、芬、中等国家和香港地区近50家企业参展。展会展出了若干反映气象科学未来发展方向的新技术新设备。第26届中国气象学会年会气象装备技术企业论坛同期在展会现场举办。

2011年11月3—5日，由中国气象学会和中国气象局联合主办的第六届中国国际气象科技和水文技术设备展、第八届中国国际防雷技术与产品展在福建厦门举行。展会集中展示了近年来国内外气象、水文装备和防雷技术产品的最新科研技术成果。来自美国、中国、德国、加拿大、挪威、澳大利亚、瑞士、法国等国家和地区的50多家公司参展。展览期间，还举办了专场技术交流会。展会集中反映了国际气象和雷电防护科学的发展趋势和装备技术的创新，体现了中国气象工作技术水平和服务能力，促进了中外气象科技交流与国际气象合作。

2013年10月24—26日，由中国气象学会主办，中国气象局气象探测中心、中国气象科学研究院、中国华云技术开发公司、江苏省气象局和南京信息工程大学协办的第七届中国国际气象科技和水文技术设备展、第九届防雷技术与产品展在南京信息工程大学举办。展会与第30届中国气象学会年会同期进行。展览集中展示了气象现代化科技成果，其中不少装备已达到国际先进水平并出口海外。

2016年6月19—21日，以"推动中国气象现代化建设"为主题的第八届中国气象科技和水文技术装备展、第十届中国防雷技术与产品展在北京举办。两展会集气象、防雷、水文等于一体，与北京国际防灾减灾应急产业博览会等大型专业展览同期同地举办。吸引了来自全球多个国家和地区的气象、水文、防雷等相关行业百余家企业参展。展会设有气象科技与水文技术装备展区、防雷技术与产品展区以及气象信息化建设展区，全面打造贯穿气象产业和防雷产业的一站式采购平台。展会同期举办2016中国雷电防护高峰论坛、2016中国气象防灾减灾技术交流会等活动。

2017年3月29日，2017中国气象现代化建设科技博览会在广东广州国际采购中心举办。两展会自2002年创办以来，一直秉承市场导向和技术导向的办展理念，坚持交友、交流、交易的办展方针，坚持国内、国际两个市场并重平衡发展的办展思路。中国气象学会长期致力于为气象事业和社会经济发展服务，搭建平台，共谋发展。第九届中国气象科技和水文技术装备展、第十一届中国防雷技术与产品展自2017年起整合更名为"中国气象现代化建设科技博览会"。博览会是一个集气象、防雷、水文等为一体的专业展会，吸引了来自全球气象、水文、防雷等相关行业的上百家知名企业参展。

2018年5月30日—6月1日，以"交流创新技术、支撑气象现代化建设"为主题的2018中国气象现代化建设科技博览会在上海成功举办。博览会包含第十届中国气象科技与水文技术装备展、第十二届中国防雷技术与产品展。本届博览会由中国气象学会主办，授权旻生展览（上海）有限公司具体承办，邀请国内外气象、水文、防雷领域的上百家厂家参展，集中展示了气象现代化建设最新成果。同期举办科博风云论坛、气象人才招聘会及2018年气象行业最具影响力品牌网络评选活动，提升展会品牌价值。

2019年4月10—12日，2019中国气象现代化建设科技博览会在上海跨国采购会展中心举办。博览会同期举办了2019年科博风云论坛、2019年水文技术与装备发展论坛等活动，就行业政策走向、技术发展趋势等问题进行了探讨。中国兵器工业集团、LEOSPHERE、VAISALA、安徽四创、深圳影科、上海地听、航天宏图等100多家企业参展，展出新品上千款、观众来访上万人次。本届博览会国际展商及国际观众量较往年有大幅提升，博览会的国际地位逐渐提升，国际吸引力越来越大。

2020年8月19—21日，2020中国气象现代化建设科技博览会在上海跨国采购会展中心成功举办。博览会包含第十二届中国气象科技与水文水资源技术装备展和第十四届中国防雷技术与产品展，同期还举办了2020年气象观测创新发展论坛、2020年第八届中国水利信息化技术论坛和2020第二届大气与环境科学青年人才论坛等活动。150多家企业参展，展品种类齐全，覆盖气象、防雷、水文等三大行业展出新品上千款、观众来访上万人次。博览会意向交易额超2亿，展商好评率高达98%。

2021年5月20—22日，由中国气象学会主办、旻生展览（上海）有限公司承办，主题为"相聚大湾区、共商新气象"的2021中国气象现代化建设科技博览会在深圳会展中心举办。作为国内唯一的国家级专业气象类展览、亚洲最大的气象专业展览，本届博览会总展出面积7500平方米，吸引了社会各界和国内外众多展商的高度关注和积极参与。博览会分八大主题，全面展示了我国气象科技发展成就、最新气象科技创新成果和气象服务经济社会高质量发展成效。

2023年3月29—31日，以"创新气象科技、助力高质量发展"为主题的2023中国气象现代化建设科技博览会在深圳会展中心举办。本届博览会作为2023气象科技活动周主场活动之一，得到了社会各界、海内外展商、气象部门、企业和科研院所的高度关注，吸引了近200家企业参展，接待观众上万人次。博览会同期举办了2023年气象科技成果交流推广会、人工影响天气创新发展论坛及气象观测创新发展论坛等学术交流活动，参与人数众多，交流效果显著，受到各方好评。

2024年5月15—17日，由中国气象学会和旻生展览（上海）有限公司联合主办，以"开辟气象科技新领域新赛道，塑造高质量发展新动能新优势"为主题的2024气象现代化建设科

2024年气象现代化建设科技博览会开幕式现场

技博览会在深圳国际会展中心举办。本届博览会作为2024年气象科技活动周主场活动，集结了近200家参展商，吸引了上万社会公众参观。博览会期间还举办了优秀气象科技成果展示推介、气象机动观测技术交流、防雷产业高质量发展论坛等系列活动，推动气象科技成果的双向转化，促进气象产学研用深度融合。

近年来，在中国科协、中国气象局等部门的大力支持下，在中国气象学会的长期努力下，中国气象现代化建设科技博览会已逐渐发展成为为气象行业相关企业提供产业上下游交流合作、展现最新气象科技产品成果、促进气象产学研用结合和科技成果转化的权威平台。

三、地方特色气候资源评估论证

为更好助力地方经济社会发展，帮助地方科学高效充分开发利用地方特色气候资源，自2005年起，中国气象学会接受地方政府委托，围绕地方经济社会发展、生态文明建设和乡村振兴建设需求，不定期组织专家开展地方特色气候资源评估论证工作，截至目前，累计已有15个市（县）通过论证，逐步形成了中国气象学会地方特色气候资源第三方论证品牌，"中国凉都""爽爽的贵阳"等品牌效应日趋显现。

2005年8月12日，中国气象学会组织的"六盘水·中国凉都"论证审定会在北京举行。专家委员会由中国科学院、北京大学、国家环保总局、中国旅游出版社、中国气象局、北京市气象局等单位的12位专家组成。专家委员会听取了"六盘水·中国凉都"论证课题组的工作报告和技术报告，并对研究工作的背景、研究思路、研究方法、结论等情况进行了认真质询。经专家委员会认定，贵州省六盘水市可称为"中国凉都"。

2007年8月31日，受贵阳市政府委托，在北京组织有关专家，对"中国避暑之都·贵阳"课题进行论证。专家委员会在认真听取了课题负责人的研究报告后，经讨论认为：该课题资料翔实、数据可靠，根据气候条件特征，贵阳市可获"中国避暑之都"之称。秦大河理事长代表中国气象学会向贵阳市市长袁周颁发了贵阳市"中国避暑之都"牌匾和荣誉证书。此举

2007年8月"中国避暑之都贵阳"授牌仪式现场

对促进当地经济发展的规划和旅游事业的发展起到了重要作用。

2011年8月16日，受四川省雅安市人民政府委托，中国气象学会在北京邀请专家，对《中国生态气候城市·雅安论证报告》进行评审，中国气象学会理事长秦大河主持了论证。论证会上，就雅安基本情况和"雅安·中国生态气候城市"论证的背景进行了汇报；就雅安基本概况、生态状况、气候状况、生态气候优势、气候变化及其影响和对策以及结论等六个方面作了阐述。经过质询和讨论，专家组一致同意，通过《中国生态气候城市·雅安论证报告》，决定将雅安定为"雅安·中国生态气候城市"。8月21日，在中国生态城市建设发展国际倡议大会上，中国气象学会秘书长翟盘茂代表中国气象学会向雅安市颁发了"雅安·中国生态气候城市"证牌，授予雅安"中国生态气候城市"称号。

2013年8月16日，受重庆市城口县人民政府委托，中国气象学会在北京邀请专家，对《中国·城口生态气候评估报告》进行评审。专家组经过质询论证，一致同意通过《中国·城口生态气候评估报告》，并建议进一步加强与环保、林业、旅游、城建、交通、水利、气象、国土等相关部门的合作，加强规划，发挥资源优势，实现以生态绿色产业为主导的经济社会可持续发展，专家组建议中国气象学会授予"城口·中国生态气候明珠"称号。9月17日，在城口召开的中国秦巴山区（重庆·城口）典型气候研讨会上，中国气象学会秘书长翟盘茂代表中国气象学会向城口县人民政府颁发了"城口·中国生态气候明珠"牌匾，授予重庆城口"中国生态气候明珠"称号。

2014年6月13日，受浙江省丽水市政府委托，中国气象学会在北京组织专家对《丽水·中国气候养生之乡论证报告》进行论证，报告通过对丽水九项生态气候指数的分析，最终得出了丽水生态气候的休闲养生适宜性具有突出优势的结论，通过论证讨论，专家组一致建议中国气象学会授予丽水"中国气候养生之乡"称号。11月13日，中国气象学会正式授予丽水市"丽水·中国气候养生之乡"荣誉称号，丽水也由此成为继贵州贵阳之后第5个以气候资源优势命名的城市，也是浙江省首个以气候优势命名的城市。

2014年10月23日，中国气象学会在北京组织专家组对《中国乌兰察布草原避暑资源评估报告》进行论证。专家组听取了申报单位对乌兰察布草原气候、生态、旅游资源等情况的介绍和避暑旅游适宜性的分析报告，在审查相关资料、质询和讨论的基础上，专家组一致认为该市夏季气候清爽宜人，境内自然景观优美，草原避暑旅游资源丰富，是我国北方草原夏季避暑休闲度假的理想之地。专家组一致同意通过《中国乌兰察布草原避暑资源评估报告》，建议中国气象学会授予该市"乌兰察布·中国草原避暑之都"称号。

2016年中国·黔江生态旅游气候资源评估报告论证会

2016年7月26日，受重庆市黔江区委、区政府委托，中国气象学会在北京组织召开中国·黔江生态旅游气候资源评估报告论证会，通过了《中国·黔江生态旅游气候资源评估报告》论证，专家组建议授予黔江区"中国清新清凉峡谷城"称号。9月27日，在2016年重庆黔江·中国武陵山国际民俗文化旅游节上，中国气象学会正式授予重庆黔江"中国清新清凉峡谷城"牌匾。

2017年9月26日，浙江文成中国气候养生福地论证评审会在河南郑州召开，中国气象学会组织专家团队对《文成·中国气候养生福地评估报告》进行论证，专家组认真听取了申报单位对文成县气候、生态、养生资源的介绍和气候养生适宜性的分析报告，审查了相关资料，在讨论中形成了论证意见，并一致同意通过评估报告，建议中国气象学会授予文成"中国气候养生福地"称号。

2018年5月11日，受湖北省利川市人民政府委托，中国气象学会在北京组织专家对《湖北省利川市生态旅游气候资源评估报告》进行论证。专家组根据对国内外城市的人体舒适度气象指数等11项旅游休闲养生关联指标的对比综合分析，利川市气候生态关联指标、休闲旅游和健康养生综合条件优越，居于国内最佳行列。建议中国气象学会授予利川"中国凉爽之城"称号。6月2日，在湖北利川召开的旅游气候资源发布会上，中国气象学会宣布利川气候资源评估结果，正式授予该市"利川·中国凉爽之城"荣誉称号。

2019年1月16日，受陕西省商洛市政府委托，中国气象学会组织专家组听取商洛市人民政府对商洛气候、生态、康养资源的介绍，论证评审《商洛中国生态气候康养宜居地评估报告》，一致同意通过《商洛中国生态气候康养宜居地评估报告》，建议授予商洛"中国气候康养之都"称号。4月25日,在2019年中国秦岭生态文化旅游节开幕式上,中国气象学会正式为商洛市授牌,授予商洛市"中国气候康养之都"称号。

2019年7月25日,受贵州省毕节市政府委托,中国气象学会组织专家对《中国·毕节生态旅游气候资源评估报告》进行论证,论证报告通过了专家组审核,专家组一致同意授予毕节市"毕节·中国花海洞天避暑福地"称号。9月28日,在贵州省毕节市第十四届贵州旅游产业发展大会上,中国气象学会正式授予"毕节·中国花海洞天避暑福地"牌匾。

2019年8月29日,中国气象学会在北京组织专家组对《黔西南·四季生态气候康养资源评估报告》进行论证,并听取了黔西南州人民政府对黔西南四季气候、生态和旅游资源的介绍,以及对康养气候适宜性的分析,审查了相关资料。通过评审,专家组一致同意通过《黔西南·四季生态气候康养资源评估报告》,并建议中国气象学会授予黔西南州"黔西南·中国四季康养之都"称号。

2019年贵州黔西南四季生态气候康养资源评估报告论证会

2019年10月20日,受湖北省宜昌市人民政府委托,中国气象学会组织专家在北京召开了宜昌气候宜居资源评估报告论证会,宜昌市顺利通过评估论证,专家组一致同意通过《宜昌气候宜居资源评估报告》,建议中国气象学会授予宜昌市"中国气候宜居城市"称号。12月10日,"宜昌·中国气候宜居城市"授牌仪式在湖北省宜昌市举行,中国气象学会向宜昌市授牌,授予湖北宜昌"中国气候宜居城市"称号。

2019年11月23日,中国气象学会在北京召开四川省巴中市气候康养资源评估报告论证会,对巴中气候康养品牌进行论证,巴中顺利通过"中国气候养生之都"评估论证,专家组一致同意通过《四川省巴中市气候康养资源评估报告》,建议中国气象学会授予巴中市"中国气候养生之都"称号。2020年10月18日,在第十八届四川光雾山红叶节开幕式上,中国气象学会正式为巴中市"中国气候养生之都"授牌。

2020年9月25日论证,9月25日,中国气象学会组织专家团队在北京召开中国·建始生态旅游气候资源评估报告论证会。专家组通过审查相关资料,展开论证、提出质疑、充分讨论，通过了《中国·建始生态旅游气候资源评估报告》，一致认为建始具有得天独厚的气候、丰富多彩的旅游资源、宜居宜游的生态环境，同意通过《中国·建始生态旅游气候资源评估报告》，并授予建始县"建始·中国生态气候康养金地"称号。2021年3月23日，由建始县委、建始县人民政府举办的"建始·中国生态气候康养金地"授牌新闻发布会暨"康养金地·和美建始"推介活动在湖北武汉举办，中国气象学会向建始县授牌，授予其"中国生态气候康养金地"称号。

中国气象学会开展地方特色气候资源评估论证汇总表

序号	论证和授牌时间	授予地方	授予称号
1	2005年8月12日论证、授牌	贵州省六盘水市	中国凉都
2	2007年8月31日论证、授牌	贵州省贵阳市	中国避暑之都
3	2011年8月16日论证，8月21日授牌	四川省雅安市	中国生态气候城市
4	2013年8月16日论证，9月17日授牌	重庆市城口县	中国生态气候明珠
5	2014年6月13日论证，11月13日授牌	浙江省丽水市	中国气候养生之乡
6	2014年10月23日论证，2015年7月24日授牌	内蒙古自治区乌兰察布市	中国草原避暑之都
7	2016年7月26日论证，9月27日授牌	重庆市黔江区	中国清新清凉峡谷城
8	2017年9月26日论证，2018年3月26日授牌	浙江省文成县	中国气候养生福地
9	2018年5月11日论证，6月2日授牌	湖北省利川市	中国凉爽之城
10	2019年1月16日论证，4月25日授牌	陕西省商洛市	中国气候康养之都
11	2019年7月25日论证，9月28日授牌	贵州省毕节市	中国花海洞天避暑福地
12	2019年8月29日论证，10月30日授牌	贵州省黔西南州	中国四季康养之都
13	2019年10月20日论证，12月10日授牌	湖北省宜昌市	中国气候宜居城市
14	2019年11月23日论证，2020年10月18日授牌	四川省巴中市	中国气候养生之都
15	2020年9月25日论证，2021年3月23日授牌	湖北省建始县	中国生态气候康养金地

第十一节 纪念活动

中国气象学会创建历史长久,国内外影响较大,在长期的学会活动中,学会非常重视举办各种形式的纪念活动,将其作为开展学会工作的重要方式,逐步形成了尊师重才、褒奖前辈、激励来者的优良传统。特别是近50年来,中国气象学会继续传承和光大这一传统,通过举办学会创建周年纪念和著名气象学家、老一辈学会工作者诞辰等一系列具有重要社会影响的纪念活动,达到阶段性地回顾和总结学会工作经验、弘扬老一辈气象工作者优良的职业道德、推进气象文化建设和增进共识、凝聚力量、增强发展动力的目的。

一、中国气象学会成立 60 周年庆祝活动

1984年10月13—18日,中国气象学会在江苏南京举行庆祝中国气象学会成立60周年纪念会。参加纪念大会的有中国气象学会理事和名誉理事、大会筹委会成员、各专业委员会的代表、各省气象学会的代表和会员代表、从事气象工作50年的气象界老前辈等共313位。中国科协、国家气象局等各有关方面的领导出席会议。日本气象学会代表团一行7人专程到会祝贺。皇家香港天文台的两位代表和4位美籍华裔气象学家应邀参加。

开幕式上,叶笃正理事长致开幕词。副理事长兼秘书长章基嘉宣读了中国科协发来的贺信。国家气象局顾问薛伟民、江苏省副省长凌启鸿发表讲话。日本气象学会代表团团长山元龙三郎、皇家香港天文台台长岑柏向大会致贺词。谢义炳副理事长代表理事会向大会作题为《再接再厉,全面开创学会工作新局面,为气象现代化建设做贡献》的报告。报告全面总结了中国气象学会创建60年来的成就和经验,提出了当前学会工作面临的主要任务和重大课题,明确了中国气象学会在新的历史时期的主要任务。

中国气象学会成立60周年纪念大会

1984年参加中国气象学会成立60周年大会曾在南京北极阁工作的代表合影

纪念大会表彰了从事气象工作50年的老前辈33人，并向他们颁发了荣誉证书。赵恕代表受表彰的气象老前辈发表了获奖感言。大会还对近年来在科普工作中做出突出成绩的11个先进集体、20位先进个人，以及15本优秀科普图书、17篇优秀科普短文和6部优秀科普电视录像片的作者进行了表彰。大会期间，特别举办了中国气象学会成立60周年纪念展览。

黄士松副理事长在大会闭幕词中强调，学会工作要依靠党的领导，依靠全体会员的共同努力，解放思想，正视自己的历史任务和社会责任，克服学会活动中存在的各种不利因素和实际困难，加快学会改革的进程。大会闭幕后，还召开了理事会第三次会议，座谈有关学会改革问题。

60周年纪念大会全面总结了学会工作的历史经验，确定了学会工作的主要任务，研讨了学会自身建设中的重要课题。纪念会的成功举办，确立了中国气象学会新的发展理念，选择了改革开放的发展道路，展现了中国气象学会主动参与中国气象现代化建设的决心和信心，对团结全行业气象科技工作者，共同开创气象工作新局面产生了重要的影响。正如与会代表在纪念大会特别举

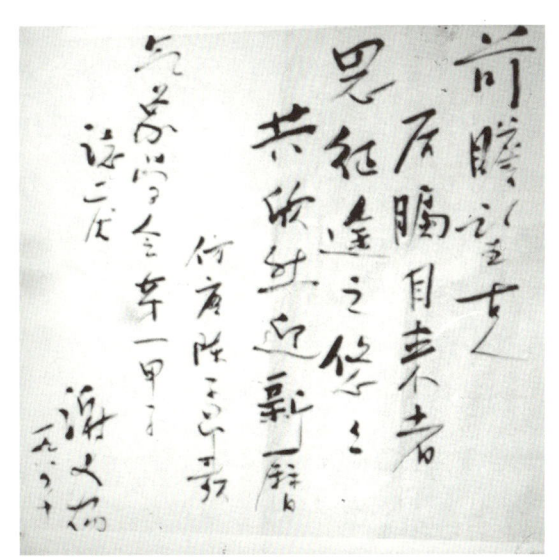

谢义炳先生为中国气象学会成立60周年纪念大会题词

办的书画笔会上所书："回旋甲子群贤毕至，承前启后硕果可期。"著名气象学家谢义炳更泼墨挥就仿唐陈子昂歌："前瞻望古人，后瞩目来者。思征途之悠悠，共欣然迎新历。"以此志庆中国气象学会第一甲子。

大会还组织开展了气象学术交流活动。共收到学术论文和综合报告562篇，参加大会交流的有15篇综合报告，包括曾庆存《关于2000年我国气象科学预测研究的综合分析》和各专业委员会就本学科近年进展及今后展望的综述，有101篇论文分4个大组及个别专题组进行交流，另有446篇论文参加书面交流。

二、中国气象学会成立70周年庆祝活动

1994年10月，中国气象学会举办了学会创建70周年纪念系列活动。整个纪念活动以"振兴民族气象事业，开创学会工作的未来"为宗旨，除了于10月5—8日在北京连续举办中国气象学会成立70周年纪念大会、大气科学发展暨海峡两岸天气气候学术研讨会外，还包括在青海西宁召开的第三届全国优秀青年气象科技工作者学术研讨会及第四届全国气象科普作品评奖活动。中国气象学会所属各学科委员会和部分省级气象学会也在各地设置了纪念大会分会场。

1994年10月5日，中国气象学会在北京隆重举行成立70周年纪念大会。应邀参加这次盛会的有上级部门的有关领导、科技界和新闻界的代表、气象界前辈、中青年气象科技骨干以及各级气象学会工作者近400人。国务委员宋健亲临纪念大会并发表重要讲话。全国政协副主席、中国科协主席朱光亚院士在开幕式上致辞，中国气象局邹竞蒙局长代表中国气象局致辞。

1994年中国气象学会成立70周年纪念大会

学会理事长章基嘉作了题为《振兴民族气象科技，开创学会工作未来》的报告。报告从历史回顾、主要成就和基本经验3方面总结了70年来学会工作的历史经验，并强调学会工作要在社会主义市场经济的框架内努力探索、大胆实践、深化改革，带动和促进学会其他各项工作的开展。

大会上，中国海洋学会秘书长郭德喜代表中国科协所属的39个全国学会和单位致贺词；日本、瑞典、美国、泰国、中国香港等国家和地区的来宾也分别致辞，副理事长谢义炳宣布了

1992—1993年度涂长望青年气象科技奖获奖名单；名誉理事长陶诗言宣布向美国气象学会终身名誉秘书长斯潘格勒博士授予"中国气象学会名誉会员"称号，并颁发证书；名誉理事长黄士松宣布第四届全国气象科普评奖获奖作品和表彰名单；瑞典、日本、越南、美国、中国澳门等国家和地区的气象学会向中国气象学会赠送了礼品。美国、瑞典、日本、韩国、朝鲜、新加坡、马来西亚、泰国、越南等国家，以及中国香港、澳门地区的39位来宾也应邀参加纪念活动。这是学会历史上国际交往最为广泛的一次盛会。

值得提出的是，经过多年的共同努力，海峡两岸气象界同仁终于迎来了同堂共庆的大好时机。应学会70周年纪念活动组委会的邀请，台湾地区气象界派出由27人组成的代表团以及由2人组成的航空气象协会代表团，参加为庆祝中国气象学会成立70周年而举办的大气科学发展暨海峡两岸天气气候学术研讨会。会议期间，海峡两岸学者和气象学会间进行了内容广泛的座谈，就海峡两岸未来气象科技合作的领域和方式交换了意见。

学会成立70周年纪念活动是一次促进大气科学界的国际交流，增强与境外华人学者、团体的联系，增进友谊，促进合作的盛会。它全面总结了学会工作的历史经验，展示了改革开放以来我国气象科技工作者和气象现代化建设的崭新面貌，促进了我国气象科技和气象事业的振兴，对中国气象学会的改革和发展产生了不可估量的影响。

三、中国气象学会成立80周年庆祝活动

2004年10月18—21日，中国气象学会举办了中国气象学会成立80周年系列庆祝活动。庆祝活动包括中国气象学会成立80周年庆祝大会、授予德高望重的气象界老前辈"气象科技贡献奖"、中国气象学会2004年年会、气象科技成果展等活动。

参加中国气象学会成立80周年庆祝大会的有为中国气象学会建设、发展做出贡献的老一辈气象工作者代表、奋斗在气象科研、教学和业务岗位上的老中青气象科技工作者、中国气象学会理事、各理事单位的代表、我国大气科学界的"两院"院士、海外华裔气象学家和港澳地区气象界的代表。中国科协书记处书记程东红、中国气象局副局长郑国光、国土资源部副部长贠小苏、水利部副部长鄂竟平、国家林业局党组成员江泽慧、中国地震局副局长岳明生、国家海洋局副局长王飞等领导，以及全国人大环资委、科技部、农业部、教育部及中国工程院、国家自然科学基金委的代表出席了庆祝大会。应邀参加大会的还有社会各界的来宾、首都新闻界的朋友以及美国、日本、韩国气象学会代表团的成员。参加庆祝大会的人员达到1000多人，为中国气象学会历史上规模最大的一次庆祝大会。

大会由副理事长郑国光主持，理事长伍荣生致开幕词，中国科协书记处书记程东红代表中国科协致辞。中国气象局副局长刘英金代表中国气象局党组和秦大河局长致辞，对中国气象学会成立80周年纪念表示祝贺，向获得中国气象学会"气象科技贡献奖"的老专家致以崇高的敬意和亲切的问候。国务委员陈至立、世界气象组织秘书长雅罗专门为大会发来贺信。美国气象学会理事长、日本气象学会代表和韩国气象学会理事长先后致辞，对中国气象学会成立80周年表示祝贺。中国农学会副秘书长田桂山代表45个兄弟学会致辞。

大会上，理事长伍荣生作了题为《继往开来，同心同德，为促进新时期中国气象事业跨越式发展而努力》的主题报告。报告分阶段全面回顾了中国气象学会的光辉历程，总结了学会活动的贡献，确定了今后中国气象学会工作的核心任务。

大会宣布了中国气象学会关于"气象科技贡献奖"的表彰决定。会上，对26位气象界老前辈予以表彰。黄士松代表获奖的全体老前辈作了热情洋溢的讲话。大会期间，举办了中国气象期刊展和由中国气象学会各理事单位参加的气象科技成果大型展览。

中国气象学会成立80周年纪念大会

大会的成功举办提升了气象工作和中国气象学会的社会影响力，对于团结广大气象科技工作者、凝聚全行业的力量、共同促进中国气象事业跨越式发展具有十分重要的意义。另外，在北京召开中国气象学会成立80周年庆祝大会之前，中国气象学会联合有关省（自治区、直辖市）气象学会先后在青岛、上海、南京、重庆、贵州、延安举办座谈会、报告会、气象台站对外开放等活动，数千人参加活动。

伍荣生理事长在中国气象学会成立80周年大会上向获得"气象科技贡献奖"的老同志颁发证书（左起为名誉理事长叶笃正和陶诗言）

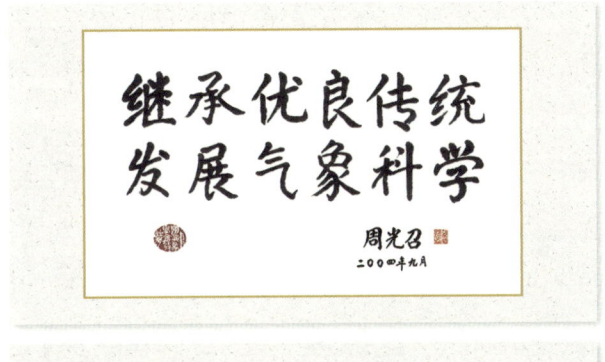

中国气象学会成立80周年纪念大会嘉宾题词

四、中国气象学会成立90周年庆祝活动

2014年10月11日，中国气象学会成立90周年座谈会在山东青岛举行。座谈会由中国气象学会理事长秦大河院士主持，中国科协副主席冯长根，中国气象局局长、中国气象学会名誉理事郑国光等出席会议并致辞。

中国气象学会成立90周年座谈会

在座谈会上，理事长秦大河简要回顾了中国气象学会90年的发展历程，对曾经推动学会创建和发展的各位先辈表示致敬和怀念。近30年来，学会工作一直面向经济社会建设和事业发展大局，呈现出了新的局面，建立了一整套民主办会制度，打造了若干学术交流、科普活动品牌及高端学术期刊，形成了协商、民主、合作、互利、求实创新的良好氛围，整体提升了学会综合实力，并在2012年获得了"4A级社会组织"称号。对于今后学会的发展，他强调创新即发展，只有创新才是最好的传承。今天庆祝学会成立90周年，是为了学会更加美好的明天。让我们共同努力推动中国气象学会取得更大发展，为推动气象事业的发展，实现科技梦、中国梦发挥更大作用，以更优异的成绩迎接中国气象学会成立100周年。

冯长根副主席在讲话中谈到，中国气象学会是我国最早成立、最早恢复工作的全国性自然科学学会之一，也是国内外具有重要影响力的气象科技社团，近年来，在开展科技咨询和学术交流，落实《全民科学素质行动计划纲要》和推进科学普及等方面，取得了很大成绩。学会90年的发展不仅促进了气象科学的发展，也带动了其他学科的发展。竺可桢、涂长望、叶笃正等气象大师的科学精神、大师风范和高尚品德，也成了广大科技工作者学习的典范。祝愿学会为推动气象事业发展、促进科技创新、实现中国梦发挥更大作用。

郑国光局长代表中国气象局向中国气象学会九十华诞表示衷心祝贺。他指出，自创建以来，气象学会的发展便始终伴随着近代和当代气象事业的发展与进步。特别是近年来，学会服务创新、服务社会、服务科技工作者和服务自身发展的能力和水平不断提升，促进了气象科技的交流和进步，扩大了气象科普服务覆盖面，增强了自身的综合实力和社会影响力。郑国光认为，中国气象学会90年的发展，其史可鉴、其成可敬、其功可嘉、其宗可光。他相信学会一定会迎来更加美好的明天，并希望学会为进一步推动气象事业持续、快速、健康发展做出更大贡献。

出席中国气象学会成立90周年座谈会的代表合影

会议还邀请前来参加 2014 年海峡两岸气象科技交流的 20 余位台湾气象界同仁一起座谈，追根溯源。多位台湾嘉宾就海峡两岸气象科技交流过程中的难忘经历发表感言，共同祝愿气象学会取得更大成绩，海峡两岸气象交流更加便利。郑国光局长还专程陪同台湾客人参观了中国气象学会诞生地。

中国气象学会名誉理事长曾庆存院士、前副理事长李崇银院士、副理事长王会军院士、高校代表和学会秘书处退休老领导等出席会议并发表感言。此外，有关高校、省（自治区、直辖市）气象学会、理事单位代表及青岛有关单位代表等 100 余人参加了此次座谈活动。

五、中国气象学会成立 100 周年庆祝活动

中国气象学会由高鲁、蒋丙然、竺可桢等人共同发起，于 1924 年 10 月 10 日在山东青岛胶澳商埠观象台成立，以"谋气象学术之进步与测候事业之发展"为宗旨，是我国最早成立的全国性自然科学学会之一，至今已走过了 100 年的光辉历程。学会自成立以来，在推动气象学术交流、普及气象科学知识、创办气象核心期刊、培养气象行业人才、开展气象科技奖励、推进气象科技咨询评估等方面做了大量工作。百年来，经几代气象科技人的艰苦奋斗、自强不息，书写了壮丽的历史篇章，为中国现代气象科学的建立和气象事业的发展做出了不可磨灭的贡献！

为纪念中国气象学会成立 100 周年，深入贯彻落实习近平总书记关于气象工作重要指示精神以及关于科技社团要为科技工作者服务、为创新驱动发展服务、为提高全民科学素质服务、为党和政府科学决策服务的重要论述精神，更好彰显"谋气象学术之进步与测候事业之发展"的办会宗旨，进一步提升学会"四个服务"能力和影响力，中国气象学会于 2024 年学会成立百年之际开展系列纪念活动，包括举办百年纪念大会，回顾百年学会发展，谋划气象强国蓝图；举办大气科学战略发展研讨会，回顾我国大气科学百年发展历程，研讨未来发展方向和重点科技任务；举办百年纪念成果展暨海洋气象现代化产业展；开展百年纪念学术会议、海峡两岸学术交流；组织编纂《中国气象学会百年史（1924—2024）》《大气科学研究与应用百年进展纪念文集》《纪念中国气象学会百年气象科普文集》等专题读物；制作学会百年纪念宣传片和科普作品等。

中国气象学会将以百年系列纪念活动为契机，体现百年学会的深厚历史传承、科技创新前瞻、国际学术前沿和两岸一脉相承，充分展示中国气象学会持续做大做强"百年老字号"的坚定信心，服务和引领广大气象科技工作者为加快推进气象科技能力现代化和社会服务现代化做出更大贡献。

六、著名气象人物纪念活动

（一）竺可桢先生纪念活动

1980年3月，与中国地理学会、浙江大学联合举办竺可桢诞辰90周年纪念活动。

1984年2月，与中国地理学会、浙江大学联合举办纪念竺可桢逝世10周年纪念活动。

1990年3月，与相关单位联合举办竺可桢诞辰100周年纪念大会。纪念大会缅怀了竺可桢光辉卓越的一生，号召与会人员认真学习竺可桢热爱祖国、追求真理、无私奉献的精神，学习他实事求是的科学态度和持之以恒、严谨的治学方法。

2000年3月21日，中国气象学会与中国科协、中国地理学会等单位共同发起的纪念竺可桢诞辰110周年座谈会在北京举行。中国科学院副院长陈宜瑜院士主持座谈会。中国气象学会、中国地理学会和中国自然资源学会领导，以及黄秉维、叶笃正等10多位院士和地学界的专家、学者和竺可桢生前故旧、亲属等100余人出席了座谈会。

2010年3月7日是我国20世纪著名科学家、教育家竺可桢先生诞辰120周年的纪念日。为缅怀竺可桢先生对我国科技和教育事业的卓越贡献，继承和弘扬他一生坚持和倡导的爱国、求是精神，中国科学院联合中国气象局、国家自然科学基金委员会、中国科学技术协会、浙江大学、上海科学教育出版社等单位于3月26日在北京举行纪念竺可桢先生诞辰120周年座谈会。全国人大常委会副委员长、中国科学院院长路甬祥，中国气象局局长郑国光，国家自然科学基金委员会主任陈宜瑜，中国科学院地学部主任、中国气象学会理事长秦大河，中国科协书记处书记程东红等出席会议并讲话。陶诗言、孙鸿烈等10余位院士、40余位有关部门领导和竺可桢家属代表出席座谈会。座谈会上，国家自然科学基金委员会主任陈宜瑜，中国科学院地

竺可桢先生逝世10周年纪念大会

竺可桢诞辰100周年纪念大会

学部主任、中国气象学会理事长秦大河，浙江大学校长杨卫，院士代表陶诗言院士、孙鸿烈院士，以及上海科技教育出版社原社长翁经义等从不同方面回顾和怀念了竺可桢先生一生的成就和贡献。

（二）涂长望先生纪念活动

1982年6月9—10日，在北京举行纪念涂长望逝世20周年学术报告会。来自首都和全国各地的气象界老前辈、著名科学家，涂长望生前好友以及中青年气象科技人员共1800多人参加纪念活动，缅怀涂长望对中国气象事业所做出的贡献。副理事长、北京大学教授谢义炳主持会议。纪念会上，叶笃正理事长作了《纪念涂长望老师》的讲话。国家气象局局长邹竞蒙的讲话稿《纪念涂长望 学习涂长望 积极推进气象科学技术现代化进程》由章基嘉代为宣读。九三学社领导，中国科协领导、理事，南京大学教授朱炳海以及涂长望的夫人王回珠也分别在纪念会上讲话。会后举行了学术报告会，学术报告会分别由副理事长程纯枢、黄士松主持。

1991年10月28日是涂长望诞辰85周年纪念日。为此，中国气象学会与国家气象局、中国科协、九三学社在北京联合举行纪念大会。纪念大会由学会理事长章基嘉主持，国家气象局副局长骆继宾、九三学社中央主席周培源、著名气象学家叶笃正（涂长望早年的研究生）、涂长望的夫人王回珠等分别讲话。涂长望的生前好友及我国科技界的许多著名人士等共300多人参加了纪念大会。纪念大会上，向第四届涂长望青年气象科技奖的获奖者颁发了证书，8位气象学家作了专题学术报告。

2006年5月18日，由中国气象学会和中国气象局共同主办的涂长望同志诞辰100周年纪念座谈会在北京人民大会堂隆重举行，中国气象局局长秦大河、副局长郑国光和宇如聪出席会

1991年涂长望诞辰85周年大会

2006年涂长望诞辰100周年纪念座谈会

议。座谈会特邀中国科协副主席、书记处第一书记邓楠，九三学社中央副主席王志珍，全国政协人资环委副主任温克刚以及叶笃正、施雅风、陶诗言等18位院士、97岁高龄的涂长望夫人王回珠参加纪念座谈会，会议由中国气象学会副理事长、中国气象局副局长郑国光主持。秦大河、邓楠、王志珍、王回珠、叶笃正、施雅风先后发言。会上发言的还有国家气象中心主任矫梅燕、中国气象科学研究院副院长张小曳、涂长望青年气象科技奖获奖者代表曾燕。中央统战部、中国科学院、总参气象水文局、清华大学、浙江大学、南京大学、中山大学、兰州大学、解放军理工大学、南京信息工程大学、成都信息工程学院等单位的有关领导，涂长望青年气象科技奖的获奖代表、中国气象局机关及直属单位、部分省市气象局领导、涂长望亲属与生前好友代表以及参加全国气象科技大会的部分代表也参加了纪念座谈会。座谈会召开前，学会组织编印了《涂长望先生纪念邮折》，会后承担了《百年长望》一书的编辑出版工作，并于12月30日举办了《百年长望》一书的首发式。

（三）叶笃正先生纪念活动

1996年2月26日，中国气象学会与中国气象局在北京联合举办叶笃正从事气象工作60年暨80华诞庆贺会。学会理事长、中国气象局局长邹竞蒙代表2万多名气象学会会员和6万多气象工作者，向叶先生表示祝贺。他说："叶先生是我国杰出的气象学家、德高望重的学者。他作为我国现代大气科学的奠基人之一，在科技界享有盛誉，是国际著名的气象学大师。60年来，他以自己强烈的爱国心和对事业不断的追求，在气象园地辛勤耕耘，贡献卓著。他数十年如一日，一贯倡导顾全大局，服务大局，并言传身教，身体力行。他的言行，真正体现了我国老一辈气象工作者的优良品质和崇高的思想境界，影响了一批又一批的气象工作者，堪称中国气象科技工作者的楷模。"庆贺会上，与会代表纷纷发言，赞誉叶先生的爱国敬业精神，以及他在气象业务、科研、教育、军事气象等方面做出的杰出贡献。

2014年11月4日，叶笃正先生学术思想专题报告会在北京召开。来自中科院大气物理研究所、中国气象局、北京大学、南京信息工程大学、美国佛罗里达州立大学、美国夏威夷大学等国内外大气领域相关单位的100余名科研人员及研究生共聚一堂，深切缅怀叶笃正先生，回顾叶先生在大气科学领域所做出的卓越贡献，将叶先生的学术思想和高尚品德发扬光大。中国科学院大气物理研究所所长朱江主持报告会开幕式。会上，中国气象局局长郑国光代表嘉宾致辞，中国气象学会副理事长、北京大学大气科学系主任胡永云教授代表中国气象学会致辞，曾庆存院士介绍叶先生的生平和主要学术思想。黄荣辉院士、李崇银院士、符淙斌院士等出席会议并作特邀专题报告。

（四）其他气象人物纪念活动

2000年2月，为纪念和缅怀邹竞蒙同志，中国气象学会和中国气象局联合编印了《气象赤子——深切怀念邹竞蒙同志》一书。书中收录了全国气象部门以及邹竞蒙生前所工作过的单位和战友撰写的60余篇纪念文章。

在中国气象学会2006年年会期间，为缅怀著名华裔气象学家郭晓岚教授对大气科学的贡献，特设置了纪念郭晓岚先生分会场。郭晓岚在大气科学领域辛勤耕耘，对大气动力学中的不稳定理论、大气环流形成和大尺度热力环流理论、中尺度对流动力学和涡旋动力学理论以及低纬和热带动力学理论等方面有创新性的贡献。伍荣生和黄荣辉院士等6位专家围绕郭晓岚的生平及对大气科学所做的贡献作了高水平的学术报告。

2007年9月22日，由北京大学物理学院大气科学系、中国气象学会联合主办的谢义炳先生90周年诞辰纪念会暨铜像落成仪式在北京大学隆重召开，200余人参加了纪念会。纪念会上，北京大学大气科学系主任、中国气象学会副理事长谭本馗教授介绍了谢义炳的生平和主要成就。北京大学常务副校长林建华、中国气象局副局长宇如聪致辞，高度评价了谢义炳作为一名卓越的气象学家和教育家为我国和世界气象科学事业所做出的开拓性贡献。在谢义炳先生铜像落成仪式上宣布了"2006—2007年谢义炳青年气象科技奖"获奖人员名单。

2007年10月29日，在中国科学院院士、中国气象学会前理事长、著名气象大师赵九章诞辰百年之际，学会与中国科学院等单位在北京联合举办了赵九章诞辰100周年纪念大会，以弘扬赵九章勇于开拓的科学精神、甘于奉献的崇高品德和敢于求真的优良作风。全国人大常委会副委员长、中国科学院院长路甬祥出席大会并发表讲话。会议由中国科学院副院长李静海主持。纪念大会举行了"赵九章星"命名仪式和2007年度"赵九章优秀中青年科学奖"获奖人员颁奖仪式。首都科技界代表500多人出席会议。

2017年6月1日，由中国科学院大气物理研究所、中国气象学会、吉林省气象局以及吉林省气象学会共同主办的弘扬陶诗言精神学术研讨会在吉林长春举办。来自中国科学院、全国气象部门、各相关高校的80余位专家学者以及陶诗言先生家属齐聚一堂，深切缅怀我国著名气象学家陶诗言先生，回顾陶先生在大气科学领域所做出的卓越贡献，将陶先生的学术思想和高尚品德发扬传承。曾庆存院士、李崇银院士、王会军院士、丁一汇院士等出席研讨会。与会专家学者围绕陶诗言先生学术成就及贡献作特邀学术报告。

2018年10月25日，王绍武教授学术思想暨气候科学前沿研讨会在安徽合肥举办。南京信息工程大学王会军院士、北京大学大气与海洋科学系系主任胡永云教授、清华大学赵宗慈研究员、中国气象局国家气候中心张培群研究员等作为特邀嘉宾出席研讨会。中国气象学会理事长、南京信息工程大学王会军院士在致辞中指出，王绍武先生是自由、严谨、求实、创新精神实践的杰出代表，其宝贵精神财富值得后人坚守和传承，希望与会人员以王绍武先生为楷模和榜样，继承他的科研精神，不断探索创新，为气候科学研究的进步做出贡献。来自清华大学、北京大学、北京师范大学、中国科学院大气物理研究所、中国气象局国家气候中心、安徽省气象局等共计60余人参加交流。

七、其他纪念活动

1985年6月25日，在北京举行庆祝《气象学报》创刊60周年座谈会。中国科协和国家气象局党组的领导、学会理事、名誉理事、各专业委员会主任，在北京各气象单位的领导、兄弟学会及兄弟刊物编辑部、出版社和中央各新闻单位记者等90多位代表应邀出席。座谈会由学会副理事长章基嘉主持，中国科协书记处书记田夫，中国气象学会理事长叶笃正，副理事长谢义炳、章基嘉，《气象学报》编审委员会主任委员廖洞贤在会上讲话。

2005年12月7日上午，中国气象学会召开纪念《气象学报》创刊80周年座谈会，《气象学报》主编周秀骥院士主持座谈会。中国气象局和中国气象学会领导、《气象学报》本届全体编委会委员、中国气象学会各专业学科委员会主任以及在北京的有关气象学术期刊编辑部负责人近60人出席座谈会。经过几代科学家与编辑的辛勤耕耘，《气象学报》走过了80个春秋，从一个侧面记录了中国气象科学几经沧桑的发展历史，成为气象业务和科研部门、高等院校等的重要参考文献资料，她见证了近现代气象科学的发展历程，刊载了一批对国内外大气科学发展具有先导性影响的优秀论文，扶植了众多的气象工作者从无闻走上前台，成为对外宣传和交流的重要阵地和各国气象界了解中国气象科技发展状况的重要"窗口"。

中国气象学会于1924年10月10日在青岛观象山创立。中国气象学会第二十五届理事会常务理事会会议作出决议，在中国气象学会诞生地设立纪念标志，并以这一方式纪念中国气象学会创立82周年。2006年8月23日，在海军北海舰队海洋水文气象中心（中国气象学会旧址）举行纪念标志落成揭幕仪式。纪念标志的建设在总参气象水文局、海军司令部航保部和中国气象学会秘书处的指导下，由北海舰队海洋水文气象中心承建。该项活动的举办，达到了传承文化、继往开来、宣传气象、弘扬传统的目的。

中国气象学会诞生地

为纪念全国青少年气象夏令营30周年，扩大气象夏令营活动的社会影响，2012年，中国气象学会组织开展了纪念全国青少年气象夏令营30周年系列活动。中国气象学会秘书处联合中国气象局办公室、科技与气候变化司、华风气象传媒集团、中国气象报社、中国气象局公共气象服务中心开展了"气象夏令营——我的难忘之旅"夏令营征文活动，编辑制作了《我爱气象夏令营》专题片。学会秘书处收集历年夏令营照片，举办了纪念全国青少年气象夏令营30年图片展。

第四章
扬帆新时代,奋进新征程

第一节
链接各界学术资源，搭建高水平学术交流平台

中国气象学会走过的百年，是始终贯彻"谋气象学术之进步与测候事业之发展"宗旨、以培养气象科技人才、推动气象科技交流、服务气象事业发展为要务的百年。在这风云变幻、天地沧桑的历史河流中，气象学家、气象工作者从未放弃更高、更精、更专的理想，更没有停止过在学术上对外交流、与世界同行携手并行的脚步。

党的十八大以来，中国气象学会逐步形成了集"年会+国际和地区交流+海峡两岸交流+区域和专题交流+特色交流"于一体的全频、分层、分类学术交流服务体系，打造出了国际一流的高品质学术交流平台。依靠国家给予的各类有利政策，中国气象学会通过积极主动整合资源，紧密围绕气象科技人才发展需求，不断丰富完善学会奖励和人才举荐形式，将自身充分地融入到气象事业高质量发展大局，高扬老一辈气象学家爱国敬业的旗帜，迈向了百年学会的未来新征程。

盘点过去，中国气象学会在推动学术交流方面，已取得了可喜的成就。

一、以学术探讨为桥梁，全面加强了国际与地区科学界的沟通

党的十八大以来，中国气象学会组织国际和地区交流活动近20场，举办国际学术交流活动的频次和水平都有了很大的提高。目前，"开放科学"这一学术用语已经为科技界耳熟能详，这个名词代表着一种新兴的科学研究模式，即尽力实现以科学家为主导的科学技术的公共性和可共享性。换言之，"开放科学"倡导的是科学研究的透明化，主张人们应该从科学机构了解和获取新的科学研究成果。作为国家级的科学学会，中国气象学会在履行"开放科学"这一全球科学家共识方面，具有不可替代的优势，同时，也肩负着沉甸甸的责任。为此，中国气象学会开展了一系列交流活动。2005年开始的中日韩三国气象学会联合研讨会，迄今共举办了6届，成果丰硕。2013年在江苏南京召开的第六届中日韩三国气象学会联合研讨会上，三国气象学会负责人共同承诺，要为推动亚洲地区气象科技合作交流而努力，联合研讨会也更名为"亚洲气象大会"（ACM），由三国轮流举办。2023年，中国气象学会承办了第三届亚洲气象大会。2024年将联合举办第四届亚洲气象大会。

气象是建设"一带一路"（"丝绸之路经济带"和"21世纪海上丝绸之路"）必不可少的科技依托力量，"一带一路"共建国家和地区的气象部门彼此扶持、协作共赢，对"一带一路"上

的经济社会可持续发展和人民幸福安宁的生活，必然起到非常积极的作用。秉持着这样的初心，以国家需求为己任，中国气象学会面向"一带一路"共建国家和地区敞开了交流合作的大门。

2016年在广东广州，中国气象学会与中国科协、中国国际科技会议中心等单位联合举办了热带气象与海洋科学技术国际研讨会，为东南亚、热带太平洋、印度洋等海上丝绸之路相关国家和地区提供了科技交流、资料共享、相互促进、共同发展的平台。热带和海洋气象监测、预报、服务、保障和灾害防御，对海上丝绸之路的长治久安、永续发展有着深远的影响。

中亚地区是"一带一路"的首倡地区和建设"一带一路"的示范区，中国气象领域的专家学者与这一地区的同行们加强合作交流极为必要。自2015年以来，直至2024年升级为中国—中亚气象合作论坛，中亚气象科技国际研讨会共成功举办了七届。其中，在新疆乌鲁木齐召开的第一届、在北京召开的第二届和在江苏南京召开的第三届研讨会，中国气象学会都给予了鼎力支持。2024年6月，升级后的第一届中国—中亚气象合作论坛在新疆乌鲁木齐举行，主题为"应对气候变化及气象灾害影响 助力构建中国—中亚命运共同体"。与会的除了中国气象学家和有关企业代表之外，还有哈萨克斯坦、塔吉克斯坦、吉尔吉斯斯坦、土库曼斯坦、巴基斯坦、蒙古国、尼泊尔等中亚国家和上海合作组织国家的气象、水文等领域的专家及相关国际组织的官员。论坛通过了《气象防灾减灾及应对气候变化乌鲁木齐倡议》，为完善气象防灾减灾、应对气候变化区域合作机制、促进气象科技民间科技合作，发挥了应有作用。

与国际气象组织的合作也是交流合作的重要组成部分。2016年，中国气象学会承办了世界气象组织气候学委员会（WMO/CCl）极端天气气候事件定义任务组（TT-DEWCE）第二届二次会议。来自中国、美国、阿根廷、澳大利亚、科特迪瓦、德国、印度尼西亚、日本、黑山、西班牙等十多个国家的二十多位专家参加了此次会议，极端天气气候事件定义任务组是负责总结极端天气气候事件定义和方法的专业性国际组织，其成果将为监测极端天气气候事件编制指南和提供工具。中国气象学会的会议承办工作有条不紊，各项安排周到细致，得到了与会专家们的赞扬。

中国气象学会参与的学术交流活动还有许多，如三届东盟博览会防灾减灾专家论坛，第二届中国大地测量和地球物理学学术大会（CCGG），2016年全球华人大气海洋科学大会暨第七届美华海洋大气学会（COAA）国际大气海洋气候变化会议、第十届干旱气候变化与减灾学术研讨会等。2015年，中国气象学会与 *Journal of Meteorological Research*（JMR，原《气象学报（英文版）》）联合主办了大气科学前沿发展暨JMR/气象期刊编辑作者研讨会，中美两国气象期刊的专家、编辑共同探讨了大气科学前沿研究和学术出版相关话题，并畅想了未来合作愿景。

2024年JMR参加美国气象学会年会展会

除了在"主场"的主动作为,还有在"客场"的虚怀若谷。为了学习国际先进的学会管理经验,中国气象学会每年都会派人员赴美国、欧洲等地,参加当地气象学会年会等国际会议,受益匪浅。

二、以来往互动为纽带,有效推动了海峡两岸气象界合作交流

20世纪50年代以后,台湾海峡如一道"浅浅"的"天堑",将两岸气象工作者隔绝开来。然而,同顶一片华夏蓝天,共对万顷东海碧涛,深受海洋性气候影响的宝岛所经受的水旱风雨,祖国常挂于心,更与东南沿海息息相关。气象事业深刻关系着民生福祉,两岸气象科学界的携手合作,对保护大陆与台湾两地的人民生命财产安全更是有着莫大的意义。早在20世纪70年代,中国气象学会就已通过新华社和中央人民广播电台向台湾气象同仁发出参观访问、交流学术的邀请,传递出善意的讯息。

1982年,中国气象学会致函台湾气象界,邀请其参加中国气象学会代表大会暨1982年年会,还赠送了《气象学报》第39卷一套。同年,菲律宾气象学会举办学术会议,当时的菲律宾气象局局长金塔纳提议两岸气象部门都派人参加。11月,中国气象局局长邹竞蒙和台湾地区气象部门领导人吴宗尧各自率领了一个代表团,来到菲律宾首都马尼拉参加菲律宾气象学会举办的南海和西太平洋热带气旋学术研讨会。或是不约而同,或是心照不宣,两个代表团的成员均是以"气象专家、学者"的个人身份参会。双方和其他代表团同行们一起进行学术交流,共同探讨了

热带气旋（台风）这一重要的课题，但受限于台湾方面对其人员的限制，几乎没有任何个人交流。即使在正式宴会上，因东道主刻意安排，邹竞蒙与吴宗尧并排而坐，也没有实现语言上的互动。尽管如此，在当时的政治氛围中，两岸气象业务部门的主管能够坐在一起开会已属不易，这次的会议，算是给两岸气象界的交流正式地开了一个头。

1984 年，仍是这位金塔纳先生，再一次以菲律宾气象学会的名义邀请两岸气象学者参加热带气旋的研讨会。这一次中国气象局派出的是副局长骆继宾所带领的代表团，台湾气象部门也派出了一位副职张领孝。此次接触相对两年前更为活跃了，除了科技外，双方也多了一些话题，彼此介绍了各自气象工作的现状和未来预想，并探讨了两岸共享观测资料的可能性，可以说是一次成功的交流。有了这次交流的基础，在 1986 年，同样是在马尼拉举行的学术会议上，骆继宾与张领孝再次相见。骆继宾后来回忆说："这次见面就像老朋友见面，彼此都很热情，谈话就更随便了，不仅对彼此的业务、台站布局、装备有了更深更广的了解，还了解了对方气象教育、科研及人员组成等方面的情况，大家都感到双方各有所长，需要相互学习，认为能有机会聚在一起交流都有益处，希望将来有一天能到对方实地参观考察，也希望将来能在两岸之间建立专用的气象电路，以便更便捷地交流气象情报资料，造福两岸的人民"。1988 年，中、美、澳三国气象学会在澳大利亚共同举办国际热带气旋会议，台湾有气象学者参会。这是台湾气象部门第一次派人参加由中国气象学会在国外主办的气象学术会议。

而就在 1988 年初，中国气象学会理事长的陶诗言院士便给香港天文台台长岑柏先生去信，建议在香港举办以海峡两岸气象学者为主体的气象学术研讨会。1989 年 7 月，第一届东亚及西太平洋气象与气候国际会议在香港召开。这次对中国气象界有着跨时代意义的学术会议，两岸都极为重视，均派出了高知名度的学者和业务骨干。72 位与会者中，大陆 21 位，台湾地区 19 位，还有 14 位是来自美国的华裔学者。这是一次真正以海峡两岸学者为主体、以大家共同关心的气象问题为主题的学术会议。以这次会议为起点，两岸气象工作者终于结束了颇为艰难的"破冰"阶段，迈出"严冬期"，交融、交流、合作的进程开始扩容提速。

中国气象学会因其得天独厚的优势，成为了海峡交流的重要窗口。

1994 年 3 月，陶诗言院士率团到中国台北参加海峡两岸天气与气候学术研讨会。1994 年 10 月，台湾气象学会理事长陈泰然率团来北京参加大气科学发展暨海峡两岸天气气候学术研讨会，这是台湾气象界首次应邀组团来大陆参加学术交流活动。至此，两岸气象学会第一次实现双向交流，也揭开了学会间相互邀请参会的序幕。之后，海峡两岸气象科技交流活动"一来一往"

顺利开展，多次成功组织气象科学技术研讨会和灾害性天气分析与预报研讨会等。截至2016年，两岸互派交流团体进行交流30余次。1997年9月，中国气象学会组织以南京气象学院陆维松教授为团长的在校师生代表团赴台，参加海峡两岸自然（大气）科学师生论文发表研讨会，这是大陆第一个赴台参加研讨会的高校代表团；2001年11月，中国气象学会在海南海口举办了第二届海峡两岸大气科学名词学术研讨会；2004年9月，台湾气象参访团首次到中国气象学会发祥地青岛开展"寻根之旅"，纪念中国气象学会成立80周年。2012年6月，中国气象学会和台湾大学联合在福建厦门举办海峡两岸民生气象论坛，这是两岸气象交流首次被列入"海峡论

2014年海峡两岸气象科学技术研讨会现场

2016年海峡两岸灾害性天气分析与预报研讨会代表合影

2018年海峡两岸民生气象论坛现场

坛",成为其二级分论坛。此后该论坛连续举办了十二届,累计3000余人次参加。海峡论坛的平台和桥梁效应大大增强了两岸气象科研与服务合作的驱动力,开创了两岸气象同仁共谋发展、合作交流的新局面。

2014年对于两岸气象交流而言,是一个不平凡的年份。这一年的2月,海协会会长陈德铭与海基会董事长林中森在台北签署《海峡两岸气象合作协议》,为进一步推动两岸合作交流奠定了基础。这一年,海峡两岸共庆中国气象学会成立90周年纪念座谈会在山东青岛召开,100余位来自大陆、台湾的嘉宾到会畅谈,回顾学会历史,展望两岸气象事业合作共赢的愿景。自20世纪80年代以来,经过20多年不断地、可谓是翻山越岭地"相向而行",这是两岸气象工作者第一次合作举办如此规模的盛会。2024年是中国气象学会成立一百周年,两岸将继续举办共庆活动。

2014年参加中国气象学会成立90周年座谈会的台湾气象学会代表团
在中国气象学会诞生地合影

海峡两岸气象科技领域各类交流活动的开展，不仅促进了行业水平的提升，也增进了两岸气象界同仁的同胞情、同行情，还有力促成了海峡两岸气象科技工作者民间交流的延续与传承。包括中国气象学会在内的气象部门为此付出持续近半个世纪的努力，取得了令人瞩目的成果，得到了国务院台湾事务办公室的肯定。

三、以综合交流为平台，成功打造了"百川赴海"的学术大格局

党的十八大以来，中国气象学会围绕国家重大战略和气象事业发展需求，充分发挥学会联系科研业务单位和气象科技工作者的纽带作用，组织开展多层次多样化学术交流，力求以合作破解气象高质量发展中遇到的种种难题。

首先，以年会为基点，延伸拓展，形成了一个综合交流的网络，为广大气象学家和研究者提供了可满足不同需求的专业平台。中国气象学会组织举办了第30～35届年会，每届年会设立分会场20余个，并另设交叉学科交流会场、青年论坛分会场和研究生专场等，第35届年会还首次尝试科学家自组分会场。这6届年会累计参会人数将近10000人，有20余位院士曾受邀出席，现场交流报告3000多篇，墙报交流1800余篇。年会期间，除了学术研讨之外，还组织气象仪器装备、期刊、科普等展，取得很好效果。

其次，积极支持区域气象科技交流活动，满足区域经济发展气象保障需求。先后主办、支持和协办了全国农业与气象论坛及海河流域、环渤海地区、淮河流域、泛珠三角区域、长三角地区、黄河流域气象科技交流和武夷论坛、丝绸之路气象科技研讨会等区域性论坛，支持海洋气象、暴雨洪水、雨雪冰冻等专题研讨，各类相关研讨交流活动累计上百场。

此外，中国气象学会还联合国家级业务单位共同开展囊括了天气、气候、数值预报、人工影响天气、探测、卫星气象、农业气象、气象导航、决策气象服务等方面业务的交流活动，以满足全国性气象业务科技交流需求；联合国家级气象科研院所举办全国气象部门科研院所学术年会，与有关科研院所及重点实验室联合举办暴雨、城市气象、山地气象、生态气象、冰冻圈、天气雷达、边界层等方面交流，累计100余场；积极参与和承办中国科协各类学术沙龙、青年科学家论坛、热点问题学术报告会，协办中国科协年会、中国湖泊论坛等，获得业内学者好评；组织学会各分支机构开展了大量专题学术交流活动，由学会主办、有关学科委员会和省学会、相关单位或省局承办学术交流活动的模式取得实效，交流会线上线下累计参与人数超200万人次。

2022年全国决策气象服务业务技术交流会现场

2023年全国气象部门科研院所学术年会现场

2024年第八届海河流域天气气候预报预测技术交流会现场

四、以提高保障水平和完善激励机制为抓手，巩固气象事业高质量发展所需的人才基础

党的十八大以来，中国气象学会对标气象科技人才特别是青年科技人才成长需求，不断完善保障机制，持续扩大专业影响力和行业影响力。

首先，中国气象学会的科技和人才奖励体系得到进一步建设，形成多层次、跨领域、梯队式的人才激励机制。为了更好为气象科技人才提供支持，在原有的邹竞蒙气象科技人才奖、涂长望青年气象科技奖的基础上，学会理事会2015年起新设大气科学基础研究成果奖、气象科学技术进步成果奖等学术成果奖项，制定和完善相应奖励办法和实施细则，完成国家奖励办备案，先后共受理推荐成果227项，其中73项优秀成果获奖，有力推动气象科技人才特别是青年人才的成长，以及助力人才将取得的科技成果顺利转化。

其次，中国气象学会进一步发挥自身担负的人才发现和举荐主渠道作用，为构建气象人才的储备、定位、上升体系贡献力量，学会先后向中国科协提名推荐院士、各类人才候选人数十人次，其中获得青年女科学家奖（团队奖）1个、中国青年科技奖2人、全国杰出科技人才1人、创新争先科技奖2人、全国优秀科技工作者10余人，2023年院士推选有3人成为有效候选人。在学会各类活动中，评选表彰各类气象科技人才和集体300余个。

青年科技人才培养工作也得到进一步加强。为了鼓励大气科学专业在校学生勤奋于学业，中国气象学会从2022年开始评选"大气科学学科优秀博士学位论文"，已评选出20篇优秀博士论文，对于尚在寒窗苦读寻找未来职业方向的莘莘学子，这样的奖励起到了很好的引导作用。当前，学会新一届理事会专门成立了青年工作委员会，在学术、期刊、科普、智库等工作中将尽可能发挥青年科技人才作用。组织申报中国科协青年人才资助项目多项，推荐青年学者参与国际交流人数不断增加。先后成功申报五届中国科协"青年人才托举工程项目"（简称"青托"），获资助9人。以青托人才为主，学会组织举办青年科学家论坛（气象前沿科技青年报告会）5次、线上活动20余次。推荐学会青托人才参加中国科协科学大家谈科普讲座，讲座收看人数38万人次，同时注重在学术活动中发挥中国科协青托人才、气象局青创团队首席、学会青年奖励人才等的组织协调、召集和审稿等方面的优势。学会对青托人才的管理培育模式成效显著，获得广泛认可，取得良好效果，多名专家在相关领域崭露头角。

为了提升学会内部各项事务的业务水平，学会还每年评选先进气象学会秘书处、先进分支机构、气象期刊优秀审稿人、优秀青年气象科技工作者及各类科普奖项等，将学会的人才、成果、工作性奖励体系做了进一步的丰富和完善。另外，学会还着重于助力气象事业发展成果的展示，

连续 5 年向中国科协生态环境产学联合体推荐"中国生态环境十大科技进展",已有 5 项成果入选十佳。

中国气象学会所具有的第三方优势,在推动学术交流和人才成长方面应起到更大作用,有更多举措。以第三方优势为"破风手",携手气象科技人才共同奔赴新领域新赛道,进一步发挥学术交流平台集聚作用和人才引领作用,服务气象科技能力现代化和气象高水平科技人才成长,为气象强国建设添砖加瓦,将是学会未来工作的重点。

面向科研,学会将更加关注大气科学前沿研究动态,结合新业务气象科技需求和新兴学科、交叉学科研究热点,着重在新技术应用、新装备研发等方面不断创新,创造更多元的学术活动组织模式,动员更广大的力量和资源,摸索效率更高的学术交流活动形式,增强自身吸引力和影响力,为各领域、各专业、各岗位气象科技工作者搭建交流、合作的大学术平台,鼓励学术争鸣,提高学术交流质量,将学会建设成真正的"气象科技工作者之家"。

面向人才,学会将继续拓宽科研成果推介和各类举荐、奖励、保障渠道,聚焦青年人才培养,加强顶层设计,完善激励体系,为广大科技工作者,尤其是青年科技工作者搭建更广阔的舞台,开创"天高任鸟飞,海阔凭鱼跃"的人才工作新局面。同时,学会将充分发挥自律自净作用,始终坚持科学道德和科研诚信,优化学术环境,涵养优良学风。要更好地利用各种场合,大力倡导、弘扬科学和科学家精神,以引导为主,陪伴青年科技人才一起健康成长。

百年学会,丰功伟绩,风华正茂。中国气象学会不仅在中华民族气象事业的历史上留下了浓墨重彩的印记,也将在今后中国气象高质量发展的征程上发出更强音。学会将不断深化与世界一流学会间的交流与合作,着力提升国际合作交流质量和水平,积极探索国际和地区气象科技交流新途径。面向世界发展前沿,拓展开放合作,组织国际交流,大力推动中美、中欧、中日韩和"一带一路"共建国家和地区气象科技社团间的交流,围绕国家战略需求,积极走出去、请进来,发起、参与或联合主办世界级、高水准的学术会议、国际会议,在世界气象科技界努力提升学术影响力,投入全部力量,服务国家发展。

第二节
打开气象科学大门,铸强新时代气象科普之翼

没有全民科学素质普遍提高,就难以建立起宏大的高素质创新大军,更难以实现科技成果快速转化和国家科学技术总体水平的飞跃。中国气象学会作为一家全国性、学术性的社会团体,

始终着力于引导公众提升气象科学素养。为此，学会加强组织策划，创新工作机制，不断推动气象科普的常态化、社会化和品牌化。

中国气象学会自成立起便在老一辈气象工作者的带领下积极承担起了为民众做气象科普、传播气象科学知识的社会责任。党的十八大以来，中国气象学会更是秉持着将面向公众的气象科普工作做深做细、做大做强的初心，不仅团结引领广大气象科技工作者，还动员协调各方社会力量，紧紧围绕气象知识、防灾减灾等科普主题，投入了大量的人力物力，取得了丰硕成果，连续获得中国科协"全国学会科普工作优秀单位"表彰。回顾历史，可以说，无论遇到什么样的困难，每一个时期的气象工作者都扛起了身上的科普责任。20世纪20年代，从哈佛大学归来的竺可桢等人便着手撰写气象科普文章，开办讲习班，奠定了学会科普活动的基础。20世纪70—80年代，学会想尽办法筹集资金用以科普。1980年，气象科普委员会正式成立；1981年成立气象影视协作组，拍摄了百余部气象科普影视片，同年，气象科普刊物《气象知识》面世；20世纪90年代后期，为了进一步拉近气象科技与公众的距离，学会则是积极推进气象台站对外开放和气象科普基地的建设。进入新世纪的科普工作发生了深刻变化，重点转移到了防灾减灾以及应对气候变化上。2016年，在全国科技创新大会、两院院士大会、中国科协第九次全国代表大会上，习近平总书记强调"科技创新、科学普及是实现创新发展的两翼，要把科学普及放在与科技创新同等重要的位置"。"两翼理论"的提出，为科普指出了新的方向，气象科普也迎来了更好的发展氛围。

气象科普工作的最终目的是提高广大群众的气象科学素养，贴近群众，在群众中做工作，才能真正实现这一目的。为此，中国气象学会积极为气象科技的科普化设立多种宣传平台，并组建了一支扎根基层的科普宣传志愿者队伍。学会持续组织了"气象科普伴你行——首都公交车厢大众教育""气象科普伴你行——铁路列车大众教育"和"气象科学大使进校园、进企业、进农村"等大型活动，向公众普及防灾减灾及气候变化知识；依托志愿者总队开展"气象防灾减灾宣传志愿者中国行""智惠行动——气象防灾减灾科学传播志愿者服务""气候变化志愿服务助力'双碳'发展"等活动，其中，"气象防灾减灾宣传志愿者中国行"大型科普活动社会影响日益扩大，每年有10余所高校的2000多名大学生志愿者组成宣传小分队奔赴全国各地，宣讲科学防灾减灾知识。2017年，学会组织举办了"气象防灾减灾宣传志愿者中国行"十周年总结暨"气象防灾减灾宣传志愿者联盟"成立大会，推动大学生志愿者活动取得更大发展。多年来，相关志愿服务活动累计参与人数2万余人次，受益公众近1500万人次。此外还开展了全国气象科普工作先进集体和先进工作者评选活动，充分鼓励在科学技术普及工作中做出突出贡献的单位和个人，展示科普的价值引领作用。

学会凭借自身坚持和对气象事业的情怀，多年来不断整合资源，凝练手法，打造了一批科普精品工程。少年强则国强，只有青少年的科学素质得到大幅提高，才能实现全民科学素质的飞跃。中国气象学会举办的全国青少年气象夏令营是全国学会中唯一连续举办40年的具有学科特色的夏令营，是气象科普的一枚金字"品牌"。在这里，共有数万余名青少年接受了气象科学的启蒙和熏陶，很多曾经的营员，在升学择业时进入了气象领域，成长为气象行业的有生力量。基础已经打下，且看如何发扬。党的十八大以来，针对青少年科普，学会统筹气象科普资源，在与时俱进、推陈出新方面持续地做了很多努力。在开展青少年气象夏令营的同时，进一步加强校园气象科普教育制度建设，出台校园气象科普教育整体解决方案，连续多年组织气象科普传播团队相关专家赴全国各地中小学校开展气象科普讲解；在西安、北京、陕西、内蒙古、江苏、安徽、广东、海南等地举办校园气象科普嘉年华活动，开展气象立体拼图比赛、气象摄影比赛、气象演讲、气象VR之初体验、小小气象主播、参观气象应急车等活动；加大气象科学课程开发应用力度，开展气象实验类社团课程近200次。

第40届全国青少年气象夏令营营员合影

2023年校园气象科普嘉年华——气候变化科技志愿服务进校园活动

气象科技是与民众生活息息相关的科技，也是人人都应该有所了解的科技，并非"当年王谢堂前燕"，自当"飞入寻常百姓家"。为了让科普工作"接地气"，每到"3·23"世界气象日期间，中国气象学会便联合气象部门共同组织中国气象局园区开放、全国气象科普系列报告会、全国气象摄影大赛等活动，其中，全国气象科普系列报告会已举办11届，累计500余场，受益公众4000余万人次。每年5月的第三周是全国科技活动周，在此期间，学会所组织的科普讲座、科普基地开放、气象科普"五进"等活动，累计受益公众上万人。每年9月的第三个公休日是全国科普日，届时学会会组织开展气象开学第一课、气象知识竞赛等，这些活动的受益公

2024 年世界气象日纪念活动启动仪式

众 1200 余万人次。不仅如此，学会还从 2015 年起每年联合中国气象局举办全国气象科普讲解大赛，并成功承办了中国科协世界公众科学素质促进大会专题论坛，举办第八届全国气象科普论坛等，还连续多年与中国知网及相关 9 个学会共同举办了"生态文明，我知我行，创新驱动，我们先行——资源环境与生命科技创新知识网络大赛"活动，累计参赛 10 余万人次。先是立足于气象部门，再通过这种种打开通路、纵横捭阖的"操作"，中国气象学会的气象科普知识宣传工作有效地增大了社会公众的气象知识"储量"，将全民对气象科学的认知和了解不断推向新的高度。

把气象科普成体系、常态化地传播出去，是中国气象学会始终不变的努力方向。从我国中小学正式设立地理课以来，气象科学就一直作为课程的一部分被教授，但在中小学教育中，气象相关内容并没有成为一个完整的知识体系。因此，打造一个从教学场所到教学内容全涵盖的气象科普体系，就成为迫切需要解决的问题。2014 年，中国气象学会修订完善了《全国气象科普教育基地管理办法》，其中要求增设"基层防灾减灾社区（乡镇）"和"示范校园气象站"。2020 年学会制定并发布了"气象科普教育基地创建规范"气象行业标准，首批 16 家国家气象科普基地被认定；2022 年推荐具有行业特色的 27 家气象科普教育基地为中国科协全国科普教育基地；2023 年推荐中国北极阁气象博物馆为全国科学家精神教育基地。截至 2023 年，学会共开展了 8 批全国气象科普教育基地认定，全国气象科普教育基地的数量已达到 458 家。河南、福建、安徽等地还将气象科普基地融入地方公园建设，探索以"气象科普 + 文旅"形式打造一

2020年首批国家气象科普基地授牌仪式

批气象公园。北京、湖北等地依托气象科学试验基地开展研学活动，成为当地中小学生的热门打卡地。

好的科普产品不仅需要集思广益的制作，也需要群策群力的推广和共享，有通畅高效的传播渠道，科普才能取得实效。为此，中国气象学会建成了气象科普宣传品网上商城，为科普活动提供优质宣传品，累计推广宣传品30余万件，满足了社会各方不同科普需求。值得一提的是，气象科普资源和产品并非只出自气象部门，高校、企业甚至大中小学校都具有出产气象科普产品的能力。用开放的态度面向全社会征集气象科普资源和产品，使得科普产品的形式更加多样化，视频图文、文创产品、科学实验材料、展品展项、课件等产品样式使得气象科普拥有了更加丰富的表现，也具有了更强烈的趣味性和吸引力，气象科普宣传品供给侧能力得到大大的提升。在科普产品的推送上，学会并没有使用简单的统一打包发放，而是与各类媒体、科技馆、科普教育基地、旅游场所、公园等单位精准合作，实现对气象科普宣传品需求推送。新媒体也是气象科普不容忽视的重要"阵地"。中国气象学会官方科普微信和视频号运营以来，紧跟新媒体发展趋势和受众的关注点，在内容规划、选题与设计上紧跟社会热点问题，更贴近生活。学会还利用微信小程序"小e气象"等平台策划发布系列活动，在新媒体渠道上实现了活动品牌化、统一化、全国化。未来，学会将逐步完成"国家气象科普基地"线上虚拟数字展馆建设和数字产品开发，推动全国有条件的气象科普实体馆（展区）建成数字科普馆，同时，将二十四节气、包含气象元素的古诗词、气象谚语、与气象相关的中医理论思想等传统气象文化与新技术手段融合起来，倚靠中华优秀传统文化，加强高端"国潮"气象科普产品的创作。

在新时代新征程上，学会将大力弘扬科学精神和科学家精神，聚焦提高全民气象科学素质，持续强化气象科普能力建设，为气象强国建设提供有力支撑。

第三节
唱响气象科技声音，多维度探索一流期刊建设

悠悠岁月，墨香犹存。中国气象学会自成立以来，始终把学术期刊的发展放在首位。历任理事长和理事会对期刊工作均给予高度重视，始终将期刊工作纳入学会整体管理和发展规划。力求做好本行业学术期刊集群的建设，在编辑出版工作中坚持学术性、创新性、指导性、知识性和服务性。

《中国气象学会会刊》于1925年创刊，由彭济群任总编辑，编辑部地址设在青岛胶澳商埠观象台，刊期为一年一期。在创刊号上，学会发文呼吁将庚款用于在全国兴办气象测候所，旨在推动气象科学和事业发展。1931年《中国气象学会会刊》在国际上引发关注——该刊发表了竺可桢撰写的《论新月令》，该论文奠定了中国物候学研究的理论基础，得到国内外学术界的高度评价。《中国气象学会会刊》自1925年至1934年，共出版了10期，并于1935年出版了《中国气象学会10周年纪念刊》1册，也是在这一年，它改名为《气象杂志》，刊期改为一月一期。1941年，又改名为《气象学报》并沿用至今。

一本学术期刊所走过的跌宕起伏，折射了中华民族百年命运。《气象杂志》因日军侵华、国家动荡而陷入艰难局面，中国气象学会经费捉襟见肘，办刊之心虽切，办刊之力却微，合期出版情况明显增多，1935年到1941年总共出刊4卷36册。中华人民共和国成立后，《气象学报》于1950年恢复出版。1966年《气象学报》被迫停刊，直至1978年经国家科学技术委员会批准，方得以再度复刊。作为中国气象学会所属的学术期刊，自创刊以来，《气象学报》在很长一段时间里不得不"一枝独秀"，在战火频仍、积贫积弱的旧时代竭尽全力地展示中国气象科学是如何奋力追赶世界先进水平的。

当前，我国气象科技水平有了质的飞跃，2023年国际上发表的气象科技论文数量，我国首次超过美国。而在国内气象科学领域，各类学术期刊也早已百花齐放，蓬勃发展。尽管不再需要仅凭一己之力支撑起中国气象学术刊物的全部责任，《气象学报》也没有放下进取的信念躺在过往的"功劳簿"上。这份有着厚重历史，为中国气象发展史上的诸多重要学者提供过学术论文发表平台的百年老刊，依然在不断探索如何应对新时代气象科学发展的需求，如何将办刊质量提升到更高水平，如何找到并实现属于自己的新使命。

党的十八大以来，中国气象学会以"办好一流学术期刊，加强国内外学术交流"为使命任务，在出版转型、改革创新和参与激烈的国际竞争中，守正创新，积极推进期刊国际化、数字化进程，不断扩大国际影响，服务国民经济和社会发展。结合气象/大气科学领域发展形势，《气象学报》和《气象学报（英文版）》(Journal of Meteorological Research，JMR)立足问题导向，首先确立"服务于气象预报预测业务发展"的专业特色定位，确定两本期刊的办刊宗旨分别是：《气象学报》旨在反映我国大气科学领域的最新科研成果，为大气科学研究提供学术交流阵地，推动我国大气科学基础理论和应用研究的发展，为国家天气预报和气候预测及防灾减灾业务提供科技支撑，服务于我国气象现代化建设事业；《气象学报（英文版）》(JMR)旨在反映天气预报和气候预测基础理论和应用研究及业务预报中的前沿创新成果，重点刊发具有全球背景和区域特色的主题，通过搭建最新气象科技成果展示与知识交流服务平台，助力成果转化，推动中国气象科技创新和业务发展的国际传播。在明确的办刊宗旨之上，两刊坚持正确的期刊出版政治导向，坚持一流的学术质量和出版水平，认真执行"精编、精校、精印"，牢固树立精品期刊形象，期刊得到长期稳步发展，成为气象界公认的顶级学术期刊。

提升期刊质量的关键在于提升编委会的"含金量"。为办好《气象学报》中、英文版，学会不断加强编委会组建，于2013年成立了英文版（JMR）编委会，于2014年进行了中文版编委会换届，并吸纳更多的年轻科学家以提升编委的办刊活力。每年召开两次编委会，认真分析刊物存在的问题，听取科学家的批评建议，调整优化办刊策略。尤其是JMR，与国际办刊模式接轨，实施责任编委送审制，在热门研究领域壮大编委力量，国际编委比例超过50%。

要达到国际一流的办刊水准，必须加强与国际一流学术期刊的经验交流。2015年学会主办大气科学前沿发展暨JMR/气象期刊编辑作者研讨会，邀请了美国气象学会的期刊同行参会，学会还多次派员参加美国气象学会年会及其出版委员会会议，

2015年大气科学前沿发展暨JMR/气象期刊编辑作者研讨会代表合影

把握国际前沿期刊出版态势，学习大气科学领域国际一流期刊的办刊和运营模式。

立足于服务国家重大需求，《气象学报》两刊优化了栏目设置，设立《预报论坛》《数据论文》《天气气候评述》等栏目，强化了对创新性研究的支持，适当增加了学术信息类/资讯类文章的刊载量，及时发表天气预报/气候预测业务及相关研究领域的最新成果。目前，《气象学报》两刊所刊发的文章涵盖了气候变化与极端天气、天气和气候动力学、数值预报、大气物理学、大气化学、大气探测、人工影响天气、人工智能应用及生态环境气象等多个方向。

稿件的质量直接决定期刊的质量。为此，《气象学报》不断加强专刊和约稿工作。近10年来，围绕大气科学领域的核心及热点问题，精心策划和组织出版了20余个主题专刊，如《第三次青藏高原大气科学试验》专刊、《中国气象学会成立90周年纪念》专刊、《中英气候科学与气候服务》专刊、《气象卫星生态遥感应用》专刊、《新中国成立70周年气象科研业务进展》专刊、《新型城镇化背景下的城市气象研究》专刊等。同时，秉持"人民至上、生命至上"的理念，在组稿时及时关注、响应社会关切，如"21·7"河南极端暴雨发生后，学会立即组织中、英文版专刊，以"2021年河南极端暴雨：机理、预报和服务挑战"为题，向一线科学家和首席预报员及资深专家邀约稿件。该专刊发表的文章在SCI数据库获得超高引用，成为极端暴雨研究的重要文献。在日常编辑工作中，《气象学报》两刊严格执行"三审制"，稿件均由3位及以上专业审稿人和本刊主编/编委把关，经过初审、复审和终审，反复推敲打磨而成。尤其是在编辑校对阶段，除了注重文章数据的真实性、可靠性及文章论证过程的逻辑严谨性之外，还注重文章标题的创新提炼和摘要的结构化呈现及科学表达。

学术期刊的时效性至关重要。《气象学报》提出"以质量为核心、以速度为命脉"的办刊原则，坚持部门工作月例会制度，明确工作节点和任务，量化时限要求，做到了"重要工作深入化、琐碎工作有序化"。通过不断优化出刊流程，使编辑工作衔接有序，大大提高了办刊效率，文章在线出版周期缩短至6个月以内，纸刊出版周期缩短至9个月以内，处理作者咨询和刊物发行快速及时，期刊整体出版工作效率明显提升。《气象学报》还改进和完善了网刊发布机制，投稿文章录用次日便可上线发布。在网刊公布从投稿到发表全流程8个时间节点，出版时效信息更加透明和完整。

数字化建设是一条崭新而宽广的期刊发展道路。《气象学报》积极探索数字化编辑出版模式，引入国际先进出版技术，建成了囊括2个网站、2个审稿系统、2个排版系统和2个微信公众号的数字出版体系，实现了从投审稿、编辑加工到网刊发布和新媒体传播的全流程线上数字化办公。

另外，还对网站进行了改版，运用宽银幕、瀑布流、模块化展示和搜索引擎最优，并增加同类文章自动推介、资助课题自动链接等便捷功能。数字化的文章编辑加工流程变成"透明厨房"，不但与网刊发布捆绑，实时动态更新，还可让读者与作者实时互动。期刊的历史过刊也全部实现了全文上网、随时调用和云端存储。

融媒体建设可打通学术内容到达读者视野的"最后一公里"，《气象学报》将传统纸质期刊与网络媒体平台结合，打造了多元化的学术媒体矩阵。采取电子抽印本、文章引用智能推送服务、英文网刊发布中文题目和摘要等形式，扩大了学术内容的受众；在微信公众号上挑选优秀论文进行解读，向订阅用户推送，加快了优质学术内容的传播扩散。JMR微信公众号在2023年发布的原创推文《AI气象大模型信息比较 | JMR AI+ 气象文章汇总》，阅读量近5000次，被大量转载和延伸报道，取得良好的效果。JMR还与国际流行新媒体学术传播平台如TrendMD合作，向国际科学界展示学会期刊的实力和价值。

加强和各级学术会议的联动，有助于期刊扩展在专业领域内的影响力。中国气象学会对国内外学术会议非常重视，编辑部年均现场参会10场以上（含1~3场国际会议），并有针对性地提前规划重要学术会议的期刊宣传，参加学术会议时携带期刊与到会专家们交流，做到"刊跟会走、有会就有刊"。通过积极参加学术会议，期刊编辑与一线科学家、首席预报员及海内外资深专家建立起了良好的工作和社交联系。

期刊平台要出奇出新，必然不止于期刊，而应更有作为。拥有众多高素质作者群体和庞大专业读者群体的《气象学报》更是在提高自身站位上具备先天优势。在

2024年《气象学报》百年风云讲坛系列活动

中国科协"全国学会期刊出版能力提升计划项目"部分资助下，"《气象学报》百年风云讲坛"（以下简称"讲坛"）得以创建。讲坛于2022年4月启动，每1~2月举办一期，主题聚焦前沿领域，注重产学研协同发展，如"中国地球系统数值模拟研发进展与挑战""气象领域的人工智能革命：认知、实践与挑战"等；多位院士和海内外知名专家参与主讲和主持（如主编丁一汇院士、副主编吴国雄院士和张人禾院士，以及谈哲敏院士、徐祥德院士、陈发虎院士、夏威夷大学王

斌教授等），截至2024年9月，共有99位学界泰斗、青年才俊和一线专家作了精彩报告。讲坛通过多个媒体平台向公众进行直播，使期刊的学术品牌和影响力得到有效提升。

要增强学术出版对本领域科技发展的推动力，仅靠一本期刊是远远不够的。改变单打独行的局面，开创集群式发展，是《气象学报》的突围之举。2011年，气象期刊工作委员会成立，挂靠中国气象学会秘书处文献期刊部。面对气象行业近50家科技期刊，气象期刊工作委员会积极组建气象期刊联盟，征集确立了气象期刊联盟标识，建立完善了期刊联盟网站，还定期组织期刊展。2015年，气象期刊工作委员会完成第一次换届，并于同年组织召开了JMR大气科学前沿发展暨气象期刊发展论坛。委员会为了给编辑和作者办实事做了大量的工作，不仅召开编校规范研讨会、论文投稿和写作技巧讲座等，还与中国知网合作，讨论制定气象期刊优秀论文的评选标准。目前，成员期刊已有48本，在促进编校技术交流、服务气象科技工作者方面取得较大成效。而随着学会期刊影响力不断提升，2015年以后，有更多气象期刊加入了学会主办期刊队伍，学会作为第二和第三主办单位的期刊增至7本，包括《干旱气象》《气象知识》《气象科技进展》《大气科学》《气候与环境研究》《大气科学进展》《大气与海洋科学快报》，其中《大气科学进展》的国际影响力表现优异，进入了SCI大气科学类期刊Q1区。2023年，中国气象学会主办了气象科技期刊发展提升交流研讨会，30余种气象期刊汇聚一堂，群策群力，共同绘制气象学术期刊未来发展的蓝图远景，思考如何将气象学术期刊融入国家发展大格局，更好地展现国家科技软实力。

中国气象学会的办刊之路即将走过百年。在这充满艰辛和希望的学术之路上，两本期刊取得的成绩是令人瞩目的。经过不断探索和努力，《气象学报》和《气象学报（英文版）》（JMR）被CJCR、北大核心、CSCD及WoS（JCR/SCI）等重要检索系统收录，在中国大气科学类期刊综合评价总分排名一直名列前茅，被公认为顶级学术期刊。2012年以来，更是成果不断，喜讯频传。《气象学报》和JMR获得中国科协"精品科技期刊工程""中国科技期刊国际影响力提升计划""全国学会期刊出版能力提升计划"等项目资助，入选中国科协"中国高质量科技期刊分级目录"T1级期刊，连续获评中宣部科技期刊社会效益评价考核优秀等级；《气象学报》两次荣获中国出版政府奖期刊奖提名奖，综合评分多次位列中信所CJCR大气科学类期刊第1名并获评"百种中国杰出学术期刊"和"中国精品科技期刊"；JMR的SCI影响因子突破3.0，进入国际大气科学/气象类期刊Q2区，最新CiteScore 6.2，升入国际海洋工程类期刊Q1区，进入中信所CJCR中国科技核心期刊，文章国际下载量倍增，国际影响力不断提升。《气象学报》和JMR连续多年获评"中国最具国际影响力学术期刊""中国国际影响力优秀学术期刊"，多篇

 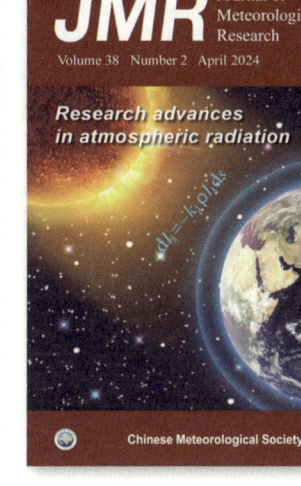

《气象学报》封面　　　《气象学报（英文版）》封面

论文入选"中国科协优秀科技论文"……未来，学会将继续坚持正确的期刊出版政治导向和办刊宗旨，充分发挥学会的学术资源优势和组织网络优势，进一步夯实和壮大学会期刊出版阵容和出版能力，推动期刊出版高质量创新发展，争创气象学科领域世界一流期刊，同时大力推动科研成果向一线业务应用转化，助力气象科技创新和气象强国建设。

第四节
聚势赋能气象资源，开拓气象科技咨询评估

中国式现代化要靠科技现代化作支撑，实现高质量发展要靠科技创新培育新动能。党的十八大以来，中国气象学会以开展气象科技咨询评估评价工作为重点，着力打造行业智库队伍，响应国家科技创新政策，利用组织优势，发挥科技智库作用，全方位开展满足国家、社会、气象事业发展需要的气象科技咨询评估服务。深入推动气象科技的创新与发展。

中国气象学会所具有的气象行业优势资源，对于开展咨询评估工作有着重要的支撑作用。首先是人力优势资源，本部门专家人才数量庞大，还有为数不少的院士。中国气象学会经常组织召开院士专家座谈，为气象科技创新体系建设建言献策，从宏观的层面为发展探寻方向，调整航向。在具体的层面，也会组织城市环境、气象信息、雷电、卫星气象、医学气象、气象预报、气候预测、热带海洋等学科的众多科学家以各自专长对气象科技发展前沿动态展开调研并编写

2017年中国科协预防与控制生物灾害分析研讨会现场

相关调研报告，形成科技工作者建议报送中国气象局和中国科协相关部门。在某些更为具体的问题层面，如针对公众所关注的空气污染、雾霾天气等社会热点，学会则采取组织专家咨询或推荐本领域院士、专家参与中国科协组织的跨学科专家咨询活动，积极寻求解决方案。2015—2018年，学会连续四年推荐专家参与中国科协预防与控制生物灾害决策咨询工作，撰写的研究报告多次获得领导批示，对预防与控制生物灾害起到了重要作用，实现了气象对有关工作的支撑保障功能。同时，为了服务地方发展需求，中国气象学会还推荐专家参与地方特色产业发展咨询工作，组织专家团队服务河北保定、贵州六盘水、安徽等地创新驱动助力发展工作。

除了人力优势资源，中国气象学会还具有强大的科研优势资源，掌握海量科技成果信息，联动众多科研单位及团队。凭借这一优势，学会积极投入科技成果转化应用和推动科研创新的工作。一方面，学会参与组建了中国科协生态环境产学联合体，作为中国科协生态环境产学联合体成员单位，中国气象学会每年推荐相关成果参评年度十大进展，迄今已有四项气象行业科技成果成功入选；另一方面，学会深耕科技成果展会等推广活动，成效卓著。2002年，中国气象学会与中国气象局首次在上海联合举办了国际气象水文仪器装备展和防雷技术产品展，2017年起更名为"中国气象现代化建设科技博览会"（简称CMHE）。CMHE集气象、水文、防雷等于一体，每年吸引来自全球相关行业的上百家知名企业参展，年接待观众上万人，得到世界气象组织（WMO）和有关国际组织、中国气象局、中国科学技术协会、中国水利部水文局等单位的大力支持。经过二十多年的不断发展，CMHE已发展成为亚洲最大的气象行业专业展览，集中展示了气象现代化建设最新成果和发展趋势，为气象科技工作者、企业和相关机构搭建了交流合作的平台，推动了产学研用深度融合和气象科技成果双向转化，帮助了更多的气象创新成果从"实验室"走向"生产线"。由于CMHE汇聚了气象产业链上下游的众多企业和机构，对

2024 年气象现代化建设科技博览会现场

气象产业链的深度融合和协同发展有着极大的促进作用，而来自世界各地的参展商和观众，则拉动了气象科技的国际交流与合作。2023 年，CMHE 首次作为气象科技活动周主场活动之一在深圳举办，同期，中国气象学会还承办了中国气象局优秀气象科技成果交流推广会、"十三五"优秀气象科技成果展、气象观测创新发展论坛、人工影响天气创新发展论坛等活动。2024 年，以"开辟气象科技新领域新赛道，塑造高质量发展新动能新优势"为主题的 2024 气象现代化建设科技博览会在深圳举办，作为 2024 年气象科技活动周主场活动，集结了近 200 家参展商，吸引了两万多社会公众参观，展会期间，还举办了优秀气象科技成果展示推介、气象机动观测技术交流、防雷产业高质量发展论坛等系列活动。以气象现代化建设科技博览会为代表的气象类科技展会的举办，不仅极大挖掘了中国气象学会组织行业内产学研用结合活动的潜力，也为气象科技更好地融入经济社会发展提供了成功的经验。事实证明，博览会成为了宣传气象、了解市场、把握需求、参与竞争的最直接的途径、最权威的平台，周期稳固的展会使气象行业以及相关部门、单位之间的业务联系得到有力且持续的加强，通过展会不断增进的彼此了解，也使合作更加便利、高效。

在利用好自身优势的基础上，中国气象学会积极承接政府转移职能，开展第三方科技评估评价。2015 年，中共中央办公厅、国务院办公厅印发了《中国科协所属学会有序承接政府转移职能扩大试点工作实施方案》，中国气象学会成为扩大试点单位之一，承接科技咨询、科研机构评估、科技成果评价等各类转移委托事项。学会以严谨的工作规程、完善的管理制度，创制了一套行之有效的工作模式来承接政府转移职能工作，自 2016 年以来，共有气象科技发展前沿动态调研、气候统计与预测、热带海洋气象等学科领域的科技发展前沿动态跟踪调研等五项中国气象学会组织开展的任务列入了中国科协试点。国家级气象科研院所的评估工作直接面向国家战略需求，关系到国家科研实力的跨越式发展，中国气象学会积极参与其中，先后承接完成中国气象局一院八所评估 2 次、中国气象局野外科学试验基地评审和实地考察评估 2 次，完成沈阳大气环境研究所整改评估、中国气象局气象综合观测业务规划实施情况评估、中国气象局武汉暴雨研究所和成都高原气象研究所中期评估、气象数据共享服务效益评估等。学会的评估组织工作、实施方案、评估报告及评估结果等均得到管理部门认可，作为第三方评估的影响力不断扩大。

与科研相关的文化事务评估工作也同样在开展。自 2021 年起，学会连年承接完成中国气象局办公室委托的中国气象局局属图书报刊出版单位社会效益评估和中国气象局主管出版物审读工作。自 2022 年起，连续开展中国正能量"五个一百"网络精品评选、走好网上群众路线百个成绩突出账号推选工作，得到有关部门肯定。

2022 年图书报纸出版单位社会效益评价考核专家组审核会

2017 年开始，学会作为第三方评估机构组织专家开展气象科技成果评价工作，先后开展了重大农业气象灾害监测预警与防控技术、台风监测预报系统关键技术、新舟 60 国家增雨飞机系统、中国台风巨灾模型 2.0 科技成果评价会等 22 项气象科技成果评价工作，组织流程和评价结果均得到了委托单位和成果完成人的一致好评。科技成果评价反映了成果的创新水平、转化应用绩效和对经济社会发展的实际贡献，可作为科技活动的"指挥棒"。建立完善的气象科技成

2021 年中国台风巨灾模型 2.0 科技成果评价会现场

果评价体系，有助于识别优质科技成果，优化科技资源配置，提高科技投入效益，引导科技人员将资源和精力专注于深层次理论研究和关键技术研发，并有利于推动科技成果的转化和应用，提升气象科技创新能力，增强气象服务的质效。因此，在 2018 年，学会根据已有评价实践，结合国家有关要求，起草了《中国气象学会气象科技成果评价暂行办法》，规范了气象科技成果评价指标、申请书格式、委托评价协议格式、成果评价报告格式等文本内容，为之后开展相关工作奠定了良好的基础。

中国气象学会在承接政府转移职能，开展第三方科技评估评价工作中积累了宝贵的工作经验的同时，也开展了地方特色气候资源评估论证工作。从 2005 年开始，特别是党的十八大以来，围绕党中央和国务院大力推进生态文明建设、实施扶贫攻坚计划、推动减缓和适应气候变化行动等要求，中国气象学会充分发挥气象科技的作用，助力地方经济社会发展，接受地方政府委托，组织专家开展系列地方特色气候资源评估论证工作，为地方政府科学决策提供科技咨询服务。先后向中国气象学会提出委托的有重庆城口、浙江丽水、内蒙古乌兰察布、重庆黔江、浙江文成、湖北利川、陕西商洛、贵州毕节和黔西南、湖北宜昌、四川巴中、湖北建始等地方政府。学会组织以气象专家为主的气象、生态、地理、环境、旅游以及卫生健康等多学科专家团，开展地方特色生态气候旅游资源评估论证工作，累计已有 15 个市（县）通过论证，特色气候认定的品牌效应日趋显现。2017 年 7 月，中国气象学会与贵州六盘水市政府联合主办康养胜地·中国凉都——气候·健康·旅游论坛，公众反响良好，社会效益显著。中国气象学会组织的地方特色气候资源评估论证工作开展 10 余年来，已形成了避暑类、生态类、养生类等三大方向，为各地政府发展文旅产业提供了强大的科技支撑。

中国气象学会在开展气象科技咨询评估的过程中逐步认识到，发挥学会在气象科技咨询评估中的特殊作用，推进科技咨询评估的民主化、科学化和专业化程度，提供更多高质量的科学决策咨询服务，已成为学会工作新的生长点和促进学会发展的新动力。学会在开展气象科技咨询评估评价工作方面大有可为。

第五节
党建引领开创新局，围绕大局助力事业发展

中国气象学会作为中国共产党领导下的全国一级科技社团，始终牢牢把握人民团体的根本属性和科技群团的功能属性，深刻把握学会作为党领导下的科技社团的定位和使命，始终把加强党的建设放到学会工作的首要位置。新时代的学会工作，坚持以习近平新时代中国特色社会主义思想为指导，落实新时代党的建设总要求，坚持党要管党、全面从严治党，以政治建设为统领，全面推进党的思想建设、组织建设、作风建设、纪律建设，不断提高党的建设质量。以更高的政治站位，从党和人民的事业发展全局出发，更好发挥桥梁纽带作用，守牢联系服务科技工作者这一生命线，聚民心、育新人，在增强科技工作者和人民群众的获得感同时，增强科技工作者听党话、跟党走的思想行动自觉，为新时期学会事业高质量发展提供根本保证。

一、旗帜鲜明拥护党的领导，坚决执行党中央决策部署；完善党组织体系，发挥政治核心作用

2015年中共中央印发《中共中央关于加强和改进党的群团工作的意见》，指出新形势下，党的群团工作只能加强，不能削弱；只能改进提高，不能停滞不前。2023年4月，中共中央印发《中央党内法规制定工作规划纲要（2023—2027年）》，其中指出，要"理顺行业协会、学会、商会党建工作管理体制"。

在党中央的指引和部署下，中国科协、民政部相继出台文件，对学会治理结构改革和党建工作作了许多具体要求。2019年新修订的《中国科协全国学会组织通则》中提出："全国学会坚持以习近平新时代中国特色社会主义思想为指导，坚决贯彻党的基本理论、基本路线、基本方略，增强政治意识、大局意识、核心意识、看齐意识，坚定中国特色社会主义道路自信、理论自信、制度自信、文化自信，坚决维护习近平总书记党中央的核心、全党的核心地位，坚决维护党中央权威和集中统一领导，加强党的建设，充分发挥党组织的政治核心和思想引领作用，

确保正确政治方向。"中国气象学会理事会坚定提高政治站位，及时组织学习和贯彻落实党中央、民政部和中国科协相关要求，2020年在《中国气象学会章程》中增补修订党的建设等有关内容，把坚持党的全面领导、加强党的建设等内容写入学会章程。在2024年5月召开的第二十九次会员代表大会上，通过了新修订的《中国气象学会章程》，明确"本会坚持中国共产党的全面领导，根据中国共产党章程的规定，设立中国共产党的组织，开展党的活动，为党组织的活动提供必要条件"。2024年6月15日，学会召开第二十九届理事会常务理事、第四届监事会监事党员大会，选举产生中国气象学会第二十九届理事会党委推荐人选，经中国科协学会党建办公室批准后，2024年8月2日，中国气象学会第二十九届理事会党委正式成立，实现了学会党的组织全覆盖和工作全覆盖。在正式成立理事会党委之前，学会办事机构基层党组织——学会秘书处党支部的党建工作在中国科协党组、中国气象局党组和中国科协科技社团党委、中国气象科学研究院党委的领导和支持下，也已取得较好成绩，为群众和会员办实事形成常态化机制，力求实效，通过组织学术会议、科普活动、科技咨询、共享网络资源等方式为广大会员、气象科技工作者、大中小学生和地方政府提供气象科技交流、科学普及和科技咨询等服务，赢得广泛称赞。学会秘书处党支部落实组织生活基本制度，提升党内政治生活质量，"三会一课"制度健全，主题党日活动形式多样、内容丰富，在组织各类科普活动、学术交流活动中，发挥党员先锋模范带头作用，多次获得挂靠单位党委表彰。自2020年起，成立青年理论学习小组，每年组织青年党员参加青年理论学习、青年讲堂报告交流会、学习沙龙等活动30余次，党建活动规范有序，体现了鲜明的基层党组织堡垒作用。

学会秘书处党支部群团活动组织有力，连续三年获评中国气象科学研究院先进党支部，年度述职评议考核多次获评优秀，并连续五年获得中国科协全国学会"党建强会特色活动"项目资助，两次荣获中国科协全国学会"党建强会特色活动"组织奖。2021年，在中国科协科技社团党委"庆祝建党100周年"征文、影像作品及节目征集活动中获评优秀组织单位，在"百年党史 百家学会"党史知识竞赛中获评优秀组织奖。推荐10余人次获得中国气象局直属机关"四好"党员、中国气象科学研究院"四好"党员、中国气象科学研究院优秀共产党员等荣誉称号。

二、加强党建工作，保障改革发展；加强政治领导，保证政治方向

夯基方能垒台，立柱然后架梁，党组织建设的成效，是决定整个系统运行的关键。中国气象学会党委是在学会理事会和监事会等决策监督机构中设立的功能性党组织，以《中国共产党章程》为根本遵循，在学会建设中发挥政治功能、组织功能和推动气象事业发展功能；学会党

委接受中国科协党组和中国气象局党组的双重领导，在中国科协科技社团党委和中国气象局机关党委具体指导下开展工作。

为了充分履行职能，体现党的领导对新时期改革发展的重要保障作用，学会理事会党委认真组织学习贯彻中央精神和习近平总书记系列重要讲话精神，主动对标党中央决策部署、国家重大战略需求，在学会重点工作中贯彻执行党的路线方针政策，保证党的路线方针政策贯彻执行。同时，紧紧抓住学会党建工作主体责任，指导办事机构党组织开展工作，不断提升学会党组织的组织力。

为了加强思想引领，增强价值认同，学会党委建立了理论学习制度，学习贯彻落实习近平新时代中国特色社会主义思想，团结引领气象科技工作者面向世界科技前沿、面向经济主战场、面向国家重大需求、面向人民生命健康，向科学技术广度和深度进军，引导广大会员坚决拥护"两个确立"，增强"四个意识"、坚定"四个自信"、做到"两个维护"，带领广大气象科技工作者听党话、跟党走。

学会党委还将弘扬科学家精神与党建工作紧密结合，积极组织开展科学道德和学风建设宣讲教育活动，以社会主义核心价值观引领科学文化建设。注重学术诚信，选树优秀科技工作者典型。作为学会党组织，学会党委在工作中深切关心和维护科技工作者的正当权益，广泛听取会员和本学科科技工作者的意见和诉求，努力为科技工作者排忧解难，推动学会改革顺利平稳推进。

学会党委坚定做到在做好政治把关的基础上推动和促进学会事业的健康发展，对学会发展和内部治理重大事项采取充分酝酿、沟通协调的工作方法，进行前置研究讨论，在重大问题上切实履行政治把关责任。把握新时代学会组织的历史定位和使命担当，促进党建和业务工作融合，推进学会党建工作与业务工作同谋划、同部署、同推进、同考核，引领学会高质量发展。

学会党委强化意识形态阵地意识，积极政治发声，规范制度建设。在学会出版物、网站、微博、微信等意识形态阵地积极加强建设和管理，特别是对新媒体发布做到严格把关，落实管理责任。在学术交流、国际合作等重点领域，坚持正确政治导向，确保各项工作始终沿着正确政治方向前进，着力引导科技工作者在重大突发事件、社会热点问题方面与党中央保持一致。在学会党委日常工作管理上，努力完善各项制度，加强组织工作的规范性和科学性，使学会党委工作方式和能力持续发展提升，不断得到健全。

中国气象学会始终把学会置于党的领导之下，明确学会党组织功能定位，确保学会始终坚持正确政治方向。学会理事会层面建立的学会党委将继续发挥好学会党组织的政治核心和保障作用；学会办事机构层面建立的基层党组织将继续发挥好党支部的战斗堡垒作用和党员先锋模范作用。

三、提高组织吸纳能力，加强政治思想引领；凝聚行业有生力量，营造良好学术生态

广大科技工作者，特别是科技骨干、科技中坚，是国家和人民宝贵的财富。建设科技强国、实现高水平科技自立自强的历史目标，迫切要求党组织加强对科技工作者的政治引领和吸纳。纵览全局，协调各方，充分增强学会党建工作的政治引领力和影响力，是学会党委的重要职责。团结和引领气象科技工作者为气象强国奉献力量，是中国气象学会党建工作的重要内容。

学会不断探索通过党建促进学会创新发展的新途径新模式，在日常工作中积极主动地了解、掌握气象科技工作者的思想动态，有针对性地加强思想引领。在基层气象科技工作者特别是青年工作者中多做工作，把为气象科技工作者提供政策服务作为基本任务，同时，为气象科技工作者建立良好的学习机制，提供理论学习机会，如举办研修班等。依据气象学科特点和会员构成，挖掘学会百年历史传承亮点，把学会作为学术共同体融入气象文化建设，提炼、宣扬特色鲜明的学会文化。引导气象科技工作者自觉践行社会主义核心价值观，开展科学道德宣讲和诚信建设，弘扬科学精神和科学家精神，尤其是发挥党员先锋带头作用，树立榜样，大力弘扬基层一线杰出科学家精神，带领学会会员携手构筑团结奋斗、凝聚精神的家园，共同攀登气象科学学术与事业的高峰。

2024年10月，中国气象学会将迎来百年华诞，迈入新的发展历程。党的二十届三中全会全面擘画了中国式现代化的发展蓝图，中国气象学会理事会党委在中国科协党组和中国气象局党组的大力支持下，坚决扛起学会党建工作领导和管理责任，努力将学会工作深度融入气象事业高质量发展大局，努力将学会发展方向与气象强国建设需求紧密结合，坚持改革创新，以高质量党建引领学会事业高质量发展。在不断提升学会的政治引领力、学术影响力、创新服务力、文化传播力和会员凝聚力的同时，积极探索促进党建和业务工作融合的新做法，把握新时代学会组织的历史定位和使命担当，推进学会党建工作与业务工作同谋划、同部署、同推进、同考核，团结和引领广大气象科技工作者积极主动投入加快推进气象科技能力现代化和社会服务现代化的主战场，为推动中国气象学会事业高质量发展和实现气象强国目标做出更大贡献。

大事记

1924 年

★ 10月10日　在青岛胶澳商埠观象台召开气象学会成立大会，选举产生第一届理事会，成立各工作机构。

★ 10月18日　在青岛胶澳商埠观象台办公处召开第一次理事会。共议决八案：①推举职员案；②呈部立案案；③拟订理事会及干事部规则案；④召开学术演讲会案；⑤加入教育团体联席会议案；⑥组织编辑委员会案；⑦征求会员案；⑧制备会证及会章案。

★ 11月8日　在青岛胶澳商埠观象台办公处召开第二次理事会，共议决案四件：①干事部细则案；②讨论拟划庚款兴办中国各地气象测候所意见书案；③编辑委员会进行事务案；④选择徽章式样案。

★ 12月6日　在青岛胶澳商埠观象台办公处召开第三次理事会，共议决案二件：①理事会规则案；②学会拟划庚款兴办中国各地气象测候所意见书案。

1925 年

★ 3月5日　在青岛胶澳商埠观象台办公处召开第四次理事会，共议决五案：①新加入会员案；②拟划庚款兴办气象事业案；③讨论组织演讲会案；④经费案；⑤增设测候所案。

★ 5—8月　召开第五次到第八次理事会。

★ 7月　《中国气象学会会刊》创刊。

★ 9月1—3日　在青岛胶澳商埠观象台召开第一届年会，选出第二届理事会及各机构成员。

★ 10—12月　召开第九次到第十一次理事会。

1926 年

★ 3月5日　在胶澳商埠召开第十三次理事会。

★ 5月7日　在胶澳商埠召开第十四次理事会。

★ 7月2日　在胶澳商埠召开第十五次理事会。

- ★ 8月5日　在胶澳商埠召开第十六次理事会。
- ★ 8月7—8日　在山东青岛召开第二届年会，选出第三届理事会及各机构成员。讨论议案九件。

1927 年

- ★ 10月11—12日　在山东青岛召开第三届年会，选出第四届理事会及各机构成员。
- ★ 11月12日　在胶澳商埠召开第十七次理事会。
- ★ 12月17日　在胶澳商埠召开第十八次理事会。

1928 年

- ★ 6月23日　在胶澳商埠召开第十九次理事会。
- ★ 10月13日　在胶澳商埠召开第二十次理事会。
- ★ 12月8—9日　在山东青岛召开第四届年会，选出第五届理事会及各机构成员。

1929 年

- ★ 7月31日　在江苏南京北极阁气象研究所召开第二十一次理事会。
- ★ 12月22日　在江苏南京召开第五届年会，选出第六届理事会及各机构成员等。

1930 年

- ★ 4月1日　在江苏南京北极阁气象研究所召开第二十二次理事会。
- ★ 9月23日　在江苏南京北极阁气象研究所召开第二十三次理事会。
- ★ 12月21日　在江苏南京召开第六届年会，选出第七届理事会及各机构成员等。

1931 年

- ★ 2月2日　在江苏南京北极阁气象研究所召开第二十四次理事会。
- ★ 6月14日　在竺可桢办公室召开第二十五次理事会。
- ★ 11月10日　在江苏南京北极阁气象研究所图书馆召开第二十六次理事会。

1932 年

- ★ 6月25日　在江苏南京北极阁气象研究所图书馆召开第二十七次理事会。
- ★ 10月1日　在江苏南京北极阁气象研究所图书馆召开第二十八次理事会。
- ★ 10月30日　在江苏南京北极阁气象研究所图书馆召开第八届年会。

1933 年

- ★ 5月13日　在江苏南京北极阁气象研究所图书馆召开第二十九次理事会。
- ★ 9月8日　史镜清在施放气象风筝时，风筝钢丝坠落清华大学1800伏高压的裸线上，不幸殒命。气象研究所所长竺可桢呈请国立中央研究院拨款成立史镜清纪念基金委员会，以"怀念我国气象学界因技术而牺牲的第一人"，基金利息作为气象学论文奖金，征文事宜由中国气象学会办理。
- ★ 10月18日　在江苏南京北极阁气象研究所图书馆召开第三十次理事会。
- ★ 11月26日　在江苏南京北极阁召开第九届年会。

1935 年

- ★ 1月18日　在竺可桢住宅召开第三十一次理事会。
- ★ 4月7日　在江苏南京召开第十届年会，选出第十一届理事会及各机构成员等。
- ★ 4月11日　在江苏南京北极阁气象研究所召开第三十二次理事会。

- ★ 6月22日　在江苏南京北极阁气象研究所召开第三十三次理事会，决定将《中国气象学会会刊》更名为《气象杂志》。
- ★ 9月22日　召开第三十四次理事会。

1936年

- ★ 2月8日　召开第三十五次理事会。
- ★ 4月26日　在江苏南京召开第十一届年会，选出第十二届理事会及各机构成员等。

1937年

- ★ 1月30日　召开气象学会理事会，议定召开第十二届年会事宜。
- ★ 4月1—2日　在江苏南京中央研究院气象研究所召开第十二届年会，选出第十三届理事会及各机构成员等。宣读论文20篇，通过新会员入会和提案五件。分6个组审议收到的88件正式提案和10多件临时提案。
- ★ 4月17日　第四十次理事会在重庆举行。会址迁往重庆曾家岩气象研究所。《气象杂志》继续出版。

1940年

- ★ 11月1日　在重庆召开气象学会编辑委员会会议，决定《气象杂志》出季刊。

1941年

- ★ 3月7日　在重庆气象研究所召开第四十一次理事会。恢复史镜清奖金征文。
- ★ 3月25日　在重庆举行第三次《气象杂志》编辑委员会会议。
- ★ 4月2日　在重庆举行第四次《气象杂志》编辑委员会会议。会议决定《气象杂志》自第15

卷起更名为《气象学报》，英文名照旧，卷数与前顺序相接并附英文节要，更名后每年暂定四期。

★ 4月7日　在重庆召开气象学会《气象学报》编辑会，决定《气象学报》第15卷3、4期合刊。

1943 年

★ 7月18日　第十三届年会与中国科学社等五团体联合举行。

★ 7月22日　在气象研究所召开第四十四次理事会。理事名额由9人增至11人。推定竺可桢、吕炯、涂长望、朱炳海、张宝堃五人为常务理事，竺可桢为理事长。讨论了为加强国际气象合作，中国气象学会应否加入国际气象组织，以及重新登记学会会员并发给会员证书等事项。

★ 9月1日　在气象研究所举行第四十五次理事会。

★ 12月　《气象学报》第17卷1、2、3、4期合刊出版。编辑部设在重庆北碚象庄。

1944 年

★ 为气象学会建会20周年纪念，《气象学报》第18卷（第1、2、3、4期合刊）于12月出版纪念号。

1947 年

★ 3月5日　在中央气象局召开第四十六次理事会。

★ 7月2日　在中央研究院气象研究所召开第四十七次理事会，报告学会经费及理事会改选情形并宣布通讯选举结果。通过介绍新会员案、会员建议案；推荐吕炯、赵九章为中央研究院院士候选人；决定《气象学报》赠送国外时应普及非气象机构之一般学术机构；决定与中国科学社共同组织年会。

- 8月3日　中国地球物理学会在上海举行成立大会，赵九章、吕炯当选学会监事会监事，石延汉、涂长望当选理事会候补理事。

- 8月30日　与中国科学社、自然科学社、天文学会、地理学会、动物学会、解剖学会等六团体在上海举办联合年会。选出第十四届理事会及各机构成员等。

- 8月　《气象学报》第19卷第1、2、3、4期合刊出版。

1948 年

- 6月17日　在江苏南京北极阁气象研究所召开气象学会理事会，决定在南京与自然科学社等联合举办年会。

- 11月10—12日　与自然科学社等在江苏南京举办联合年会。选出第十六届理事会及各机构成员等。

1949 年

- 10月23日　中国气象学会南京分会成立。

- 11月9日　在江苏南京召开第四十八次理事会。会议通过了整订会员资格案、敦促各地尽快建立分会（拟在南京、北京、青岛、上海、东北、武汉设立分会）、《气象学报》内容宜如何改善以适应目前需要案、修改会章案。

1950 年

- 6月25日　在军委气象局召开第四十九次理事会。会议决议：①推人改会章再建议各分会考虑；②北京、沈阳、兰州、汉口、重庆、上海、昆明、广州成立分会，登记吸收新会员；③张宝堃任临时总务主任；④《气象学报》每年出四期（季刊）；⑤总会、分会及与科代关系以后再谈；⑥推涂长望、朱炳海、李宪之、卢鋈、胡焕庸为会章修改人；⑦确定建立分会推动人；⑧收缴会费。

- 7月4日　在军委气象局讨论修改会章。

- ★ 7月16日　中国气象学会北京分会成立。
- ★ 10月29日　中国气象学会重庆分会成立。
- ★ 12月　《气象学报》第21卷第1~4期合刊出版。

1951年

- ★ 1月14日　中国气象学会云南省分会在昆明市成立。
- ★ 1月27日　成立《天气月刊》编辑委员会。
- ★ 2月中旬　北京分会召开会员大会，向总会理事会建议在北京成立大会筹备委员会。经中华全国自然科学联合会批准，筹备委员会由总会4人，北京分会4人及各地分会负责人组成。涂长望担任主任委员。
- ★ 3月　中国气象学会上海分会成立。
- ★ 4月15—19日　在北京召开第一次全国代表大会，选出中华人民共和国成立后的第一届理事会及各机构成员。
- ★ 4月27日　在军委气象局召开第一次常务理事会，决议年内《气象学报》出版办法、编订气象学名词等案。
- ★ 6月16日　在军委气象局召开第二次常务理事会。
- ★ 8月8日　在军委气象局召开第三次常务理事会。决议我国历史上科学家名单和事迹等四案。
- ★ 11月　《气象学报》第22卷第2、3、4期合刊出版。

1952年

- ★ 5月11日　在军委气象局召开第四次常务理事会。会议讨论如下事宜：①关于应如何发动科学家向全世界人民说明美帝细菌战罪行的真相案，决议通过在国际上有代表性的科学家12人转送全国科联；②决议对外写信，个人和集体方式并用；③决议《气象学报》仍旧继续编印，半公开发卖，与国外交换应通过政府。

- ★ 6月 《气象学报》第23卷第1、2期合刊出版。
- ★ 9月6日 在北京召开第五次常务理事会与北京分会联席会议，讨论了三年来气象工作的成就及经费预算。
- ★ 9月 中国气象学会成都分会成立。

1953 年

- ★ 3月15日 在军委气象局召开第六次常务理事会议。
- ★ 6月 组成气象学名词审查小组。《气象学名词》拟分正、副两编出版，正编为中英文对照表，计约5600条，副编为英中文对照表，条数相同。
- ★ 10月16日 在军委气象局召开第七次常务理事会议。
- ★ 12月18日 在军委气象局召开第八次常务理事会议，决议继续编辑《气象学报》、1954年6月初召开扩大理事会，可邀请外宾参加。

1954 年

- ★ 1月10日 中国气象学会武汉分会成立。
- ★ 4月8日 在军委气象局召开第九次常务理事会议，决定将原定召开扩大理事会改为会员代表大会并确定大会内容及召开日期；通过1954年工作计划；编辑《气象译报》，交《气象学报》编译委员会负责编译，1954年出版两期。
- ★ 6月 《气象学名词》由中国科学院出版。
- ★ 7月22日 在军委气象局召开第十次常务理事会议，确定会员代表大会各重要事项。
- ★ 8月10日 在军委气象局召开第十一次常务理事会议，落实会员代表大会前的准备工作。
- ★ 8月17—25日 在北京召开第二次全国会员代表大会。张宝堃报告三年来的会务工作；大会修改了会章，选举产生了由23人组成的理事会，总结了自1951年以来气象科研、业务方面的成绩。竺可桢作大会总结报告。

★ 10月9日　日本学术文化访华代表团团员和达清夫（日本气象厅长官）来访，周恩来总理予以接见。学会涂长望副理事长向其赠送《中国气温资料》和《中国降水资料》。

1957 年

★ 7—8月　日本气象学会和气象协会分别派遣岸保勘三郎、佐贯亦男、毛利茂南来华考察。岸保勘三郎作了数值天气预报方面的短期讲学，佐贯亦男和毛利茂南着重考察了中国气象部门使用的常规仪器，并参观了长春、上海的气象仪器厂。

★ 7—8月　涂长望、赵九章访问日本。涂长望在日本气象厅作了题为《新中国的气象事业》的报告，赵九章作了题为《西藏高原对偏西风的影响》的报告。

1958 年

★ 8月5—12日　在山东青岛召开新中国成立后的第二、第三届理事会扩大会议。修改会章，选举产生新一届理事会理事长、副理事长、常务理事。会议交流了49篇论文。提出学会不仅要以学术活动为中心内容，也要重视政治思想情况，以使科学技术面向生产、面向实践、面向群众。

★ 9月18—25日　中华全国自然科学专门学会联合会与中华全国科学技术普及协会在北京联合召开全国性代表大会，合并成立统一的全国性科学技术团体——中国科学技术协会。中国气象学会转受其领导，挂靠在中央气象局。

★ 10月　在甘肃兰州召开全国中长期天气预报及高原分析方法讨论会。

★ 11月　在江苏南京召开全国农业气象会议。

1959 年

★ 6月12—13日　在北京召开工作座谈会，各省（自治区、直辖市）气象学会及有关部门的代表63人出席会议，传达第一次全国科协工作会议精神，明确气象学会的性质、任务和作用，讨论今后工作。全国科协和中央气象局的领导到会作了重要指示。

- ★ 12月8—12日　与中国科学院地球物理研究所联合召开全国第一次大气环流学术会议。
- ★ 12月24—26日　在上海召开全国气象学会工作会议，300余位学会理事出席会议。中国科协副主席竺可桢和中央气象局副局长、党组书记饶兴在会议上讲话。报告了1959年学会工作和1960年工作安排，交流了各地学会工作的经验，举办了分区、分县、分片预报方法的小型展览会。
- ★ 本年　出版《气象学报》第30卷第3期，为新中国成立10周年专刊，共发表16篇论文，比较系统地反映了我国气象科学在新中国成立10年中取得的成就。

1960年

- ★ 5月　《气象学报》停刊整顿。
- ★ 10月18日　日本气象学会理事长正野重方致函中国气象学会，希望加强双方气象界的人员交往和学术交流。

1961年

- ★ 1月18日　中国气象学会复函日本气象学会，赞同中日气象界的人员交往和学术交流应予加强。
- ★ 8月24日　发出《气象学报》复刊的通知。

1962年

- ★ 8月2—8日　召开1962年年会暨代表大会，27个省（自治区、直辖市）气象学会的代表共300多人出席会议。名誉理事长竺可桢致开幕词，理事长赵九章致闭幕词。年会收到的论文超过350篇。选举产生的新一届理事会决定设立天气与动力气象、大气物理与气象仪器、气候、农业气象4个专业委员会。
- ★ 8月　成立俄、英、中气象学名词修订委员会。

1963 年

- 4月22—26日　与中国科学院土壤研究所以及辽宁省气象学会联合在辽宁沈阳召开林业气象学术讨论会。

- 11月下旬至12月下旬　中国学术代表团访问日本。应日本气象学会和全日本气象劳动组合的邀请，作了我国气象工作情况和若干气象研究成果的报告，并参观了日本气象厅本部及气象研究所等气象机构。

- 12月21—27日　在北京召开中小尺度天气系统学术会议，交流了研究成果和经验。

1964 年

- 3月18日　全国科协书记处转发中央宣传部第28号文件，批准中国气象学会创办《气象》月刊（中级综合性技术刊物）。

- 5月10—17日　在江苏无锡召开全国气候会议。

- 5月14—22日　在江苏苏州召开农业气象学术会议。

- 7月7—14日　在甘肃兰州召开全国天气与动力气象学术会议。

- 8月19—31日　与中国地球物理学会联合举行茶话会，欢迎参加1964年北京科学讨论会的日本科学代表团成员。

1965 年

- 3月　《俄汉气象学词汇》经中国科学院自然科学名词编订室审定，由科学出版社出版。

- 6月8—28日　理事长赵九章等一行4人组成的中国气象考察团应邀访问法国。

- 7月4日—8月6日　由顾震潮等3人组成的考察小组赴缅甸和柬埔寨进行考察访问。

- 11月3—12日　中央气象局和中国气象学会在广西桂林召开了全国补充订正天气预报学术会议。会议主要研究和交流中期灾害性天气补充预报方法。《气象学报》第36卷第1期特为会议编辑出版了专刊。

- ★ 11月 《英汉气象学词汇》经中国科学院自然科学名词编订室审定，由科学出版社出版。
- ★ 12月9日 《气象译丛》转由中国气象学会编辑。

1966 年

- ★ 3月18日 经中宣部批准同意，与中央气象局联合创办《中国气象》杂志。
- ★ 5月 《中国气象》杂志试刊出版。
- ★ 6月30日 经中央气象局党组批准，《气象学报》《气象译丛》停刊。
- ★ 9月 桥本清美作为日本学术代表团的成员来访。

1973 年

- ★ 11月14日 中央气象局党的核心小组研究恢复中国气象学会《气象学报》出版，并向农林部请示恢复《气象学报》的出版。虽经同意，但因受到各种干扰，未能复刊。

1974 年

- ★ 4月20日—5月3日 以约翰逊理事长为团长的美国气象学会代表团一行9人应邀访问中国。中国科协副主席周培源和学会副理事长张乃召会见代表团全体成员。

1975 年

- ★ 10月25日—11月12日 以邹竞蒙副理事长为团长的中国气象学会代表团一行9人应邀访美。

1977 年

- ★ 3月3日 邹竞蒙以"学会副理事长"名义会见途经北京的美国气象学会秘书长斯潘格勒博士。

1978 年

- ★ 2月23日　中央气象局党组任命谢津梁为学会副秘书长（专职），主持秘书处工作。

- ★ 3月8日　中央气象局党组第12次会议决定中国气象学会属党组领导，同意学会关于调整第十八届理事会正、副理事长人选的报告。

- ★ 4月11日　在中央气象局召开在京理事会。传达全国科协主席团扩大会议精神和中央领导同志批准的气象工作方针；安排1978年工作及气象科普和《气象学报》恢复出版事宜。

- ★ 4月17日　向中国科协提出恢复出版《气象学报》的请示。准备在1978年第四季度恢复出版。

- ★ 4月　发出《关于恢复省、市、自治区气象学会的几点意见》的文件，要求各省（自治区、直辖市）气象学会在1978年内恢复活动。恢复后的各省级气象学会受当地科协和省气象局党组的领导，挂靠在省气象局。

- ★ 7月18日　召开调整后的第十八届理事会常务理事会第一次会议。

- ★ 8月10日　向中国科协和中央气象局党组报告调整后的理事会和《气象学报》编委会名单。

- ★ 9月13日　向国家国家科委提出恢复《气象学报》出版的请示报告。

- ★ 11月16日　在中央气象局召开调整后的第十八届理事会常务理事会第二次会议。会议通过了第十九届理事会理事候选人名单；确定1978年年会召开日期和年会主要任务。

- ★ 12月1日　在中央气象局召开调整后的第十八届理事会常务理事会第三次会议，就召开恢复活动后的第一届代表大会安排作出决议。

- ★ 12月8—18日　在河北邯郸召开1978年年会暨全国会员代表大会，选举产生第十九届理事会。确定组建5个专业委员会。

1979 年

- ★ 4月28日　在中央气象局召开第十九届理事会常务理事会第二次扩大会议。座谈讨论1979年元旦全国人民代表大会常务委员会的《告台湾同胞书》。

- 6月18日—7月2日　以会长牛顿博士为团长的美国气象学会代表团一行16人应邀来访。

- 7月20日　在中央气象局召开第十九届理事会常务理事会第三次会议。决议：推荐章基嘉为全国自然科学名词委员会委员；在理事会下设立气象学名词委员会等。

- 9月22日　在中央气象局召开第十九届理事会常务理事会第四次会议。决议：推荐中国科学院学部委员候选人4人（叶笃正、谢义炳、陶诗言、程纯枢）；成立《大百科全书》气象部分编写领导小组等。

- 9月25日—10月9日　以叶笃正理事长为团长的中国气象学会代表团一行11人应邀访问美国。

- 11月30日　在中央气象局召开第十九届理事会第五次常务理事会议。汇报代表团访问美国情况；研究出席中国科协第二次代表大会代表产生办法等。

1980年

- 1月　为加强气象科普工作，在理事会下增设气象科普工作委员会。

- 3月　吴学艺、谢义炳、黄士松、陶诗言出席中国科协第二次全国代表大会。

- 4月5日　在中央气象局召开第十九届理事会常务理事会第六次会议。会议决议：做好中国科协第二次全国代表大会精神的传达贯彻工作；同意成立科普工作委员会常委会等。

- 6月28日—7月5日　在庐山召开气候学术会议。

- 9月16—22日　在安徽黄山召开全国人工降水学术会议。

- 9月　在浙江杭州召开全国气象科普创作会议。

1981年

- 2月25日　《气象知识》（季刊）正式创刊。

- 7月3日　中央气象局党组决定任命洪世年为中国气象学会副秘书长。

- 9月17—24日　在安徽合肥召开强对流天气学术讨论会。

- ★ 10月25—30日　在江苏南京召开全国山地气候学术会议。
- ★ 11月23日　在中央气象局召开第十九届理事会常务理事会第八次会议。
- ★ 12月14—21日　气象学会秘书长联席会议在北京召开。中国科协副主席裴丽生、中央气象局党组书记薛伟民、副局长邹竞蒙到会讲话。

1982年

- ★ 2月25日　与中国农学会、中国林学会、中国植物学会、中国生态学会、中国地理学会在北京天文馆联合组织"海南岛大农业生态科学考察、气候考察"科普报告会。
- ★ 3月21日—4月9日　以理事长B.达尔斯特隆为团长的瑞典气象学会代表团应邀来访。国务院副总理万里在人民大会堂会见了代表团全体成员。
- ★ 5月26日　叶笃正理事长应邀出席日本气象学会成立100周年庆祝大会。
- ★ 7月24日—8月1日　在福建厦门鼓浪屿举办第一届全国青少年气象夏令营。
- ★ 9月27日—10月9日　日本气象学会理事长岸保勘三郎教授来访。
- ★ 10月18—22日　派员出席在日本筑波举行的热带气象区域科学会议。
- ★ 10月25日—11月1日　在四川成都召开全国会员代表大会暨1982年学术年会。到会代表及论文作者四百余人。选举了86人组成的第二十届理事会。国家气象局局长邹竞蒙到会讲话。美国气象学会主席等应邀参加会议并作了学术报告。
- ★ 11月12—20日　在浙江杭州召开第一次动力气象学术讨论会。

1983年

- ★ 1月17日和3月7日　分别在人民大会堂浙江厅和友谊宾馆举行迎春学术座谈会，中心内容是关于如何开创气象工作和学会工作的新局面，为推动气象科学技术的发展献计献策。
- ★ 2月28日　瑞典气象学会授予副理事长程纯枢瑞典气象学会名誉会员称号。
- ★ 3月23日　与国家气象局在北京联合举办以"天气观测员"为主题的世界气象日宣传活动。

- ★ 6月5—21日　以谢义炳教授为团长的中国气象学会代表团一行10人回访瑞典。在瑞期间，访问了地方、军队、民航、大学、科研、工厂等20个单位。
- ★ 11月19—24日　与中国地质、地震、天文、石油和空间科学等6个学会联合，在北京联合召开全国天文、地质、地震、气象相互关系学术讨论会。
- ★ 12月31日　举行向中国儿童少年活动中心和北京市的九所中学赠送气象仪器仪式，北京市儿童活动中心以及各中学的学生代表共400多人参加了这一活动。

1984 年

- ★ 3月20—24日　在北京召开国际青藏高原和山地气象学术讨论会。会议以中、美两国气象学者为主，共有世界气象组织等14个国家和组织的48名代表及中国的49名专家参加。
- ★ 3月23日　与国家气象局在北京联合召开以"气象为农业服务"为主题的报告大会。1900余名代表参加大会。农牧渔业部部长何康、中国气象学会理事长叶笃正、世界气象组织第二副主席邹竞蒙、世界气象组织秘书长代表莫锐尔博士等出席了会议。
- ★ 7月15日　全国气象夏令营总营及北京营的160名营员参加了中国科协在北京工人体育馆统一举行的全国青少年科技夏令营开幕式。
- ★ 10月6—19日　以日本气象学会理事长山元龙三郎为团长的日本气象学会代表团应邀来访，并于访问期间参加了中国气象学会成立60周年纪念活动。
- ★ 10月13—18日　在江苏南京召开庆祝中国气象学会成立60周年纪念大会。会议期间进行了学术交流。会议表彰了从事气象工作50年的李宪之等34位老前辈；宣布了气象科普集体、先进个人和优秀科普作品评选结果。

1985 年

- ★ 1月20日　颁发中国气象学会《青年气象科技奖试行条例》。
- ★ 6月25日　在北京举行庆祝《气象学报》创刊60周年座谈会。
- ★ 7月　学会组织编写的《2000年的中国大气科学》正式出版。

- 8月1日 澳大利亚海洋专家汤姆·比尔博士受澳大利亚气象学会的委托，专程拜访中国气象学会，就建立和发展两国气象学会间的联系和友好往来交换意见。
- 8月13日 国家气象局党组发出了《关于建立、健全各省、自治区、直辖市气象学会办事机构的通知》。
- 10月17—31日 以章基嘉为团长的中国气象学会代表团一行5人访问日本并参加日本气象学会秋季大会。同期，应中国气象学会和国家气象局的邀请，美国气象学会主席莫瑞诺博士夫妇以及秘书长斯潘格勒夫妇来华讲学和访问。

1986年

- 2月3日 在北京举行1986年迎春学术座谈会。围绕国家气象局党组提出的《第七个五年气象事业发展计划的建议（讨论稿）》进行座谈。
- 6月6—9日 在江苏南京召开首届全国优秀青年气象科技工作者学术交流会。会上向1985年度青年气象科技奖获奖者颁发了获奖证书和奖金，向到会的95名优秀青年气象科技工作者颁发了荣誉证书。会议向全国青年气象科技工作者发出倡议书。
- 6月23—27日 叶笃正、程纯枢、谢义炳、章基嘉、曾庆存、洪世年出席中国科协召开的第三次全国代表大会。叶笃正当选为中国科协第三届全国委员会委员。
- 8月26—30日 在北京召开国际辐射会议，来自中国、美国、澳大利亚、加拿大、法国、德国、意大利和日本的112名科学家参会。
- 12月19日 在北京召开第二十届理事会第四次全体会议，会议决定将中国气象学会"青年气象科技奖"更名为"涂长望青年气象科技奖"。
- 12月20—23日 在北京召开全国会员代表会议。会议审议并通过了第二十届理事会工作报告，通过了新的《中国气象学会章程》；表彰了16名从事气象工作50年以上的老专家和113名优秀学会工作干部；听取了各专业委员会就本学科4年来的进展情况所作的学术报告。选举出了新理事会成员96人。

1987年

- 3月23日　与国家气象局在北京卫星气象中心联合举办1987年世界气象日报告会。全国人大常委会副委员长严济慈，中国科协副主席裘维蕃，以及各单位的500名代表参会。以克莱因为团长的美国民间气象代表团也应邀到会并作报告。

- 4月15日　国家新闻出版署新出总字212号文件批复《气象学报（英文版）》准予出版。

- 4月16日　受中国科协委托组织的地球表层学学术讨论会在北京举行。中国科协主席钱学森和各有关学会的理事长、著名科学家在会上作报告。

- 5月19—24日　在山东青岛召开第三届科学普及工作委员会扩大会议，总结四年来开展气象科普工作的经验，提出了今后四年的工作规划及今明两年的主要工作计划。

- 6月28日　与北京科技会堂共同举办"气象学家活动日"。参加人数约2500人。中国科协第三届荣誉委员裴丽生，国家气象局局长邹竞蒙、副局长骆继宾，学会名誉理事长谢义炳、理事长陶诗言、副理事长章基嘉、周秀骥，国家气象局原局长饶兴、薛伟民等参加了活动。

- 9月　《气象学报（英文版）》正式创刊。

- 10月21—24日　与国家气象局联合在湖北襄樊召开全国气象科技振兴地方经济和扶贫经验交流会，交流扶贫工作的经验。

1988年

- 3月15日　国家气象局成立气象科技扶贫和振兴地方经济领导小组，确定学会秘书处负责气象科技扶贫的学术交流和气象科技扶贫奖的组织工作。

- 3月22日　围绕世界气象日主题"气象与宣传媒介"，联合国家气象局在北京召开记者招待会。应邀出席的有人大常委会副委员长周谷城、中共中央宣传部宣传局韦英、《人民日报》副总编辑李仁臣、农牧渔业部副部长陈耀邦、铁道部副部长李森茂、民航局副局长阎志祥、水电部水文局局长胡宗培、中央森林防火总指挥部办公室负责人周尔正以及各新闻报刊的负责同志。

- 4月27—30日　受中国科协委托，与中国林学会等19个全国学会和有关单位筹办的酸雨对大农业的危害及其对策学术讨论会在北京召开。
- 7月4—8日　与澳大利亚气象与海洋学会、美国气象学会在布里斯班共同举办澳大利亚国际热带气象会议。中国、澳大利亚、美国、英国、德国、法国、苏联、加拿大等16个国家和地区的近200位知名学者参加会议。
- 7月25—27日　在宁夏银川举行涂长望青年气象科技奖颁奖活动。
- 9月23日　中国科协在北京中南海怀仁堂举行首届青年科技奖颁奖大会，由中国气象学会推荐的谭晓光获奖。
- 11月1—5日　与中国地理学会、国家气候委员会联合组织的全国气候与社会经济发展关系研讨会在辽宁大连召开。对《气候蓝皮书》提纲进行了讨论。

1989 年

- 3月23日　与国家气象局、中国民用航空局在北京联合举行世界气象日报告会。1989年世界气象日的主题为"气象为航空服务"。
- 5月9—13日　中国科协组织中国气象学会等6个全国学会在北京召开全国近期重大自然灾害预测及防御措施研讨会。会议提出了今后开展综合灾害预测及对策研究工作的具体建议。
- 7月6—8日　与国家自然科学基金会共同发起、与香港气象学会共同主办的东亚及西太平洋气象与气候国际会议在香港举行。会议得到美国大学大气研究协会（UGAR）及新加坡世界科学出版社的资助。会议除进行学术交流外，亦是海峡两岸气象界为祖国统一大业所进行的一次努力。
- 9月20—21日　台湾气象专家刘昭民先生来访，副理事长章基嘉等会见了刘昭民先生。
- 12月12—16日　由中国科协主办，牵头中国地质学会等14个全国学会、研究会共同组织的第三届天地生相互关系学术会议在北京召开。中国科协主席钱学森在开幕式上讲话。200多名自然科学和社会科学领域的专家、学者参加了会议。

1990年

★ 3月23日 为纪念世界气象日和世界气象组织成立40周年,与国家气象局、水利部及水利学会联合召开了以"气象和水文部门为减轻自然灾害服务"为主题的座谈会。国务委员、国家科委主任宋健出席会议并讲话,国家气象局、水利部、民政部、农业部等领导到会并致辞。

★ 5月24—27日 在陕西西安召开第二届全国优秀青年气象科技工作者学术研讨会。

★ 9月15—18日 在山东青岛召开1990年全国海洋大气相互作用科学讨论会。中国科学院海洋研究所等12个单位与学术团体参与联办。

★ 10月22—26日 1990年全国会员代表会议在山东青岛召开。开幕式由副理事长黄士松主持;理事长陶诗言致开幕词;副理事长周秀骥作关于第二十二届理事会理事选举情况的说明。与会代表152名。选举产生第二十二届理事会常务理事、理事长、副理事长、秘书长。

★ 11月5日 韩国内外交流协会致函中国气象学会,希望通过学会渠道进行学术交流。12月5日,复函韩国内外交流协会,同意通过韩国气象学会进行相互交流与资料交换。

1991年

★ 1月15—18日 在北京联合中国科协、中国环境学会召开气候变化与环境问题全国学术讨论会议。

★ 2月11日 在北京举行迎春座谈会,征询对《气象事业发展十年规划意见》的建议。

★ 4月5—10日 台湾地区气象专家王时鼎来访。名誉理事长叶笃正、谢义炳、陶诗言分别会见了王时鼎。

★ 4月6日 在北京举行纪念《气象知识》创刊10周年座谈会。国务委员宋健为《气象知识》创刊十周年题词。

★ 8月1日 中华人民共和国民政部向中国气象学会颁发社团登记证,证号为社证字第0074号。

★ 10月28日 与国家气象局、九三学社联合在北京举行纪念涂长望诞辰85周年大会。会上为涂长望青年气象科技奖获得者颁奖，同期举办纪念涂长望诞辰85周年学术报告会。

1992年

★ 3月23日　与中国气象局在北京联合举办世界气象日座谈会。国务院安全生产办公室、农业部、林业部、水利部、中国民航局、国家环保局、国家海洋局、总参谋部气象局、空军司令部气象局、中国科学院、北京大学、中国农业大学、中国农业科学院等单位领导出席了座谈会。

★ 5月5—9日　在江苏苏州召开1992年全国气象学会秘书长会议。

★ 10月24—26日　受中国科协委托，牵头组织中国水利学会等16个全国学会在山东青岛召开第二届全国减轻自然灾害学术研讨会。

1993年

★ 1月6—19日　台湾地区气象学会理事长陈泰然教授应邀来访，先后在北京、江苏、上海、福建进行参观访问并举行学术报告。陈泰然教授是台湾地区第一位应中国气象学会正式邀请到大陆访问的学会负责人。

★ 4月1—8日　在北京与中国科学院大气物理研究所、中国科学院资源环境科学与技术局共同举办首届中国气象科技成果展示交流会。

★ 5月21—24日　在广东湛江召开1993年全国气象学会秘书长会议，研究贯彻中国科协和国家气象局党组关于学会改革的有关指示，探讨了在社会主义市场经济发展过程中学会工作面临的新情况和新问题。

★ 8月2—9日　在新疆乌鲁木齐举办以"气候是祖国的宝贵资源"为主题的全国青少年气象夏令营活动。

★ 10月23—28日　在河北承德召开第十一次全国云、降水物理和人工影响天气科学讨论会。

1994年

★ 3月22—26日　以陶诗言为团长的中国气象学会代表团一行13人赴台参加海峡两岸天气与气候学术研讨会，并参观考察了相关气象科研、教学和业务单位。

★ 5月31日—6月3日　在青海西宁召开第三届全国优秀青年气象科技工作者学术研讨会。总结了近十年来学会开展青年工作的经验，表彰了优秀青年气象科技工作者。颁发了年度涂长望青年气象科技奖。

★ 8月23—25日　与中国气象局、中国科学院、国家自然科学基金会联合举办的大气科学基础研究发展战略研讨会在北京召开。会议通过了《关于加强我国大气科学基础研究工作的意见和建议》。

★ 10月5日　在北京举办中国气象学会成立70周年纪念大会。国务委员宋健到会祝贺并讲话。全国政协副主席、中国科协主席朱光亚到会并致辞。邹竞蒙代表中国气象局致辞。大会组委会主席叶笃正致开幕词。

★ 10月5—8日　在北京召开大气科学发展暨海峡两岸天气气候学术研讨会。

★ 10月7日　在北京举办海峡两岸天气气候学术研讨会。同期举行了海峡两岸气象学会人士参加的小型座谈会，就进一步开展海峡两岸气象交流与合作交换了意见。

★ 10月9—10日　第二十三届全国会员代表大会在北京举行。代表大会审议通过了第二十二届理事会工作报告和学会章程。同期召开第二十三届理事会第一次全体会议，选举第二十三届理事会理事长、副理事长、秘书长、常务理事。

1995年

★ 1月14—21日　应美国气象学会的邀请，洪钟祥率中国气象代表团一行5人出席美国气象学会第七十五届年会。

★ 6月2—11日　接待在美国普渡大学任教的台湾气象学者商文义教授来访。

★ 7月2—14日　国际大地测量和地球物理学联合会第二十一届大会在美国博尔德举行。以中国气象学会名誉理事章基嘉为团长的4人代表团出席大会，并提交了《中国大气科学进展国家报告（1991—1994）》。

- ★ 7月29日—8月4日　1995年全国青少年气象夏令营在云南昆明开营。来自10个省（自治区、直辖市）的127名青少年参加夏令营。

- ★ 9月11日　在中国香港召开第三届东亚及西太平洋气象与气候会议组织委员会会议。

- ★ 11月17—20日　在河南郑州召开"75·8"特大暴雨20周年回顾暨暴雨洪水监测预报学术讨论会。

- ★ 11月　在福建福州举办两岸气象界共同参加的东亚地区中尺度气象与暴雨学术研讨会。

- ★ 12月21—22日　受中国气象局党组的委托，组织全国40多位著名专家召开审议《气象事业第九个五年计划（征求意见稿）》和《全国气象事业发展规划（征求意见稿）》座谈会。

1996年

- ★ 1月16—19日　由中国科协主办、中国气象学会等7个全国学会牵头组织的全国2000年农业发展学术研讨会在北京举行。

- ★ 3月23日　与中国气象局、国家体委在国家气象中心联合举办世界气象日纪念座谈会。理事长邹竞蒙作重要讲话，国家体委主任伍绍祖就气象服务是体育运动的有力保障作了报告。

- ★ 3月30日—4月7日　台湾地区气象学会理事长陈泰然一行12人组成的气象业务工作考察团来访。

- ★ 5月16—18日　以马鹤年为团长的中国气象学会代表团一行28人参加在台湾中央大学举办的第三届东亚及西太平洋气象与气候研讨会。

- ★ 8月12—14日　与中国气象科学研究院共同主办的海峡两岸及邻近地区暴雨试验研讨会在北京召开。

- ★ 12月8—17日　以理事长邹竞蒙为团长的21人代表团赴台湾地区参加海峡两岸及邻近地区暴雨实验研究组织委员会第二次会议及相关的科学研讨会。

1997 年

- 1月14日　《气象知识》杂志荣获中宣部、国家国家科委、新闻出版署颁发的第二届全国优秀科技期刊二等奖。4月，《气象知识》杂志获中国科协优秀科技期刊二等奖。

- 7月31日—8月8日　在内蒙古呼和浩特举办以"气象与草原发展"为主题的第16届青少年气象夏令营。本次夏令营再次被列入中国科协重点夏令营。

- 8月12—19日　接待台湾私立文化大学组团来大陆参观访问。

- 8月25日—9月5日　接待台湾中央大学大气科学系组团来大陆参观访问。

- 8月30—31日　在辽宁葫芦岛召开数值天气预报研讨会。全体与会人员还参加了9月1日召开的中韩大气科学讨论会。

- 9月10—12日　与中国气象局联合召开全国气象科普工作会议。国家科委副主任邓楠发来贺信。

- 9月22—27日　组团赴台湾地区参加海峡两岸自然（大气）科学师生论文发表研讨会。代表团由6位教师和15位在校博士研究生、硕士研究生、本科生组成。

- 11月10—13日　在青海西宁召开首届全国青年农业气象学术交流会。

1998 年

- 1月　以理事长邹竞蒙为团长的中国气象学会代表团一行8人应美国气象学会的邀请，参加在"凤凰城"（菲尼克斯市）举办的美国气象学会第七十八届年会。

- 1月　为配合"国际减灾十年"活动，推荐专家参加中国科协第三届全国减轻自然灾害学术研讨会大会重点交流，主办台风灾害的预报和防御、人工增雨及消雹、雷电灾害三个专家论坛。

- 3月23日　与中国气象局、国家海洋局在北京举行世界气象日座谈会。科技部、外交部、教育部、交通部、农业部、林业局、中国科学院、总参谋部气象局、空军司令部气象局、海军气象中心、中国远洋运输（集团）总公司、中国海洋石油总公司等部门的领导出席。

- 9月23—24日　与相关学会联合组织中国科协"科学技术面向新世纪"学术年会天文、空间与地球科学技术分会场。
- 10月12—16日　在山东青岛召开第二十四届全国会员代表大会。审议并通过了工作报告和新的学会章程，选举产生了第二十四届理事会理事。

1999 年

- 5月22—24日　在广西北海召开大西南通道经济开发的气候资源开发利用与保护学术研讨会。来自气象、农业、环保、生态、海洋等学科的80多位代表参加了会议。提出了《大西南通道经济开发的气候资源开发利用与保护建议书》。
- 7月初　副理事长马鹤年率团赴英国伯明翰出席第22届国际大地测量学和地球物理学联合会（IUGG）学术年会。
- 9月18—21日　派代表团参加在浙江大学召开的中国科协首届学术年会，牵头承办地球科学分会场。
- 10月26—28日　与中国气象局联合在浙江杭州召开第四届东亚与西太平洋气象与气候学术研讨会。会议得到国家自然科学基金委员会和美国大学大气研究联合会提供的资助。
- 10月26—28日　与中国气象局联合在浙江杭州召开1998年特大暴雨（洪涝）学术研讨会，会议特邀欧洲数值预报中心、日本气象局和美国马里兰大学的气象专家作学术报告。
- 10月29日—11月1日　与中国气候研究会联合在浙江建德召开气候变化及预测的新理论和新方法研讨会。
- 12月15—18日　在江苏苏州召开第十一届全国热带气象科学讨论会。研究提出了未来台风科研、业务、教学和人才培养的建议，以及"十五"期间应开展研究和争取解决的关键科学技术问题。

2000 年

- 1月28日　与中国气象局在北京联合召开迎春气象专家座谈会，就深入贯彻《气象法》及发展气象科技事业进行探讨。

- ★ 2月　参与组织中国科协主办的病虫害防治分析研讨会和编写《病虫害防治绿皮书》有关工作。

- ★ 3月21日　在北京与中国科协、中国地理学会等单位共同发起召开纪念竺可桢诞辰110周年座谈会。中国科学院副院长陈宜瑜院士主持了座谈会，100余人出席了座谈会。

- ★ 3月21日　与中国气象局在北京联合举办以"世界气象组织——50年服务"为主题的世界气象日座谈会，邀请外交部、水利部、海洋局、民航总局、环保局和新闻单位等参加。

- ★ 6月21—27日　以理事长曾庆存为团长的中国气象学会代表团一行19人赴台参加两岸大气环境与气象应用学术研讨会。会议围绕全球变迁、大气环境、大气化学等进行深入研讨。

- ★ 9月19—21日　与中国气象局联合在宁夏银川召开全国气象科普工作办公室主任暨气象科普基地建设经验交流会。会议讨论了《中国气象局、中国气象学会关于气象科学技术普及工作奖励办法》和《建立气象台站对外开放制度》的两个文件。

- ★ 10月12—14日　在北京举办第三届华风杯全国电视气象节目观摩评比活动，同时观摩了法国国际气象电视节世界各国的气象节目，举办了4场学术报告会。

- ★ 11月14—21日　以常务理事颜宏为团长的中国气象学会代表团一行16人赴台湾地区参加海峡两岸灾变天气监测与预报学术研讨会，并访问了台湾地区主要气象机构。

2001年

- ★ 1月9日　在北京召开以"21世纪的大气科学与气象事业"为主题的专家座谈会，从"十五"计划建议中关于促进科技进步和创新的战略思想出发，座谈21世纪特别是未来5年大气科学和气象事业的发展趋势、特点和建议。

- ★ 5月14—20日　会同中国气象局组织全国气象部门参加以"科技在我身边"为主题的首届全国科技活动周活动。

- ★ 6月4日　以刘安国博士为团长的美华海洋大气学会（COAA）代表团一行10人来访。双方介绍了各自学会的组织和活动情况，并就美华海洋大气学会提出的拟于2003年在北京举办第三届全球华人国际大气海洋会议进行了探讨。

- ★ 7月26日—8月1日　在贵州举办以"重走长征路，开辟新未来"为主题的第20届全国青少年气象夏令营活动。来自全国16个省（自治区、直辖市）的196名营员和辅导员参加活动。

★ 9月13日　荷兰埃因霍恩大学代表团来访。

★ 10月　学会组织制作的科普电视片《二十四节气》获新闻出版署颁发的"第七届全国优秀科技音像制品奖"二等奖、中国电影电视协会颁发的"第六届中国电影电视优秀作品"一等奖。

2002 年

★ 4月9—12日　在浙江宁波召开第十二届全国热带气旋科学讨论会。会议期间举办了以"如何提高台风预报准确率"和"如何把台风科研推向世界先进水平"为主题的两个青年论坛。

★ 5月25—28日　在山东烟台举办第五届全国优秀青年气象科技工作者学术研讨会。期间举行了涂长望青年气象科技奖获奖者颁奖活动，表彰了第五届全国优秀青年气象科技工作者，开展了学术交流活动。

★ 7月30日—8月6日　在四川举办以"气候变化与人类活动"为主题的第21届全国青少年气象夏令营活动。来自全国21个省（自治区、直辖市）的205位营员和辅导员参加了夏令营活动。

★ 10月16—18日　在北京召开第二十五次全国会员代表大会暨学术年会。大会审议通过了第二十四届理事会工作报告，修订了《中国气象学会章程》，选举产生了中国气象学会第二十五届理事会。

★ 10月29日　在上海召开雷电防护研究会成立大会。同期举办首届中国国际气象科技和环境工程技术设备展、首届防雷技术与产品展和2002年中国气象科技和环境工程高级研讨会。

★ 11月底　与中国气象局联合开展了"全国气象科普教育基地"的评审命名工作，全国气象行业共有48个单位通过评审。

★ 12月6日　由科技部、中宣部、教育部、中国科协命名的第二批全国青少年科技教育基地名单中，学会组织推荐的国家卫星气象中心等12个单位入选。

2003年

- ★ 1月3日 向与中国气象局共同命名的48个单位授予"全国气象科普教育基地"称号。

- ★ 3月20—23日 围绕世界气象日主题"我们未来的气候",开展气象台站对社会开放等世界气象日纪念活动,组织专家在中国农业大学和北京师范大学举办科普报告会。

- ★ 6月29日 在北京市崇文区金鱼池小区建成全国首家"社区气象站"。社区居民可通过气象站显示屏了解小区的温度、湿度、风向风速等气象数据。中国科协和北京市政府在北京金鱼池社区举办了全国科普行动日启动仪式。

- ★ 10月13—15日 在北京举办第二届中国国际气象科技和影视信息技术与设备展及第二届中国防雷论坛暨防雷技术与产品展。

- ★ 11月 向中国气象局提交国家中长期科技发展规划项目中的"中国气象科普研究"部分。提出了我国未来气象科普工作的发展思路、重点任务对策建议。

- ★ 12月5日 在北京与中国气象局联合召开第二次全国气象科普工作会议。

- ★ 12月8—10日 在北京召开以"新世纪气象科技创新与大气科学发展"为主题的2003年年会。气象、水利、海洋、环境、农业、地理、遥感等10多个学科的600多位专家学者参加了本次年会。美华海洋大气学会、香港天文台的代表也应邀参会。

2004年

- ★ 3月20日 与中国气象局围绕世界气象日主题"信息时代的天气、气候和水"组织开展了气象台站对外开放、专家咨询、刊发科普文章等形式多样的纪念活动。

- ★ 5月18日 在北京市崇文区体育馆路小学建成"红领巾气象站"。参加以"科技以人为本,全面建设小康"为主题的全国科技活动周活动。

- ★ 6月30日—7月3日 参加第一届中国国际服务业大会及展览会气象馆的组织实施和总体设计工作。

- ★ 9月13日 在北京召开海峡两岸气象科学技术研讨会,本次活动是中国气象学会80周年系列庆祝活动之一。海峡两岸共52名代表参加会议。

- 9月17—19日　台湾地区气象学会代表团到中国气象学会发祥地——山东青岛参观访问，考察了青岛市气象局业务现代化建设及2008年奥帆赛气象保障筹备情况。

- 10月18日　在北京召开中国气象学会成立80周年庆祝大会。国务院各部委领导和嘉宾、中国气象学会理事、各理事单位代表、大气科学界两院院士、海外华人和港、澳气象界代表等800多人出席大会。国务委员陈至立和世界气象组织主席雅罗发来贺信与贺词，大会对么枕生等26位获"气象科技贡献奖"的老前辈予以表彰。

- 10月18—21日　在北京召开2003年年会。来自气象、水利、海洋、环境、农业、遥感、生态、军事气象等10多个学科的近800位专家学者参会。香港天文台、澳门地球物理暨气象台和台湾地区气象学会代表及10多位海外华人气象学者应邀参会。美、日、韩三国气象学会、美华海洋大气学会、欧洲数值预报中心的代表也应邀参会。

- 11月29日—12月6日　以理事长伍荣生为团长的中国气象学会代表团一行17人赴台参加2004年海峡两岸灾变天气分析与预报研讨会，并参访了有关气象单位。

2005 年

- 3月20日　与中国气象局联合举办以"天气、气候、水和可持续发展"为主题的世界气象日纪念活动。

- 5月14—20日　会同中国气象局组织以"科技以人为本，全面建设小康"为主题的全国科技周及科普游园会活动。

- 5月23—25日　在甘肃兰州举办干旱气候变化与可持续发展国际学术研讨会。来自中国、美国、澳大利亚、加拿大、德国、瑞典、荷兰、意大利、日本等15个国家的200多位中外专家、学者出席会议。

- 6月　学会组织推荐的《全球变化热门话题丛书》被评为国家科技进步奖科普项目二等奖。

- 8月2—11日　由中国科学院、科技部、国家自然科学基金委、中国气象局、教育部、中国气象学会、中国科学院大气物理研究所联合主办的国际气象学和大气科学协会2005科学大会在北京召开。来自17个国家和地区的841位代表参会。本次大会是国际气象学和大气科学界一次大规模、高水平、多学科的综合性科学盛会。

- ★ 8月25—26日　与内蒙古自治区科协、韩中大气科学合作中心等机构在呼和浩特市召开第三届国际沙尘暴天气专题研讨会。

- ★ 10月24—27日　在江苏苏州举办以"气象科技与社会经济可持续发展"为主题的2005年年会。参加年会的科技人员有840多位，下设12个分会场。

- ★ 10月26日　与中国气象局在上海举办第三届中国国际气象科技与水文技术设备展及第四届中国国际防雷论坛暨防雷技术与设备展。展会得到世界气象组织的特别支持。

- ★ 11月22—30日　以常务理事宇如聪为团长的中国气象学会代表团一行17人赴台参加2005年海峡两岸灾变天气分析与预报研讨会。

- ★ 12月7日　在北京召开纪念《气象学报》创刊80周年座谈会。

2006年

- ★ 1月9日　中国科学院院士、著名大气科学家、中国气象学会名誉理事长叶笃正荣获2005年度国家最高科学技术奖。

- ★ 2月　召开2006年迎新春座谈会，祝贺叶笃正名誉理事长荣获国家最高科学技术奖。

- ★ 5月15—17日　在北京举办"十五"气象科技成果展。

- ★ 5月18日　在北京人民大会堂与中国气象局共同主办涂长望同志诞辰100周年纪念座谈会。中国科协书记处第一书记邓楠、九三学社中央副主席王志珍、全国政协人资环委副主任温克刚、中国气象局局长秦大河及副局长郑国光等出席会议。学会秘书处组织编印了《涂长望先生纪念邮折》。

- ★ 5月28—29日　在湖南长沙与中国气象局共同主办以"科技创新、人才推动"为主题的第六届全国优秀青年气象科技工作者学术研讨会。

- ★ 8月23日　在山东青岛隆重举行中国气象学会诞生地纪念标志揭幕仪式。

- ★ 9月13—14日　在北京与中国气象局共同主办2006年海峡两岸气象科学技术研讨会。

- ★ 10月22—24日　在四川成都召开第二十六次全国会员代表大会。大会审议通过了第二十五届理事会工作报告，修订了中国气象学会章程，选举产生了第二十六届理事会，开展了表彰奖励工作。

★ 10月24—27日　举办以"气象科技创新与防灾减灾"为主题的2006年年会，共设18个分会场，内容涉及气候、大气探测、航空气象、地质灾害、军事气象、天气动力、天气预报等主题，1000余名科技工作者参会。

2007年

★ 4月2日　秦大河理事长会见来访的台湾私立文化大学董事长张镜湖、校长李天任以及理学院院长刘广英教授。

★ 5月19日　会同中国气象局参加以"携手建设创新型国家"为主题的2007年全国科技活动周。

★ 5月28—29日　参加在北京召开的中国科协2007年减轻自然灾害论坛，并完成所承担的《中国雷电灾害现状与对策》专题组报告。

★ 9月13—14日　在四川成都举办2007年海峡两岸气象科学技术研讨会。

★ 9月20日　与中国气象局及北京公交公司等单位联合举办"气象科普伴你行——首都公交车厢大众教育"启动仪式。此项活动旨在依托北京公交网络向社会公众宣传气候变化和防灾减灾常识。

★ 11月14—16日　在北京召开第三届中日韩气象学会联合研讨会。

★ 11月22—25日　在广东广州召开以"气象防灾减灾与应对气候变化"为主题的2007年年会。

★ 11月23—25日　在广东广州举办以"科技创新和气象为防灾减灾服务"为主题的第四届中国国际气象科技和水文技术设备展及第六届中国国际防雷论坛暨防雷技术与产品展。WMO秘书长雅罗发来贺信表示祝贺。

★ 11月28日—12月5日　应台湾私立文化大学邀请，以王守荣为团长的中国气象学会代表团一行15人赴台参加2007年海峡两岸灾害性天气分析与预报研讨会，并进行专业考察。

2008年

- 2月25日　科技部批准同意设立邹竞蒙气象科技人才奖。

- 2月26日　在北京召开中国气象学会气候资源应用研究委员会首次全体会议暨气候资源评估技术交流会。

- 6月24日　组织70余名气象科技工作者参加中国科协在人民大会堂举办的防灾减灾学术报告会，中国气象学会作为重要参加学会承担了报告会的相关组织工作。

- 9月17—19日　受中国科协委托，针对2008年低温雨雪冰冻和四川汶川地震的发生，联合19个全国学会，在河南郑州举办中国科协2008防灾减灾论坛。

- 9月20—26日　组织中国气象局相关直属单位，在中国科学院植物研究所北京植物园参加了以"坚持科学发展，建设生态文明"为主题的2008年全国科普日活动。

- 10月8—10日　由中国气象学会秘书处、中国气象局预测减灾司主办，中国气象科学研究院、吉林省气象局承办的中国人工影响天气事业50周年纪念大会暨第十五届全国云降水与人工影响天气科学会议在吉林长春举行。

- 10月28日　第五十三届国际气象组织奖颁奖仪式在人民大会堂举行，理事长秦大河院士被授予国际气象组织奖（IMO奖）。

- 11月17—18日　在北京与中国气象局联合举办第三次全国气象科普工作会议。

- 11月18—19日　在北京召开2008年海峡两岸气象科学技术研讨会。

- 11月19—22日　在北京召开以"防灾减灾与提高预报预测准确率"为主题的中国气象学会2008年年会。年会设13个分会场和青年学生论坛，近800名专家、学者出席年会。

- 11月24日　《中国学会史丛书》在北京人民大会堂举办首发式，《中国气象学会史》正式出版。

- 12月1—8日　中国气象局副局长矫梅燕率中国气象学会代表团一行16人赴台参加2008年海峡两岸灾害性天气分析与预报研讨会，并参访有关单位。

- 12月2—5日　航空与航天气象委员会组团参加在台北举行的第三届海峡两岸航空气象服务与飞行安全研讨会。

2009年

- 2月16日　在北京举行首届邹竞蒙气象科技人才奖颁奖仪式。

- 4月17—21日　人工影响天气学委员会在北京举办中俄人工防雹和增雨新型催化技术和催化剂研究研讨会。俄罗斯"台风"科研生产联合体和俄罗斯实验气象研究所的一行10位专家参加会议并访问中国气象局。

- 5月9—12日　联合中国科协等单位在中国科技馆共同承办以"走进科学，远离灾害"为主题的全国首届防灾减灾日科普活动。

- 5月14—15日　与中国科协科技导报社等单位在北京联合举办2009地球科学与技术国际学术讨论会。

- 7月5日　组织开展以"全社会积极参与共同应对气象灾害"为主题的"气象防灾减灾志愿者中国行"大型科普宣传活动。

- 7月27日—8月2日　在湖南长沙举办以"祖国在我心中，蓝天伴我成长"为主题的第28届全国青少年气象夏令营。

- 9月8—10日　在重庆市举办2009中国国际防雷减灾论坛。

- 9月21日　在西藏拉萨举办中国科协西部经济发展论坛之一"全球气候变化与西部地区应对措施专家论坛"。

- 10月14—15日　在浙江杭州举办以"公共气象服务引领气象科普工作"为主题的第三届气象科普论坛。

- 10月14—16日　在浙江杭州举办以"公共服务引领气象事业发展"为主题的第26届中国气象学会年会，年会共设19个分会场及1项专题交流活动，1200多位科技工作者参会。

- 10月15—17日　在浙江杭州与中国气象局共同主办第五届中国国际气象科技和水文技术设备展、第七届中国国际防雷技术与产品展。

- 11月8—10日　第四届中日韩三国气象学会联合研讨会在日本召开。

- 11月14—15日　在北京与中国气象局共同主办2009年海峡两岸气象科学技术研讨会。

2010 年

- ★ 1月17—22日　派代表团参加在美国佐治亚州亚特兰大市举办的国际气象学会论坛（IFMS）首届全体大会和美国气象学会第90届年会。

- ★ 3月20日　组织以"世界气象组织——致力于人类安全和福祉的六十年"为主题的2010年世界气象日纪念活动。

- ★ 3月22日　"全国气象科普教育基地"在北京理工大学附属中学挂牌。这是该基地在北京首次落户于一所中学。

- ★ 4月8日　由中国气象学会组织编写的《大气科学学科发展报告》在北京向科技界和全社会发布。

- ★ 5月17日　在北京中国科协会堂承办以"科学家的社会责任"为主题的2010中国科协学术报告会。

- ★ 6月18日　在北京举办首届中国气象学会理事长高层论坛。

- ★ 7月21—27日　联合中国气象局在福建厦门主办以"关注天气气候，倡导低碳生活"为主题的第29届全国青少年气象夏令营。

- ★ 10月17—19日　在北京召开中国气象学会第二十七次全国会员代表大会。会议听取和审议了第二十六届理事会工作报告和关于修改《中国气象学会章程》的报告。选举产生了第二十七届理事会。

- ★ 10月21—23日　在北京召开以"天气、气候与可持续发展"为主题的第27届中国气象学会年会。

- ★ 10月22日　在北京举办以"大气科学期刊编辑与创新发展"为主题的第二届气象期刊发展论坛暨《气象学报》创刊85周年纪念座谈会。

2011 年

- ★ 1月　《气象学报（英文版）》登陆Springer国际在线平台。

- 3月20日　与中国气象局等部门在北京举行"气象科普进学校"活动启动仪式。围绕世界气象日主题"人与气候"开展科普宣传活动。

- 7月20—29日　在新疆举办以"气候·自然·和谐"为主题的第30届全国青少年气象夏令营。

- 7月　联合中国气象局等单位主办以"共同应对气象灾害，提高防灾避险能力"为主题的2011气象防灾减灾宣传志愿者中国行大型科普宣传活动。

- 8月29—30日　在新疆乌鲁木齐召开2011年海峡两岸气象科学技术研讨会。

- 11月1—9日　接待埃塞俄比亚气象学会代表团来访。

- 11月2—4日　以"推进气象科技创新、提高防灾减灾和应对气候变化能力"为主题的第28届中国气象学会年会在福建厦门召开。同期举办第四届气象科普论坛。

- 11月3—4日　在福建厦门召开国际气象学会论坛第二届全体会议。

- 11月3—5日　在福建厦门举办第八届中国国际防雷技术与产品展、第六届中国国际气象科技和水文技术设备展。来自中国、美国、德国、加拿大、挪威、澳大利亚等国家和地区的50多家公司参展。

- 11月27日—12月3日　学会代表团一行16人赴台湾参加2011年海峡两岸灾害性天气分析与预报研讨会。

- 12月2日　民政部评估专家组对中国气象学会进行社团评估实地考察。

2012年

- 4月26—27日　派员赴埃塞俄比亚参加气候变化与民航业国际研讨会。

- 6月18日　在福建厦门与台湾大学联合举办海峡两岸气象防灾减灾研讨会，这是两岸气象交流首次列为海峡论坛的重要活动之一，来自海峡两岸的50余位气象专家和学者参加会议。

- 7月4日　在浙江杭州举办第二届中国气象学会理事长高层论坛，论坛主题为"气候变化与低碳生活"。

- 7月27日　作为2012生态文明贵阳会议分论坛之一的气候变化论坛在贵阳举行，论坛主题为"全球气候变化下的灾害预防与预警"。
- 7月28日—8月3日　在山西太原举办以"感悟黄河文化、探究天气气候"为主题的第31届全国青少年气象夏令营。
- 9月8日　在河北石家庄承办第十四届中国科协年会极端天气事件与公共气象服务发展论坛分会场。
- 9月12日　在辽宁沈阳召开以"强化科技基础，推进气象现代化"为主题的第29届中国气象学会年会。
- 10月18—22日　接待台湾大学原副校长陈泰然教授和台湾地区气象学会周仲岛理事长一行来访。
- 10月26日　联合中国气象局、科技部、中国科协在北京召开第四次全国气象科普工作会议。
- 12月17—18日　在北京召开2012年海峡两岸气象科学技术研讨会。

2013年

- 1月28日　在北京举办第三届邹竞蒙气象科技人才奖颁奖仪式。
- 3月22—28日　围绕世界气象日主题"监视天气、保护生命和财产"，开展"气象科普校园行"等世界气象日系列活动。
- 5月19日　以"空间天气与人类活动"为主题的首届空间天气日系列科普活动在全国举办。
- 6月15—17日　在福建厦门与台湾大学共同主办主题为"深化气象交流，惠泽两岸民生"的海峡两岸民生气象论坛。
- 7月29日—8月3日　在北京与中国气象局联合举办主题为"体验国家气象，感受魅力古都"的第32届全国青少年气象夏令营。
- 9月4—10日　派员赴英国里丁参加国际气象学会论坛第三次全体会议。
- 9月4—10日　中国气象局宇如聪副局长以中国气象学会名誉理事身份率中国气象学会代表团一行14人参加在台北举办的2013年海峡两岸灾害性天气分析与预报研讨会，并参访台湾有关气象单位。

- ★ 10月23—26日　在江苏南京举办主题为"创新驱动发展，提高气象灾害防御能力"的第30届中国气象学会年会。

- ★ 10月24—25日　在江苏南京举办第六届中、韩、日三国气象学会联合研讨会。

- ★ 10月24—26日　在江苏南京举办第七届中国国际气象科技和水文技术设备展、第九届防雷技术与产品展。

- ★ 11月11—14日　与国家自然科学基金委员会等单位在广西桂林共同主办主题为"空间天气与人类活动——加强创新，驱动发展"的第三届全球华人空间天气科学大会。

- ★ 11月26日　秦大河理事长获2013年度沃尔沃环境奖。

- ★ 12月17日　学会推荐的北京大学物理学院孟智勇研究员获第十届中国青年女科学家奖。

2014 年

- ★ 1月13—14日　由中国科协主办，中国植物保护学会承办的2014年中国科协预防与控制生物灾害分析研讨会在北京召开，中国气象学会组织本领域专家参加研讨会。

- ★ 2月2—6日　派员参加第94届美国气象学会年会，学会主办的英文学术期刊 *Journal of Meteorological Research*（JMR）首次参加美国气象学会年会展会。在本届年会上，中国气象学会名誉理事长曾庆存院士当选为美国气象学会荣誉会员。

- ★ 3月11—27日　世界气象日期间，围绕主题"天气和气候：青年人的参与"，组织中国气象局开放日和全国系列科普报告会等活动。

- ★ 6月13日　在北京组织专家评估通过《丽水·中国气候养生之乡论证报告》，并于11月正式授予"丽水·中国气候养生之乡"荣誉称号。

- ★ 6月14日　由中国气象学会、台湾大学、台湾中央大学共同主办，福建省气象局承办的第六届海峡论坛·2014海峡两岸民生气象论坛在福建厦门举办。

- ★ 6月29日　由中国气象局、教育部、共青团中央、中国科学技术协会、中国气象学会共同主办的2014年气象防灾减灾宣传志愿者中国行活动在四川成都启动。

★ 6月　中国气象局、中国气象学会联合印发《全国气象科普教育基地管理办法》，首次将校园气象站和基层防灾减灾社区（乡镇）纳入全国气象科普教育基地的认定范围。

★ 7月19—26日　以"探江淮风云，品徽风皖韵"为主题的第33届全国青少年气象夏令营在安徽合肥举办。

★ 10月11日　中国气象学会成立90周年座谈会在山东青岛举行。座谈会由中国气象学会理事长秦大河院士主持，中国科协副主席冯长根，中国气象局局长、中国气象学会名誉理事郑国光等出席会议并致辞。

★ 10月11—12日　2014年海峡两岸气象科学技术研讨会在山东青岛举行。

★ 11月3—5日　以"创新气象科技，面向未来地球"为主题的第31届中国气象学会年会在北京召开。

★ 11月5日　中国气象学会第二十八次全国会员代表大会在北京召开。中国科协党组书记、书记处第一书记尚勇，中国气象局党组书记、局长郑国光出席开幕式并讲话。会议开幕式由第二十七届理事会理事长秦大河院士主持。

★ 11月7日　以"气候变化与农业发展"为主题的首届全国农业与气象论坛在陕西杨凌举办。

★ 11月19日　2014年海峡两岸灾害性天气分析与预报研讨会在台北举办，中国气象局副局长许小峰率团参会。

2015 年

★ 1月3—9日　派员参加第95届美国气象学会年会及展会，进行期刊国际宣传。

★ 3月21日　联合中国气象局在北京首次举办主题为"气象达人我来了"的中学生电视气象知识竞赛活动。

★ 3月23日　世界气象日期间，联合18个省（自治区、直辖市）气象学会举办26场主题为"关注气候，有你有我"的全国气象科普系列报告会。

★ 4月7日　在北京召开中韩气象学会第一次联合座谈会，双方围绕学术交流、科研合作、青年学者交流等议题进行讨论，双方同意进一步加强合作交流和人员交往，特别是青年科学家交流，共同推进中韩双方气象学会发展。

- ★ 4月13—20日　第二十八届理事会常务理事会第三次会议以通讯会议形式召开，通报增设"大气科学基础研究成果奖""气象科学技术进步成果奖"情况，审定《大气科学基础研究成果奖奖励办法（试行）》和《气象科学技术进步成果奖奖励办法（试行）》。

- ★ 5月9日　在北京联合中国气象局举办2015年全国气象科普讲解大赛，本次大赛在气象行业中首次举办，主题为"气象创新、科技惠民"。

- ★ 6月13—15日　在福建厦门举办第七届海峡论坛·海峡两岸民生气象论坛。

- ★ 6月27日　在贵州贵阳举办生态文明贵阳国际论坛2015年年会。

- ★ 6月　《气象学报》入选中国科协精品科技期刊工程第四期期刊学术质量提升项目。

- ★ 7月4日　由中国气象局、中国气象学会、教育部、共青团中央、中国科学技术协会共同主办的2015年气象防灾减灾宣传志愿者中国行活动在四川成都启动。

- ★ 7月24日　联合举办气象与草原避暑旅游研讨会，会上授予内蒙古乌兰察布市"中国草原避暑之都"称号。

- ★ 7月25日—8月1日　在黑龙江哈尔滨举办第34届全国青少年气象夏令营。

- ★ 8月19—21日　在浙江杭州举办全国校园气象站辅导员培训班，是在全国范围内首次举办校园气象站辅导员培训班。

- ★ 8月25日　在河南郑州举办"75·8"暴雨·洪水40周年学术研讨会。

- ★ 10月14—16日　在天津召开以"推进科技创新，支撑气象现代化"为主题的第32届中国气象学会年会，同期举办了大气科学前沿发展暨JMR/气象期刊编辑作者研讨会、第六届气象科普论坛等活动。

- ★ 10月26—27日　中、日、韩三国气象学会共同主办的第一届亚洲气象大会（即第七届中日韩三国气象学会联合研讨会）在日本京都大学召开。

- ★ 10月　启动中国科协青年人才托举工程项目，2015—2020年成功申报五届，共推荐9人。

- ★ 12月10日　在北京举办2015年海峡两岸气象科学技术研讨会。

- ★ 12月16日　中国气象学会授予世界气象组织（WMO）候任秘书长、芬兰气象局局长佩蒂瑞·塔拉斯教授"中国气象学会荣誉会员"称号。

2016 年

- ★ 1月10—14日　派员参加第96届美国气象学会年会及展会，加强期刊国际宣传力度。

- ★ 1月12—13日　组织专家参加2016年中国科协预防与控制生物灾害分析研讨会。

- ★ 1月13—14日　胡永云副理事长带队参加国际气象学会论坛第四次全体会议。

- ★ 3月9—10日　第六届环渤海地区海洋气象防灾减灾学术研讨会暨环渤海海洋气象业务工作会在山东青岛召开。

- ★ 3月19日　围绕世界气象日主题"直面更热、更旱、更涝的未来"，联合中国气象局组织中国气象局园区开放活动，联合17个省（自治区、直辖市）气象学会组织开展全国系列科普报告会37场。

- ★ 3月31日—4月1日　在安徽合肥召开学会承接政府转移职能工作专题研讨会暨2016年全国气象学会秘书长会议、2016年中国气象学会分支机构工作会议。

- ★ 4月6—9日　在广东广州召开热带气象与海洋科学技术国际研讨会。

- ★ 4月22日　2016年海峡两岸灾害性天气分析与预报研讨会在台北举办，中国气象学会名誉理事沈晓农率中国气象学会代表团出席会议。

- ★ 5月9—10日　在北京与中国气象局联合主办2016年全国气象科普讲解大赛。

- ★ 5月23—25日　承办世界气象组织气候学委员会（WMO/CCl）极端天气气候事件定义任务组第二届二次会议。

- ★ 6月11—13日　2016海峡两岸民生气象论坛在福建厦门举办。

- ★ 6月19—21日　在北京举办第八届中国气象科技和水文技术装备展和第十届中国防雷技术与产品展。

- ★ 7月24—29日　在河南郑州举办以"见证气候变迁，寻根中原文化"为主题的第35届全国青少年气象夏令营。

- ★ 7月27日　在北京协办2016年全球华人大气海洋科学大会暨第七届美华海洋大气学会（COAA）国际大气海洋气候变化会议。

★ 8月4日—9月7日　组织开展2016年中国气象科学研究院和中国气象局八个专业气象研究所评估工作。

★ 10月21日　2016年何梁何利基金颁奖大会在北京举行，中国气象局副局长、中国气象学会副理事长宇如聪研究员获"何梁何利科学与技术进步奖气象学奖"。

★ 11月2—4日　以"加强学科融合　助力气象事业发展"为主题的第33届中国气象学会年会在陕西西安召开。

2017年

★ 3月18日　围绕世界气象日主题"观云识天"，联合中国气象局组织中国气象局园区开放活动，联合中国气象科学研究院等单位主办"仰望天空、观云识天"气象科普报告会，联合省级气象学会，在全国范围内举办气象科普系列报告会。

★ 3月29—31日　在广东广州举办2017中国气象现代化建设科技博览会。

★ 4月5—7日　中国气象学会改革工作专题研讨会暨2017年全国气象学会秘书长会议、中国气象学会分支机构工作会议在贵州六盘水召开。

★ 5月20—23日　结合首届气象科技活动周展览开展"玩转气象卫星，探索空间天气"知识问答活动。

★ 5月20—27日　联合省级气象学会和全国气象科普教育基地，开展以"探索气象卫星的奥秘"为主题的进社区、进学校、进农村、进公共场所系列科普活动。

★ 5月25日　人力资源社会保障部、中国科协等单位首次联合印发《关于表彰全国创新争先奖获奖者的决定》，中国气象学会推荐的两名气象科技工作者张强和陆其峰荣获"全国创新争先奖状"。

★ 6月17日　在福建厦门举办第六届海峡两岸民生气象论坛。

★ 6月30日　气象防灾减灾宣传志愿者中国行活动十周年总结会暨2017气象防灾减灾宣传志愿者中国行活动启动仪式在四川成都举行。

★ 7月26日　在贵州六盘水举办中国凉都·六盘水—气候·养生·旅游论坛。来自国内外

600余位专家学者齐聚凉都,分享"气候与旅游、气候与养生、气候与经济"发展的经验,探讨气候资源开发利用的新路径。

★ 7月26日—8月2日 联合中国气象局在贵州湄潭举办第36届全国青少年气象夏令营。

★ 9月27—29日 在河南郑州召开以"创新引领、气象为民"为主题的第34届中国气象学会年会。

★ 10月23—24日 由中、韩、日三国气象学会联合主办的第二届亚洲气象大会在韩国釜山召开。

★ 12月1日 中国气象学会科普宣传品网上商城正式上线。

★ 12月5—10日 中国气象学会秘书处组织启动全国气象科普教育基地实地检查和调研工作,首次对福建省和江西省10个全国气象科普教育基地进行针对性检查与调研。

2018年

★ 1月7—11日 派员参加第98届美国气象学会年会展会,进行期刊推介。

★ 3月24日 联合中国气象局组织在京气象单位的公众开放活动。围绕2018年世界气象日主题"智慧气象"开展气象科普活动,约12000名社会公众参加了中国气象局园区和北京市观象台开放日活动。

★ 3月29—30日 在江西南昌召开2018年全国重大天气过程总结和预报技术经验交流会。

★ 5月18—24日 开展以"科技强国、气象万千"为主题的2018年全国气象科技周系列科普活动。承办气象科技前沿与创新发展高端论坛,举办全国气象科普讲解大赛,在全国范围内举办"人工影响天气知识进社区、进学校、进农村、进公共场所"活动。

★ 5月30日 2018中国气象现代化建设科技博览会在上海举办。博览会吸引了国内外气象、水文、防雷领域的上百家厂家参展,集中展示了气象现代化建设最新成果。同期举办了科博风云论坛、2018年气象行业最具影响力品牌网络评选等活动。

★ 6月5日 第七届海峡两岸民生气象论坛在福建厦门召开。来自海峡两岸气象、水文水利、海洋等领域专家、青年以及基层代表170余人,围绕"深化气象交流,惠泽两岸民生"的主题，共商气象服务两岸民生大计，共谋提升两岸防灾减灾水平与趋利避害能力。

- ★ 7月27日—8月3日　以"感受高原气象，领略大美青海"为主题的第37届全国青少年气象夏令营在青海举办。

- ★ 9月5—6日　在陕西西安召开全国人工影响天气60周年科技交流大会。

- ★ 9月18日　在北京承办中国科协世界公众科学素质促进大会"气候变化：科学与传播"专题论坛。秦大河院士、丁一汇院士、IPCC第一工作组联合主席翟盘茂、IPCC第二工作组副主席Andreas Fischlin、Stuart Mark Howden、潘家华学部委员等知名国内外专家出席活动。

- ★ 9月20—21日　由中国气象学会雷达气象学委员会、中国气象局气象探测中心主办的中国新一代天气雷达发展20周年学术交流会在安徽合肥召开。会议同期举办了新一代天气雷达发展20周年成就展。

- ★ 9月26日　中国科协在四川遂宁举办中国科技峰会——生态环境高峰论坛，会上中国科协生态环境产学联合体正式成立。中国气象学会作为联合体发起学会之一，积极推荐气象行业专家参与联合体有关活动，开展年度"中国生态环境十大科技进展"推选工作，学会秘书长担任联合体副秘书长职务。

- ★ 10月23—26日　在安徽合肥举办以"智慧气象、助力生态文明建设"为主题的第35届中国气象学会年会。1400余名气象科技工作者围绕天气、气候与气候变化、大气物理与大气环境、大气探测与信息、应用气象等热点问题开展交流和研讨。

- ★ 11月15—16日　在贵州贵阳举办2018年气候预测技术论坛。

2019 年

- ★ 3月23日　联合中国气象局在京组织世界气象日纪念活动启动仪式及中国气象局园区开放活动。开放日当天，中国气象局园区及北京市观象台共接待社会公众约15000人。

- ★ 4月2—3日　全国气象学会加强学会政治引领和完善治理体系专题研讨会暨2019年全国气象学会秘书长会议和中国气象学会分支机构工作会议在重庆召开。

- ★ 4月10—12日　在上海举办2019中国气象现代化建设科技博览会。博览会同期举办了2019

科博风云论坛、2019年水文技术与装备发展论坛等活动，来自国内外一百多家企业参展，展出新品上千款，观众来访上万人次。

★ 4月25日　在2019年中国秦岭生态文化旅游节开幕式上，举行了"商洛·中国气候康养之都"授牌仪式，授予陕西省商洛市"中国气候康养之都"称号。

★ 5月18—26日　联合全国省级气象学会和全国气象科普教育基地共同开展生态气象知识进社区、进学校、进农村、进公共场所系列科普活动。

★ 6月15日　在福建厦门举办第八届海峡两岸民生气象论坛，同期举办首届海峡两岸"交通·气象与安全"研讨会。

★ 7月25—31日　以"生态气象、美丽京津冀"为主题的第38届全国青少年气象夏令营在京津冀举办。

★ 8月16日—9月25日　开展主题为"礼赞共和国、智慧新生活"的2019年全国气象科普日系列科普宣传活动。

★ 8月27日　依托中国科协青年人才托举工程项目，在山东青岛召开中国气象学会青年科学家论坛。论坛作为中国气象学会培养青年气象科技人才的重要活动每年持续举办，已成为学会品牌学术交流活动之一。

★ 9月28日　在第十四届贵州旅游产业发展大会开幕式上，举行了"毕节·中国花海洞天避暑福地"授牌仪式，授予贵州省毕节市"中国花海洞天避暑福地"称号。

★ 10月20日　湖北省宜昌市气候宜居资源评估报告论证会在北京召开。12月10日，"宜昌·中国气候宜居城市"授牌仪式在湖北宜昌举行。

★ 12月18日　在中国科协倡导下，由125家单位共同发起的中国公众科学素质促进联合体在北京成立。中国气象学会作为发起学会之一，参与了中国公众科学素质促进联合体的组建工作，并当选为常务理事单位。

2020年

★ 1月10日　中国科学院院士、著名大气科学家、中国气象学会名誉理事长曾庆存荣获2019年度国家最高科学技术奖。

- ★ 1月12—16日　受美国气象学会邀请，学会秘书处派人员参加美国气象学会100周年年会及展会，宣传介绍中国气象学会，推介英文气象期刊，展示中国气象科学研究的最新进展与成果，扩大中国气象学会及中国英文气象期刊的国际影响力。

- ★ 3月　世界气象日期间，围绕2020年世界气象日"气候与水"主题，联合多个省级气象学会，以线上直播和网络课堂形式，举办第七届全国气象科普系列报告会，覆盖人群达3000万人次。

- ★ 5月30日　中国气象学会推荐的成果"我国近地表臭氧污染加剧成因及协同控制策略"成功入选中国科协生态环境产学联合体2019年度中国生态环境十大科技进展。这也是中国科协生态环境产学联合体首次评选中国生态环境十大科技进展。

- ★ 8月19—21日　在上海举办2020中国气象现代化建设科技博览会，同期举办2020年气象观测创新发展论坛等活动。

- ★ 8月25—27日　在安徽合肥召开气象科技创新高峰论坛暨第八届淮河流域暴雨·洪水学术研讨会。

- ★ 9月16日　以"加强生态保护、促进高质量发展"为主题的黄河流域生态保护和高质量发展高层科技论坛在河南郑州召开。

- ★ 9月28—29日　在天津召开第六届海河流域天气气候预报预测技术交流会。

- ★ 9月29日　以"科技强国、气象万千"为主题的第六届全国气象科普讲解大赛决赛在北京举办。

- ★ 10月24日　在陕西杨凌召开第七届全国农业与气象论坛。

- ★ 10月28—29日　在江苏苏州承办2020年风云气象卫星用户大会。

- ★ 10月30日—11月1日　联合承办以"何去何从：气候变化与人类命运"为主题的第三届世界顶尖科学家论坛之世界顶尖科学家气候峰会。

- ★ 11月11—13日　在北京召开2020年气候预测与气候应用技术论坛。

- ★ 11月19日　在福建福州召开中国气象学会气象青年科技交流会暨2020年青年科学家论坛。

- ★ 12月3—4日　在广东广州召开2020年全国决策气象服务业务技术交流会。

2021年

- 3月2日　召开中国气象局图书报纸出版单位社会效益评价考核专家审核会，并于4月29日召开中国气象局期刊出版单位社会效益评价考核专家审核会，完成中国气象局局属图书报刊出版单位社会效益评价年度审核工作，之后每年持续开展。

- 3月　世界气象日期间，围绕"海洋，我们的气候和天气"主题举办第八届全国气象科普系列报告会，受益人数近200万人，开展"大手拉小手"气象科普进校园、第五届校园气象科学展评等活动，5000多名学生参与。

- 4月26日　在辽宁大连召开2021年全国重大天气过程总结和预报技术经验交流会。

- 5月20—22日　在广东深圳举办2021中国气象现代化建设科技博览会。同期举办2021气象观测创新发展论坛等活动。

- 5月22—23日　参加2021年全国气象科技活动周武汉主场活动。全国气象科技活动周期间，联合57家全国气象科普教育基地开展以"气候变化、低碳你我"为主题的气象科普知识进社区、进学校、进农村、进军营、进公共场所科普宣传活动。

- 5月23—24日　在湖北武汉举办2021暴雨东湖论坛，论坛围绕暴雨中尺度机理、暴雨数值预报、暴雨监测预警、洪水及暴雨次生灾害等内容展开交流研讨。

- 6月5日　中国气象学会推荐的成果"第三次青藏高原科学试验——边界层与对流层观测"成功入选中国科协生态环境产学联合体2020年度中国生态环境十大科技进展。

- 6月28日　参加中国科协"百年党史、百家学会"党史知识竞赛，获优秀组织奖。

- 7月16日　以"服务基层、振兴乡村"为主题的第十三届气象防灾减灾宣传志愿者中国行活动在四川成都启动，来自全国21所高校的800多名气象防灾减灾宣传志愿者组成80个团队，通过多种形式开展气象科普活动。

- 7—8月　报送中国科协咨询报告2篇，并以《中国科协信息》的形式被中央相关部门采用。

- 7月29日　第五届中国出版政府奖表彰会在北京举行，《气象学报》荣获第五届中国出版政府奖期刊奖提名奖。

- ★ 9月2日　由中国气象学会、国家气象中心和中国气象科学研究院联合主办的气象防灾减灾开学第一课线上直播活动举办。

- ★ 10月13—14日　在北京举办以"新型城镇化背景下的城市气象研究"为主题的第八届全国城市气象学术论坛。

- ★ 12月10日　在福建厦门举办第九届海峡两岸民生气象论坛。

2022年

- ★ 2月　围绕气象事业科研和业务发展需要，加大线上活动支持力度，追踪社会热点，开设气象前沿高端论坛。

- ★ 3月　围绕世界气象日主题"海洋，我们的气候和天气"开展第九届全国气象科普系列报告会60余场，举办大手拉小手气象科普进校园活动，近700所学校学生参加，开展第六届校园气象科学展评、气象知识竞赛等活动，覆盖人群230余万人次。

- ★ 4月　为庆祝《气象学报》创刊百年，在中国科协"全国学会期刊出版能力提升计划"项目资助下，启动《气象学报》百年风云讲坛系列活动，已成为气象行业具有重要影响的线上学术交流活动之一。

- ★ 6月5日　中国气象学会推荐的成果"卫星遥感碳核算系统和中国碳卫星全球高精度碳产品"入选中国科协生态环境产学联合体2021年度中国生态环境十大科技进展。

- ★ 6月15日　第十四届气象防灾减灾宣传志愿者中国行活动在成都信息工程大学启动。来自全国20余所高校、71支志愿者服务队的近千名大学生志愿者奔赴全国各地，通过多种形式开展气象科普宣传活动。

- ★ 6月26—27日　在湖南长沙承办第二十四届中国科协年会气候变化与极端天气高端论坛，论坛主题为"气候变化风险与应对"。

- ★ 7月12日　在福建厦门举办第十届海峡两岸民生气象论坛。

- ★ 7月15日　第十七届中国青年女科学家奖颁奖典礼在北京举行，由中国气象学会与中国气象局共同推荐的"风云卫星高精度定标与定位技术团队"荣获第十七届中国青年女科学家奖团队奖。

- 7月26—28日　依托中国科协青年人才托举工程项目,举办中国气象学会气象青年科技交流会暨2022年青年科学家论坛,组织学会历届青年托举人才开展专题交流研讨。

- 8月24—26日　在内蒙古阿尔山市举办2022年全国卫星数据同化研讨会暨首届云雨区卫星数据同化研讨会。

- 9月28日　由中国气象局主办,中国气象学会秘书处、中国气象局气象宣传与科普中心(中国气象报社)共同承办的以"科技强国、气象万千"为主题的2022年全国气象科普讲解大赛决赛在北京举办。

- 11月24日　通过线上方式举办第三届亚洲气象大会。

2023年

- 3月18日　联合中国气象局在北京启动2023年世界气象日纪念活动。围绕2023年世界气象日主题"天气气候水,代代向未来"开展气象科普宣传,联合开展第十届全国气象科普系列报告会、第七届校园气象科学展评、线上知识竞赛等主题科普活动,受益公众近60万人次。

- 3月29—31日　在广东深圳举办2023中国气象现代化建设科技博览会。博览会首次作为气象科技活动周主场活动,集中展示气象现代化建设最新成果和趋势,搭建产学研结合和科技成果转化的新平台。博览会同期举办2023年气象科技成果交流推广会、"十三五"优秀气象科技成果展、人工影响天气创新发展论坛及气象观测创新发展论坛等活动。

- 4月16—18日　在福建厦门举办2023年全国重大天气过程总结和预报技术经验交流会暨气象部门预报员联盟第二届高端论坛。

- 5月29—31日　在吉林延吉首次主办2023海洋气象防灾减灾学术论坛暨第九届环渤海区域海洋气象防灾减灾学术研讨会。

- 6月5日　气象行业两项成果"大气气溶胶光学组分定量遥感及其环境气候效应研究"和"西北地区气候暖湿化增强东扩及其重要环境影响"入选中国科协生态环境产学联合体2022年度中国生态环境十大科技进展。

- 6月16—17日　在福建厦门举办第十一届海峡两岸民生气象论坛。同期召开海峡两岸青年气象科学家论坛。

- 7月4—5日　全国气象学会加强学会党建业务融合发展专题研讨会暨2023年全国气象学会秘书长会议和中国气象学会分支机构会议在山东青岛召开。

- 7月9—11日　在贵州贵阳举办第一届全国山地气象学术研讨会。

- 7月25—31日　以"走进山水广西，探寻万千气象"为主题的第39届全国青少年气象夏令营在广西南宁举办。

- 8月23—24日　在广东珠海举办2023年中国气象学会气象青年科学家论坛及气象科技期刊发展提升交流研讨会。

- 10月20—22日　在湖北武汉举办2023东湖论坛·气象科普论坛暨第八届全国气象科普论坛。

- 10月23—26日　在浙江绍兴举办2023年全国卫星数据同化研讨会暨首届国产卫星数据同化应用研讨会。

- 10月27—29日　在河北雄安新区举办首届全国大气边界层论坛。

- 11月29—30日　在重庆举办2023年全国数值预报技术交流研讨会。

- 11月　2023年校园气象嘉年华——气候变化科技志愿服务进校园系列活动在江苏、安徽、广东和海南举办。

- 12月25—26日　与中国气象科学研究院等国家级气象科研院所在四川成都联合主办全国气象部门科研院所学术年会。

2024年

- 1月10—12日　在广东珠海举办首届气象风险与保险论坛，会议同期举办了圆桌论坛，就气象风险与保险的实践与探索进行讨论。

- 1月28日—2月1日　派员参加美国气象学会第104届年会及展会，进行期刊国际宣传。

- 3月　围绕2024年世界气象日主题"气候行动最前线"，组织开展中国气象局园区开放、第十一届全国气象科普系列报告会、第五批气象教育特色学校评审、第八届校园气象科学展评等活动，受益人群近40万人次。

- ★ 4月8—10日　在贵州都匀举办全国重大天气过程总结和预报技术经验交流会暨气象部门预报员联盟第三届预报技术前沿论坛。

- ★ 5月9日　在北京召开中国气象学会第二十九次会员代表大会。大会审议通过了第二十八届理事会工作报告、《中国气象学会章程》修订草案和《中国气象学会会员会费标准》修订草案，听取了第二十八届理事会财务工作报告。大会选举产生了第二十九届理事会和第四届监事会及其领导机构。大会同期召开了第二十九届理事会第一次会议、第四届监事会第一次会议和第二十九届理事会常务理事会第一次会议。

- ★ 5月14—16日　在北京举办第一届集合预报预测学术研讨会。

- ★ 5月15—17日　2024年气象科技活动周主场活动暨2024气象现代化建设科技博览会在广东深圳举办，同期举办了优秀气象科技成果展示推介、机动观测技术交流会、防雷产业高质量发展论坛等活动。

- ★ 6月15日　在山东青岛召开第二十九届理事会常务理事、第四届监事会监事第一次党员大会，审议通过第二十九届理事会党委委员产生和管理办法及党委工作条例、选举产生第二十九届理事会党委推荐人选。

- ★ 6月26—27日　在新疆乌鲁木齐与新疆维吾尔自治区气象局联合主办以"应对气候变化及气象灾害影响、助力构建中国—中亚命运共同体"为主题的第一届中国—中亚气象合作论坛。会议审议通过了《气象防灾减灾及应对气候变化乌鲁木齐倡议》。

- ★ 7月20—27日　以"感受海洋气候，领略齐鲁文化"为主题的第40届全国青少年气象夏令营在山东举办。

- ★ 7月27—28日　在广东深圳举办首届低空经济气象前沿科技研讨会。

- ★ 8月2日　经中国科协学会党建办公室批复，中国气象学会第二十九届理事会党委正式成立。

- ★ 8月20日　在福建莆田举办第十二届海峡两岸民生气象论坛暨两岸纪念中国气象学会百年华诞座谈会。论坛还以"深化气象交流，惠泽两岸民生"为主题，开展了气象防灾减灾技术学术交流。

名人与学会

蒋丙然

中国气象学会第一至第五届会长

蒋丙然（1883—1966年）原名幼聪，字右沧，福建闽侯人。天文学家、气象学家，中国近代气象事业的开创者、中国气象学会的主要发起人和领导者之一。少年时代在贞仁学塾求学，后入上海震旦大学物理科学习，受教于马相伯，学习成绩优异，毕业后赴比利时留学，并获比利时双卜罗大学农业气象学博士学位。他是我国最早派出学农的留学生之一。

1912年12月，蒋丙然学成回国，任苏州垦殖学校教务长。1913年夏，应中央观象台台长高鲁之邀，到北京中央观象台筹建气象科，并任气象科科长。在1915年1月中央观象台气象观测正式开始以后，他积极着手策划天气预报工作，同年亲自绘制了第一张中国人发布的天气图。1916年起，领导中央观象台气象科公开对社会发布天气预报，每日两次，在中国领土上开创了由中国人发布天气预报的新纪元。

1924年2月，蒋丙然代表中央观象台接收日本管理的青岛测候所，并将该所改名为青岛观象台，出任台长，直至抗日战争期间青岛沦陷为止。在任青岛观象台台长期间，他积极发展中国的气象事业，完善气象观测，做航运预报，开展天气预报研究工作，以谋中国气象学术之进步与测候事业之发展。10月，发起成立了中国气象学会，当选为首届会长，并连任5届会长、8届副会长和1届候补监事。

蒋丙然十分关注全国气象事业的发展，曾在数次中国气象学会年会上提出积极性的议案并被通过。如在1926年学会年会上，提出拟以中国气象学会的名义呈请政府"收回海关所设各测候所，并设置主管机关"的议案；在1930年年会上，提出拟以中国气象学会的名义请求政府"取缔外国人在国内设立测候所"的议案，还提议"由中国气象学会函请中央研究院气象研究所定期举行全国气象会议，统一各项规定"的议案。此外，他在早期国内气象人才的培养、推动气象学术交流和气象科普的开展等方面也做出了许多贡献。

1946年12月，蒋丙然任台湾大学农学院教授。

竺可桢

中国气象学会第六至第十三届会长、第十四至第十六届理事长，
新中国成立后的中国气象学会第一、第二届理事会理事长

  竺可桢（1890—1974 年）字藕舫，浙江上虞人。著名气象学家、地理学家，我国气象事业的领导者和推动者，中国近代气象学的创始人和奠基人。1910 年赴美国留学。1913 年毕业于伊利诺伊大学农学院。1918 年获哈佛大学研究院地学系博士学位，同年回国。历任武昌高等师范学校教员、东南大学地学系主任、中央研究院气象研究所所长、浙江大学校长。新中国成立后曾任中国科学院副院长、中国科协副主席。

  竺可桢毕生为我国的气象科学做出了不懈的努力。他 1918 年回国时，中国几乎没有自己的气象事业。1927 年，他在南京筹建中央研究院下属的气象研究所，经过几年的努力，在国内建立了 40 多个气象站和 100 多个雨量测量站组成的中国气象观测网。1936 年他出任浙江大学校长，兼任气象科研所所长一直到 1946 年，1948 年当选为中央研究院院士。

  新中国成立后，竺可桢被任命为中国科学院副院长，致力于推动我国气象事业的发展，倡议在气象台站上增设太阳辐射观测，开创了中国历史时期气候变迁的研究。在天气学、中国气候区划、物候区划、农业气候、季风以及中国历史时期气候方面都做出了具有世界水平的卓越贡献。

赵九章

新中国成立后的中国气象学会第三届理事会理事长

赵九章（1907—1968年）出生于河南开封，祖籍浙江湖州。中国近代气象科学的奠基人，中国科学院学部委员。

1929年秋，赵九章考入清华大学物理系，1933年毕业。1935年赴德国攻读气象学专业，1938年获博士学位，同年回国。历任西南联合大学教授、中央研究院气象研究所所长。新中国成立后，赵九章倡议和组织成立了中国科学院地球物理研究所，并任中国科学院地球物理所所长、卫星设计院院长。他是第一位将数学和物理引入气象科学、开展信风带主流间的热力学研究、开创中国动力气象学的气象学家。

从气象科学到海洋物理和空间科学，赵九章的目标始终瞄准世界的前沿。20世纪50年代，计算机技术使天气预报从定性向定量化的发展成为可能，他敏锐地意识到计算机科学对气象科学发展的作用，在中国尚没有计算机的条件下，倡导、支持和组织年轻学者开展手算图解法解微分方程，为中国后来正式发布数值天气预报奠定了基础。

赵九章是中国人造卫星事业的倡导者和奠基人之一。1957年，他积极倡议发展中国自己的人造卫星。1964年，他上书周恩来总理，建议国家立项正式开展我国人造卫星研制工作，受到了党中央的重视。他对我国第一颗人造卫星的研制以及我国人造卫星系列发展规划的制定做出了重大贡献。1985年，其科研成果荣获国家科技进步奖特等奖。1999年9月，被追授"两弹一星"功勋奖章。

叶笃正

中国气象学会调整后的第十八至第二十届理事会理事长

叶笃正（1916—2013年）1916年2月21日出生于天津，中国现代气象学的奠基人，中国科学院院士。1940年毕业于清华大学（当时为西南联大），1948年获美国芝加哥大学博士学位。1950年10月回国，先后任中国科学院地球物理所和大气物理所研究员、大气物理所所长。2001年荣获世界环境科学最高荣誉——泰勒环境成就奖，2003荣获世界气象组织最高荣誉——48届国际气象组织奖，2005年荣获中国国家最高科学技术奖。

叶笃正是我国当代杰出的气象学家，德高望重的学者，学术界公认的中国大气科学界及全球变化领域的一代宗师，国际大气科学界屈指可数的几位学术巨匠之一。他早期从事大气环流和长波动力学研究，继C.G.罗斯贝之后，提出了长波的能量频散理论，这是对动力气象学的重要贡献。20世纪50年代，他和Flohn分别独立地提出了青藏高原在夏季是个热源的见解，由此开拓了大地形热力作用的研究。1958年，与陶诗言等提出了北半球大气环流的季节性突变，并引出对此一系列的研究。60年代，对大气风场和气压场的适应理论做出了重要贡献。自70年代后期起，他从事地-气关系研究和从事并倡导全球变化的研究，使中国这方面的研究在国际上占有一席之地。

1978年，叶笃正被一致推选为调整后的第十八届理事会理事长，担负起恢复中国气象学会各项工作的重任。1978年底，在河北省邯郸市主持召开了中国气象学会全国会员代表大会，重新制定了学会的章程，动员全体会员积极投身于气象现代化建设。在担任中国气象学会第十九届理事会理事长期间，学会工作迅速发展。1982年再次当选为中国气象学会第二十届理事会理事长。

陶诗言

中国气象学会第二十一届理事会理事长

陶诗言（1918—2012年）1918年8月12日生，浙江嘉兴人。中国科学院院士。1942年毕业于中央大学（现南京大学）地理系气象专业。1942—1944年在中央大学任教，1945—1949年在中央研究院气象研究所从事研究工作。曾任中国科学院大气物理所副所长、所长。1986年当选为中国气象学会第二十一届理事会理事长。

陶诗言是我国当代天气预报理论和方法的开拓者之一，国际知名的季风研究专家。20世纪50年代初期，出任国家联合天气分析预报中心副主任（国家气象中心的前身），承担了国家气象保障的重任，每天都要向全国各有关部门提供短期和中期天气预报，为全国气象预报保障做出了具有历史意义的贡献。1954年7月，长江流域发生了百年未遇的洪水，当时汉口危在旦夕，陶诗言及他的同事们作出准确天气预报，预测暴雨即将终止，使汉口安全度汛。20世纪50年代中后期，他同叶笃正、顾震潮等一起合作完成了"东亚大气环流的研究"论文3篇，深受国际大气科学界的重视。从1963年到1967年，他曾多次为重大国防科学技术试验提供准确的气象保障，并于20世纪60年代末组织了一支队伍，着手研制卫星云图的接收设备，编纂了《中国卫星云图使用手册》。他利用卫星云图发展了一套识别天气系统的方法，特别是预报台风发生发展的方法，至今还为广大气象台站所使用。20世纪70年代中期到80年代，他专心致力于暴雨的研究，提出了暴雨形成过程中多尺度相互作用的概念及暴雨落区预报方法，撰写了《中国之暴雨》学术专著。陶诗言长期从事东亚季风的研究，包括东亚夏季风系统的平均结构及其与印度季风系统的异同、东亚夏季风的年际变化及季内变化以及南海季风同印度季风的差异等，在季风方面的研究成就为国际所公认。

章基嘉

中国气象学会第二十二届理事会理事长

章基嘉（1930—1995年） 安徽绩溪人。中国工程院院士。1951年在上海交通大学参加工作，1958年毕业于苏联列宁格勒水文气象学院研究生部，获地理学副博士学位，1960年被派往南京筹建我国第一所气象学院。曾任南京气象学院副院长。1982年任国家气象局副局长。1990年当选为中国气象学会第二十二届理事会理事长。

章基嘉长期从事大气环流和长期天气预报业务、教学和科研工作。在国内率先将正函数方法引入大气环流和长期天气预报研究，客观地划分自然天气季节，提出天气异常的客观预报方案。在长期天气过程的研究中，定性地揭示各种物理因子对超长波移动及强度变化的影响，深化了对超长波活动基本规律的认识。他是我国首次青藏高原气象科学试验和研究的主要组织者之一，并在青藏高原热力动力作用研究中，首次给出大范围现象相互联系的图像。著有《中长期天气预报基础》《青藏高原气象学的进展》《数值模式中的谱方法》《青藏高原大气低频变化研究》等专著。一些研究成果得到国内外学术界高度重视，其中多项获得全国科学大会奖、国家自然科学奖和国家科技进步奖。

章基嘉在担任中国气象学会副理事长兼秘书长、理事长期间，十分重视学会的组织建设，积极推进学会改革，注重学术交流，热心气象科学普及，关心青年人才的成长，为推动我国大气科学水平的提高做出了重要贡献。

邹竞蒙

中国气象学会第二十三届理事会理事长

邹竞蒙（1929—1999年）1929年2月生于上海。世界气象组织和国际气象界的著名活动家。1944年11月参加工作，1945年9月选调到延安气象台工作。曾任中国气象局党组书记、局长、名誉局长，第十二、第十三、第十四届中共中央候补委员，第三世界科学院院士，世界气象组织（WMO）主席。1994年当选为中国气象学会第二十三届理事会理事长。

邹竞蒙是我国气象工作的优秀领导者。主持中国气象局工作期间，他始终抓住气象事业现代化建设这个重点不放，千方百计地大力推进我国的气象现代化建设。从1973年起参加世界气象组织的活动，曾先后担任世界气象组织中国常任代表、第二副主席、主席（1987—1995年），是当时在联合国专门机构中担任主席职务的唯一中国人。

邹竞蒙是中国气象学会工作的积极支持者。新中国成立初期，他就积极组织空军气象科技工作者参与中国气象学会组织的各项学术活动。1973年，开始担任中央气象局领导职务后，他更是关心和重视学会的工作，在1978年恢复学会活动中，作为中央气象局的领导，给予了大力支持。

邹竞蒙是海峡两岸气象科技交流的积极开拓者、有力组织者和领导者。他以祖国统一大业和造福海峡两岸人民为出发点，充分利用学会作为民间团体的优势，积极推进海峡两岸气象科技交流与合作，并亲自组织、指导和参与了海峡两岸的科技交流活动，并于1996年实现了海峡两岸气象学会理事长的互访，赢得了海峡两岸气象同仁的广泛好评和赞誉。

曾庆存
中国气象学会第二十四届理事会理事长

　　曾庆存（1935年— ）1935年5月4日生于广东阳江。中国科学院院士。1956年北京大学物理系毕业。1961年在苏联科学院获副博士学位，回国后先后在中国科学院地球物理研究所和大气物理研究所任助理研究员、研究员，曾任大气物理研究所所长（1984—1993年）、大气科学和地球流体力学数值模拟国家重点实验室主任（1985—1993年）、中国科学技术协会副主席等。1998年当选为中国气象学会第二十四届理事会理事长。荣获2019年度国家最高科学技术奖。

　　曾庆存在大气动力学、地球流体力学、数值天气预报理论、气候数值模拟和预测理论、计算数学、大气遥感理论以及自然控制论等方面都有创造性的贡献。20世纪60年代初，他首创了用于数值天气预报的半隐式差分法，提出了最早的成功积分原始方程的方法，创立了严格保持能量守恒从而完全克服非线性计算不稳定的差分格式，至今仍广泛应用；建立了严谨的地转适应过程理论，从而完全解决了气象学中关于风场和气压场相互关系中长期争论的问题。在大气中扰动演变过程及其与基流相互作用的研究中，发展了波包动力学理论，简明而又深刻地揭示出大气中扰动的演变过程。1974年，提出最佳信息层理论以合理地选择遥感通道，系统地发展了大气遥感理论；他和他的研究集体设计的有中国创见的大气环流模式、海洋环流模式和气候系统模式能成功地模拟出亚洲季风雨带的推移、大洋环流和中国近海环流流系（如南海暖流等），成功地用于我国跨季度旱涝预测，还成功地用数值方法模拟河湖沉积和三角洲发育的过程。

伍荣生

中国气象学会第二十五届理事会理事长

伍荣生（1934年— ）1934年1月17日生于浙江瑞安。中国科学院院士。1956年毕业于南京大学大气科学系后留校任教。主要从事与大气科学相关的教学和科研工作，曾任南京大学气象学系主任（1984—1993年）、灾害性天气国家专业实验室主任（1989—1999年）、国家教委大气科学指导委员会主任（1995—1999年）。先后担任过国际动力气象委员会中尺度工作组主席、国际气象和大气物理委员会中国委员会委员和国际大地测量学和地球物理学联合中国委员会委员等。2002年当选为中国气象学会第二十五届理事会理事长。

伍荣生主要从事大气动力学的研究，在波动、边界层和锋面动力学等方面都有创新性的贡献。在大尺度大气波动方面，他系统探讨了非线性波动共振中的能量转换规律，揭示了波动能量变化的有界性和周期性，并首次应用于中纬度 2~3 周中期天气过程，揭示了中期天气过程变化的一种可能机制；通过分析大地形对波动移动与不稳定的作用，首次指出大地形的北坡有利于扰动的发展及波动在北坡移动较快，为青藏高原北坡天气系统发展演变特征提供了理论解释。在大气边界层动力学方面，他提出了四力平衡的边界层动力学模型，并通过引入地转动量近似，巧妙地解决了引入惯性力项后边界层模型求解困难的问题，而且利用这一模型，他从理论上分析了下垫面地形和湍流摩擦等对锋面等天气系统发展演变的影响，揭示了边界层的动力学结构特征及下垫面特征影响大气过程的关键过程。在地转适应过程的研究方面，他利用时间边界层的概念，研究了地转适应过程中风压场调整的特点，发现了扰动尺度影响地砖适应调整速度的影响机制，在此基础上，揭示了无大尺度平衡强迫场影响下的中尺度锋面形成机制，为人们认识实际大气中的一些快速锋生过程提供了新的理论依据。

秦大河

中国气象学会第二十六至第二十七届理事会理事长

秦大河（1947年— ）1947年1月生，山东泰安人。兰州大学地理科学系自然地理专业毕业，理学博士，研究员，中国科学院院士，第三世界科学院院士，第十一届全国政协常务委员、第十一届全国政协人口资源环境委员会副主任。2008年荣获第五十三届国际气象组织奖。2006年当选为中国气象学会第二十六届理事会理事长，2010年连任第二十七届理事会理事长。荣获2013年度沃尔沃环境奖。

秦大河长期从事冰冻圈与全球变化研究，多次参加、主持南、北极以及青藏高原和我国西部地区的科学考察和研究。他对南极冰盖表层物理过程和气候环境记录等进行了系统研究，其研究成果使我国南极冰川学研究跃登国际先进行列。他在我国西部率先开展雪冰现代过程和雪冰生物地球化学循环定点实验研究，推动了冰川学与其他学科的交叉和渗透。他主持"中国气候与环境演变"和"中国西部环境演变评估"研究，促进了我国与国际气候变化研究工作不断进步，为推动全球变化研究做出了突出贡献。他主持研究由国家重点基础研究发展计划（973计划）资助的"我国冰冻圈动态过程及其对气候、水文和生态的影响机理与适应对策研究"项目，为西部地区水资源持续利用、寒旱区生态保护与治理、西部社会经济可持续发展提供了重要的科学依据和对策建议。

秦大河作为IPCC主席团成员、IPCC第四次评估报告第一工作组联合主席，成功组织了IPCC科学评估活动，在努力构建和传播有关人类活动影响气候重要科学结论方面做出了巨大贡献，为人类必须积极应对气候变化的行动奠定了坚实的基础，由此IPCC获得了2007年诺贝尔和平奖。

王会军

中国气象学会第二十八届理事会理事长

王会军（1964年— ）1964年出生于黑龙江省桦川县。中国科学院院士，挪威技术科学院院士，挪威卑尔根大学荣誉教授。第四纪科学研究会副理事长、世界气象组织世界气候研究计划（WCRP）中国委员会主席、世界气候研究计划联合科学委员会委员、南京信息工程大学学术委员会主任。2014年当选为中国气象学会第二十八届理事会理事长、2024年当选为第二十九届理事会名誉理事长。

王会军长期从事气候模拟与气候变化、东亚季风气候变异及其预测等方面的研究，主持了包括国家自然科学基金基础科学中心项目、重大项目、创新研究群体项目，以及"973"项目和国家重点研发计划项目等重大科研项目。迄今已在国内外核心期刊发表学术论文300余篇，其中200余篇为SCI（E）收录论文，发表的论文被SCI（E）收录论文引用4000多次。

王会军曾获国家自然科学奖二等奖（第一完成人）、何梁何利科学与技术进步奖、国家杰出青年科学基金、全国优秀科技工作者和首批国家"万人计划"百千万人才工程领军人才等荣誉。已培养博士毕业生30余人，其中4人获国家杰出青年基金项目、5人获国家优秀青年基金项目、1人获中国青年科技奖、5人获中国科学院优秀博士学位论文奖、1人获全国优秀博士学位论文奖。因为在人才培养方面的杰出贡献，王会军也获得了2010年度卢嘉锡优秀研究生导师奖。

谈哲敏
中国气象学会第二十九届理事会理事长

谈哲敏（1965年— ）1965年1月出生于江苏宜兴。南京大学校长，中国科学院院士，国家杰出青年科学基金获得者，入选教育部"长江学者奖励计划"特聘教授，南京大学大气科学学院教授、博士生导师。2024年当选为中国气象学会第二十九届理事会理事长。

谈哲敏自1986年起先后在南京大学获得学士、硕士和博士学位。1989年留校任教，1999年晋升教授。历任南京大学大气科学系主任、中尺度灾害性天气教育部重点实验室主任、南京大学校长助理、南京大学副校长、南京大学常务副校长等职务。期间曾在德国慕尼黑大学、日本全球变化研究所、美国国家大气研究中心（NCAR）作访问研究。

谈哲敏曾任中国气象学会副理事长、国际动力气象委员会（ICDM）委员、国际THORPEX中国国家委员会副主席、国务院学位委员会学科评议组共同召集人、国家自然科学基金委员会地学部咨询委员会委员，现任世界天气研究计划（WWRP）中国委员会主席、国际气象学和大气科学协会（IAMAS）中国委员会副主席、国家气候变化专家委员会委员、国务院学位委员会委员、教育部大气科学教学指导委员会主任、教育部高等学校专业设置与教学指导委员会委员等学术兼职。

谈哲敏长期从事大气动力学、台风动力学与大气可预报性等领域的基础性理论研究。在大气边界层动力学、台风动力学和灾害性天气预测理论等方面取得了系统性研究成果，产生重要国际影响，为提高我国灾害性天气研究的国际地位、推动灾害性天气学科发展做出了突出贡献。

张謇

中国气象学会第一、第二届理事会名誉会长

张謇（1853—1926年）字季直，号啬庵。1853年生于江苏南通常乐镇，1869年考中秀才，1885年顺天府乡试考中举人，1894年（光绪二十年）慈禧太后60大寿辰设恩科会试，他考中状元，授翰林院修撰。1904年，被清政府授予三品官衔。1911年任中央教育会长、江苏议会临时议会长、江苏两淮盐总理。1912年南京政府成立，任实业总长。1912年任北洋政府农商总长兼全国水利总长，后因目睹列强入侵、国事日非，毅然弃官，走上实业教育救国之路。1924年起任中国气象学会第一、二届理事会名誉会长。

张謇在南通大办实业的同时，深感气象事业的重要，认为"气象不明，不足以自治"，于是在1905年出资创建中国第一所博物馆——南通博物苑，次年在苑内设立测候室，从事气候观测，既作简单的观测记录，还供民众参观。1914年12月，他又出资在南通军山之巅兴建气象台，1916年10月军山气象台落成，安装了由国外进口的当时最先进的仪器。1917年1月1日，南通军山气象台正式开始工作，主要气象业务有气象观测、编发气象电报、接收东亚地区各站所天气电报、绘制天气图、制作短期天气预报以及编写气象月报、季报和年报等。军山气象台编制的附有英文的月、季、年报等刊物与40多个国家和地区的100多个气象台及其他科研机构交流，成就举世瞩目，被英国皇家出版社编进《世界知名气象台目录表》。

高恩洪

中国气象学会第一至第五届理事会名誉会长

　　高恩洪（1875—1943年）字定庵，亦作定安，山东蓬莱人。1901年到英国留学，6年后学成回国，出任首任驻西藏的电报局官员。在西藏任职两年后回到北京，不久又任津浦铁路督办徐世章的机要秘书、奉天巡抚唐绍仪的主任秘书。在辛亥革命前一年调任电传部洋务总办，后来又任上海电报总局局长。1922年6月，高恩洪进入内阁，担任国务院代表、交通总长，后又兼任教育总长。1924年起连任中国气象学会第一至第五届理事会名誉会长。

　　1923年，高恩洪辞去交通总长职务，接任胶澳督办。上任后向各国驻青岛领事馆发出通告，"日本军队不得驻扎青岛市区以内，现有驻军限期撤退"。他还创办了私立青岛大学，即现中国海洋大学的前身。1924年，他遭皖系军阀绑架，失踪多时。以后，高恩洪隐居上海，开办了沪闵汽车运输公司。几年后拥有上海沪闵公路、兴业银行、房地产和钛白粉厂等多家工厂的许多产业。1937年"八·一三"事变后侵华日军占领上海，邀高恩洪出任日伪上海市政府的市长，高恩洪拒绝，后离开上海到北京隐居。1943年他病逝于北京，享年68岁。

高鲁

中国气象学会第一至第五届理事会名誉会长

高鲁（1877—1947）字曙青，号叔钦。福建长乐人。1905年被选派到比利时留学，获工科博士学位。早年追随孙中山，参加了孙中山在法国巴黎组织的同盟会，并积极从事活动。1911年辛亥革命成功，随孙中山回国，任南京临时政府秘书，不久任中央观象台台长。1924年起连任中国气象学会第一至第五届理事会名誉会长。

旧中国内忧外患交加，气象工作多为外国人把持。高鲁深以为耻，但并不沮丧而是立志改革。在任中央观象台台长时期，竭尽全力致力于气象工作的开拓，在观象台内设立气象科，聘请蒋丙然为科长，创办气象训练班，培养气象观测人员。

1913年，高鲁就多次与人商讨成立中国气象学会事宜，终因条件未成熟而作罢。1924年2月，蒋丙然接收并主持青岛观象台，同年10月10日，高鲁与蒋丙然、竺可桢等人共同发起在青岛成立了中国气象学会。

高鲁认为只有通过办刊物才能向广大的人民群众宣传观象知识，于是从1913年起刊行《气象月刊》，并于1915年把《气象月刊》扩充为《观象丛报》，还积极为刊物撰稿。

张乃召

中国气象学会第十八届（调整后的）、第十九届理事会名誉理事长

张乃召（1912—1979年）曾用名张有年，山西平定上董寨人。在清华大学气象系读书时勤奋好学，参加过"一二·九"和"一二·一六"学生运动，1937年毕业。抗日战争开始后，通过中国共产党地下党组织的关系到延安参加革命。1939年4月参加了薄一波领导的山西新军决死队。1940年加入中国共产党。1941年调回延安工作。1944年9月调中央军委气象部门工作，曾任华北通讯气象学校气象、通讯训练队队长，培养出了解放区的第一批气象工作人员。1945年延安建立了解放区第一个气象台，出任台长，为新中国气象事业的建设奠定了基础。1948年12月，随中央军委三局参加了解放北平的接管工作。

新中国成立后，张乃召任军委气象局党组书记、副局长。为加速发展中国的气象事业，他负责组织领导了各大军区气象事业的建设工作。

1953年8月，气象部门由军队建制改为地方建制，军委气象局改为中央气象局，张乃召继任中央气象局党组书记、副局长。为吸收国外经验，同年9月，应匈牙利人民共和国邀请，率中国气象代表团首次出访，出席了匈牙利科学院举行的长期天气预报会议。1958年到苏联、瑞典等国家进行访问，增进了国家间的气象技术交流和友好往来。1972年4月，应世界气象组织秘书长戴维斯的邀请，率领中国政府气象考察组访问世界气象组织秘书处，同时参观了瑞士的气象机构。同年12月起，我国在世界气象组织中的合法席位得到恢复，张乃召被我国政府任命为世界气象组织中国常任代表。1973年6月3日，以张乃召为首的代表团出席了分别在维也纳、日内瓦举行的世界气象组织召开的第二十五届执委会，会上当选为世界气象组织的执行委员会委员。

1978年起连任中国气象学会第十八届（调整后的）、第十九届理事会名誉理事长。

谢义炳

中国气象学会第二十一届理事会名誉理事长

谢义炳（1917—1995年）湖南新田人，我国现代气象科学的奠基人之一。1935年夏，谢义炳以优异成绩考入清华大学理学院。1940年毕业后，任贵州省气象所观测员。1941年，进入当时已内迁到贵州遵义的浙江大学研究生院，师从涂长望教授。1945年，赴芝加哥大学学习，1950年回国。1950年9月，任清华大学气象系副教授。1952年任北京大学物理系教授。1980年当选为中国科学院院士。1986年当选为中国气象学会第二十一届理事会名誉理事长。

谢义炳在科学研究方面成就突出，富有创造性，有很多重要的发现，是国内外学术界知名的气象学家。1950年，他首先发现东亚锋区与急流的多重结构，明确了东亚高空副热带急流的存在以及和极锋急流的相互作用。1954年长江流域遭受特大洪水后，接受中央气象局的"中国夏季降水问题研究"课题，对影响中国的降水系统如冷锋、低涡、暖锋、梅雨和季风等进行了大量的分析。对东亚天气尺度降水系统的结构与演变，提出了相当全面的概念模式，把降水系统的天气学研究提高到一个新的高度。1975年，组织北方13个省（自治区、直辖市）气象局开展大规模暴雨天气预报的研究工作，提出了湿斜概念和"湿斜压天气动力学"的系统理论。在这个理论指导下，20世纪80年代我国北方夏季暴雨预报准确率有了显著的提高。谢义炳在热带大气环流、台风、大尺度环流系统等领域均有开创性的贡献。

由于谢义炳在气象学方面的杰出贡献，他于1988年被授予芬兰的"帕尔门纪念奖"，是唯一获得该奖的亚洲人。

黄士松
中国气象学会第二十二届理事会名誉理事长

黄士松（1920—2017年）1920年10月27日生于浙江金华。1942年毕业于中央大学。1947年获美国加利福尼亚大学硕士学位。1951年任教于南京大学气象学系，1977年任系主任。1979年任《气象科学》编委会主任。1990年当选为中国气象学会第二十二届理事会名誉理事长。

黄士松从事了多年的气象科学教育工作，指导青年教师和研究生的教学、科研工作，为培养中国气象人才做出了重要贡献。在大气环流、长期天气预报、副热带高压、台风和暴雨等的研究中，先后发表论文30多篇。1944年和涂长望合著《中国夏季风之进退》一文，提出了季风环流非线性变化的特点。1955年发表《决定大气环流的基本因子》，提出太阳辐射强度梯度的经向不均匀分布及其变异，是决定大气环流的最基本因子的观点。20世纪60—80年代，系统地研究副热带高压，先后发表了《副热带高压结构及其同大气环流有关若干问题的研究》等10多篇论文，指出副热带高压的复杂结构、发展机制、活动特性及其变化原因，并提出南北半球副热带高压位置强度变化同步性理论。该项研究工作曾获1978年全国科学大会奖、1982年国家自然科学奖。

黄士松的研究成果对丰富近代天气动力学的内容及提高中国天气预报水平做出了贡献。

主要参考文献

陈学溶，1985. 气象研究所和气象学会的若干史实：《中华气象学史》读后 [J]. 南京气象学院学报（2）：198-203.

陈学溶，陈德群，1987. 中国近代气象某些史实的考证 [J]. 南京气象学院学报，10（3）：371-376.

陈正洪，2020. 气象科学技术通史 [M]. 北京：气象出版社.

《当代中国的气象事业》编辑部，1984. 当代中国的气象事业 [M]. 北京：中国社会科学出版社.

董光壁，1997. 中国近现代科学技术史 [M]. 长沙：湖南教育出版社：669.

冯珊珊，郭世荣，2019. 温度计知识在晚清的传播 [J]. 科学文化评论，16（2）：45-57.

高鲁，1920. 气象学与社会之关系 [J]. 观象丛报，6（1）：1.

洪世年，陈文言，1983. 中国近代气象学大事记 [J]. 中国科技史料（2）：94-101.

洪世年，陈文言，1983. 中国气象史 [M]. 北京：农业出版社.

蒋丙然，1915. 说晕 [J]. 观象丛报，1（1）：59.

李迪，1978. 中国古代关于气象仪器的发明 [J]. 大气科学，2（1）：85-88.

廖鸣韶，1916. 本报周期纪念贡言 [J]. 观象丛报，1（12）：1-2.

刘昭民，1993. 最早传入中国的西方气象学知识 [J]. 中国科技史料，14（2）：92.

施威，刘青，2016. 西方气象科技引进与中国气象事业近代化 [J]. 阅江学刊（2）：25.

温克刚，2004. 中国气象史 [M]. 北京：气象出版社.

张改珍，刘波，1993. 西学东渐时期西方气象科技在中国的传播及其影响 [J]. 气象学报，8（4）：646.

中国气象学会，2002. 中国气象学会史料简编 [M]. 北京：气象出版社.

中国气象学会，2008. 中国气象学会史 [M]. 上海：上海交通大学出版社.

竺可桢，1951. 中国过去在气象学上的成就 [J]. 气象学报（1）：7-10.

竺可桢，1973. 中国近五千年来气候变迁的初步研究 [J]. 中国科学（2）：168-169.

竺可桢，1984. 竺可桢日记：第一册 [M]. 北京：人民出版社.

竺可桢，1984. 竺可桢日记：第二册 [M]. 北京：人民出版社.

竺可桢，2004. 竺可桢全集：第1卷 [M]. 上海：上海科技教育出版社.

附录

附录一　中国气象学会历届理事会成员名单

第一届理事会（1924年）

名誉会长：张　謇　高恩洪　高　鲁

会　　长：蒋丙然

副 会 长：彭济群

理　　事：竺可桢　戚本恕　常福元　高　均　凌道扬　宋国模

总 干 事：陈开源

干　　事：吕蓬仙　傅继苏　李春蕙　吴　鹰

总 编 辑：高　均

编辑干事：宋国模　熊昆山

编辑委员：竺可桢　高　鲁　常福元　彭济群　刘渭清　蒋丙然　陈开源　凌道扬　高秉坊

第二届理事会（1925年）

名誉会长：张　謇　高恩洪　高　鲁

会　　长：蒋丙然

副 会 长：竺可桢

理　　事：高　均　翁文灏　宋国模　熊昆山　刘渭清　戚本恕　常福元　彭济群

总 干 事：陈开源

干　　事：吕蓬仙　刘鹤年　李春蕙　傅继苏　杨寿龄　潘肇邦

总 编 辑：彭济群

编辑干事：宋国模　熊昆山

编辑委员：竺可桢　蒋丙然　高　鲁　陈开源　常福元　夏继禹　刘渭清　王应伟　凌道扬　翁文灏　高秉坊　胡文耀

第三届理事会（1926年）

名誉会长：高恩洪　高　鲁　许继祥

会　　长：蒋丙然

副 会 长：竺可桢
理　　事：常福元　刘渭清　汤襄　金贤　张之坤　高均　王应伟　孙葆琪
总 干 事：彭济群

第四届理事会（1927年）

名 誉 会：高恩洪　高鲁　许继祥
会　　长：蒋丙然
副 会 长：竺可桢
理　　事：宋国模　傅继苏　薛钟彝　常福元　那树藩　陈命凡　陈开源　李鲁航
总 干 事：高均
干　　事：朱启恒　徐汇平　高世珍　李春蕙　潘肇邦　金贤
总 编 辑：陈开源
编辑干事：那树藩　宋国模
编辑委员：竺可桢　王应伟　高鲁　翁文灏　常福元　胡文耀　刘渭清　李鲁航　凌道扬
　　　　　刘世楷　高秉坊　薛钟彝　蒋丙然　王兆埙　夏继禹　徐金南

第五届理事会（1928年）

名誉会长：高恩洪　高鲁　许继祥
会　　长：蒋丙然
副 会 长：竺可桢
理　　事：高均　沈有基　陈开源　黄琇　刘渭清　周良熙　高秉坊　宋国模
总 干 事：胡焕庸
干　　事：徐允如　黄厦千　朱文荣　郑子政　刘治华　傅继苏

第六届理事会（1929年）

会　　长：竺可桢
副 会 长：蒋丙然
理　　事：黄琇　胡焕庸　陈开源　陈家梜　刘治华　高均　高振华　沈孝凰
总 干 事：诸葛麒
干　　事：郑子政　张宝堃　黄逢昌　何元晋　傅继苏　徐允如

第七届理事会（1930年）

董　　事：蔡元培　李石曾　任鸿隽　高　鲁
会　　长：竺可桢
副 会 长：蒋丙然
理　　事：高　均　刘治华　陈开源　王应伟　沈孝凰　陈家枃　高振华　朱文荣
总 干 事：诸葛麒
干　　事：郑子政　张宝堃　黄逢昌　何元晋　傅继苏　徐允如

第八届理事会（1931年）

董　　事：蔡元培　李石曾　任鸿隽　高　鲁
会　　长：竺可桢
副 会 长：蒋丙然
理　　事：沈孝凰　许应期　刘治华　高　均　陈开源　沈思屿　朱文荣　胡焕庸
总 干 事：诸葛麒

第九届理事会（1932年）

董　　事：蔡元培　李石曾　任鸿隽　高　鲁
会　　长：竺可桢
副 会 长：蒋丙然
理　　事：陈开源　朱文荣　刘治华　许应期　沈孝凰　高　均　刘恩兰　郑子政
总 干 事：诸葛麒
干　　事：傅继苏　徐允如　何元晋　范惠成　汪　桐　徐宝箴

第十届理事会（1933年）

董　　事：蔡元培　李石曾　任鸿隽　高　鲁
会　　长：竺可桢
副 会 长：蒋丙然
理　　事：高　均　胡焕庸　刘治华　刘恩兰　陈开源　郑子政　朱文荣　沈思屿
总 干 事：诸葛麒
干　　事：傅继苏　徐允如　何元晋　范惠成　汪　桐　徐宝箴

第十一届理事会（1935年）

董　　　事：蔡元培　李石曾　任鸿隽　高　鲁
会　　　长：竺可桢
副　会　长：蒋丙然
理　　　事：胡焕庸　高　均　陈开源　郑子政　吕　炯　张宝堃　顾世楫　涂长望
总　干　事：诸葛麒
干　　　事：薛钟彝　刘增冕　赵树声　李毅艇　卢　鋊　陈士毅
总　编　辑：涂长望
编辑委员：王应伟　郑子政　朱炳海　张宝堃

第十二届理事会（1936年）

董　　　事：蔡元培　李石曾　任鸿隽　高　鲁
会　　　长：竺可桢
副　会　长：蒋丙然
理　　　事：胡焕庸　朱炳海　张宝堃　陆鸿图　郑子政　陈开源　朱文荣　张其昀
总　干　事：吕　炯
干　　　事：薛钟彝　刘增冕　赵树声　李毅艇　陈士毅　卢　鋊
总　编　辑：涂长望
编辑委员：王应伟　郑子政　朱炳海　张宝堃　吕　炯　卢　鋊

第十三届理事会（1937年）

董　　　事：蔡元培　李石曾　任鸿隽　高　鲁
会　　　长：竺可桢
副　会　长：蒋丙然
理　　　事：郑子政　陈开源　张宝堃　朱国华　胡焕庸　涂长望　朱炳海　卢　鋊
总　干　事：吕　炯
干　　　事：卢　鋊　陈士毅　刘恩兰　薛铁虎　金咏深　薛钟彝
总　编　辑：涂长望　吕　炯
编辑委员：王应伟　郑子政　朱炳海　张宝堃　吕　炯　金咏深　石延汉

第十四届理事会（1943年）

- 监　　事：翁文灏　高　鲁　张其昀
- 候补监事：蒋丙然　张　云
- 理 事 长：竺可桢
- 常务理事：竺可桢　吕　炯　涂长望　朱炳海　张宝堃
- 理　　事：胡焕庸　卢　鋈　朱文荣　赵九章　郑子政
- 候补理事：陆鸿图　李宪之　黄逢昌
- 总务部主任：吕　炯
- 干　　事：徐延煦　黄士松　朱岗昆
- 编辑部主任：涂长望
- 编辑委员：张宝堃　朱炳海　郑子政　程纯枢　李良骐　杨鉴初　朱岗昆　卢　鋈　叶笃正

第十五届理事会（1947年）

- 监　　事：翁文灏　胡焕庸　陆鸿图
- 理 事 长：竺可桢
- 理　　事：吕　炯　涂长望　赵九章　竺可桢　朱炳海　卢　鋈　朱文荣　黄厦千　郑子政　程纯枢　张宝堃
- 总务部主任：程纯枢
- 总 编 辑：赵九章

第十六届理事会（1948年）

- 理 事 长：竺可桢
- 理　　事：吕　炯　朱文荣　涂长望　黄厦千　赵九章　郑子政　竺可桢　程纯枢　朱炳海　张宝堃　卢　鋈
- 总务部主任：程纯枢
- 编辑部主任：赵九章
- 编辑委员：竺可桢　卢　鋈　吕　炯　陶诗言　涂长望　程纯枢　朱炳海　张丙辰

中华人民共和国成立后的中国气象学会第一届理事会
（1951—1954 年）

- 理 事 长：竺可桢
- 副理事长：涂长望
- 常务理事：李宪之　张乃召　张宝堃　赵九章　顾震潮
- 理　　事：么枕生　王宪钊　束家鑫　吕东明　朱炳海　孙如馥　陈一得　彭　平　程纯枢　叶桂馨(女)　叶笃正
- 秘书处主任：张宝堃
- 总 务 组：蒋金涛(女)
- 组 织 组：冯秀藻
- 编译委员会主任：赵九章

中华人民共和国成立后的中国气象学会第二届理事会
（1954—1958 年）

- 理 事 长：竺可桢
- 副理事长：涂长望
- 常务理事：赵九章　朱炳海　张乃召　顾震潮　李宪之
- 理　　事：竺可桢　赵九章　涂长望　叶笃正　张乃召　顾震潮　张宝堃　谢义炳　卢鋈　朱和周　程纯枢　王宪钊　吕炯　朱炳海　陶诗言　李宪之　徐尔灏　石延汉　谢光道　刘好治　周琳　陈一得　彭究成
- 秘 书 长：蒋金涛(女)
- 《气象学报》编辑委员会主任：赵九章（1954 年 12 月起由李宪之任）

中华人民共和国成立后的中国气象学会第三届理事会
（1958—1962 年）

- 理 事 长：赵九章
- 副理事长：张乃召
- 常务理事：徐尔灏　顾震潮　吕东明　谢义炳　卢鋈
- 秘 书 长：蒋金涛(女)

理　　事：张乃召　程纯枢　叶笃正　卢　鋈　赵九章　谢义炳　顾震潮　李宪之　刘好治
　　　　　　蒋金涛　徐尔灏　吕东明　束家鑫　张丙辰　吕　炯　曹恩爵　赫崇本　樊　平
　　　　　　陈世训　彭究成

《气象学报》编辑委员会主任：李宪之

第十八届理事会（1962—1978年）

名誉理事长：竺可桢

理 事 长：赵九章

副理事长：张乃召

常务理事：卢　鋈　顾震潮　叶笃正　蒋金涛　谢义炳　吕东明　徐尔灏　程纯枢　贺格非
　　　　　　束家鑫　冯秀藻

秘 书 长：蒋金涛(女)

理　　事：竺可桢　赵九章　叶笃正　顾震潮　张宝堃　陶诗言　杨鉴初　吕　炯　卢　鋈
　　　　　　蒋金涛(女)　程纯枢　王宪钊　叶桂馨(女)　李宪之　谢义炳　贺格非　吕东明　谢光道
　　　　　　杨昌业　刘好治　王　维　张丙辰　束家鑫　徐尔灏　黄士松　么枕生　冯秀藻
　　　　　　朱和周　汪国瑗　赫崇本　陈世训　余汝南　支德先　周正定　彭究成　樊　平
　　　　　　高由禧　曹恩爵　陈汉耀　张继书

《气象学报》编辑委员会主任：叶笃正

调整后的第十八届理事会（1978年）

名誉理事长：张乃召

理 事 长：叶笃正

副理事长：吴学艺　程纯枢

常务理事：邹竞蒙　张文瑄　卢　鋈　谢义炳　黄士松　吕东明　谢光道　陶诗言　高由禧
　　　　　　冯秀藻　张丙辰　王宪钊　叶桂馨(女)　束家鑫

秘 书 长：程纯枢(兼)

理　　事：陈汉耀　刘好治　汪国瑗　樊　平　杨鉴初　吕　炯　张宝堃　陈世训　曹恩爵
　　　　　　么枕生　李宪之　杨昌业　赫崇本　余汝南　支德先　张继书

《气象学报》编委会主任：谢义炳

第十九届理事会（1978—1982 年）

名誉理事长：张乃召

理 事 长：叶笃正

副理事长：吴学艺　程纯枢　谢义炳　谢光道　黄士松

常务理事：王宪钊　叶桂馨(女)　叶笃正　冯秀藻　卢鋈　刘好治　吕东明　吴学艺　束家鑫
　　　　　邹竞蒙　张文瑄　张丙辰　高由禧　陶诗言　黄士松　程纯枢　谢义炳　谢光道

秘 书 长：程纯枢(兼)

理　　事：么枕生　易仕明　王式中　王余初　王宪钊　王转息(女)　王锡友　王鹏飞　仇永炎
　　　　　邓世光　丑纪范　卢鋈　代加洗　叶桂馨(女)　叶笃正　白肇烨　冯秀藻　吕炯
　　　　　吕东明　刘好治　刘明孝　刘春达　曲延禄　江爱良　朱抱真　朱炳海　牟惟丰
　　　　　杨金锡　杨昌业　杨鉴初　张文瑄　张玉太　张丙辰　张家诚　张继书　汪之义
　　　　　汪国瑗　余汝南　余惠泉　吴学艺　吴俊明　束家鑫　李真光　李叔庭　李宪之
　　　　　陈汉耀　陈世训　邹竞蒙　周琳　周鸣盛　周秀骥　罗昭彰　赵恕　洪从道
　　　　　段春作　高由禧　殷宗昭(女)　陶诗言　郭可展　唐钧干　章淹(女)　章少卿　章基嘉
　　　　　曹钢锋　曹恩爵　黄士松　黄琪荣　巢纪平　梁奇先　游景炎　谢义炳　谢光道
　　　　　程纯枢　曾庆存　傅涌泉　韩湘玲(女)　熊第恕　赫崇本　樊平　滕中林　潘云仙(女)
　　　　　戴武杰

第二十届理事会（1982—1986 年）

理 事 长：叶笃正

副理事长：谢义炳　陶诗言　章基嘉　黄士松　谢光道

常务理事：王锡友　申亿铭　冯秀藻　叶笃正　白肇烨　伍荣生　吕东明　初光　李泽椿
　　　　　邹竞蒙　束家鑫　张丙辰　高由禧　殷宗昭(女)　陶诗言　章淹(女)　章基嘉　黄士松
　　　　　谢义炳　谢光道　曾庆存　曾宪波

秘 书 长：章基嘉(兼)

理　　事：丁德刚　马鹤年　仇永炎　王式中　王余初　王宪钊　王锡友　王鹏飞　王鼎新
　　　　　韦有暹　毛如柏　邓世光　白肇烨　伍荣生　叶笃正　申亿铭　左大康　刘好治
　　　　　刘明孝　刘春蓁(女)　任振海　朱岗崑　吕东明　江爱良　朱抱真　朱乾根　牟惟丰
　　　　　汪之义　李怀瑾　李叔庭　李真光　李彭龄　冯秀藻　初光　陈世训　陈汉耀

陈学中	李泽椿	杨金锡	邹竞蒙	吴俊明	束家鑫	余惠泉	宋兆民	邬正明
张玉太	张丙辰	张学文	张家诚	张崇俊	高由禧	周 琳	周秀骥	周鸣盛
易仕明	黄士松	范治源	郑剑非	赵 恕	赵柏林	洪从道	洪世年	章 淹(女)
殷宗昭(女)	祝启桓	袁恩国	唐钧干	章基嘉	秦曾灏	郭殿福	郭德喜	章少卿
梁奇先	曹钢锋	曹恩爵	巢纪平	曾申江	程纯枢	熊第恕	樊 平	潘云仙(女)
曾庆存	曾宪波	陶诗言	谢义炳	谢光道	王德铮	杨国祥		

（说明：为军事气象部门和台湾地区气象界各保留两个理事名额。）

名誉理事：么枕生　卢 鋈　叶桂馨(女)　吕 炯　李宪之　朱炳海　杨昌业

第二十一届理事会（1986—1990年）

名誉理事长：叶笃正　谢义炳

理 事 长：陶诗言

副理事长：章基嘉　黄士松　曾庆存　周秀骥　王锡友

常务理事：王绍武　王鼎新　王鹏飞　王锡友　申亿铭　朱永禔　刘式达　曲延禄　许经林
　　　　　许健民　伍荣生　杨国祥　李泽椿　沙昌煦　易仕明　周秀骥　陶诗言　郭昌明
　　　　　黄士松　章基嘉　曾庆存　彭光宜　葛学易

秘 书 长：章基嘉(兼)

理 事：丁一汇　丁士晟　丁德刚　马生春　马添龙　马鹤年　仇广文　丑纪范　韦有暹
　　　　王绍武　王柏钧　王裁云　王鼎新　王鹏飞　王锡友　王德瀚　尹道声　申亿铭
　　　　左中道　卢敬华　叶榕生　白肇烨　纪乃晋　纪立人　朱永禔　朱岗昆　朱盛明
　　　　朱乾根　刘式达　刘明孝　刘春蓁(女)　任阵海　曲延禄　吕兆骧　许经林　许炳南
　　　　许健民　伍荣生　牟惟丰　汤懋苍　陆一强　汪之义　汪永钦　汪厚基　杨大升
　　　　杨国祥　冷石林　宋兆民　李克让　李怀瑾　李宗恺　李泽椿　李真光　李 黄
　　　　沈国权　吴贤纬　吴俊明　吴镇中　沙昌煦　陈家辉　周一鹤　周秀骥　周丽泽
　　　　周晓平　易仕明　罗会邦　郑剑非　郑斯中　张家诚　胡志晋　祝启桓　赵柏林
　　　　陶诗言　陶炳炎　郭昌明　郭德喜　袁恩国　秦曾灏　徐德源　黄士松　黄美元
　　　　巢纪平　章国材　章 淹(女)　章基嘉　章震越　曹钢锋　梁慧平(女)　曾申江　曾庆存
　　　　彭光宜　嵇启武　蒋佩君　葛学易　游景炎　翟裕宗

名誉理事： 程纯枢　王宪钊　刘好治　冯秀藻　吕东明　初　光　邹竞蒙　束家鑫　张丙辰
　　　　　高由禧　殷宗昭(女)　谢光道　曾宪波

第二十二届理事会（1990—1994年）

名誉理事长：陶诗言　黄士松
理 事 长：章基嘉
副理事长：曾庆存　周秀骥　王锡友　刘式达　陆渝蓉(女)
常务理事：马鹤年　丑纪范　王绍武　王锡友　王德铮　朱永褆　朱乾根　刘式达　许经林
　　　　　许健民　伍荣生　吴贤纬　李泽椿　沙昌煦　陆渝蓉(女)　陆瀛洲　周秀骥　唐万年
　　　　　郭昌明　黄美元　章基嘉　曾庆存　彭光宜
秘 书 长：彭光宜
理　　事：丁一汇　丁士晟　马生春　马添龙　马鹤年　于年芳　王文辉　王绍武　王柏钧
　　　　　王裁云　王锡友　王德铮　王德瀚　丑纪范　邓昌松　尹道声　牛殿富　左中道
　　　　　卢敬华　叶榕生　白肇烨　纪乃晋　纪立人　朱永褆　朱振全　朱盛明　朱乾根
　　　　　刘式达　刘余滨　刘春蓁(女)　刘富明　曲延禄　吕兆骥　许经林　许炳南　许健民
　　　　　伍荣生　关贵林　汤懋苍　汪之义　汪永钦　汪厚基　杨大升　杨金政　李小泉
　　　　　李宗恺　李泽椿　李继由　陈长和　陈良栋　陈志远　陈端生　宋达人　宋兆民
　　　　　肖凯书　沈国权　吴贤纬　吴镇中　沙昌煦　何维勋　陆渝蓉(女)　陆瀛洲　林　海
　　　　　林元弼　金一鸣　张正洪　张明席　张家诚　张培昌　罗会邦　周全瑞　周丽泽
　　　　　周秀骥　周晓平　周琴南　郑斯中　姚克亚　胡志晋　胡伯威　赵柏林　洪钟祥
　　　　　党人庆　唐万年　陶炳炎　郭肖容(女)　郭昌明　徐国昌　顾庭敏　秦曾灏　黄美元
　　　　　巢纪平　章　淹(女)　章基嘉　梁慧平　曾庆存　彭光宜　嵇启武　游景炎　楼汉大
　　　　　翟裕宗
名誉理事：王鹏飞　王鼎新　申亿铭　杨国祥　易仕明　葛学易　邹竞蒙

第二十三届理事会（1994—1998年）

理 事 长：邹竞蒙
副理事长：刘式达　陆渝蓉(女)　周秀骥　唐万年　曾庆存
常务理事：马鹤年　王　雷　王绍武　伍荣生　丑纪范　汤懋苍　许经林　李福林　许健民

李惠彬	李泽椿	吴贤纬	洪钟祥	恽耀南	贺兰亭	萧凯书	屠其璞	彭光宜
温克刚								

秘书长：彭光宜

理　事：
丁一汇	于年芳	马生春	马添龙	王长根	王绍武	王锡友	王德瀚	牛殿富
邓昌松	卢敬华	叶榕生	朱乾根	刘志澄	刘春蓁(女)	刘富明	关贵林	许炳南
阳　燮	李小泉	李宗恺	李继由	李德明	吴　波	吴国雄	吴祥定	沈国权
汪永钦	汪学林	宋达人	宋兆民	张　铭	张　镡	张开斗	张正洪	张培昌
陈月娟(女)	陈长和	陈志远	陈联寿	陈善敏	林　海	林元弼	罗会邦	罗锡成
金一鸣	周发琇	周诗健	赵柏林	胡中联	胡志晋	胡伯威	姚昌元	顾庭敏
徐国昌	徐祝龄	钱永甫	徐祥德	徐羹慧	高圣明	郭肖容(女)	郭昌明	唐万年
萧永生	黄玉仁	黄美元	黄荣辉	黄福钧	盛家荣	章　淹(女)	章国材	谌晓茅
巢纪平	彭光宜	蒋伯仁	喻承朗	嵇启武	程延年	曾凡喜	谢应齐	缪锦海
潘根发								

名誉理事：
章基嘉	王德铮	沙昌煦	曲延禄	陆瀛洲	嵇启武	游景炎	楼汉大	翟裕宗

第二十四届理事会（1998—2002年）

名誉理事长：邹竞蒙

理事长：曾庆存

副理事长：唐万年　马鹤年　伍荣生　黄嘉佑　陈联寿

常务理事：
丁一汇	马鹤年	王明星	王绍武	丑纪范	方宗义	刘建发	刘欣生	许经林
伍荣生	孙照渤	陈联寿	李惠彬	李福林	恽耀南	徐一鸣	唐万年	钱永甫
黄嘉佑	章国材	曾庆存	裘国庆	颜　宏	薛纪善	梁景华		

秘书长：梁景华

理　事：
丁一汇	马鹤年	王　强	王明星	王明诚	王绍武	王锦贵	牛生杰	丑纪范
方宗义	卞林根	邓昌松	邓新民	冯利平	阮水根	朱正义	朱振全	吕世华
刘建发	刘建华	刘志澄	刘欣生	刘树华	许经林	伍荣生	孙继昌	孙照渤
孙德成	吴　波	吴北婴(女)	吴国雄	张　铭	张开斗	张正洪	张绍本	陈月娟(女)
陈双溪	陈立亭	陈宏尧	陈志远	陈建华	陈忠明	陈联寿	陈善敏	陈德辉
宋玉发	宋达人	宋兆民	李玉柱	李修池	李维京	李惠彬	李福林	陆则慰

陆维松	沈国权	沈建国	肖开提·多莱特	邵雪梅(女)	邱崇践	林少雄	林超英
范天锡	周发琇	周秀骥	周诗健	巢纪平	赵 鸣	赵成志	赵柏林	胡广隆
胡中联	胡永祥	胡明宝	段长麟	段廷扬	贺兰亭	贺海晏	钮学新	柯晓新
施培量	恽耀南	姚棣荣	徐一鸣	唐万年	倪允琪	钱永甫	高圣明	索朗多吉
萧永生	黄更生	黄荣辉	黄嘉佑	崔讲学	龚贤创	章国材	梁建茵	屠其璞
曾凡喜	曾庆存	蒋全荣	蒋伯仁	喻承朗	琚建华	谢金南	端义宏	鲍文东
裘国庆	靳家宝	颜 宏	薛纪善	马生春	刘春蓁(女)	徐飞亚(女)	张厚瑄	周小珊(女)

名誉理事： 王 雷　刘式达　汤懋苍　许健民　李泽椿　吴贤纬　陆渝蓉(女)　洪钟祥　萧凯书
　　　　　彭光宜　温克刚

第二十五届理事会（2002—2006年）

名誉理事长： 叶笃正　陶诗言　曾庆存
理 事 长： 伍荣生
副理事长： 黄荣辉　陈联寿　郑国光　唐万年　刘建发　李万彪
常务理事： 丁一汇　丑纪范　王明星　王春乙　伍荣生　刘建发　吕世华　孙照渤　宇如聪
　　　　　汤 绪　张文建　李万彪　李明经　杨印本　迟学岐　陈联寿　周建华(女)　郑国光
　　　　　胡广隆　钟剑峰　骆继宾　唐万年　徐一鸣　钱永甫　崔先星　章国材　黄荣辉
　　　　　谢 璞　谭本馗
秘 书 长： 王春乙
理　　事： 丁一汇　于 为(女)　马 力(女)　丑纪范　卞光辉　卞林根　王 强　王永增　王会军
　　　　　王存忠　王江山　王宗信　王建国　王明星　王春乙　王春虎　韦力行　古志明
　　　　　左克进　任小波　伍荣生　刘 俊　刘志澄　刘建发　刘建华　刘春蓁(女)　吕世华
　　　　　孙 健　孙继昌　孙照渤　宇如聪　安保政　朱正义　朱其文　朱祥瑞　朱锦红(女)
　　　　　汤 绪　何金海　吴国雄　宋连春　张 强　张 铭　张人禾　张小兵　张开斗
　　　　　张文建　张建国　张绍本　李万彪　李玉柱　李岩泉　李明经　李崇银　李维京
　　　　　李跃清　杨 修　杨印本　杨修群　杨维生　沈建国　迟学岐　邱崇践　陆则慰
　　　　　陆维松　陈 仲　陈双溪　陈月娟(女)　陈立亭　陈运泰　陈建华　陈洪滨　陈晓光
　　　　　陈联寿　陈照东　陈德辉　周定文　周小珊(女)　周建华(女)　帕尔哈特·乌斯曼
　　　　　林龙福　林超英　罗 宁(女)　罗德海　邹秀书(女)　郑国光　施培量　段廷扬　胡广隆

	胡寻伦	胡桂琴(女)	费中运	费建芳	赵国卫	赵柏林	钟剑峰	钟晓平	骆继宾
	唐万年	徐一鸣	徐友光	徐文宁	徐宝祥	秦祥士	索朗多吉	谈哲敏	钱永甫
	崔先星	崔讲学	崔春光	巢纪平	常国刚	梁建茵	章国材	矫梅燕(女)	萧永生
	黄荣辉	喻纪新	温之平	琚建华	葛全胜	谢璞	董超华(女)	鲍文东	端义宏
	翟国庆	谭本馗	潘学标	霍成福	陈志远				

名誉理事： 马鹤年　黄嘉佑　王绍武　方宗义　刘欣生　许经林　许健民　李泽椿　周秀骥
恽耀南　李惠彬　李福林　裘国庆　颜宏　梁景华

第二十六届理事会（2006—2010年）

名誉理事长： 叶笃正　陶诗言　曾庆存　伍荣生
理　事　长： 秦大河
副理事长： 李崇银　郑国光　黄荣辉　谈哲敏　李福林　谭本馗
常务理事： 丑纪范　王健　王会军　王江山　王春乙　卞林根　孔毅　申双和　史玉光
吕世华　宇如聪　汤绪　余勇　张人禾　张书余　李柏　李崇银　李福林
杨军　杨修群　迟学岐　周建华(女)　郑国光　张敏　赵殿军　赵广忠　赵柏林
施培量　秦大河　谈哲敏　郭俊红　崔讲学　黄建平　矫梅燕(女)　黄荣辉　董文杰
谢璞　路成科　管兆勇　谭本馗
秘　书　长： 王春乙
理　事： 丁一汇　丑纪范　卞光辉　卞林根　孔毅　文军　牛生杰　王元　王启
王健　王会军　王存忠　王江山　王永增　王迎春(女)　王建国　王春乙　王春虎
韦力行　卢乃锰　古志明　史玉光　左克进　申双和　任小波　刘俊　刘万军
刘英金　刘树华　吕世华　宇如聪　安保政　朱其文　权循刚　汤绪　余勇
吴国雄　吴岩峻　宋连春　张敏　张强　张人禾　张中锋　张书余　张国民
张建云　张建国　张洪涛　张耀存　李柏　李玉柱　李良序　李崇银　李跃清
李福林　杨军　杨卫东　杨修群　杨维生　汪扩军　沈建国　迟学岐　邱瑞田
陈双溪　陈洪滨　陈晓光　陈联寿　陈照东　陈德辉　周小珊(女)　周定文　周建华(女)
孟平　居辉(女)　林龙福　林完红　林朝晖　林超英　罗宁(女)　罗云峰　范新强
郑国光　郑循华(女)　施培量　段廷扬　胡鹏　胡广隆　胡永云　胡寻伦　费建芳
赵广忠　赵国卫　赵柏林　徐文宁　秦大河　秦祥士　索朗多吉　谈哲敏　郭世昌

	郭亚曦(女)	郭俊红	高学浩	崔讲学	崔春光	巢纪平	常国刚	梁建茵	梁家志
	矫梅燕(女)	黄建平	黄荣辉	龚建东	傅云飞	温之平	程建刚	葛全胜	董文杰
	谢 璞	路成科	鲍文东	端义宏	管兆勇	翟国庆	翟武全	谭本馗	潘学标
	潘家华	魏文寿							
名誉理事:	唐万年	刘建发	李万彪	骆继宾	章国材	张文建	王明星	徐一鸣	李明经
	孙照渤	钱永甫	杨印本	钟剑峰	崔先星	周秀骥	许健民	李泽椿	

（说明：2007年常务理事会第三次会议决议胡广隆担任的第二十六届理事会理事、常务理事由赵殿军接替，王永增担任的第二十六届理事会理事由魏华接替。）

第二十七届理事会（2010—2014年）

名誉理事长：叶笃正　陶诗言　曾庆存　伍荣生
理　事　长：秦大河
副理事长：李福林　谈哲敏　张人禾　王会军　费建芳　胡永云　李廉水
常务理事：王会军　王江山　王迎春(女)　王春乙　丑纪范　吕世华　刘志浩　汤 绪　孙 健
　　　　　　李 柏　李廉水　李福林　杨 军　杨修群　沈晓农　宋连春　张 敏　张 强
　　　　　　张人禾　陈洪滨　林龙福　罗云峰　周定文　周建华(女)　赵立成　赵柏林　赵殿军
　　　　　　胡永云　钟 中　钟晓平　费建芳　秦大河　郭俊红　谈哲敏　黄建平　崔讲学
　　　　　　梁建茵　路成科　管兆勇　端义宏　翟盘茂　魏文寿
秘 书 长：翟盘茂
理　　事：秦大河　李福林　谈哲敏　张人禾　王会军　费建芳　胡永云　李廉水　沈晓农
　　　　　　罗云峰　端义宏　杨 军　宋连春　赵立成　李 柏　孙 健　丑纪范　王春乙
　　　　　　王迎春　陈洪滨　赵柏林　林龙福　赵殿军　张 敏　路成科　郭俊红　周建华
　　　　　　刘志浩　汤 绪　王江山　杨修群　管兆勇　钟 中　崔讲学　梁建茵　周定文
　　　　　　钟晓平　吕世华　黄建平　张 强　魏文寿　翟盘茂　毕宝贵　王晓云　王志强
　　　　　　沈学顺　张 鹏　李维京　周广胜　张小曳　高学浩　曾令慧　陈云峰　张建云
　　　　　　张 明　梁旭东　潘家华　王 辉　石步鸠　梁家志　陆日宇　林朝晖　吴国雄
　　　　　　郑循华　刘树华　张庆红　葛全胜　刘布春　潘学标　崔先星　张建川　蔡 军
　　　　　　刘健文　任小波　张朝林　万海斌　张晓东　孟 平　苏 伟　高庆先　邹瑞苍
　　　　　　程 晓　黎贞发　张迎新　张洪涛　顾润源　刘晶淼　刘 实　高玉中　鲍文东

雷小途	刘　聪	张耀存	王　元	申双和	高太长	冀春晓	翟国庆	张爱民
傅云飞	刘爱鸣	许爱华	沈建国	孙景兰	崔春光	汪扩军	万齐林	温之平
姚　才	李天富	高阳华	李跃清	何建新	谷晓平	琚建华	郭世昌	丹增顿珠
刘安麟	李耀辉	文　军	王　莘	冯建民	何　清	胡寻伦	赵国卫	高荣珍
盛立芳	顾骏强	范新强	毛　夏	岑智明	梁永权			

名誉理事：王　健　卞林根　孔　毅　史玉光　宇如聪　李崇银　余　勇　迟学岐　张书余
郑国光　赵广忠　施培量　黄荣辉　矫梅燕　董文杰　谢　璞　谭本馗

第二十八届理事会（2014—2024 年）

名誉理事长：曾庆存　伍荣生　秦大河
理 事 长：王会军
副理事长：宇如聪　费建芳　端义宏　杨修群　胡永云　李廉水
常务理事：王　元　王仁乔　王会军　王金星　王迎春　毛恒青　文　军　丑纪范　付遵涛
　　　　　　毕宝贵　刘　勇　宇如聪　李　柏　李廉水　杨　军　杨修群　肖文名　余　勇
　　　　　　闵锦忠　宋连春　张　强　张人禾　陈云峰　陈忠明　罗云峰　周建华　周激流
　　　　　　胡永云　费建芳　黄建平　崔彩霞　梁建茵　程新金　雷小途　端义宏
秘 书 长：翟盘茂　王金星
理　　事：王会军　宇如聪　费建芳　端义宏　杨修群　胡永云　李廉水　罗云峰　余　勇
　　　　　　毕宝贵　杨　军　宋连春　肖文名　李　柏　毛恒青　张人禾　丑纪范　陈云峰
　　　　　　王迎春　周建华　程新金　付遵涛　刘　勇　雷小途　王　元　闵锦忠　王仁乔
　　　　　　梁建茵　陈忠明　周激流　张　强　文　军　黄建平　崔彩霞　王金星　王劲松
　　　　　　顾建峰　胡　鹏　毛留喜　沈学顺　张　鹏　张培群　刘洪滨　张小曳　张义军
　　　　　　胡　欣　杨晋辉　王存忠　张建云　李冬梅　苗世光　潘家华　魏立新　丁叶风
　　　　　　周国良　陆日宇　吴国雄　郑循华　林朝晖　郑景云　刘布春　张庆红　赵春生
　　　　　　潘志华　李建平　罗　勇　任小波　张朝林　高庆先　万海斌　张晓东　张劲松
　　　　　　邹瑞苍　黎贞发　张迎新　张洪涛　杨志捷　王志华　刘晶淼　高玉中　鲍文东
　　　　　　曾智华　杨金彪　张耀存　王体健　申双和　管兆勇　冀春晓　陈智源　曹　龙
　　　　　　吴必文　傅云飞　高建芸　苏卫东　詹丰兴　李春虎　顾润源　盛立芳　孙景兰
　　　　　　崔春光　汪扩军　毛　夏　万齐林　温之平　姚　才　辛吉武　高阳华　李跃清

何建新　李登文　琚建华　吴　涧　拉　卓　薛春芳　李耀辉　胡泽勇　孙安平
王建林　何　清　康永义　岑智明　邓耀民

（说明：根据军队和民政部有关要求，截至2020年4月20日，有13位理事按规定退出学会理事会，包括钱泽宏、赵殿军、颜辉、刘健文、刘文彬、钟中、高太长、王旭东、蔡军、郭俊红、张建川、崔廉清、赵浩泉。）

名誉理事：谈哲敏　沈晓农　赵立成　孙　健　王春乙　陈洪滨　赵柏林　刘志浩　张　敏
路成科　王江山　汤　绪　崔讲学　钟晓平　周定文　魏文寿

第二十九届理事会（2024年至今）

名誉理事长：王会军
理　事　长：谈哲敏
副理事长：矫梅燕　陈海山　姜大膀　李　建　孟智勇
常务理事：谈哲敏　矫梅燕　陈海山　姜大膀　李　建　孟智勇　张　柱　丁爱军　马耀明
王　举　王劲松　王桂华　田文寿　冯兆忠　朱小谦　李　丹　李　锐　李元龙
肖文名　何建新　张　鹏　张中锋　罗　勇　季崇萍　周波涛　郑　飞　郑永光
郑江平　赵传峰　胡泽勇　胡爱军　姚志国　郭彩丽　陶健红　曹　龙　龚建东
崔彩霞　梁旭东　巢清尘　蒋大凯　曾　沁　雷小途　谭浩波　潘志华　戴永久
秘　书　长：张　柱
理　　事：谈哲敏　矫梅燕　陈海山　姜大膀　李　建　孟智勇　张　柱　丁爱军　马耀明
王　举　王劲松　王桂华　田文寿　冯兆忠　朱小谦　李　丹　李　锐　李元龙
肖文名　何建新　张　鹏　张中锋　罗　勇　季崇萍　周波涛　郑　飞　郑永光
郑江平　赵传峰　胡泽勇　胡爱军　姚志国　郭彩丽　陶健红　曹　龙　龚建东
崔彩霞　梁旭东　巢清尘　蒋大凯　曾　沁　雷小途　谭浩波　潘志华　戴永久
于　晟　马　欣　王　鸽　王文义　王世恩　王珍珠　王玲玲　王鹏祥　王镇铭
方　越　方　翔　邓耀民　左志燕　白　海　全文杰　刘东伟　刘海文　那济海
孙　健　孙业乐　孙建奇　孙彦坤　买买提艾力·买买提依明　苏同华　杜　岩
李　林　李　婧　李　薇　李永华　李丽军　李明华　李积明　李集明　李耀辉
杨　林　肖秧琳　吴巧燕　吴翠红　何财福　余　晖　辛吉武　张　民　张　宇
张小曳　张卫民　张仲石　陈　文　陈　迎　陈　楠　陈力强　陈德花　苗世光

范伶俐	罗 兵	罗亚丽	岳 平	金 琪	金荣花	赵 坤	赵玉洁	赵奎锋
赵黎明	郝志新	胡 胜	胡劲松	胡建林	咸 迪	姚 波	聂 绩	夏海云
徐小敏	翁海卿	高 辉	郭志武	郭树军	郭维栋	效存德	唐红昇	黄 勇
黄 菲	黄小刚	黄忠伟	常 平	崔晓鹏	康永义	梁 丰	蒋如斌	温 敏
樊 琦	黎伟标	潘劲松	魏立新					

名誉理事： 王 元　文 军　丑纪范　付遵涛　宇如聪　李 柏　杨 军　杨修群　余 勇
　　　　　　闵锦忠　宋连春　张 强　张人禾　陈云峰　周激流　胡永云　费建芳　黄建平
　　　　　　程新金　端义宏　翟盘茂

特邀理事： 李 贺　李建国　张劲松　陈永梅　周建军　晏 锐

监 事 长： 朱 彤

副监事长： 潘进军

监　　事： 周 欣　姚 利

附录二　中国气象学会历届理事会专门机构沿革

随着气象科学研究的深入，为推动气象科学各分支学科的发展，自 1962 年起，中国气象学会理事会相应成立了各专业委员会。各届理事会所属各委员会的设立情况，基本反映了各时期气象科学发展的重点和趋势，以及各个时期学会工作的重点。

第十八届理事会所属委员会

- 天气与动力气象专业委员会
- 大气物理与气象仪器专业委员会
- 气候专业委员会
- 农业气象专业委员会
- 气象学名词委员会
- 《气象学报》编辑委员会

调整后的第十八届理事会所属委员会

- 天气与动力气象专业委员会
- 大气物理专业委员会
- 大气探测专业委员会
- 农业气象专业委员会
- 气候专业委员会
- 气象学名词委员会
- 《气象学报》编辑委员会

第十九届理事会所属委员会

- 天气与动力气象专业委员会（主任委员：陶诗言）
- 大气物理专业委员会（主任委员：殷宗昭）
- 气候与长期天气预报委员会（主任委员：巢纪平）
- 农业气象专业委员会（主任委员：冯秀藻）

- 大气探测专业委员会（主任委员：易仕明）
- 气象学名词委员会（主任委员：洪世年）
- 《气象学报》编辑委员会（主任委员：谢义炳）
- 《气象知识》编审委员会（主任委员：陈少峰）
- 气象科普工作委员会（主任委员：陈少峰）

第二十届理事会所属委员会

- 大气物理专业委员会（主任委员：周秀骥）
- 大气探测专业委员会（主任委员：梁奇先）
- 农业气象专业委员会（主任委员：冯秀藻）
- 气候与长期预报专业委员会（主任委员：张家诚）
- 天气专业委员会（主任委员：章淹）
- 动力气象与数值预报专业委员会（主任委员：曾庆存）
- 大气化学与大气污染专业委员会（主任委员：王宪钊）
- 卫星气象专业委员会（主任委员：曾宪波）
- 气象电子技术专业委员会（主任委员：吴贤纬）
- 海洋气象专业委员会（筹备组召集人：束家鑫、巢纪平、陈联寿）
- 航空气象专业委员会（主任委员：王锡友）
- 气象科学技术名词审订委员会（主任委员：章基嘉）
- 中国气象史研究会（主任委员：谢义炳）
- 青年气象科技奖评选委员会（主任委员：谢义炳）
- 《气象学报》编审委员会（主任委员：廖洞贤）
- 《气象知识》编审委员会（主任委员：陈少峰）
- 气象科普工作委员会（主任委员：邹竞蒙）

第二十一届理事会所属委员会

- 大气物理学委员会（主任委员：周秀骥）
- 大气探测与气象仪器委员会（主任委员：梁奇先）
- 农业气象学委员会（主任委员：冯秀藻）

- 气候与长期天气预报委员会（主任委员：张家诚）
- 天气与极地气象学委员会（主任委员：陈联寿）
- 动力气象学委员会（主任委员：李崇银）
- 数值天气预报委员会（主任委员：廖洞贤）
- 大气化学与污染气象学委员会（主任委员：黄美元）
- 卫星气象学委员会（主任委员：方宗义）
- 气象电子技术委员会（主任委员：蔡道法）
- 海洋气象学委员会（主任委员：秦曾灏）
- 航空与航天气象学委员会（主任委员：王锡友）
- 热带气象学委员会（主任委员：高由禧）
- 水文气象学委员会（主任委员：章淹）
- 气象软科学委员会（主任委员：吴贤纬）
- 气象教育与智力开发委员会（主任委员：伍荣生）
- 气象学名词审定委员会（主任委员：章基嘉）
- 大气科学史研究会（主任委员：王鹏飞）
- 涂长望青年气象科技奖评选委员会（主任委员：谢义炳）
- 《气象学报》编审委员会（主任委员：周秀骥）
- 《气象知识》编审委员会（主任委员：彭光宜）
- 气象科学普及工作委员会（主任委员：邹竞蒙）

第二十二届理事会所属委员会

- 大气物理学委员会（主任委员：胡志晋）
- 大气探测与气象仪器委员会（主任委员：葛润生）
- 农业气象学委员会（主任委员：冯定原）
- 气候与长期天气预报委员会（主任委员：丁一汇）
- 天气与极地气象学委员会（主任委员：陈联寿）
- 动力气象学委员会（主任委员：李崇银）
- 数值天气预报委员会（主任委员：颜宏）
- 大气化学与污染气象学委员会（主任委员：黄美元）

- 卫星气象学委员会（主任委员：方宗义）
- 气象电子技术委员会（主任委员：蔡道法）
- 海洋气象学委员会（主任委员：秦曾灏）
- 航空与航天气象学委员会（主任委员：唐万年）
- 热带气象学委员会（主任委员：林元弼）
- 干旱气象学委员会（主任委员：白肇烨）
- 水文气象学委员会（主任委员：章淹）
- 气象软科学委员会（主任委员：吴贤纬）
- 气象教育与智力开发委员会（主任委员：伍荣生）
- 大气科学名词审定委员会（主任委员：章基嘉）
- 气象史志研究会（主任委员：王鹏飞）
- 统计气象学委员会（主任委员：周家斌）
- 气象广播、电视制作技术委员会
- 涂长望青年气象科技奖评选委员会（主任委员：刘式达）
- 《气象学报》编审委员会（主任委员：周秀骥）
- 《气象知识》编审委员会（主任委员：彭光宜）
- 气象科学普及工作委员会（主任委员：邹竞蒙）

第二十三届理事会所属委员会

- 大气物理学委员会（主任委员：胡志晋）
- 大气探测与气象仪器委员会（主任委员：葛润生）
- 农业气象学委员会（主任委员：储长树）
- 气候学委员会（主任委员：丁一汇）
- 天气与极地气象学委员会（主任委员：陈联寿）
- 动力气象学委员会（主任委员：李崇银）
- 数值天气预报委员会（主任委员：李泽椿）
- 大气化学与污染气象学委员会（主任委员：黄美元）
- 卫星气象学委员会（主任委员：方宗义）
- 气象电子技术委员会（主任委员：蔡道法）

- 海洋气象学委员会（主任委员：秦曾灏）
- 航空与航天气象学委员会（主任委员：李福林）
- 热带气象学委员会（主任委员：林元弼）
- 干旱气象学委员会（主任委员：谢金南）
- 水文气象学委员会（主任委员：柳崇健）
- 气象软科学委员会（主任委员：马鹤年）
- 气象教育与智力开发委员会（主任委员：倪允琪）
- 大气科学名词审定委员会（主任委员：周诗健）
- 气象史志研究会（主任委员：王鹏飞）
- 统计气象学委员会（主任委员：周家斌）
- 气象广播、电视制作技术委员会（主任委员：秦祥士）
- 涂长望青年气象科技奖评选委员会（主任委员：刘式达）
- 《气象学报》编审委员会（主任委员：周秀骥）
- 《气象知识》编审委员会（主任委员：曹希孝）
- 气象科学普及工作委员会（主任委员：温克刚）

第二十四届理事会所属委员会

- 大气物理学委员会（主任委员：胡志晋）
- 大气探测与气象仪器委员会（主任委员：曾书儿）
- 农业气象学委员会（主任委员：李湘阁）
- 气候学委员会（主任委员：李维京）
- 天气与极地气象学委员会（主任委员：陈联寿）
- 动力气象学委员会（主任委员：李崇银）
- 数值天气预报委员会（主任委员：陈德辉）
- 大气化学与污染气象学委员会（主任委员：王明星）
- 卫星气象学委员会（主任委员：张文建）
- 气象电子技术委员会（主任委员：施培量）
- 海洋气象学委员会（主任委员：秦曾灏）
- 航空与航天气象学委员会（主任委员：李福林）

- 热带气象学委员会（主任委员：肖凯书）
- 干旱气象学委员会（主任委员：谢金南）
- 水文气象学委员会（主任委员：柳崇健）
- 气象软科学委员会（主任委员：马鹤年）
- 气象教育与智力开发委员会（主任委员：谈哲敏）
- 大气科学名词审定委员会（主任委员：周诗健）
- 气象史志研究会（主任委员：朱祥瑞）
- 统计气象学委员会（主任委员：王会军）
- 气象广播、电视制作技术委员会（主任委员：秦祥士）
- 军事气象学委员会（主任委员：刘建发）
- 涂长望青年气象科技奖评选委员会（主任委员：黄嘉佑）
- 《气象学报》编审委员会（主任委员：周秀骥）
- 《气象知识》编审委员会（主任委员：陈善敏）
- 气象科学普及工作委员会（主任委员：毛耀顺）

第二十五届理事会所属委员会

- 大气物理与人工影响天气委员会（主任委员：毛节泰）
- 大气探测与仪器委员会（主任委员：胡玉峰）
- 气候学委员会（主任委员：李维京）
- 天气与极地气象学委员会（主任委员：陈联寿）
- 动力气象学委员会（主任委员：李崇银）
- 数值天气预报委员会（主任委员：陈德辉）
- 大气环境学委员会（主任委员：王明星）
- 卫星气象与空间天气学委员会（主任委员：张文建）
- 气象通信与信息技术委员会（主任委员：施培量）
- 航空与航天气象学委员会（主任委员：钟剑峰）
- 台风委员会（主任委员：端义宏）
- 热带与海洋气象学委员会（主任委员：李明经）
- 干旱气象学委员会（主任委员：宋连春）

- 水文气象学委员会（主任委员：章国材）
- 气象软科学委员会（主任委员：刘英金）
- 气象教育与培训委员会（主任委员：谈哲敏）
- 大气科学名词审定委员会（主任委员：王存忠）
- 气象史志委员会（主任委员：朱祥瑞）
- 统计气象学委员会（主任委员：王会军）
- 气象影视与广播技术委员（主任委员：秦祥士）
- 军事气象学委员会（主任委员：迟学岐）
- 城市气象学委员会（主任委员：谢璞）
- 雷电防护委员会（主任委员：李修池）
- 雷达气象学与气象雷达委员会（主任委员：刘黎平）
- 农业气象与生态学委员会（主任委员：申双和）
- 气候生态学委员会（主任委员：董文杰）
- 气象灾害与服务委员会（主任委员：矫梅燕）
- 大气化学委员会（主任委员：张小曳）
- 气象经济学委员会（主任委员：潘家华）
- 涂长望青年气象科技奖评选委员会（主任委员：黄荣辉）
- 《气象学报》编审委员会（主任委员：周秀骥）
- 《气象知识》编审委员会（主任委员：骆继宾）
- 气象科学普及工作委员会（主任委员：秦大河）

第二十六届理事会所属委员会

- 冰冻圈与极地气象委员会（主任委员：卞林根）
- 城市气象学委员会（主任委员：王迎春）
- 大气成分委员会（主任委员：张小曳）
- 大气环境学委员会（主任委员：黄耀）
- 大气科学名词审定委员会（主任委员：王存忠）
- 大气探测与仪器委员会（主任委员：宗曼晔）
- 大气物理学委员会（主任委员：赵春生）

- 动力气象学委员会（主任委员：陈文）
- 副热带气象学委员会（主任委员：汤绪）
- 干旱气象学委员会（主任委员：张书余）
- 高原气象学委员会（主任委员：李跃清）
- 航空与航天气象学委员会（主任委员：路成科）
- 军事气象学委员会（主任委员：迟学岐）
- 空间天气学委员会（主任委员：王劲松）
- 雷达气象学委员会（主任委员：李柏）
- 雷电防护委员会（主任委员：朱祥瑞）
- 气候变化委员会（主任委员：秦大河）
- 气候学委员会（主任委员：董文杰）
- 气候资源应用研究委员会（主任委员：罗勇）
- 气象教育与培训委员会（主任委员：杨修群）
- 气象经济学委员会（主任委员：潘家华）
- 气象软科学委员会（主任委员：王守荣）
- 气象史志委员会（主任委员：于新文）
- 气象通信与信息技术委员会（主任委员：施培量）
- 气象影视委员会（主任委员：秦祥士）
- 气象灾害与服务委员会（主任委员：宋连春）
- 热带与海洋气象学委员会（主任委员：梁建茵）
- 人工影响天气委员会（主任委员：郭学良）
- 生态与农业气象学委员会（主任委员：申双和）
- 数值预报委员会（主任委员：宇如聪）
- 水文气象学委员会（主任委员：胡欣）
- 台风委员会（主任委员：待定）
- 天气学委员会（主任委员：矫梅燕）
- 统计气象学委员会（主任委员：王会军）
- 卫星气象学委员会（主任委员：杨军）
- 盐业气象委员会（主任委员：张钛仁）

- 气象科学普及工作委员会（主任委员：李福林）
- 《气象学报》编审委员会（主任委员：丁一汇）
- 《气象知识》编审委员会（主任委员：刘英金）
- 涂长望青年气象科技奖评选委员会（主任委员：郑国光）

第二十七届理事会所属委员会

- 冰冻圈与极地气象委员会（主任委员：卞林根）
- 城市气象学委员会（主任委员：王迎春）
- 大气成分委员会（主任委员：张小曳）
- 大气环境学委员会（主任委员：王跃思）
- 大气科学名词审定委员会（主任委员：王存忠）
- 大气探测与仪器委员会（主任委员：吴可军）
- 大气物理学委员会（主任委员：赵春生）
- 动力气象学委员会（主任委员：陈文）
- 副热带气象委员会（主任委员：汤绪）
- 干旱气象学委员会（主任委员：张书余）
- 高原气象学委员会（主任委员：李跃清）
- 公共气象服务委员会（主任委员：孙健）
- 航空与航天气象学委员会（主任委员：路成科）
- 军事气象学委员会（主任委员：林龙福）
- 空间天气学委员会（主任委员：王劲松）
- 雷达气象学委员会（主任委员：李柏）
- 雷电委员会（主任委员：张义军）
- 农业气象与生态气象学委员会（主任委员：申双和）
- 气候变化与低碳发展委员会（主任委员：罗勇）
- 气候学与气候资源委员会（主任委员：宋连春）
- 气象教育与培训委员会（主任委员：杨修群）
- 气象经济学委员会（主任委员：潘家华）
- 气象软科学委员会（主任委员：于新文）

- 气象史志委员会（主任委员：余勇）
- 气象通信与信息技术委员会（主任委员：赵立成）
- 气象影视与传媒委员会（主任委员：石曙卫）
- 热带与海洋气象学委员会（主任委员：万齐林）
- 人工影响天气委员会（主任委员：郭学良）
- 数值预报委员会（主任委员：沈学顺）
- 水文气象学委员会（主任委员：毛恒青）
- 台风委员会（主任委员：雷小途）
- 天气学委员会（主任委员：端义宏）
- 统计气象学委员会（主任委员：王会军）
- 卫星气象学委员会（主任委员：杨军）
- 医学气象学委员会（主任委员：王式功）
- 气象合作与交流工作委员会（主任委员：张人禾）
- 气象科技奖励与人才举荐工作委员会（主任委员：秦大河）
- 气象科学普及工作委员会（主任委员：李福林）
- 气象期刊工作委员会（主任委员：丁一汇）

第二十八届理事会所属委员会

- 冰冻圈与极地气象委员会（主任委员：武炳义）
- 城市气象学委员会（主任委员：苗世光）
- 大气成分委员会（主任委员：张小曳）
- 大气环境学委员会（主任委员：郑循华）
- 大气科学名词审定委员会（主任委员：王存忠）
- 大气探测与仪器委员会（主任委员：曹晓钟）
- 大气物理学委员会（主任委员：赵春生）
- 动力气象学委员会（主任委员：陈文）
- 副热带气象委员会（主任委员：张人禾）
- 干旱气象学委员会（主任委员：张强）
- 高原气象学委员会（主任委员：李跃清）

- 公共气象服务委员会（主任委员：陈云峰）
- 航空与航天气象学委员会
- 军事气象学委员会
- 空间天气学委员会（主任委员：张效信）
- 雷达气象学委员会（主任委员：李柏）
- 雷电委员会（主任委员：张义军）
- 农业气象与生态气象学委员会（主任委员：申双和）
- 气候变化与低碳发展委员会（主任委员：巢清尘）
- 气候学与气候资源委员会（主任委员：宋连春）
- 气象教育与培训委员会（主任委员：杨修群）
- 气象经济学委员会（主任委员：潘家华）
- 气象软科学委员会（主任委员：于新文）
- 气象史志委员会（主任委员：余勇）
- 气象通信与信息技术委员会（主任委员：赵立成）
- 气象影视与传媒委员会（主任委员：石曙卫）
- 热带与海洋气象学委员会（主任委员：万齐林）
- 人工影响天气委员会（主任委员：郭学良）
- 数值预报委员会（主任委员：沈学顺）
- 水文气象学委员会（主任委员：谢正辉）
- 台风委员会（主任委员：雷小途）
- 天气学委员会（主任委员：毕宝贵）
- 统计气象学委员会（主任委员：范可）
- 卫星气象学委员会（主任委员：杨军）
- 医学气象学委员会（主任委员：王式功）
- 气象合作与交流工作委员会（主任委员：胡永云）
- 气象科技奖励与人才举荐工作委员会（主任委员：王会军）
- 气象科学普及工作委员会（主任委员：许小峰）
- 气象期刊工作委员会（主任委员：宇如聪）

第二十九届理事会所属委员会

- 冰冻圈与极地气象专业委员会（主任委员：丁明虎）
- 城市气象学专业委员会（主任委员：苗世光、陈飞）
- 大气成分与碳中和专业委员会（主任委员：张小曳）
- 大气环境与污染气象学专业委员会（主任委员：丁爱军、李婷婷）
- 大气科学名词审定专业委员会（主任委员：黄红丽）
- 大气探测与仪器专业委员会（主任委员：张鹏）
- 大气物理学专业委员会（主任委员：赵传峰）
- 地球系统数值预报专业委员会（主任委员：沈学顺）
- 动力气象学专业委员会（主任委员：王林）
- 副热带气象专业委员会（主任委员：张人禾）
- 干旱气象学专业委员会（主任委员：张强）
- 高原气象学专业委员会（主任委员：蒋兴文）
- 公共气象服务专业委员会（主任委员：郑江平）
- 航空与航天气象学专业委员会（主任委员：张中锋）
- 交通气象专业委员会（主任委员：刘端阳）
- 金融气象专业委员会（主任委员：赵艳霞）
- 军事气象学专业委员会
- 空间天气学专业委员会（主任委员：宗位国）
- 雷达气象学专业委员会（主任委员：何建新）
- 雷电专业委员会（主任委员：吕伟涛）
- 能源气象专业委员会（主任委员：申彦波、肖子牛）
- 农业气象与生态气象学专业委员会（主任委员：冯兆忠、周广胜）
- 气候变化与低碳发展专业委员会（主任委员：袁佳双）
- 气候学与气候资源专业委员会（主任委员：高辉）
- 气象传播专业委员会（主任委员：张明、李丹）
- 气象教育培训专业委员会（主任委员：赵坤）
- 气象人工智能专业委员会（主任委员：黄小猛、张小玲）
- 气象软科学专业委员会（主任委员：廖军）

- 气象史志专业委员会（主任委员：郭志武、陈正洪）
- 气象通信与信息技术专业委员会（主任委员：肖文名）
- 热带与海洋气象学专业委员会（主任委员：胡胜、许映龙）
- 人工影响天气专业委员会（主任委员：陈宝君）
- 水文气象学专业委员会（主任委员：包红军、张珂）
- 台风专业委员会（主任委员：余晖）
- 天气学专业委员会（主任委员：郑永光、张庆红、方娟）
- 统计气象学与气候预测专业委员会（主任委员：范可）
- 卫星气象学专业委员会（主任委员：王劲松）
- 医学气象学专业委员会（主任委员：王式功、马玉霞）
- 科技奖励与人才工作委员会（主任委员：谈哲敏）
- 科学普及与传播工作委员会（主任委员：姜大膀）
- 对外交流与合作工作委员会（主任委员：矫梅燕）
- 期刊编辑与出版工作委员会（主任委员：孟智勇）
- 专业咨询与智库工作委员会（主任委员：陈海山）
- 青年工作委员会（主任委员：李建）

附录三　中国气象学会秘书处机构沿革

中国气象学会成立后，在理事会下设有总干事、干事等职务，亦曾设总务部等机构，负责办理学会日常事务和学会所办刊物的编辑工作，办公地点多随会址变动而动。设立由专职学会工作人员组成的学会秘书处，始自中华人民共和国成立后的中国气象学会第一届理事会，学会秘书处为其常设办事机构，接受理事会和中国气象局的领导。由专职秘书长、副秘书长主持秘书处的工作。办公地点均设在北京市海淀区中关村南大街46号院内。

新中国成立后的第三届理事会学会秘书处由副秘书长肖更海（处级）主持工作。

第十九届理事会学会秘书处为国家气象局机关司级机构，工作人员为事业编制，由国家气象局调配。谢津梁副秘书长主持工作。下设会务组、《气象学报》编辑部和《气象知识》编辑部。专职人员12人。

第二十届理事会学会秘书处设学术交流部、科学普及部两个处级部门，编制24人。先后由谢津梁、洪世年、彭光宜三位副秘书长主持工作。

第二十一届理事会学会秘书处由彭光宜副秘书长主持工作。下设学术交流部、科学普及部和文献期刊部。专职人员22人。

第二十二届理事会学会秘书处下设机构不变，由彭光宜秘书长主持工作。专职人员24人。

第二十三届理事会学会秘书处下设机构不变，先后由彭光宜秘书长、庄肃明副秘书长主持工作。专职人员20人。

第二十四届理事会学会秘书处下设机构不变，先后由梁景华、王春乙秘书长主持工作。专职人员18人。

第二十五届理事会学会秘书处下设综合协调部、学术交流部、科学普及部和文献期刊部。王春乙秘书长主持工作。专职人员18人。

第二十六届理事会学会秘书处下设机构不变，王春乙秘书长主持工作。专职人员18人。

第二十七届理事会学会秘书处下设机构不变，翟盘茂秘书长主持工作。专职人员22人。

第二十八届理事会学会秘书处下设机构不变，先后由翟盘茂、王金星秘书长主持工作。专职人员24人。

第二十九届理事会学会秘书处下设机构不变，张柱秘书长主持工作。专职人员24人。

附录四　历届涂长望青年气象科技奖获奖名单

首届（1985年度）

一　等　奖：陆维松（南京气象学院）
获奖项目：《正压原始方程套网格试验》《大气中的三维非线性惯性重力内波》
二　等　奖：何宏山（空军气象中心）
获奖项目：《数值预报及探空自动收填系统》
二　等　奖：王宇征（女，沈阳军区空军于洪屯气象台），朱跃飞（单位同前）
获奖项目：《冬季烟生消的小尺度热力结构分析》
二　等　奖：严华生（云南曲靖地区气象局）
获奖项目：《大气环流——小麦产量预报模式初探》

第二届（1986—1987年度）

一　等　奖：刘福基（江西省气候中心），曾煜（四川省气象学校）
获奖项目：《鄱阳湖老爷庙水域的大风特征及其对航运的影响》
一　等　奖：谭晓光（北京市气象科学研究所）
获奖项目：《使用常规资料做短时预报的自动化系统》
一　等　奖：邹晓蕾（女，中国科学院大气物理研究所）
获奖项目：《一个适用于五层北半球原始方程模式的初值化方案试验》
二　等　奖：金龙（江苏省气象科学研究所）
获奖项目：《Eichichon 火山爆发对我国大气透明度的影响》《Eichichon 火山的大气辐射效应》
二　等　奖：马力（甘肃省气象局兰州中心气象台）
获奖项目：《伪彩色卫星云图报远程传输系统》
二　等　奖：陈晓光（宁夏回族自治区气象台）
获奖项目：《谱分析在中期预报中的应用研究》
二　等　奖：郑国光（新疆维吾尔自治区人工影响天气办公室）
获奖项目：《冰碰冻增长的实验研究》《圆锥形冰雹阻力系数的实验研究》
二　等　奖：唐千红（女，青海省气象科学研究所）

获奖项目:《青藏高原东部农田水分的变化规律及对小麦产量的影响》
二 等 奖:李勇(中山大学大气科学系)
获奖项目:《暴雨中的积云对流》
二 等 奖:王英师(山西省气象局气象台)
获奖项目:《山西暴雨云团的卫星云图的统计分析及预报研究》

第三届(1988—1989年度)

一 等 奖:陈文军(南京气象学院研究所)
获奖项目:《江苏省冬小麦分蘖成穗过程的控制论模型研究》
二 等 奖:钱维宏(江苏省盐城市气象局)
获奖项目:《长期天气及气候变化与地球自转速度的若干关系》《下垫面条件对局地天气、气候影响的数值模型研究》
二 等 奖:罗德海(成都气象学院气象科学研究所)
获奖项目:《包络 Rossby 孤立波在大气阻塞中的应用》
二 等 奖:赵瑞星(总参谋部气象局)
获奖项目:《动量无辐散模式的非线性问题及其周期解》
二 等 奖:王双一(总参谋部气象局)
获奖项目:《天气—动力相似预报模式》

第四届(1990—1991年度)

一 等 奖:张邦林(兰州大学大气科学系)
获奖项目:《经验正交函数为基底的气候数值模式建立及其应用》
一 等 奖:王浩(南京大学大气科学系)
获奖项目:《小气候模拟与应用研究》
二 等 奖:谈哲敏(南京大学大气科学系)
获奖项目:《Ekman 动力学与锋生》
二 等 奖:陈锦年(中国科学院海洋研究所)
获奖项目:《海气相互作用特性及其对大气环流、天气过程影响的研究》
二 等 奖:杨松(南京气象学院)

获奖项目：《东亚季风低频振荡及其中低纬相互作用》

二　等　奖：李翠华（女，南京大学大气科学系）

获奖项目：《非线性门限模式及其在气候预报中的应用研究》《海冰、海温系统的季节性动力气候模式及随机—动力气候模式研究》

二　等　奖：黄耀（江苏省农业科学院）

获奖项目：《水稻群体光合生产的动态模拟模型及其应用》

二　等　奖：郝寿昌（山西省气象台）

获奖项目：《一个具有统计意义的参量及其研究》

二　等　奖：牛生杰（宁夏气象科学研究所）

获奖项目：《宁夏云物理若干问题的研究》

二　等　奖：辜旭赞（湖南省气象台）

获奖项目：《地球大气参考状态实现的一个方案》《有限区域有效位能理论再探》《拉格朗日观点有效总能量平衡方程》

第五届（1992—1993 年度）

一　等　奖：包景东（北京气象学院）

获奖项目：《复杂随机动力过程的蒙特卡罗研究》

二　等　奖：沈金妹（女，江苏省气候研究所）

获奖项目：《气候旱涝的诊断及气候模型》

二　等　奖：徐建军（南京气象学院）

获奖项目：《大气的季节变化与季节内振荡（低频振荡）若干性质的研究》

二　等　奖：陈建章（南京气象学院）

获奖项目：《用高档微机组织多普勒雷达处理系统的接口装置》

二　等　奖：周英（女，南京气象学院），申双和（南京气象学院）

获奖项目：《旱地农田土壤水分的动态模拟研究》

二　等　奖：张震宇（河南科学院地理所）

获奖项目：《河南自然灾害及对策》

二　等　奖：高玉春（中国气象科学研究院）

获奖项目：《多普勒天气雷达回波资料处理》

第六届（1994—1995 年度）

一 等 奖：钟青（中国科学院大气物理研究所）
获奖项目：《物理守恒率保持格式构造与数值预报传统方案改进研究》
二 等 奖：孙力（吉林省气象科学研究所）
获奖项目：《东北低压和东北冷涡研究》
二 等 奖：杨修群（南京大学大气科学系）
获奖项目：《极冰引起的短期气候异常及其机理研究》
二 等 奖：耿全震（中国气象局国家气候中心）
获奖项目：《定常行星波的强迫源与能量传播的研究》
二 等 奖：尤卫红（云南省气象台）
获奖项目：《气候变化的多尺度诊断分析方法和长期天气的业务预报研究》
二 等 奖：李旭（中国科学院大气物理研究所）
获奖项目：《短期气候预测系统的研制及其实际预测试验研究》
二 等 奖：白雅梅（女，黑龙江省气象科学研究所）
获奖项目：《低温旱涝对作物产量形成影响的动态模拟模型及其在作物产量预报中的应用》
二 等 奖：高建春（女，北京应用气象研究所）
获奖项目：《机载 PMS（PDS-500）粒子测量系统数值处理软件包的研制》
二 等 奖：张义军（中国科学院兰州高原大气物理所）
获奖项目：《闪电先导静电场波形理论分析》
二 等 奖：王兴宝（空军气象学院）
获奖项目：《中尺度波包动力学与锋生理论研究》

第七届（1996—1997 年度）

一 等 奖：李建平（兰州大学大气科学系）
获奖项目：《非线性大气动力学方程组的定性理论》
二 等 奖：潘晓滨（空军气象学院）
获奖项目：《区域中 α 尺度数值预报业务系统及其预报试验》
二 等 奖：管兆勇（南京气象学院）
获奖项目：《热带和热带外大气低频扰动结构和演变机制的研究》

二 等 奖：张耀存（南京大学大气科学系）
获奖项目：《苏南经济发展对区域气候环境影响的研究》
二 等 奖：苗俊峰（天津市气象台）
获奖项目：《气候变化的诊断分析及数值实验》
二 等 奖：居为民（江苏省气象局）
获奖项目：《极轨气象卫星遥感资料微机图像处理系统台站实用技术》
二 等 奖：汪扩军（湖南省气象科学研究所）
获奖项目：《籼型水稻两用核不育系的实用气象分析与研究》
二 等 奖：刘黎平（南京大学大气科学系）
获奖项目：《用双线偏振雷达研究云内粒子相态及尺度的空间分布》
二 等 奖：任绍臣（黑龙江省气象局）
获奖项目：《催化丰水暖云降水粒子最佳滴谱尺度的数值模拟分析》

第八届（1998—1999年度）

一 等 奖：刘小红（中国科学院大气物理研究所）
获奖项目：《气溶胶与云相互作用的研究》《云过程对对流层臭氧光化学作用的研究》
二 等 奖：赵春生（北京大学大气物理系）
获奖项目：《遥远海洋大气边界层中 DMS-CCN 系统的研究》
二 等 奖：王卫国（南京大学大气科学系）
获奖项目：《复杂下垫面边界层与大气扩散的设置模拟及其应用研究》
二 等 奖：林朝晖（中国科学院大气物理研究所）
获奖项目：《气候模式的改进、完善及其短期气候预测试验》
二 等 奖：范新岗（中国气象科学研究院）
获奖项目：《气候系统可预报性和预测方法的全局研究》
二 等 奖：李耀东（空军第七研究所）
获奖项目：《航空气象要素预报技术研究》
二 等 奖：刘宣飞（南京气象学院）
获奖项目：《亚洲季风环流的正斜压特性及其与中国夏季气候异常的关系》
二 等 奖：史汉生（空军气象学院）

获奖项目：《大气运动的线性与非线性稳定研究》

二 等 奖：张永红（陕西省棉花气象服务台）

获奖项目：《陕西省棉花气象预报服务系统》《棉花秋桃理论估产与实产偏差的气象因素》

二 等 奖：马禹（新疆维吾尔自治区气象局）

获奖项目：《中国及其邻近地区中尺度对流系统的普查和时空分布特征》《新疆特大暴雨过程中的中尺度对流系统特征》

第九届（2000—2001年度）

一 等 奖：王体健（南京大学大气科学系）

获奖项目：《中国酸雨模拟和排放控制对策研究》

一 等 奖：孙建华（中国科学院大气物理研究所）

获奖项目：《暴雨和酷暑天气形成机理的诊断和模拟研究》

二 等 奖：方娟（女，南京大学大气科学系）

获奖项目：《地转适应与锋生的理论研究》

二 等 奖：朱民（解放军理工大学气象学院）

获奖项目：《江淮梅雨暴雨的若干问题研究》

二 等 奖：朱彬（南京气象学院环境科学系）

获奖项目：《应用查表法模拟区域对流层 O_3、NO_x 分布和演化的研究》《云层对对流层臭氧浓度影响研究》

二 等 奖：朱伟军（南京气象学院）

获奖项目：《北太平洋风暴轴的时空演变及其可能机制》

二 等 奖：张仁健（中国科学院大气物理研究所）

获奖项目：《大气中微量气体及气溶胶变化机理研究》

二 等 奖：杨昕（中国科学院大气物理研究所）

获奖项目：《一个新的大气 CO_2 浓度变化与气候因素间关系现象》

二 等 奖：赵强（北京大学地球物理系）

获奖项目：《中尺度半平衡和准平衡动力学模式》《赤道大气 Rossby 波动力学》

二 等 奖：钟华琼（武汉市气象局）

获奖项目：《MIICAPS 系统的本地化、应用开发和日常维护》

第十届（2002—2003 年度）

一 等 奖：朱锦红（女，北京大学物理学院大气科学系）
获奖项目：《中国夏季降水的年代际变率及其与东亚夏季风的关系》
一 等 奖：付遵涛（北京大学物理学院大气科学系）
获奖项目：《非线形大气动力学及相关研究——波及其影响》
二 等 奖：周自江（国家气象中心气象资料室）
获奖项目：《中国沙尘暴的观测事实研究》
二 等 奖：布和朝鲁（中国科学院大气物理研究所）
获奖项目：《全球变暖条件下东亚季风气候及大河流流量的未来变化研究》
二 等 奖：张朝林（中国气象局北京城市气象研究所）
获奖项目：《谱模式非线形计算方法和半隐式时间差分方案研究》
二 等 奖：张运林（中国科学院南京地理与湖泊研究所）
获奖项目：《中国东部及太湖地区太阳辐射的气候学研究》《太阳辐射在大型浅水湖泊——太湖中的传输分布过程》
二 等 奖：陈海山（南京气象学院大气科学系）
获奖项目：《陆面模式的设计及其与全球气候模式的耦合试验》《欧亚积雪异常分布对东亚大气环流影响的研究》
二 等 奖：黄菲（女，中国海洋大学海洋气象系）
获奖项目：《北太平洋冬季阻塞环流及其与中—低纬度相互作用的关系》

第十一届（2004—2005 年度）

一 等 奖：曾燕（女，江苏省气象科学研究所）
获奖项目：《地理信息系统在大气科学中的应用》
二 等 奖：刘志权（国家卫星气象中心）
获奖项目：《观测分辨率在资料同化中的影响》
二 等 奖：黄刚（中国科学院大气物理研究所）
获奖项目：《东亚夏季风指数与东亚夏季风的年际变化》
二 等 奖：杨海军（北京大学物理学院大气科学系）
获奖项目：《用海盆模的观点理解太平洋年代际振荡》

二 等 奖：王自发（中国科学院大气物理研究所）
获奖项目：《多尺度污染物输送模式发展及其应用研究》

第十二届（2006—2007 年度）

- 一 等 奖：温敏（女，中国气象科学研究院）
- 二 等 奖：周波涛（国家气候中心）
- 二 等 奖：罗桂湘（女，广西气象影视中心）
- 二 等 奖：姜大膀（中国科学院大气物理研究所）
- 二 等 奖：郭强（国家卫星气象中心）

第十三届（2008—2009 年度）

- 一 等 奖：李建（中国气象科学研究院）
- 二 等 奖：孙亮（中国科学技术大学地球和空间科学学院）
- 二 等 奖：任宏利（国家气候中心）
- 二 等 奖：王林（中国科学院大气物理研究所）
- 二 等 奖：郑永光（国家气象中心）

第十四届（2010—2011 年度）

- 一 等 奖：（空缺）
- 二 等 奖：王爱慧（女，中国科学院大气物理研究所）
- 二 等 奖：刘睿卉（女，总参气象水文空间天气总站）
- 二 等 奖：杨虎（国家卫星气象中心）
- 二 等 奖：苗世光（中国气象局北京城市气象研究所）

第十五届（2012—2013 年度）

- 一 等 奖：陈峰（新疆维吾尔自治区气象局）
- 二 等 奖：傅宗玫（北京大学）
- 二 等 奖：姚志刚（北京气象应用研究所）
- 二 等 奖：张兴赢（国家卫星气象中心）
- 二 等 奖：左志燕（女，中国气象科学研究院）

第十六届（2014—2015 年度）

- 一 等 奖：林金泰（北京大学）
- 二 等 奖：陆春松（南京信息工程大学）
- 二 等 奖：陈昊明（中国气象科学研究院）
- 二 等 奖：陈活泼（中国科学院大气物理研究所）
- 二 等 奖：徐娜（女，国家卫星气象中心）

第十七届（2016—2017 年度）（本届不分等级）

- 张霖（北京大学）
- 刘超（南京信息工程大学）
- 陈尚锋（中国科学院大气物理研究所）
- 章炎麟（南京信息工程大学）
- 闵敏（国家卫星气象中心）

附录五　历届邹竞蒙气象科技人才奖获奖名单

第一届（2008年）

叶成志　湖南省气象台
张　强　甘肃省气象局
李良福　重庆市气象局
杜　军　西藏自治区气象局
杨忠东　国家卫星气象中心

第二届（2009—2010年度）

王自发　中国科学院大气物理研究所
王劲松　中国气象局兰州干旱气象研究所
张义军　中国气象科学研究院
张高英　总参气象水文空间天气总站
李立娟　中国科学院大气物理研究所
邹晓蕾　美国佛罗里达州大学（海外）

第三届（2011—2012年度）

朱定真　华风气象传媒集团
孙继松　北京市气象局
闵锦忠　南京信息工程大学大气科学学院
封国林　国家气候中心
翟宇梅　总参大气环境研究所

第四届（2013—2014年度）

白　洁　空军装备研究院
刘黎平　中国气象科学研究院
沈学顺　中国气象局数值预报中心

陈海山　南京信息工程大学
假　拉　西藏自治区气象台
李小凡　浙江大学地球科学系，求是特聘教授（海外）

第五届（2015—2016 年度）

陆其峰　国家卫星气象中心
陈　敏　中国气象局北京城市气象研究所
罗亚丽　中国气象科学研究院
周波涛　国家气候中心
姜大膀　中国科学院大气物理研究所

第六届（2017—2018 年度）

车慧正　中国气象科学研究院
齐琳琳　空军研究院战场环境研究所
孙　颖　国家气候中心
李庆祥　中山大学
韩　威　国家气象中心

附录六　历届大气科学基础研究成果奖获奖名单

2016 年大气科学基础研究成果奖获奖名单

序号	项目名称	主要完成人	主要完成单位	获奖等级
1	中国大陆降水精细化过程演变的气候特征及其变化研究	宇如聪、李建、原韦华、陈昊明	中国气象科学研究院、中国科学院大气物理研究所	一等奖
2	大气科学中变分同化与反演若干关键技术理论及应用研究	黄思训、赵小峰、关吉平、项杰、杜华栋	中国人民解放军理工大学气象海洋学院	二等奖
3	中尺度系统动热力学新理论和预报新方法研究	高守亭、冉令坤、周玉淑、平凡、杨帅	中国科学院大气物理研究所	二等奖

2017 年大气科学基础研究成果奖获奖名单

序号	项目名称	主要完成人	主要完成单位	获奖等级
1	中国不同区域反应性气体变化特征研究	徐晓斌、林伟立、马志强、孟昭阳、徐敬	中国气象科学研究院、北京市气象局、中国气象局气象探测中心	一等奖
2	气候变化对植被生产力的多尺度调控机制与影响模拟	周广胜、许振柱、周秉荣、贾丙瑞、何奇瑾	中国科学院植物研究所、中国气象科学研究院、青海省气象科学研究所	一等奖

2018 年大气科学基础研究成果奖获奖名单

序号	项目名称	主要完成人	主要完成单位	获奖等级
1	大气季节内振荡及其动力学和影响的研究	李崇银、凌健、贾小龙、肖子牛、潘静	中国科学院大气物理研究所、国家气候中心	一等奖
2	干旱半干旱区陆面水热过程和超厚大气边界层特征及其参数化研究	张强、岳平、王澄海、王胜、陈晋北	中国气象局兰州干旱气象研究所、兰州大学、中国科学院寒区旱区环境与工程研究所	一等奖
3	陆地碳水循环与气候变化和大气环境的相互关系研究	李旭辉、刘寿东、张弥、王伟、肖薇	南京信息工程大学	一等奖
4	气候变化影响的多尺度与跨领域综合研究	姜彤、翟建青、王艳君、苏布达、李修仓	国家气候中心、南京信息工程大学	二等奖

附录七　历届气象科学技术进步成果奖获奖名单

2015年气象科学技术进步成果奖获奖名单

序号	项目名称	主要完成人	主要完成单位	获奖等级
1	FY-3大气探测仪器观测系统偏差诊断与订正技术	陆其峰、龚建东、李湘、吴春强、刘辉、游然、漆成莉、李娟、张华、郭杨	国家卫星气象中心、中国气象局数值预报中心、国家气象信息中心	一等奖
2	动力—统计集成的季节气候预测系统（FODAS）应用与推广	封国林、丑纪范、龚志强、郑志海、支蓉、赵俊虎、杨杰	国家气候中心、扬州大学、辽宁省气候中心	二等奖
3	集合预报业务应用系统	代刊、金荣花、陈静、康志明、钱奇峰、于连庆、盛杰	国家气象中心	二等奖
4	公路交通高影响天气监测、预警和服务技术研究及应用	袁成松、严明良、包云轩、焦圣明、崔小龙、曾明剑、孙兴焕	江苏省气象科学研究所、南京信息工程大学、江苏交通控股有限公司	二等奖
5	风电预报技术及其业务化应用服务系统	何晓凤、宋丽莉、陶树旺、杨振斌、程兴宏、赵东、张永山	中国气象局公共气象服务中心、中国气象局北京城市气象研究所、中国气象局广州热带海洋气象研究所	二等奖
6	雷电临近预警系统的研发和应用	孟青、姚雯、吕伟涛、张义军、马颖、郑栋、王飞	中国气象科学研究院、武汉中心气象台、湖南省防雷中心	二等奖
7	北京快速更新循环数值预报系统（BJRUC）	梁旭东、陈敏、范水勇、仲跻芹、苗世光、陈明轩、王在文	中国气象局北京城市气象研究所、北京市气象台、中国气象局公共气象服务中心	二等奖
8	流域水文气象耦合关键技术研究及应用	崔讲学、彭涛、崔春光、李武阶、沈铁元、张利平、邱新法	中国气象局武汉暴雨研究所、武汉大学、武汉中心气象台	二等奖
9	自旋稳定气象卫星高频次区域观测技术	魏彩英、张晓虎、林维夏、韩琦、赵现纲、陈秀娟、陆风	国家卫星气象中心、国家气象中心	二等奖
10	西北地区沙尘暴监测预报与影响评估技术及其集成应用	张强、郭铌、李耀辉、赵建华、王静、陶健红、刘治国	中国气象局兰州干旱气象研究所、兰州中心气象台、西北区域气候中心	二等奖

2016年气象科学技术进步成果奖获奖名单

序号	项目名称	主要完成人	主要完成单位	获奖等级
1	大气能见度测量关键技术与仪器产业化	刘文清、刘建国、程寅、陆亦怀、吕刚、方海涛、钱江、丁志鸿、陈军、王亚平	中国科学院合肥物质科学研究院、安徽省大气探测技术保障中心、安徽蓝盾光电子股份有限公司	一等奖
2	中国极端气候事件监测预测业务系统	李维京、宋连春、任国玉、张强、管兆勇、陈丽娟、孙颖、肖风劲、高荣、王遵娅	国家气候中心、南京信息工程大学	一等奖
3	风云二号卫星基于月球辐射校正的内黑体定标	郭强、张志清、陈博洋、冯绚、陈福春、张鹏、杨昌军、王新、冯小虎、李欣耀	国家卫星气象中心、中国科学院上海技术物理研究所、北京华云星地通科技有限公司	一等奖
4	气候系统中陆地碳氮循环耦合模式的研发应用	丹利、季劲钧、黄玫、钱拴、毛留喜、冯锦明、彭静	中国科学院大气物理研究所、中国科学院地理科学与资源研究所、国家气象中心	二等奖
5	超大城市群复杂下垫面边界层过程及精细气象预报关键技术研究	苗世光、许建明、蒙伟光、房小怡、窦军霞、郑祚芳、张亦洲	中国气象局北京城市气象研究所、长三角环境气象预报预警中心、中国气象局广州热带海洋气象研究所	二等奖
6	中国南海台风模式预报系统（TRAMS）的研发与应用	陈子通、戴光丰、钟水新、万齐林、张艳霞、黄燕燕、徐道生	中国气象局广州热带海洋气象研究所	二等奖
7	区域模式台风数值预报系统	麻素红、张进、瞿安祥、孙明华、黄丽萍、谭晓伟、胡江凯	国家气象中心	二等奖
8	北方果树（苹果、梨、桃、杏、李子）霜冻灾害防御关键技术研究与应用	张晓煜、万信、王景红、张磊、李红英、王静、马国飞	宁夏气象科学研究所、西北区域气候中心、陕西省经济作物气象服务台	二等奖
9	分布式固态泵浦雷电预警监测系统	王敏、周树道、李欣、李博琛、胡耀祖、王辉赞、丁锦锋	中国人民解放军理工大学气象海洋学院、厦门大恒科技有限公司	二等奖
10	便携式新一代天气雷达测试与故障检测平台	何建新、张福贵、史朝、王永丽、周红根、汪章维、舒毅	成都信息工程大学	二等奖

2017 年气象科学技术进步成果奖获奖名单

序号	项目名称	主要完成人	主要完成单位	获奖等级
1	我国雾—霾监测与数值预报关键技术研发及业务系统建立与应用	张小曳、王亚强、周春红、刘洪利、王宏、张晓春、马学款、车慧正、胡江凯、孙俊英	中国气象科学研究院、国家气象中心、中国气象局气象探测中心	一等奖
2	GRAPES_GFS 全球中期数值预报系统开发和业务应用	沈学顺、龚建东、薛纪善、韩威、胡江林、刘奇俊、孙健、苏勇、王金成、金之雁	国家气象中心	一等奖
3	短期气候预测系统的研制与应用	孙建奇、马洁华、陈活泼、于恩涛、祝亚丽、高学杰	中国科学院大气物理研究所	一等奖
4	高性能气象应急移动指挥平台关键技术及系统应用	闵锦忠、高云勇、陈苏婷、李玮、陈耀登、王民、王世璋、王铁、盛伟、路明月	南京信息工程大学、南京中网卫星通信股份有限公司	一等奖
5	天目三维气象影视制播系统	朱定真、王新、王兴、郑巍、陈琛、高义梅、张旭	华风气象传媒集团有限责任公司、南京信息工程大学	二等奖
6	吉林省暴雨预报技术研究	孙力、沈柏竹、高枞亭、李尚锋、刘海峰、曲金华、药明	吉林省气象科学研究所	二等奖
7	省市县一体化突发事件预警信息发布系统设计创新与应用	邹建军、顾红兵、郑延庆、魏炜、林江、黄文生、常越	广东省气象公共服务中心	二等奖
8	边界层风廓线气象雷达研制及组网应用技术	万蓉、周志敏、杜磊、冷亮、赖安伟、李红莉、付志康	中国气象局武汉暴雨研究所、南京恩瑞特实业有限公司、咸宁市气象局	二等奖
9	基于扰动天气图的极端天气预报系统	钱维宏、武凯军、石剑、梁卓轩	北京大学	二等奖
10	导线覆冰的气象预报与风险评估技术	陈百炼、吴战平、郑利兵、魏涛、陈林、廖瑶、胡欣欣	贵州省山地环境气候研究所	二等奖
11	太阳能光伏发电预报技术研究与应用	陈正洪、申彦波、成驰、蔡涛、李芬、孙银川、边泽强	湖北省气象服务中心、中国气象局公共气象服务中心、华中科技大学	二等奖

2018年气象科学技术进步成果奖获奖名单

序号	项目名称	主要完成人	主要完成单位	获奖等级
1	基于实测和精细数值模拟的台风工程论证技术和应用	宋丽莉、王丙兰、李英、陈文礼、陈雯超、周荣卫、黄浩辉、植石群、刘爱君、王志春	中国气象局公共气象服务中心、中国气象科学研究院、哈尔滨工业大学	一等奖
2	雷电探测新技术研发及应用	郄秀书、蒋如斌、孙竹玲、杨静、刘昆、王东方、刘明远、刘冬霞、冯桂力、陆高鹏	中国科学院大气物理研究所、成都信息工程大学、山东省气象科学研究所	一等奖
3	ENSO集合预测系统研制与业务应用	郑飞、朱江、张荣华、方向辉、周广庆	中国科学院大气物理研究所、中国科学院海洋研究所、复旦大学	一等奖
4	气象信息综合分析处理系统第四版（MICAPS4）	高嵩、王若瞳、王建民、曹莉、黄向东、刘盼、李月安、贺雅楠、薛峰、徐拥军	国家气象中心、清华大学、国家气象信息中心	一等奖
5	大气季节内振荡监测预测业务系统研发与应用	任宏利、吴捷、张培群、赵崇博、徐邦琪、左金清、武于洁	国家气候中心、南京信息工程大学	二等奖
6	珠江三角洲环境气象监测与预报关键技术研究及应用	邓雪娇、谭浩波、邓涛、李菲、邹宇、刘显通、王楠	中国气象局广州热带海洋气象研究所、广东省生态气象中心	二等奖
7	河南省人工防雹预测与应用技术研究	鲍向东、丁建芳、肖辉、刘艳华、杜春丽、田万顺、马鑫鑫	河南省人工影响天气中心、中国科学院大气物理研究所、三门峡市气象局	二等奖
8	茶叶生产气象保障关键技术研究与应用	金志凤、姚益平、孙睿、杨再强、王治海、吴彬、胡波	浙江省气候中心、北京师范大学、南京信息工程大学	二等奖
9	基于多源卫星数据的甘蔗种植面积和长势定量化监测评估与应用	丁美花、陈燕丽、孙明、谭宗琨、钟仕全、黄永璘、匡昭敏	广西壮族自治区气象减灾研究所、上思县气象局、鹿寨县气象局	二等奖
10	宁夏干旱半干旱区高产杂交谷子引种农业气象适用技术示范推广	刘静、马国飞、马力文、周斌、张学艺、朱永宁、赵维忠	宁夏回族自治区气象科学研究所	二等奖
11	省级气候监测预测关键技术研发及业务应用	项瑛、蒋薇、许遐祯、周兵、万仕全、肖卉、卢鹏	江苏省气候中心、国家气候中心、扬州市气象局	二等奖
12	汉江流域自然灾害实时监测预报预警研究与精细化应用	王毅、邹涛、周义兵、周宗满、田光普、占世林、胡相林	安康市气象局	二等奖

附录八　各省（自治区、直辖市）、计划单列市气象学会简介

北京气象学会

北京气象学会是首都地区气象科技工作者的学术性社会团体，是北京市科学技术协会的组成部分，共有会员948人，理事单位50家。

中国气象学会北京分会于1950年7月16日在北京成立，1960年11月经第八届理事会决定更名为北京市气象学会，1978年改称北京气象学会。

北京气象学会从1950年7月16日开始至今，经历了21届理事会。

多年来北京气象学会以"四服务"为宗旨，围绕首都经济建设，面向社会的各行各业，以促进北京气象事业的发展、培养和举荐优秀气象科技人才、促进大气科学知识和技术的普及与推广为工作目标。北京气象学会第二十一届理事会下设7个专业学术（工作）委员会：天气动力专业委员会、城市气象专业委员会、团体标准技术委员会、青年专业委员会、决策咨询工作委员会、科普工作委员会、人才推举工作委员会。

天津市气象学会

天津市气象学会是天津地区气象科技工作者的学术性社会团体，是天津市科学技术协会的组成部分，共有会员453人，会员理事单位39个，设有6个专业学术委员会，2个工作委员会。

天津市气象学会成立于1958年。1966—1976年间，天津市气象学会停止活动。1978年11月4日召开新的天津市气象学会成立大会，选出了第一届理事会。1987年2月正式成立天津市气象学会秘书处。

天津市气象学会经历了10届理事会。本届（第十届）理事会下设学术工作委员会、天气与海洋气象学专业委员会、气候与农业生态专业委员会、城市环境气象专业委员会、大气物理与综合探测专业委员会、气象网络与通讯专业委员会、防御雷电灾害专业委员会、气象科学普及专业委员会、青年气象科技工作委员会。

河北省气象学会

河北省气象学会是河北省气象科技工作者的学术性社会团体,是河北省科学技术协会的组成部分。

河北省气象学会成立于1959年。1959年5月11日,在天津市召开第一次全省会员代表大会,产生了第一届理事会。

河北省气象学会从1959年5月11日开始至今,经历了11届理事会。

多年来,河北省气象学会以提升"四个服务"能力为目标,深化改革转型发展,着力开展学术交流、科学普及、决策咨询、期刊编辑等重点工作,切实发挥桥梁纽带作用。本届(第十一届)理事会下设8个专业委员会:天气气候学专业委员会、气象灾害防御专业委员会、综合气象观测与装备保障专业委员会、气象服务专业委员会、农业气象与生态气象学专业委员会、气象教育与培训专业委员会、人工影响天气与大气物理学专业委员会、大气环境与城市气象学专业委员会。

山西省气象学会

山西省气象学会是山西省气象科技工作者自愿组成并依法登记注册、具有公益性的以促进气象科学技术发展和普及为宗旨的学术性、科普性、全省性、非营利性社会组织,是山西省科学技术协会的组成部分。

山西省气象学会1960年1月20—22日在山西省太原市召开成立大会,1986年5月5日,山西省气象学会秘书处正式成立,负责学会日常工作。

山西省气象学会经历了13届理事会。从第一届理事会有学会会员98名,下设天气、气候、农气、航空气象4个专业组发展到第十三届理事会共有学会会员1600名,下设天气学、气候学、大气环境与应用气象、大气物理与人工影响天气、大气探测技术、气象通信技术、航空气象学、机载探测研究、气象软科学与发展政策研究、气象科技服务、气象灾害防御技术以及《山西气象》编委会等专业(工作)委员会。

山西省气象学会开展的重点活动主要有:学术交流、学术报告、科技期刊编辑、科普宣传、科技咨询、推荐人才等,同时完成中国气象学会、山西省科学技术协会和山西省气象局布置的各项工作,是党和政府联系气象科学技术工作者的桥梁和纽带,是国家推动和发展气象科学技术事业的重要社会力量。

内蒙古自治区气象学会

内蒙古自治区气象学会是内蒙古自治区气象科技工作者的学术性社会团体，是内蒙古自治区科学技术协会的组成部分。

内蒙古自治区气象学会成立于1959年11月22日，1985年成立内蒙古自治区气象学会秘书处。内蒙古自治区气象学会经历了8届理事会。

多年来内蒙古自治区气象学会全面贯彻落实国家有关的法律、法规，严格遵守学会章程及各项规章制度，加强科普宣传工作的规划与计划，积极组织、参与相关部门、单位、街道社区、农村牧区等承办的公益文化宣传等活动，开展科普宣传工作；积极与中国气象学会、内蒙古自治区科学技术协会进行沟通，密切关注气象科技工作需求，做好相关服务工作；建立学术年会制度，鼓励专家、科研业务人员积极参加各类科技交流活动，打造学术交流的品牌；重视学习和借鉴各省级气象学会的经验，开放合作，扩大《内蒙古气象》的知名度；充分利用区内气象专业委员会的特点和优势，发挥其专业优势，为气象事业高质量发展贡献力量。

辽宁省气象学会

辽宁省气象学会是辽宁省气象科技工作者的学术性社会团体，是辽宁省科学技术协会的组成部分。

辽宁省气象学会于1959年11月2日在辽宁沈阳成立，至今经历了12届理事会。2021年8月，学会成立独立党支部。学会下设13个学科专业委员会：天气学委员会、气候与气候变化学委员会、农业与生态气象学委员会、人工影响天气学委员会、城市气象学委员会、海洋气象学委员会、综合气象观测委员会（雷电防护工作委员会）、气象服务委员会、气象防灾减灾委员会、气象信息网络委员会、气象科普委员会、遥感应用委员会、航空气象委员会。

辽宁省气象学会主要开展学术交流、科学普及、技术培训、技术服务、承接气象部门委托等工作。

吉林省气象学会

吉林省气象学会是民间非营利法人社会团体，是吉林省科学技术协会的组成部分。第一次会员代表大会于1960年3月18日在吉林省德惠县召开。

吉林省气象学会于2021年4月19日召开第十二次会员代表大会。第十二届理事会下设11

个学科（工作）委员会，分别是天气委员会、气候与气候变化委员会、农业气象委员会、人工影响天气委员会、城市气象委员会、综合气象观测（工作）委员会、气象服务（工作）委员会、气象防灾减灾（工作）委员会、气象信息网络（工作）委员会、气象科普（工作）委员会、气象遥感与生态委员会。学会秘书处挂靠于吉林省气象科学研究所。

吉林省气象学会的业务范围包括学术交流、科学普及和技术服务。多年来，吉林省气象学会围绕吉林省经济建设、防灾减灾和生态建设整体发展战略，积极开展气象科学普及和学术交流工作，不断提升全民科学素养，有效承接政府职能，举荐各类优秀人才。

黑龙江省气象学会

黑龙江省气象学会是黑龙江省气象科技工作者的学术性社会团体，是黑龙江省科学技术协会的组成部分。

黑龙江省气象学会成立于1958年，从1958年至今经历了11届理事会。

黑龙江省气象学会广泛开展学术交流、加强科普宣传、开展专家研讨和咨询，为黑龙江省的气象事业发展培养了人才。本届（第十一届）理事会下设17个专业委员会：天气动力、大气探测、气候、气象电子、云水资源、气象服务、气象影视服务、农业气象、航空气象、湿地生态、石油气象、森林生态、气象软科学、气象经济管理、雷电防护、气象科普、青年工作。

上海市气象学会

上海市气象学会是由上海市气象及相关学科科技工作者自愿组成的学术性的非营利性社会团体法人，是上海市科学技术协会的组成部分。

上海市气象学会组织始于清光绪十八年（1892年）。该年3月徐家汇观象台台长蔡尚质倡立气象学会。至光绪二十四年（1898年）即停止活动。1950年成立中国气象学会上海分会筹备组，1951年3月召开会员大会（出席会员52人），选举产生第一届理事会。

上海市气象学会从1951年3月开始至今，经历了13届理事会。

上海市气象学会现有会员1100余人，分布在全市气象、民航、环境、海洋水文、院校及公司企业等各个领域，担负着中高级技术和管理职务。上海市气象学会第十三届理事会下设10个分支机构：天气气候专业委员会、防灾减灾工作委员会、气象科普教育工作委员会、海洋水文专业委员会、航空气象专业委员会、大气探测专业委员会、大气环境与健康气象专业委员会、防雷专业委员会、人工智能专业委员会、气象科技咨询服务工作委员会。

江苏省气象学会

江苏省气象学会是江苏省气象科学技术工作者自愿组成并依法登记注册的学术性社会团体，系江苏省科学技术协会组成单位，挂靠在江苏省气象局，接受中国气象学会业务指导。江苏省气象学会团结和依靠全省广大气象科技工作者，积极开展气象学术交流、普及气象科学知识、举荐气象科技人才、编辑出版气象期刊、承担雷电防护专业技术资格管理，为江苏社会经济全面可持续发展服务，为提高公众科学文化素质服务，为科技工作者服务。

江苏省气象学会的前身是中国气象学会南京分会，成立于1949年10月23日召开的第一届会员代表大会。1960年2月28日，根据江苏省科学技术协会有关精神，中国气象学会南京分会与江苏省科普（委员会）气象学会组合并成立江苏省气象学会。1987年成立秘书处。秘书处下设学术交流与组织工作部、科学普及与咨询工作部和《气象科学》编辑工作部。

本届（第十六届理事会）成立于2024年3月，理事67名，常务理事21名；下设学术、组织、科普、期刊4个工作委员会和18个学科委员会。

浙江省气象学会

浙江省气象学会成立于1959年3月21日，是浙江省内气象科技工作者的学术性社会团体，是浙江省科学技术协会的组成部分，1985年11月8日成立浙江省气象学会秘书处。

浙江省气象学会经历了14届理事会，现有会员单位39个，现有会员1542人，本届（第十四届）理事会下设天气、海洋气象与减灾专业委员会，气候、气候变化与生态气象专业委员会，专业气象与公共服务专业委员会，气象信息与装备专业委员会，雷电安全专业委员会，校园气象科普教育专业委员会等8个专业学术委员会。2015年获评省民政厅4A级社团组织，2023年获评5A级社团组织。学会出版刊物有期刊《浙江气象》（季刊）。

安徽省气象学会

安徽省气象学会是由安徽省气象及相关科技领域的单位和科技工作者自愿组成并依法登记注册的学术性、公益性社会组织；是安徽省科学技术协会的组成部分，挂靠在安徽省气象局，接受中国气象学会业务指导；是党和政府联系安徽气象科技工作者的桥梁和纽带，是推动安徽气象科技事业发展的重要社会力量。

安徽省气象学会成立于1961年11月30日，现有单位会员57个，个人会员2033名。2021年5月8日，召开第十一次会员代表大会，选举产生第十一届理事会、第二届监事会和新一届中国共产党安徽省气象学会理事会委员会。理事会现有成员67人，下设天气学专业委员会、气候学专业委员会、农业气象学专业委员会、气象电子专业委员会、大气遥感专业委员会、大气物理专业委员会、气象与水文专业委员会、公共气象服务专业委员会、雷电防护及灾害防御技术专业委员会、环境气象专业委员会、气象科普专业委员会、气象软科学专业委员会、《气象与减灾》编辑委员会、青年工作委员会，秘书处负责学会的日常工作。

福建省气象学会

福建省气象学会以服务社会、服务民生为宗旨，创立于1951年，支撑单位是福建省气象局，是学术性非营利性社会团体，接受业务主管单位福建省科学技术协会、登记管理机关福建省民政厅和中国气象学会的业务指导和监督管理。2024年2月成立第十一届理事会，现有理事75人，会员1046人，单位会员30个，设立8个专业委员会。

福建省气象学会围绕"四服务"职责定位，探索"131"机制（即"1"党建引领、"3"个品牌抓手、"1"套治理保障），发挥"搭平台、引智力、聚合力"的组织优势，推进打造"集智创新"气象学术品牌、"优质惠民"气象科普品牌、"科技赋能"气象智库品牌等，进一步搭好开放合作、学术交流、科普服务和人才举荐平台，做好气象科技创新推手。近年，学会工作获各层级表彰近50项，获评"先进气象学会"、"五星学会"、入选"一流学会"建设、"省科协科技社团先进党支部"，连续获中国气象学会先进秘书处工作奖、连续2届获评"福建省科普工作优秀学会"，13项活动、作品获科技部、中国科协和中国气象局表彰；1个基地获福建省"十佳科普教育基地"。

本届（第十一届）理事会下设8个专业（工作）委员会，具体为：天气与气候专业委员会、综合观测专业委员会、雷电防护专业委员会、人工影响天气专业委员会、气象服务专业委员会、信息技术专业委员会、气候变化与生态气象专业委员会、气象科学普及工作委员会，以及1个《福建气象》编审委员会。

江西省气象学会

江西省气象学会是由江西省气象科技工作者自愿结成，依法登记注册，具有独立法人资格的非营利性学术性社会团体，是江西省科学技术协会的组成部分。

江西省气象学会成立于1964年3月11日，"文化大革命"期间工作中断，1978年7月10日恢复，迄今已经历了13届理事会。

江西省气象学会始终聚焦江西国计民生，坚持政治建会、依法治会、服务兴会、人才强会，为提升气象防灾减灾科技支撑能力做出了积极贡献。现有个人会员1270多名，团体会员28个，下设分支机构17个：天气学委员会、气候学与气候变化委员会、大气探测与仪器委员会、气象服务委员会、生态与环境气象学委员会、农业气象学委员会、气象通信与信息技术委员会、雷电委员会、航空气象学委员会、气象教育合作委员会、气象软科学委员会、气象职业技能培训委员会、人工影响天气委员会、气象财务委员会、《气象与减灾研究》编委会、气象科技奖励与人才举荐工作委员会、气象科学普及工作委员会。

山东气象学会

山东气象学会是由山东省气象科学技术及相关科学技术领域的单位和科技工作者自愿结成的全省性、学术性、非营利性社会组织，是山东省科学技术协会的组成部分。

山东气象学会成立于1950年2月5日，经历了12届理事会。本届（第十二届）理事会下设15个专业（工作）委员会：天气学专业委员会、环境气象专业委员会、气候学专业委员会、农业气象专业委员会、生态遥感专业委员会、海洋水文气象专业委员会、航空气象学专业委员会、人工影响天气专业委员会、大气探测专业委员会、气象信息技术专业委员会、气象服务专业委员会、雷电防护专业委员会、气象数值预报应用专业委员会、气象软科学专业委员会、气象科普工作委员会。主办学术期刊《海洋气象学报》。

河南省气象学会

河南省气象学会是河南地区气象科技工作者的学术性社会团体，是河南省科学技术协会的组成部分，会员单位66个。

河南省气象学会的前身是1955年成立的气象科普小组，1960年正式成立。"文化大革命"期间学会中止活动，1978年恢复活动。1983年12月在郑州召开第二次全省会员代表大会，产生了第二届理事会。

河南省气象学会经历了9届理事会，本届（第九届）理事会下设天气专业委员会、气候与气候变化专业委员会、农业气象专业委员会、气象观测与通讯专业委员会、气象服务专业委员会、人工影响天气专业委员会、雷电防护专业委员会、气象软科学专业委员会等8个专业委员会和气象科技与人才工作委员会、气象科普工作委员会、气象标准化技术工作委员会、气象青年工作委员会等4个工作委员会。

湖北省气象学会

湖北省气象学会是湖北省气象科技工作者的学术性社会团体,是湖北省科学技术协会的组成部分。

中国气象学会武汉分会于1954年1月10日成立,1958年10月更名为湖北省气象学会。

湖北省气象学会从1959年11月23日起至今,经历了12届理事会。

第十二届理事会下设天气动力学与数值预报专业委员会、大气探测与气象信息技术专业委员会、天气预报技术专业委员会、气候与应用气象专业委员会、气象传播专业委员会、大气物理与人工影响天气专业委员会、医学气象专业委员会、气象软科学专业委员会、航空气象专业委员会、水文气象专业委员会、气象教育专业委员会、雷电防护专业委员会、气象科学普及专业委员会、气象科技服务专业委员会、气象经济专业委员会、环境气象专业委员会。

湖南省气象学会

湖南省气象学会是由湖南省气象科学技术及相关科学技术领域的单位和科技工作者自愿组成并依法登记注册,具有公益性、学术性、科普性、非营利性、全省性的社会团体;是湖南省科学技术协会的组成部分。

湖南省气象学会成立于1959年11月22日,当时下设9个专业学组,是湖南省科协系统最早成立的学会之一。65年来,湖南省气象学会在省气象局、省科协和中国气象学会的关怀和指导下,经历了创建、恢复和发展几个阶段。特别是党的十一届三中全会以后,学会工作快速健康发展,其工作任务、职责也进行了适当调整。至今已召开了12次会员代表大会,现有会员2052人,其中硕士及以上研究生533人,占比25.97%,副高级以上职称552人,比例为26.90%。本届(第十二届)理事会有理事94人,常务理事29人,设有20个学科(工作)委员会。

多年来,学会团结广大气象科技工作者,紧密围绕湖南省气象业务、服务工作及气象现代化的发展,在学术交流、科学普及、出版刊物、举荐人才、科技成果评价、气象科技工作者之家建设等方面做了大量工作,为党和政府发展气象科技事业、促进全省气象事业的发展起了积极作用,先后受到中国气象学会、湖南省科协、湖南省气象局的表彰。

广东省气象学会

广东省气象学会是由广东省气象部门及其他部门的气象科技工作者自愿组成的、依法登记注册的、非营利性的学术性法人社会团体，是研究气象科学和发展广东气象科技事业的一支重要的社会力量，是广东省科学技术协会的组成部分。

广东省气象学会成立于1957年5月10日，至今已有67年的历史，经历了12届理事会。2018年3月9日在广州召开第十二次全省会员代表大会。

广东省气象学会在开展学术交流、科学普及、科技服务、科技奖励、继续教育、承接政府转移职能等方面成绩显著，为促进广东气象事业的科技进步与发展做出了积极贡献。

广东省气象学会第十二届理事会下设16个专业（工作）委员会：气候和地球系统动力学专业委员会、天气学专业委员会、空间天气委员会、大气物理和大气环境专业委员会、海洋气象专业委员会、卫星气象学专业委员会、青年工作委员会、信息与探测技术委员会、气候与气候变化专业委员会、生态气象专业委员会、气象防灾减灾专业委员会、应用气象与气象经济专业委员会、气象公共安全技术专业委员会、气象科普工作委员会、《广东气象》编委会、健康气象委员会。

广西气象学会

广西气象学会是由广西气象科学技术及相关科学技术领域的单位和科技工作者自愿结成的学术性、地方性的非营利性社会团体。成立于1960年3月。2013年被自治区民政厅评为5A级社会组织，2021年评为自治区科协一流学会创建单位。业务范围：学术交流、科普宣传、科技评价评估、人才培训评价与举荐、承接政府管理职能、决策咨询、出版正式刊物《气象研究与应用》。业务主管单位广西区科协，支撑单位广西区气象局。2023年1月8日召开会员代表大会，选举产生第十二届理事会理事长1名，副理事长10名，理事57名，常务理事19名，秘书长1名，聘任副秘书长4名。设有16个专业（工作）委员会，会员1260人，团体会员单位42个。

海南省气象学会

海南省气象学会是海南省气象科技工作者的学术性社会团体，是海南省科学技术协会的组成部分。

海南省气象学会前身是"海南行政区公署水文气象学会"（始于1958年底）。海南建省后，1989年4月8日获海南省科协筹备组同意改称"海南省气象学会"，1992年5月29日海南省民政厅批复同意予以登记。

海南省气象学会 1992 年 5 月正式登记，至今经历了 5 届理事会。本届（第五届）理事会下设：天气预报委员会、气象探测与信息技术委员会、应用气象委员会、气候与环境委员会、雷电委员会、气象服务与气象科学普及工作委员会。

重庆市气象学会

重庆市气象学会是重庆市气象科技工作者的学术性社会团体，是重庆市科学技术协会的组成部分。

重庆市气象学会于 2001 年 5 月 15 日正式成立。

重庆市气象学会经历了 5 届理事会。本届（第五届）理事会下设：天气与气候专业委员会、信息网络专业委员会、大气探测专业委员会、地球环境科学专业委员会、防灾减灾工作专业委员会、气象科普专业委员会、航空气象专业委员会、气象软科学专业委员会、气象科技服务专业委员会、防雷安全技术专业委员会、水文气象专业委员会共 11 个专业委员会。

四川省气象学会

四川省气象学会是四川地区气象科技工作者的学术性社会团体，是四川省科学技术协会的组成部分。

四川省气象学会成立于 1960 年 6 月 30 日。学会自成立以来，先后挂靠西南军区气象处、西南行政委员会气象处、成都气象学校、成都中心气象台、四川省气象局。直到 1986 年 8 月 23 日正式成立四川省气象学会秘书处后，学会才有独立的专职办事机构。

四川省气象学会经历了 14 届理事会。本届（第十四届）理事会下设 19 个分支机构，分别为：天气与动力气象委员会、气候与气候变化委员会、大气物理与大气探测委员会、航空气象委员会、气象通信与信息技术委员会、气象软科学委员会、雷电防护委员会、气象科普委员会、气象教育培训与青年工作指导委员会、公共气象与专业气象委员会、高原气象研究委员会、农业气象与生态气象委员会、气象科技奖励与人才举荐委员会、校园气象科普委员会、能源气象委员会、人工影响天气委员会、卫星遥感与雷达气象委员会、城市气象学委员会、气象人工智能委员会。

贵州省气象学会

贵州省气象学会是贵州省气象科技工作者自愿组成并依法登记的学术性、非营利性社会团体，共有正式注册会员 793 人，会员单位 29 个，设有 10 个学科（工作）委员会。

贵州省气象学会成立于1959年10月31日，业务主管单位为贵州省科学技术协会、贵州省民政厅。

贵州省气象学会经历了13届理事会。本届（第十三届）理事会下设山地气象学科委员会、天气气候学科委员会、气象大数据应用学科委员会、生态与农业气象学科委员会、大气探测学科委员会、应用气象及服务学科委员会、航空气象学科委员会、人工影响天气学科委员会、雷电防御学科委员会、气象科普与科研服务工作委员会。

云南省气象学会

云南省气象学会是云南省气象科技工作者的学术性社会团体，是云南省科学技术协会的组成部分。

中国气象学会云南省分会于1951年1月14日在云南省昆明市成立。1978年改称云南省气象学会。云南省气象学会经历了15届理事会。

云南省气象学会立足于西南边疆和多民族地区经济和社会发展需求，努力搭建气象科技工作者为云南社会经济高质量发展服务工作平台，发挥科技智囊团的作用，开展学术交流、科普宣传、决策咨询等服务。

西藏自治区气象学会

西藏自治区气象学会于1978年7月在拉萨成立，是西藏气象科技工作者的学术性社会团体，业务主管单位为西藏自治区科学技术协会和西藏自治区民政厅。本会挂靠在西藏自治区气象局，接受中国气象学会业务指导。

西藏自治区气象学会承担理事会和西藏自治区气象局交办的各项任务，是学会活动的组织者和实施者。本会秘书处主要承担学会的组织发展和建设工作；维护会员和气象科技工作者的合法权益，建设气象科技工作者之家；承办全区气象部门会员代表大会及常务理事会等工作会议；开展气象科技学术交流活动，活跃学术思想，促进学科发展，推动自主创新；弘扬科学精神，普及气象科学知识，负责开展各种形式的气象科普宣传，提高全民族科学文化素质；承接政府转移职能，开展气象科技政策、规划、项目的论证评审和气象科技成果评价；向西藏科协和中国科协举荐人才；负责对七地（市）气象学会和气象科普基地进行业务指导。秘书处为气象学会的常设办事机构，专职人员1名。

本届（第九届）理事会成立于2020年12月，由35名理事组成。理事会下设天气气候委员会、应用气象专业委员会、大气探测专业委员会、气象电子专业委员会、气象科普与青年工作委员会和雷电防护专业委员会。

陕西省气象学会

陕西省气象学会是陕西省气象科技工作者的学术性社会团体，是党和政府联系广大气象科技工作者的桥梁纽带，是陕西省科学技术协会的组成部分，是发展陕西气象事业的重要社会力量。

陕西省气象学会成立于1959年12月11日，在开展气象学术交流、普及气象科学知识、举荐气象人才等方面做了大量工作，至今经历了12届理事会。

本届（第十二届）理事会下设12个专业委员会，分别是：天气专业委员会、气候与气候变化专业委员会、大气探测与装备专业委员会、农业气象与生态气象学委员会、气象信息专业委员会、公共气象服务专业委员会、雷电防护专业委员会、航空气象专业委员会、气象宣传与科学普及工作委员会、大气物理专业委员会、气象软科学专业委员会、陕西气象文化专业委员会。

甘肃省气象学会

甘肃省气象学会是甘肃省气象科技工作者的学术性社会团体，是甘肃省科学技术协会的组成部分，共有会员1418人，会员单位40个，设21个专业委员会。

甘肃省气象学会筹建于1951年2月，1959年11月在兰州正式成立，命名为"甘肃省气象学会"，发展会员118名。1960年4月组建第一届理事会，正式开展学会活动。1966年学会活动停止，1978年5月恢复组织并开展活动。

甘肃省气象学会经历了12届理事会。本届理事会为第十二届理事会，下设天气学委员会、数值预报专业委员会、大气物理与探测委员会、农业气象委员会、航空与交通气象委员会、卫星遥感委员会、气象通信与信息技术委员会、人工影响天气委员会、雷电防护委员会、气象服务技术委员会、气象科普委员会、气候与气候变化委员会、气象防灾减灾委员会、干旱气象委员会、水文气象委员会、生态环境气象委员会、气象教育培训委员会、气象仪器仪表委员会、气象科技奖励与人才举荐工作委员会、新能源气象委员会、青年工作委员会。

青海省气象学会

青海省气象学会是青海地区气象科技工作者的学术性社会团体，是青海省科学技术协会的组成部分。

青海省气象学会于 1962 年 3 月经省科协同意，省委宣传部批准正式成立。"文化大革命"期间中断活动。1979 年 1 月经省科协批准恢复学会活动。1992 年经省民政厅社团管理处核准登记，成为具有独立法人资格的社会团体。学会主管及挂靠单位为青海省气象局，青海省气象学会秘书处挂靠青海省气象科学研究所。

青海省气象学会经历了 13 届理事会，下设 11 个专业委员会：天气委员会、气候与气候变化委员会、生态与农业气象委员会、大气探测与气象装备委员会、气象信息技术委员会、气象软科学委员会、大气物理与大气环境委员会、气象服务委员会、气象防雷减灾委员会、气象科普工作委员会、《青海气象》编辑工作委员会。

青海省气象学会积极开展自身能力提升项目、人员培训、科研课题、社会调查等活动，推进气象学会工作高质量发展。切实履行"四服务"工作职能，一是持续加强气象科技人才服务。二是持续推进科技创新。三是持续提升全民科学素质。四是持续开展气象服务党和地方政府科学决策。

宁夏回族自治区气象学会

宁夏回族自治区气象学会是宁夏地区气象科技工作者的学术性社会团体，是宁夏科学技术协会的组成部分，共有会员 751 人，会员单位 18 个。

宁夏回族自治区气象学会成立于 1957 年。1979 年 6 月宁夏回族自治区气象学会召开第一届会员代表大会，选出了第一届理事会。

宁夏回族自治区气象学会从 1957 年开始至今，宁夏回族自治区气象学会经历了 9 届理事会，在中国气象学会和宁夏科学技术协会的指导和关怀下，经历了创建、恢复和发展几个阶段。

多年来，宁夏回族自治区气象学会紧紧围绕自治区经济与社会发展和宁夏气象事业的发展，在促进气象科学发展，弘扬科学精神，普及科学知识，繁荣气象科技事业，推进宁夏气象现代化建设等方面发挥了重要作用。

新疆维吾尔自治区气象学会

新疆维吾尔自治区气象学会是新疆气象科学技术工作者的学术性社会团体，是新疆维吾尔自治区科学技术协会的组成部分，共有会员 1428 人，会员单位 41 个。

新疆维吾尔自治区气象学会于 1962 年 2 月 4 日在乌鲁木齐成立，目前为第十一届理事会。本届（第十一届）理事会下设 13 个专业委员会：天气动力学委员会、气候与气候资源委员会、气候变化与环境委员会、航空气象委员会、大气物理委员会、防雷技术委员会、农牧业气象委员会、卫星遥感委员会、科学普及工作委员会、教育工作委员会、专业气象服务委员会、大气探测与信息技术委员会、《沙漠与绿洲气象》编委会。

大连市气象学会

大连市气象学会是大连市气象科学技术及相关科学技术领域的单位和科技工作者自愿组成并依法登记注册的地方性、学术性、非营利性社会组织，是大连市科学技术协会的组成部分。

大连市气象学会成立于1978年12月，现在是第十届理事会。本届理事会下设学术委员会、气象服务委员会、专业气象委员会、气象协作委员会、气象科普委员会、气象教育委员会。大连市气象学会是气象科学技术工作者进行学术交流的重要平台，旨在推动气象科学技术的创新与发展。学会还承担着科学普及的职责，通过举办科普活动、编写科普读物等方式，提高公众对气象科学的认识和理解，为大连市的防灾减灾、气候变化应对等提供科学依据。

大连市气象学会围绕大连市经济社会和气象现代化发展大局，在推动学术交流、促进气象科技创新及人才成长、开展气象科学普及、提升服务创新能力等方面做了大量卓有成效的工作，打造海洋气象论坛、气象青年说等学术交流平台，增强了学术交流氛围；世界气象日系列科普宣传活动、气象科普大讲堂、气象科普进校园、小学生气象科普竞演等系列气象科普品牌活动，推动了气象科普服务于社会大众，取得良好的社会反响，大连市气象学会也被评为"全国气象科普工作先进集体"，所管理的科普基地多次获评全国优秀气象科普教育基地。

大连市气象学会将一直致力于提高学术交流影响力和科技创新驱动力，引导和集聚最广大的气象科技优质资源，服务和促进气象科技人才成长，深入开展群众性、基础性、社会性科普活动，扩大气象科普服务覆盖面，为大连市的"两先区"建设和经济社会高质量发展做出新的更大贡献。

青岛市气象学会

青岛是中国气象学会发祥地。青岛市气象学会是青岛市气象科技工作者自愿组成并依法登记注册、具有公益性的全市性的学术团体，是青岛市科学技术协会的组成部分。

青岛市气象学会于1952年4月开始至今，经历了13届理事会，成立之初称为"青岛市天文气象学会"。因天文学界会员较少，所以学会的活动侧重于气象学科，2003年12月，青岛市天文气象学会更名为青岛市气象学会。会员由第一届的14名发展到第十三届的376名。

青岛市气象学会自成立以来，始终把学术活动当成最基本的任务，紧密围绕气象现代化建设的需要，有计划、有针对性开展各项学术活动。半个多世纪以来，在理事会和各专业委员会的组织领导下，加之广大学会会员的努力，取得了一些可贵的学术成果。许多成果达到青岛市和山东省的先进水平，有的还在全国取得领先水平，填补了国家的技术空白。

学会所属委员会机构设置由第三届的3个委员会发展到第十三届的天气气候、大气探测、人工影响天气、气象科技服务、气象信息技术、雷电防护、交通气象、海洋水文气象、生态与农业气象、气象科普10个专业委员会。

宁波市气象学会

宁波市气象学会是宁波市气象和相关学科科技工作者自愿组成的学术性社会团体，是宁波市科学技术协会的组成部分。业务主管单位是宁波市气象局，登记管理机关是宁波市民政局。

宁波地区气象学会于1981年7月3日在宁波成立。1983年下半年改称宁波市气象学会。

宁波市气象学会从1981年7月3日开始至今，经历了12届理事会。

多年来，宁波市气象学会围绕宁波经济社会发展，面向社会的各行各业，以促进气象事业的发展、推动气象科学知识普及和气象科学技术推广为工作目标。本届（第十二届）理事会（2020年5月26日选举产生）下设4个委员会：天气与减灾专业委员会、气象科普委员会、气象探测网络与装备专业委员会、雷电防护专业委员会。

厦门市气象天文学会

厦门市气象天文学会是由厦门市气象天文科技工作者和与气象天文学科有关的科技、教育工作者以及热心于气象天文事业发展的有关人士自愿结成的非营利性的具有法人资格的学术性社会团体，是公益性、学术性、科普性、非营利性的社会团体，是党和政府联系气象天文科技工作者的桥梁和纽带，是厦门市推动气象天文科技事业发展的重要力量。

厦门市气象天文学会是4A级学术性社会组织。学会接受业务主管单位厦门市科学技术协会的业务指导和登记管理机关厦门市民间组织管理局的监督管理。办事机构挂靠厦门市气象局。厦门市气象天文学会前身是厦门市气象学会，成立于1985年，2005年4月经第五届理事会决定更名为厦门气象天文学会，目前是第八届理事会。

厦门市气象天文学会在福建厦门市科协、厦门市气象局指导下，加强学会党建工作，积极推进学会学术、科普发展，提升会员管理和服务水平，学会各项工作迈入发展新阶段。聚焦前沿目标和需求，面向气象事业发展需要，加大支持力度，搭建高水平学术交流平台；面向全民科学素质提高需求，加强组织策划，创新推动气象科普，做强气象科普系列品牌活动，开展世界气象日、防灾减灾日、科技活动周、全国科普日等各类科普宣传活动；积极开展人才举荐工作，人才举荐和奖励体系进一步完善。

深圳市气象减灾学会

深圳市气象减灾学会是2004年8月成立的地区性、学术性非营利性社团组织，业务主管单位是深圳市气象局，接受深圳市社会组织管理局监督管理和深圳市科学技术学会的业务指导；2022年获评深圳市社会组织管理局市级社会组织评估"5A"等级；学会现有37家单位会员，89名个人会员。单位会员主要为企事业单位、科研机构、大专院校、中小学校、社会组织等；个人会员主要为深圳市从事气象、水务、应急、交通等相关领域的管理和科技人员。

多年来，学会在市气象局指导支持下，充分发挥社团组织联系广，能动性强，善于组织创新的特点，紧紧围绕市局中心工作，积极承接市气象局、市民政局政府职能转移项目工作，广泛开展气象学术科普交流活动，为促进深圳气象科技传播和气象事业发展，"发挥防灾减灾第一道防线作用"，维护深圳城市安全运行，经济社会高质量发展贡献了力量。

2024年6月28日召开学会第五届会员大会暨换届选举大会和五届理事会一次会议，选举产生了学会新一届领导班子。五届理事会将赓续学会发展理念，传承服务宗旨，携手广大会员单位、会员以及与气象服务密切关联的行业企业对象一起推动深圳气象减灾事业高质量发展，为深圳建设现代化产业体系贡献学会力量。

编后记

《中国气象学会百年史（1924—2024）》汇集了中国气象学会从1924年创建至2024年百年间的重要史实资料，集中反映了中国气象学会创建和发展的过程，以及学会在推动气象学术交流、普及气象科学知识、创办气象核心期刊、培养气象行业人才、开展气象科技奖励、推进气象科技咨询评估等方面的作用与贡献，是一本研究我国气象发展史和科技社团发展史的重要参考文献。

中国气象学会理事会十分关注本书的编撰出版工作，将其列入学会百年纪念活动重点工作之一，组织熟悉了解学会发展历史的专家组建编写专班，并多次召开专门会议审定编写大纲和书稿。中国气象学会理事长谈哲敏院士，中国气象局党组书记、局长陈振林在百忙中仍亲自担任本书编委会主任，并为本书题写序言。

本书以图文形式详细记录了中国气象学会一百年的发展历程，包括重大事件、重要决策、科研成果、组织架构的演变等，重点增加了党的十八大以来学会工作的发展情况，突出各个历史时期学会对气象事业和社会经济发展的重要作用。

本书的编撰和出版得到了气象界同仁的悉心指教，矫梅燕、张柱、王春乙、翟盘茂、王金星、陈正洪、贾朋群对本书的撰稿工作提出了多方面的意见，审改了部分书稿。中国气象学会秘书处各部门指派专人在短时间内完成书稿的编辑整理工作，在短短几个月的时间内，编撰小组抓紧工作，数易其稿，始得完成。在此，我们要感谢所有关心和支持本书编辑出版工作的气象界同仁，特别是气象出版社的同事们提供的无私帮助。

本书在2008年上海交通大学出版社出版的《中国气象学会史》一书基础上进行续写和增编。其中，第一章"谋气象进步，建立新学会"和第二章"重建与恢复，开启新发展"内容基本保持不变，适当调整部分章节内容。第三章"改革促创新，实现新跨越"的新增内容和第四章"扬帆新时代，奋进新征程"由学会秘书处各部门提供基础素材，编写组整编完成。大事记、名人与学会部分由学会秘书处综合协调部补充整理。附录部分由学会秘书处综合协调部和学术交流部补充整理。本书图片主要由学会秘书处提供。

由于历史原因，除1978年以后的中国气象学会档案资料尚基本完整外，之前的历史档案资料几乎散失殆尽，所剩无几，加之时间和编写者方面的原因，疏漏与差错在所难免，诚盼阅读者不吝指正，以便修订。

本书编写组

2024年10月